MÉMOIRES

SUR

L'ÉLECTRICITÉ ET L'OPTIQUE

PAR

A. POTIER,

MEMBRE DE L'INSTITUT.

PUBLIÉS ET ANNOTÉS PAR A. BLONDEL

AVEC UNE PRÉFACE

DE

Henri POINCARÉ.

Membre de l'Académie française et de l'Académie des Sciences.

PARIS,

GAUTHIER-VILLARS, IMPRIMEUR-LIBRAIRE

DU BUREAU DES LONGITUDES, DE L'ÉCOLE POLYTECHNIQUE,

Quai des Grands-Augustins, 55.

—

1912

MÉMOIRES

SUR

L'ÉLECTRICITÉ ET L'OPTIQUE.

PARIS. — IMPRIMERIE GAUTHIER-VILLARS.

40435   Quai des Grands-Augustins, 55.

Héliog. Braun, Clément & C⁽ⁱᵉ⁾ Imp Ch Wittmann

A. POTIER

1840 - 1905

MÉMOIRES

SUR

L'ÉLECTRICITÉ ET L'OPTIQUE

PAR

A. POTIER,

MEMBRE DE L'INSTITUT.

PUBLIÉS ET ANNOTÉS PAR A. BLONDEL.

AVEC UNE PRÉFACE

DE

Henri POINCARÉ,

Membre de l'Académie française et de l'Académie des Sciences.

PARIS,

GAUTHIER-VILLARS, IMPRIMEUR-LIBRAIRE

DU BUREAU DES LONGITUDES, DE L'ÉCOLE POLYTECHNIQUE,

Quai des Grands-Augustins, 55.

1912

PRÉFACE.

La Science et l'Industrie françaises ont fait, à la mort de Potier, une perte irréparable, qui sera ressentie longtemps par tous ceux qui s'intéressent soit à la science pure de l'Électricité, soit à ses applications industrielles.

L'élévation et la justesse de son esprit lui avaient acquis une juste autorité dans tout ce qui touche à la philosophie naturelle ; sa bienveillance, sa modestie, son indifférence aux honneurs, la droiture de son caractère le faisaient aimer et estimer de tous ; enfin, dans ses derniers temps, la tranquille sérénité avec laquelle il supportait de cruelles épreuves physiques, l'effort incessant qui maintenait son âme debout sur les ruines de son corps, nous faisaient admirer son courage comme nous admirions déjà son talent.

Né le 11 mai 1840, Potier était entré à Polytechnique en 1857, âgé de 17 ans seulement, déjà licencié ès sciences mathématiques ; il en sortit, deux ans après, comme Élève-Ingénieur des Mines.

Il devait y rentrer, en 1881, comme Professeur et y poursuivre, dans un admirable désintéressement, ses principaux travaux scientifiques. Ceux-ci lui valurent, en 1891, l'honneur de succéder à M. Edmond Becquerel à l'Académie des Sciences, juste hommage rendu par l'Institut à sa valeur et à son caractère. Déjà, dès 1884, la Société de Physique l'avait élevé à la présidence, et la Société Internationale des Électriciens lui décerna le même honneur en 1895. La croix d'officier de la Légion d'honneur avait récompensé ses travaux éminents, comme membre ou comme rapporteur, dans tous les jurys d'Électricité des grandes Expositions : 1878,

1881, 1889. Il avait dû celle de chevalier à des services d'un tout autre genre et qui ne l'honoraient pas moins, ceux qu'il avait rendus pendant la guerre de 1870 : capitaine auxiliaire du Génie, et profitant de sa connaissance approfondie des carrières du département de la Seine, il s'était distingué dans plusieurs combats et reconnaissances aux environs de Paris, notamment le jour du combat de Bagneux. Peu de ceux qui le connurent plus tard soupçonnèrent l'origine glorieuse du ruban rouge à la boutonnière de ce Physicien, d'extérieur si calme, et dont l'esprit, souvent distrait, semblait planer toujours dans les hautes régions de la Science.

Potier a fait peu de travaux expérimentaux, et ceux qu'il a faits ont toujours été entrepris dans le but d'élucider quelques difficultés soulevées par ses recherches théoriques. Ses écrits doivent donc le faire ranger parmi les théoriciens. Combien pourtant il diffère des mathématiciens qui travaillaient au commencement du siècle dernier, et qui, pleins de confiance dans la force de l'analyse, perdaient souvent le contact de l'expérience. S'il expérimentait peu par lui-même, il suivait de près les expériences des autres, en étudiait minutieusement les détails, les critiquait judicieusement ; il se servait des abstractions, mais il ne vivait pas avec elles ; il vivait avec la matière. L'amitié de Cornu lui fut précieuse sous ce rapport, comme sous beaucoup d'autres.

Ses premiers travaux se rapportent à l'Optique, où, après les découvertes de Fresnel, il restait un travail de coordination à accomplir. Les théories partielles de Fresnel, si fécondes entre ses mains, n'étaient pourtant pas toujours, ni complètes, ni tout à fait satisfaisantes pour l'esprit, ni immédiatement conciliables entre elles. Celle de la réflexion en particulier donnait prise à bien des objections. En partant d'une hypothèse très simple et féconde, en supposant que le passage d'un milieu à un autre ne se fait pas d'une façon brusque, mais par une couche de transition très mince, Potier a non seulement écarté les dernières objections, mais rendu compte de la polarisation elliptique observée dans la réflexion sur les corps transparents, phénomène qui avait vainement exercé la sagacité de Cauchy. Il a confirmé d'ailleurs par diverses expériences ses prévisions théoriques.

L'étude expérimentale de la réflexion métallique, soit par le moyen des anneaux colorés, soit par divers procédés d'interférence, est venue à l'appui de ces premières recherches. Elle a montré que pour la réflexion métallique comme pour la réflexion vitreuse, l'introduction des vibrations longitudinales, conformément à la théorie de Cauchy, est absolument inutile, et que l'hypothèse de la couche de transition rend compte de tout d'une façon beaucoup plus simple.

Sarrau avait proposé d'expliquer la double réfraction par une constitution périodique du milieu cristallin, en accord avec les idées de Bravais. Potier a développé cette explication par une analyse complète, d'où on pourra d'ailleurs tirer parti dans bien d'autres branches de la physique mathématique. Il fut ainsi conduit à l'étude de la réflexion cristalline, et il montra à cette occasion le parti qu'on peut tirer du principe du retour des rayons.

Une question des plus délicates a également occupé Potier. L'aberration des étoiles fixes et les expériences de Fizeau nous montrent que l'éther n'est pas entraîné par la matière; comment se fait-il alors que ce mouvement relatif de l'éther et du globe terrestre ne puisse être mis en évidence par aucune expérience d'optique? Potier a fait faire à cette question un pas considérable; et il a fallu attendre Lorentz pour qu'elle en fît un nouveau qui nous a tellement rapprochés de la solution que nous la touchons presque.

Les rapports de l'Optique et de l'Électricité devaient naturellement attirer l'attention de Potier, qui a beaucoup contribué à populariser Maxwell en France. Il se trouva donc amené à étudier la polarisation magnétique de Faraday; après avoir vérifié la loi de Verdet, il a proposé une ingénieuse explication du phénomène, qui était fort plausible au moment où elle a été imaginée, mais qui paraît aujourd'hui devoir être abandonnée pour celle de Lorentz.

Dans le domaine électrique proprement dit, nous devons citer en première ligne les services qu'il a rendus à l'Exposition de 1881, dans les discussions qui ont précédé le choix d'un système d'unités électriques et dans l'étude expérimentale détaillée des appareils exposés. Nous mentionnerons ensuite ses recherches sur la théorie de la pile, sur la détermination de l'équivalent électrochimique de l'argent. Ce sont là des résultats théoriques, mais il y en a d'autres qui intéressent plus directement l'industriel, comme ceux qui se rapportent aux machines à courant continu et à la réaction d'induit.

Enfin, il a publié plusieurs Mémoires sur la Thermodynamique, divers Cours didactiques, et il a complété par des Notes la traduction du grand Traité de Maxwell. Joignons à cette liste ses travaux sur la Géologie : il avait été attaché dès 1868 au service de la Carte géologique.

Potier a rendu aussi au Corps des Mines d'inappréciables services, non seulement par son enseignement à l'École des Mines, mais par ses travaux géologiques. Il était, en effet, aussi estimé des géologues que des physiciens. Pendant de longues années, à côté de MM. Michel Lévy et Bertrand, il a pris une part active aux travaux de la Carte géologique détaillée de la France. Il termina sa carrière en 1904 comme Inspecteur général des Mines. Il n'est pas sans intérêt d'insister sur cette face de son talent; les qualités de l'observateur ne sont pas toujours alliées à celles du mathématicien; rappeler que ce même esprit qui s'élevait sans vertige jusqu'aux théories les plus abstraites de la physique mathématique, savait également débrouiller avec sagacité et patience les minutieux détails des formations géologiques, c'est, me semble-t-il, mieux le faire connaître et mieux le faire comprendre; c'est expliquer en effet comment ce physicien, plus théorique qu'expérimentateur, a su montrer néanmoins un sens si vif et si juste de la réalité.

On voit qu'il a touché à toutes les parties de la Physique, et pourtant ne parler ici que de ses écrits, ce serait donner de son rôle une idée incomplète et fausse.

Il était de ces hommes qui sont plus grands que leur œuvre, dont l'influence vivra plus longtemps que le nom, de ces hommes aussi qui font moins qu'ils ne font faire. Son action, sur tous les physiciens qui l'ont connu, fut très grande; elle fut constante et très fructueuse.

Et d'abord il a agi par son enseignement; à l'École Polytechnique, il fut répétiteur dès 1867 et prit tout de suite beaucoup d'influence sur les élèves; en 1881, il devint professeur; son cours, très substantiel, très bourré de faits, imprégné de l'esprit expérimental, fut admiré de tous les élèves; quelques-uns, il faut l'avouer, le trouvaient trop complet. Est-ce là un reproche? ceux qui n'y pouvaient pas consacrer assez de travail pour se l'assimiler tout entier, en tiraient d'autant plus de profits qu'ils avaient dû y consacrer plus d'efforts, et les plus forts y trouvaient tout ce qu'ils souhaitaient. Ce n'était pas sa faute, du reste, si la science physique progresse plus vite que le nombre des leçons attribuées au cours. Il vint un moment où la maladie l'obligea à se retirer de l'École comme professeur: il y rentra bientôt comme examinateur des Élèves, c'étaient là des fonctions qu'il pouvait remplir malgré la paralysie qui le terrassait; il ne les abandonna que tout à fait à la fin de sa vie.

Il enseignait aussi à l'École des Mines; il fit d'abord le cours de Physique générale aux jeunes gens qui se préparent à l'examen d'entrée; puis, quand on ajouta au programme des leçons d'électrotechnique industrielle, sa compétence toute spéciale les lui fit naturellement confier.

Mais ce n'était pas seulement sur ses élèves que son action s'exerçait; il n'était pas un physicien qui ne fût heureux de venir lui demander conseil; dans tout ce qu'on a fait en France depuis vingt ans il y a une parcelle de sa pensée. Dans son cabinet, à côté du savant qui venait lui soumettre une question de science spéculative, on rencontrait l'industriel qui le consultait sur une difficulté pratique, sur un enroulement d'induit ou une distribution.

Le mal qui l'a tué et qui dura douze ans fut lent et cruel; l'envahissement de la maladie était lent et continu, les crises, d'année en année, plus fréquentes. Mais son âme était plus forte que l'aveugle puissance d'un mal brutal, elle ne plia pas. Il se faisait porter à l'École Polytechnique ou à l'École des Mines. Tout ce qu'il avait aimé autrefois, il continua à s'y intéresser de plus en plus dans les moments de répit que lui laissait la souffrance. Et dans ce corps, de jour en jour plus chétif, l'intelligence restait toujours aussi lumineuse. Telle une forteresse dont les remparts s'en vont pièce à pièce sous les obus ennemis et que l'énergie d'un chef fait encore redoutable. Quelques semaines avant sa mort, il me demandait des livres de mathématiques pour entreprendre une étude nouvelle pour lui. Jusqu'au dernier jour, il nous a montré que la pensée est plus forte que la mort.

H. POINCARÉ,

Membre de l'Académie française
et de l'Académie des Sciences.

AVERTISSEMENT.

M. Henri Poincaré ayant bien voulu se charger de présenter, dans l'éloquente Préface qu'on vient de lire, un admirable résumé de l'œuvre et de la vie de Potier, et ayant consacré, avec toute l'autorité qui s'attache à son nom, la valeur éminente et durable des principaux travaux de ce regretté physicien, il me reste seulement à exposer la façon dont a été composé le présent Volume et le but auquel il répond.

Ancien élève de Potier, lié à lui depuis plus de vingt ans par une reconnaissante et quasi filiale affection, j'ai considéré comme un pieux devoir d'élever à sa mémoire un monument durable en recueillant ses Mémoires épars pour qu'ils soient facilement accessibles à tous (^{1}). Mme Potier a bien voulu autoriser et favoriser cette entreprise, et M. Gauthier-Villars, qui a apporté à cette édition toute la précision et l'élégance dont il est coutumier, l'a rendue réalisable par son précieux concours.

J'ai classé les différents Mémoires ou Notes que j'ai pu recueillir en trois Parties, suivant qu'ils se rapportent à l'Électricité théorique (y

---

(^{1}) J'ai laissé de côté les cours professés par Potier à l'École Polytechnique et à l'École des Mines, d'une part, parce que lui-même s'est toujours refusé à leur donner la forme du livre imprimé et, d'autre part, parce que des cours de ce genre perdent trop vite leur intérêt à notre époque. Potier, et c'est un service capital qu'il a rendu à notre enseignement, a été en France l'introducteur et le grand champion des théories de Maxwell ; mais la maladie l'a empêché de prendre part à l'édification des nouvelles théories électroniques de l'électricité ; son cours eût donc exigé des remaniements trop considérables. J'ai cru cependant devoir extraire du cours de l'École Polytechnique le Chapitre sur la *théorie électromagnétique de la lumière*, qui est remarquable par la concision et la simplicité de l'exposé et qui sera toujours consulté avec fruit par les électriciens, et du cours de l'École des Mines une théorie capitale des *diagrammes des moteurs asynchrones et transformateurs* imaginée dès 1894 par Potier.

compris la théorie électromagnétique de la lumière), à l'Électrotechnique et à l'Optique respectivement. Bien que les Mémoires sur l'Optique aient été les premiers en date et, à certains égards, les plus remarquables, ils viennent ici en dernière ligne, parce que l'auteur s'est, au cours de sa carrière, plus spécialement attaché à l'Électricité (¹).

C'est donc surtout aux électriciens que s'adresse ce Recueil. C'est parmi eux, du reste, que Potier est le mieux connu, à la fois par ses travaux d'Électrotechnique, qui ont occupé toute la dernière partie de sa vie, et par les conseils éclairés qu'il n'a cessé de prodiguer, avec un admirable désintéressement, à tous les physiciens ou industriels qui le consultaient sur les principes ou les applications de la Science électrique.

Au début de la *première Partie* (Électricité théorique), on a reproduit deux Mémoires de Physique mathématique. L'un, *Sur l'électrodynamique et l'induction*, contient une revue rapide des lois fondamentales de l'électrodynamique et de l'induction ; Potier y a montré comment, à l'aide de considérations géométriques, et en calculant le travail des forces au lieu de ces forces elles-mêmes, on peut arriver rapidement à une connaissance des lois numériques qui régissent ces phénomènes, suffisante pour l'intelligence des méthodes actuelles de mesure, et plus complète que ne le permettait la lecture des Traités classiques de cette époque.

Le second Mémoire, *Sur la propagation de la chaleur et la distribution de l'électricité*, expose une démonstration des propriétés communes au potentiel électrique dans les milieux isolants et à la température dans un milieu conducteur quand le régime permanent est établi ; il fait ressortir l'analogie mathématique des problèmes de mouvements stationnaires, de la chaleur et de la distribution d'électricité, et l'utilité de la considération des lignes de force et de flux.

Une courte Note *Sur la mesure de l'énergie* indique deux méthodes nouvelles, analogues à celles de Joubert, permettant de réaliser cette mesure au moyen d'un électromètre à quadrants, quelle que soit la loi de variation des courants électriques employés.

(¹) Dans chacune des trois Parties de l'Ouvrage, les Mémoires ont été classés par ordre de date, sauf quand il a paru nécessaire d'en grouper quelques-uns ensemble par ordre de matières pour conserver la suite entre plusieurs travaux successifs relatifs au même sujet.

Dans deux Notes *Sur la théorie du contact*, Potier applique à l'étude de ce phénomène les principes de la Thermodynamique. En faisant intervenir le travail produit par les attractions réciproques de deux plateaux métalliques de zinc et de cuivre, il montre que le rapprochement est accompagné d'une diminution d'énergie du système, produite par une variation de l'énergie du métal au contact de l'air, et qui est fonction de la densité superficielle. Cette notion suffit également pour l'explication des phénomènes de polarisation. Des vérifications numériques confirment ces théories.

J'ai recueilli aussi une Note exposant *la mesure de l'équivalent électrolytique de l'argent*, par Potier et Pellat, dont le résultat, 1.192^{mg}, est en bonne concordance avec ceux qui ont été obtenus depuis lors par d'autres expérimentateurs (¹).

Viennent ensuite deux Notes d'ordre théorique. *Sur les calculs des coefficients de self-induction et de la propagation du courant* dans le cas particulier d'un conducteur cylindrique vertical indéfini entouré d'un autre cylindre concentrique indéfini ; puis une méthode simplifiée de calcul de la *résistance des conducteurs à courant variable ;* M. Potier, par une adroite approximation, remplace ici les formules théoriques compliquées par des formules pratiques relativement simples.

J'ai enfin ajouté à cette Partie les remarques intéressantes de l'auteur *Sur l'énergie des courants*, qui contiennent l'exposé d'un théorème nouveau sur un courant fermé placé dans un champ magnétique produit par des courants ou des aimants, et le Chapitre de son cours de l'École Polytechnique *Sur la théorie électromagnétique de la lumière*, qui constitue une synthèse remarquablement simple et concise, sous une forme accessible à la plupart des électriciens.

La deuxième Partie (Électrotechnique), qui est la plus importante de ce Recueil, contient une série de travaux remarquables que les ingénieurs aussi bien que les physiciens qui s'occupent de machines électriques consulteront toujours avec le plus grand fruit.

La première Note indique le principe d'un *électrodynamomètre diffé-*

(¹) A l'occasion de cette étude, Potier a signalé dans une Note à l'Académie des Sciences, t. CVIII, p. 396, reproduite ici seulement en résumé (p. 322), que l'électrolyse des sels mercureux est irrégulière, et il en a donné l'explication.

rentiel permettant, par un montage élégant, de mesurer directement la puissance électrique dans un appareil à courants alternatifs.

Vient ensuite une série de Notes *Sur la réaction d'induit* des machines, publiées de 1889 à 1902 et qui ont toutes fait époque dans la théorie des dynamos ou des alternateurs. C'est dans la Note de 1889, sur la réaction de l'induit dans les dynamos, que Potier a posé pour la première fois d'une manière claire et précise la définition de cette réaction et en a montré la cause, restée douteuse pour les praticiens dont la plupart faisaient intervenir la self-induction. La réaction se traduit par une diminution de la force électromotrice aux bornes de l'induit, qui augmente avec le débit de la machine. Potier, en étudiant le flux magnétique produit dans une machine à l'état de repos par un courant inducteur et par un courant fixe dans l'induit, a démontré en 1889 que le flux utile est réduit par le décalage des balais, et que ce dernier peut être annulé si l'on compense l'effet de l'induit par des aimants extérieurs. En 1899, il a établi d'une façon plus complète l'effet des ampères-tours démagnétisants, qui réduisent la force magnétomotrice utile, et l'effet des ampères-tours transversaux, qui modifient seulement la saturation des pièces polaires ; l'application de sa théorie à des résultats expérimentaux, en apparence paradoxaux, a fait ressortir un accord tout à fait satisfaisant qu'on n'avait pu obtenir jusqu'alors.

L'étude de la *réaction d'induit des alternateurs* a conduit Potier à une découverte remarquable sur les propriétés des caractéristiques à intensité constante en courant complètement déphasé ; l'emploi de ces caractéristiques, dont il a démontré le sensible parallélisme, permet de déterminer, par un simple triangle, des quantités proportionnelles à la self-induction et aux contre-ampères-tours de l'induit. Une seconde Note complémentaire de 1902 apporte aussi un élément nouveau dans la question, celui du *calcul des ampères-tours inducteurs*, par la décomposition de la caractéristique en ses diverses composantes. J'ai précisé les limites d'emploi de ces théories, qui donnent des résultats de remarquable exactitude, mais dont on a voulu quelquefois à tort étendre l'emploi à des cas auxquels elles n'étaient pas destinées.

J'ai rassemblé un groupe de Notes non moins importantes sur les *moteurs asynchrones*. La première expose une méthode de calcul originale et ingénieuse, qui s'applique directement aux moteurs monophasés et qui permet de considérer les moteurs diphasés et triphasés comme des combinaisons de ce premier cas simple ; cette méthode a reçu depuis lors de nombreuses applications.

Dans une seconde Note, Potier a, pour la première fois, analysé les phénomènes de second ordre, dus à l'imparfaite distribution des champs tournants; il a pu ainsi expliquer aux ingénieurs comment des machines asynchrones peuvent tourner d'une façon stable, non seulement à la vitesse normale, mais à des vitesses plus faibles, voisines de la moitié ou du tiers de la précédente.

Une dernière Note *Sur les diagrammes de fonctionnement des transformateurs à courant alternatif et des moteurs asynchrones*, reconstitués d'après le cours de l'École des Mines (1894-1895), établit d'une manière très nette en faveur de Potier la propriété du diagramme circulaire rigoureux du moteur asynchrone, attribué jusqu'à présent à Ossanna, et qui a une grande importance pour l'étude de ces machines, et l'emploi des polaires réciproques pour l'établissement de ce diagramme. Celui-ci permet de connaître, par un cercle tracé au moyen des constantes du moteur, le lieu géométrique des extrémités mobiles des vecteurs des courants primaires et secondaires (qui passent par deux pôles fixes), tout en tenant compte des résistances des enroulements primaires aussi bien que secondaires.

Potier a étudié d'une manière remarquable les précautions à prendre contre *l'électrolyse dans l'établissement des voies de tramways;* il a indiqué les solutions passées depuis lors dans la pratique, notamment la limite de 5 volts entre terre et rail, qui est aujourd'hui admise réglementairement en France, et les méthodes de calcul des feeders de retour qui permettent de ne pas dépasser cette limite.

Il a donné également une méthode de calcul importante pour l'évaluation des *courants de Foucault sur les faces polaires regardant des induits dentés des machines dynamo-électriques.*

Son dernier Mémoire électrotechnique *Sur les phénomènes de surtension dans les réseaux à courants alternatifs* est particulièrement important et montre la lucidité d'analyse avec laquelle, jusqu'à la fin de sa vie, Potier a su débrouiller des phénomènes en apparence les plus compliqués et en conduire la détermination jusqu'au calcul des valeurs numériques dans les conditions de la pratique. Sous une forme peut-être un peu trop condensée, mais d'une admirable logique, il a établi d'une façon magistrale, par la considération des intégrales complètes et les

conditions de régime aux limites, tous les principes du calcul des phénomènes instantanés dus aux changements brusques de régime, dans le
cas où l'on peut négliger les effets de *propagation*. Il a donné à ces
méthodes une généralité qui permet de tenir compte même de l'hysté-
résie des transformateurs. Il a rectifié sur beaucoup de points des opi-
nions erronées.

La troisième Partie (Optique) est précédée d'une introduction, que
j'ai retrouvée dans des papiers de Potier, et qui résume le but de ses
recherches : fondre les théories partielles de Fresnel en une théorie
générale satisfaisant à toutes les expériences, sans intervention d'ondes
longitudinales, introduites par Cauchy et autres auteurs.

Déjà le premier Mémoire qu'il ait écrit, *Sur la diffraction des lumières
polarisées*, établit ainsi que les expériences de Holtzmann sont parfaitement conciliables avec la théorie de Fresnel.

Un Mémoire, beaucoup plus étendu, *Sur l'intégration d'un système
d'équations différentielles partielles à coefficient périodique*, expose une
importante simplification apportée à la théorie de Sarrau sur la théorie
mathématique de la périodicité des propriétés de l'éther. Admettant un
éther isotrope, Potier démontre que, pour une onde de direction donnée,
on trouve deux vitesses de propagation, correspondant chacune à une
vibration moyenne déterminée ; la différence de ces vitesses contient un
terme indépendant de la longueur d'onde, comme l'indique l'expérience.
Quant aux vibrations propagées, elles sont recueillies dans les milieux
non mériédriques, elliptiques dans le cas le plus général, mais circulaires
lorsque l'équation qui détermine le terme indépendant de la longueur
d'onde dans la vitesse a ses deux racines égales ; la différence de vitesse
des deux circulaires inverses étant de l'ordre du carré de l'inverse de la
longueur d'onde, ce qui est conforme à l'expérience.

La Note suivante, *Sur l'emploi direct des ondes dans les calculs
d'Optique*, indique une méthode d'exposition des questions d'Optique
dispensant de la considération des rayons lumineux.

Viennent ensuite quatre importants Mémoires *Sur la réflexion vitreuse
et métallique* ([1]). La polarisation elliptique que présente la lumière ré-

---

([1]) Le dernier, présenté à l'Académie des Sciences le 13 mai 1889 et qui devait
figurer à la page 276 du présent Recueil, car il complète le premier, a été rejeté,
par suite d'une erreur de mise en pages, à la fin du Volume.

fléchie sur les corps transparents a été expliquée par Cauchy en supposant des ondes longitudinales évanescentes; cette théorie conduit à des relations entre les coefficients d'ellipticité de trois corps, pris deux à deux, que les expériences de Jamin et de M. Quincke n'ont pas vérifiée.

Potier introduit, pour expliquer ces phénomènes, la conception toute nouvelle et féconde d'une *couche de transition*, d'épaisseur très mince (une fraction de la longueur d'onde), existant au passage d'une substance à une autre.

Dans le cas de la vibration perpendiculaire au plan d'incidence, il existe dans l'épaisseur de la couche de passage un plan sur lequel les ondes incidentes réfléchies et réfractées sont rigoureusement constantes. Dans le cas de la vibration dans le plan d'incidence, l'une des équations de Fresnel est conservée; les ondes incidentes et réfléchies ont une différence de phase sur le plan origine, et le rayon réfléchi ne s'annule pour aucune incidence. La différence de phase et le rapport entre les intensités des rayons réfléchis dans les deux azimuts principaux ne diffèrent pas sensiblement de celle déduite des formules de Cauchy. Mais le coefficient d'ellipticité est variable en fonction de l'indice de réfraction, et l'ellipticité de la lumière réfléchie doit croître rapidement à mesure que la longueur d'onde diminue, tandis que la théorie de Cauchy conduit à une ellipticité constante. Cette conclusion de Potier a été complètement vérifiée par des expériences de Cornu sur la réflexion des rayons ultra-violets.

Cette théorie a conduit l'auteur à des vérifications intéressantes. Par exemple, quand le rayon est polarisé dans le plan d'incidence, et si, le second milieu étant du verre, on modifie le premier milieu en employant tantôt l'air, tantôt de l'eau ou un autre liquide, la surface fictive de séparation optique doit se déplacer ; or, en réalisant l'expérience des anneaux de Newton entre deux lentilles mobiles séparées tantôt par l'air, tantôt par le liquide, Potier a pu obtenir des variations de diamètre des anneaux atteignant le $\frac{1}{20}$ de la longueur d'onde du sodium.

Il a appliqué aussi avec détails sa théorie *à la réflexion métallique*. Pour étudier celle-ci, malgré l'ellipticité prononcée que produit la réflexion métallique et qui masque l'influence bien plus faible de la couche de passage, il a employé d'abord, comme ci-dessus, le phénomène des anneaux colorés produits entre une lentille et une plaque métallique, puis les interférences de deux faisceaux ayant subi, sur la face interne d'un prisme à demi argenté, l'un, la réflexion métallique; l'autre, la réflexion ordinaire ou totale par une substance transparente. On constate ainsi un déplacement des franges, qui varie suivant la nature des milieux, air ou liquide, au contact du verre, par suite du déplacement des surfaces de séparation qui atteint quelques centièmes de longueur d'onde. Potier en a tiré d'intéressantes conclusions, relativement à la mesure de l'épaisseur, au changement de phase qui augmente l'ellipticité de la polarisation, etc.

Il a réalisé, dans le même ordre d'idées, la *mesure directe du retard qui accompagne la réflexion des ondes lumineuses* au moyen d'un phénomène d'interférence analogue au précédent, mais en remplaçant le prisme par une mince lame de verre dont l'image est projetée sur la fente d'un spectroscope; il étudie la manière dont les cannelures du spectre sont brisées le long de la ligne limitant l'image de la substance réfléchissante, qui est tantôt une argenture partielle de la face postérieure de la lame, tantôt une solution absorbante de fuchsine.

A la suite de ces Mémoires principaux sont reproduites d'autres Notes moins importantes, notamment une discussion de *l'expérience de Wiener*, une *étude du principe d'Huygens*, donnant la solution du problème de la distribution, sur une surface enveloppant tous les centres d'ébranlement, des sources fictives qui leur seront équivalentes pour les points extérieurs à cette surface; Potier montre, en particulier, que le principe s'applique aussi bien aux ondes uniques qu'aux mouvements périodiques.

Il a donné également une démonstration tout à fait générale du *principe du retour des rayons*, auquel il a donné aussi un énoncé plus général : « Si un rayon polarisé traverse un polariseur, puis un analyseur disposé dans une orientation quelconque, la fraction de la lumière incidente qu'on retrouve dans la lumière émergente est indépendante du sens dans lequel la lumière passe dans l'appareil. Ce principe subsiste même si la lumière a subi des réflexions ou des réfractions quelconques, à condition d'appliquer la théorie des couches de passage exposée plus haut. »

Dans un autre ordre d'idées, Potier s'est occupé à plusieurs reprises de *l'entraînement des ondes lumineuses* par la matière pondérable en mouvement. Il a fait connaître en France le principe de Veltmann (le mouvement d'un système de corps n'a aucune influence sur le système d'interférence si la source et l'observateur sont entraînés dans le même mouvement) et il en a donné une démonstration nouvelle. Avec la démonstration de Fresnel, même modifiée par Eisenlohr, on était obligé, pour rendre compte des expériences de M. Mascart sur le spath d'Islande, d'admettre que la vitesse d'entraînement de l'éther est différente suivant la couleur et suivant que le rayon est ordinaire ou extraordinaire. Potier a montré que ces hypothèses contradictoires étaient inutiles, et il a donné de la formule de Fresnel une démonstration élémentaire fondée sur le principe de l'identité des réactions élastiques de l'éther libre et de l'éther dans les corps transparents.

L'Ouvrage dont je viens d'exposer rapidement le contenu ne renferme pas toutes les Œuvres de Potier; j'ai dû laisser de côté plusieurs autres Mémoires ou Notes, pour différentes raisons (¹). Mais j'en ai donné en annexe un *résumé* sommaire, ainsi que la liste complète des Notes de Potier à l'Académie des Sciences, de façon que le lecteur ait toutes les références pour retrouver ceux de ces Mémoires auxquels il pourrait prendre intérêt.

Puisse la lecture de ce Recueil, tel qu'il est composé, inspirer à tous à la fois l'admiration pour l'Œuvre de Potier, et un vif regret de la disparition prématurée d'un savant aussi éminent que modeste et désintéressé;

(¹) Certains Mémoires, relatifs à l'électricité, ne sont que des exposés didactiques, ne contenant pas de vues spécialement originales de l'auteur et qui, avec le recul du temps, n'ont donc plus d'intérêt immédiat.

D'autres Notes de Potier qui figurent dans la traduction française du Traité d'Électricité de Maxwell, sont déjà entre toutes les mains ; elles étaient d'ailleurs beaucoup moins intéressantes pour les électriciens que la plupart de celles qui figurent dans ce Recueil.

Les Notes sur l'Électro-Optique, relatives à la loi de Verdet et à la théorie que Potier avait imaginée pour expliquer cette loi dans les idées de Fresnel, ont perdu leur intérêt depuis que Lorentz a fourni une explication beaucoup plus satisfaisante. Et, d'ailleurs, la théorie de Potier est exposée déjà dans le Traité *Électricité et Optique* de M. Poincaré, que possèdent toutes les bibliothèques.

Les travaux de Potier sur la Thermodynamique n'ont été que tout à fait accessoires dans sa carrière, bien qu'il la possédât à fond et l'enseignât magistralement dans son cours de Physique générale.

Les études géologiques sont d'ordre trop spécial pour entrer dans le cadre de cet Ouvrage. Elles ont été analysées en détail par M. de Lapparent (*loc. cit.*).

j'ajouterai en connaissance de cause que, sous des dehors austères, Potier cachait un cœur profondément bon et généreux.

Comme l'a dit son ami, le regretté A. de Lapparent [1], « il est presque merveilleux qu'il puisse se trouver des savants capables d'exceller en n'importe quelle matière et [de se montrer dans tous les domaines où leur activité pénètre, des maîtres incontestés. Ce privilège, nul ne l'a possédé de nos jours à un degré plus éminent qu'Alfred Potier; et, de plus, par une rencontre bien peu commune, sa maîtrise a eu ce caractère de s'exercer avec d'autant moins de bruit qu'elle était plus unanimement acceptée. Dédaigneux de se faire valoir, fuyant systématiquement toute manifestation extérieure [2], indifférent à tout ce qui n'était pas le travail pur, il a, par la seule vertu de son mérite, provoqué partout un tel courant d'estime et d'admiration, que la justice de ses contemporains n'a jamais failli à ce qu'elle lui devait; et c'est à qui, parmi eux, s'empressera de revendiquer son nom à l'honneur de chacune des spécialités où son étonnante activité scientifique a laissé des traces. »

C'est surtout parmi nous, électriciens, que ce physicien hors de pair, ce mathématicien remarquable, cet observateur profond et sagace chez qui le sens pratique égalait le génie scientifique, a le droit d'être proclamé un des esprits initiateurs qui ont le mieux mérité la gratitude de leurs contemporains.

A. BLONDEL,

Professeur d'Électricité
à l'École nationale des Ponts et Chaussées.

---

(1) Notice nécrologique sur Alfred Potier, par A. de Lapparent (*Bull. Soc. géologique de France*, 4ᵉ série, t. VI, 1906, p. 315). On pourra lire aussi avec intérêt la Notice de M. Liénard, ingénieur en chef des Mines, sur Potier, sa vie et ses œuvres, dans les *Annales des Mines*, 1908.

(2) Par exemple, en un temps où les savants eux-mêmes n'échappent pas à la publicité, Potier n'a jamais consenti à laisser publier, en France ou à l'étranger, ni son portrait, ni le moindre article biographique. (Note de l'Éditeur.)

MÉMOIRES

SUR

L'ÉLECTRICITÉ ET L'OPTIQUE.

PREMIÈRE PARTIE.

ÉLECTRICITÉ THÉORIQUE.

SUR

L'ÉLECTRODYNAMIQUE ET L'INDUCTION [1].

Journal de Physique, t. II, année 1873, p. 5 et 121.

INTRODUCTION.

Je me propose de passer en revue rapidement les théorèmes fondamentaux relatifs aux actions électrodynamiques et à l'induction en insistant surtout sur les points qui ne sont pas développés dans les Traités de Physique les plus répandus en France, et dont la démonstration est cependant facile et exige des calculs beaucoup moins complexes que ceux que l'on fait habituellement.

Je ne me servirai point de la formule d'Ampère; cette formule n'est

---

(1) Bien que ce Mémoire n'ait pas été le résultat d'une recherche de lois nouvelles, mais seulement d'une méthode d'exposition nouvelle, il apportait, lors de sa publication en 1873, une façon tout à fait originale de présenter l'Électrodynamique en France. Il nous a paru utile de reproduire ici cette synthèse pénétrante et élégante, à la fois comme une introduction excellente à lire pour tous ceux qui voudront étudier les Mémoires de M. Potier, et comme un exemple caractéristique de *sa manière;* on peut considérer ce Mémoire comme un Chapitre détaché de ses remarquables Leçons sur l'Électricité, professées à l'École Polytechnique, auxquelles nous emprunterons plus loin encore un autre Chapitre qui procède des mêmes principes. (*Note de l'Éd.*)

pas démontrable dans l'état actuel de la Science. Elle ne peut être non plus considérée comme vérifiée par les conséquences qu'on en tire; car d'autres lois ([1]), aussi simples comme énoncé, conduisent aux mêmes résultats quand on étudie l'action d'un courant fermé sur un élément de courant. D'ailleurs, on ne peut considérer l'établissement de cette formule comme le *but* de l'Électrodynamique, mais comme le moyen de calculer les actions réciproques des courants, et, sous ce rapport, le seul calcul intéressant serait la démonstration du théorème d'Ampère, d'où il résulte que l'action d'un courant fermé est identique à celle d'une surface magnétique ayant même limite.

Si l'on établit expérimentalement ce dernier point en montrant qu'un solénoïde, dont la section a une forme quelconque, agit comme un aimant, il en résulte nécessairement qu'un petit courant fermé est équivalent à une molécule magnétique. D'ailleurs, l'action d'un courant ABCD (*fig.* 1) étant égale à la somme des actions des courants ABD,

Fig. 1.

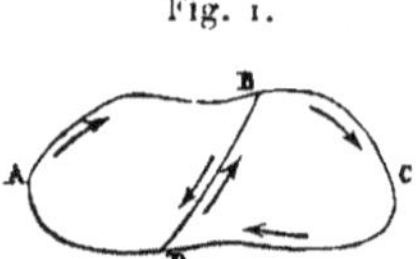

BCD, et par suite à la somme des courants infiniment petits de même sens, dans lesquels on pourra le décomposer, l'action totale du courant sera la somme des actions des molécules magnétiques toutes orientées de même, c'est-à-dire l'action d'une surface magnétique. Tel sera mon point de départ. On verra qu'il réduit, comme Ampère l'avait fait voir, la recherche de l'action d'un courant fermé sur un élément de courant à une seule intégration ([2]), au lieu de la triple intégration que suppose l'emploi de la formule qui représente l'action réciproque de deux éléments de courant. Cette simplification, identique à celle qu'introduit

---

([1]) Par exemple celle-ci : l'action de ds sur ds' est appliquée à ds' dans le plan passant par ds perpendiculairement à ds' et par le milieu de ds', et égale à $ds'\dfrac{d\theta}{r}\cos\beta$, $d\theta$ étant l'angle sous lequel on voit ds du milieu de ds', r la distance des éléments et β l'angle de ds et du plan.

([2]) Cette intégrale représente l'angle solide sous lequel on voit un contour fermé. C'est une portion de surface sphérique. Elle se présente donc sous forme d'une intégrale double; mais, l'une de ces intégrations s'effectuant toujours, il ne reste qu'une intégrale simple. D'ailleurs, cette surface sphérique est égale, à une constante près, au contour de la ligne polaire de celle qui limite la surface. C'est donc bien une intégrale simple.

l'étude du potentiel dans la théorie de l'attraction, a une importance considérable par la signification mécanique de l'intégrale qui remplace ici le potentiel, particulièrement dans la théorie de l'induction; elle est le véritable couronnement de l'œuvre d'Ampère.

La théorie de l'induction, du moins en ce qui concerne le calcul de l'intensité des courants induits, est également négligée dans nos Ouvrages classiques, de sorte que la lecture des Mémoires de Weber, par exemple, où il est fait constamment usage des théorèmes relatifs à ces courants, exige une préparation spéciale.

Il y a cependant longtemps que M. Neumann ([1]), observant que les courants induits ne se produisent que lorsque les positions respectives du courant inducteur et du circuit ou de l'élément induit sont telles qu'il y ait action de l'un sur l'autre lorsqu'ils sont tous deux parcourus par un courant, et qu'un déplacement d'un élément induit ne produit d'effet qu'autant que ce déplacement n'est pas normal à la force qui le solliciterait, s'il était aussi parcouru par un courant, généralisa ces observations et en conclut que le courant induit était proportionnel : 1° dans le cas où l'induction est produite par un déplacement, au travail que produiraient les forces électrodynamiques, si le circuit induit était parcouru par un courant d'intensité I pendant le déplacement; 2° dans le cas où l'induction est produite par un changement dans l'intensité de l'inducteur, au travail produit par les forces électrodynamiques, si le circuit induit était parcouru par un courant d'intensité I, et si l'inducteur, parcouru par un courant d'intensité égale à la variation d'intensité qu'il a subie, se trouvait amené de l'infini à sa position actuelle. Les conséquences expérimentales de cette hypothèse avaient été vérifiées par M. Weber ([2]), lorsque M. Helmholtz ([3]), dans son mémorable opuscule sur la conservation de la force, montra que cette hypothèse dérivait du principe de l'équivalence de la chaleur et du travail, et fixa la valeur de la constante qui indique le rapport entre la force électromotrice totale induite et le travail, constante qui est réduite à l'unité par un choix rationnel des unités électriques, et qui est prise négativement pour satisfaire à la loi de Lenz.

Il y a donc nécessité de savoir calculer non seulement les forces électrodynamiques, mais aussi le travail qu'elles produisent pour un déplacement donné. Ce travail est même susceptible d'expressions tellement

---

([1]) NEUMANN, *Poggendorff's Annalen*, t. LXVII.
([2]) WEBER, *Electrodynamische Maasbestimmungen*.
([3]) HELMHOLTZ, *Ueber die Erhaltung der Kraft*, Berlin, 1847.

simples, qu'il y a avantage à le calculer d'abord et à en déduire les forces par les considérations suivantes :

1° Si un point matériel est soumis à l'action de différentes forces, leur résultante est perpendiculaire aux déplacements pour lesquels le travail correspondant est nul. L'intensité de la force est le quotient du travail correspondant à un déplacement dirigé suivant la force par ce déplacement lui-même.

2° Si un corps de figure invariable est soumis à l'action de différentes forces, on peut toujours les réduire à une force appliquée en un point déterminé arbitrairement et à un couple. La force est encore perpendiculaire à tous les déplacements de translation pour lesquels le travail est nul. Le couple est déterminé, parce que son moment, par rapport à un axe passant par le point, est le quotient du travail, produit par une rotation autour de cet axe, par l'angle de rotation.

Je montrerai dans cette Note que, de la formule de Laplace telle qu'elle résulte des expériences de Biot et Savart, on peut déduire que l'action d'un aimant sur un petit courant est la même que l'action sur une molécule magnétique; on pourrait en déduire que, vis-à-vis d'un aimant, un solénoïde se conduit comme un aimant, ce qui conduit naturellement à examiner s'ils n'agissent pas de même sur les courants.

Autant que possible, je préférerai la Géométrie à l'Analyse, ce qui me permettra d'introduire la notion des *lignes de force,* de Faraday, dont l'emploi simplifie considérablement les énoncés relatifs à l'induction.

§ I. — Action d'un pôle sur un courant fermé.

Soient A et B (*fig.* 2) les deux pôles d'un aimant infiniment petit de longueur $2h$ et chargés chacun d'un magnétisme μ, et soit M la position

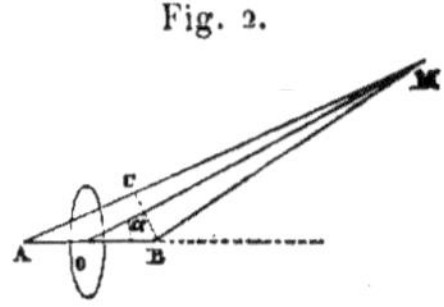

Fig. 2.

d'une masse égale à l'unité de fluide boréal. Proposons-nous de calculer la quantité de travail nécessaire pour amener de l'infini cette masse magnétique à sa position actuelle M. Si le pôle A existait seul, ce travail négatif serait $-\dfrac{\mu}{\text{AM}}$. Si B existait seul, le travail positif serait $\dfrac{\mu}{\text{BM}}$; le travail de la résultante étant égal à la somme des travaux des composantes sera

$$\mu\left(\frac{1}{BM} - \frac{1}{AM}\right),$$

ou encore

$$\mu\frac{AM - BM}{AM.BM},$$

ou, si α est l'angle MOB et observant que AB est infiniment petit,

$$\mu AB\frac{\cos\alpha}{OM^2} \quad \text{ou} \quad \frac{2\mu h\cos\alpha}{r^2}.$$

Si, d'autre part, on considère un circuit infiniment petit de surface σ, parcouru par un courant d'intensité i, tel que $2\mu h = \sigma i$, équivalent, par conséquent, à l'aimant AB, le travail nécessaire pour amener la masse de l'infini au point M sera le même, soit $i\dfrac{\sigma\cos\alpha}{r^2}$; mais $\dfrac{\sigma\cos\alpha}{r^2}$ est l'angle solide sous lequel on voit le circuit du point M : donc le travail nécessaire pour amener en présence du courant d'intensité i une masse magnétique égale à 1, de l'infini au point M, ou le *potentiel* de ce circuit, est l'angle sous lequel on le voit du point M multiplié par l'intensité du courant.

Fig. 3.

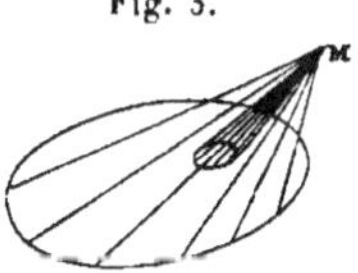

Soit maintenant un circuit quelconque parcouru par un courant d'intensité i; son action sur une masse magnétique placée en M est la résultante des actions exercées par chacun des circuits élémentaires en lesquels on peut le décomposer, et le travail nécessaire pour amener de l'infini en M l'unité de masse magnétique est la somme des travaux des forces exercées par chacun de ces circuits, c'est-à-dire l'*angle* solide sous lequel on voit le circuit du point M (*fig.* 3), et, pour un courant d'intensité i, le produit de cet angle par i.

Les surfaces d'égal potentiel seront le lieu des points desquels on voit le circuit sous le même angle. Supposons ces surfaces construites et proposons-nous de trouver la force qui sollicite un pôle magnétique de masse égale à l'unité placé en un point quelconque. Soit AB (*fig.* 4) la surface d'égal potentiel passant par le point M. Si le point M va en M_1, en restant sur la surface, aucun travail ne sera fait par les forces électrodynamiques, puisque ce travail, différence des travaux nécessaires pour amener la masse de l'infini aux points M et M_1, est nul; donc la force qui sollicite le point M est normale à la surface AB.

Fig. 4.

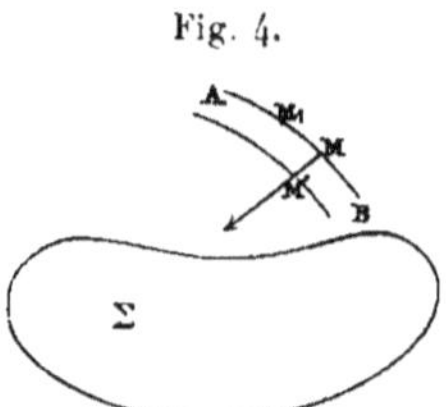

Faisons mouvoir la masse de M en M′. Soient V la valeur de l'angle pour M, V′ sa valeur au point M′, le travail produit serait $(V' - V)i$; le chemin parcouru étant MM′, la force serait $\dfrac{V' - V}{MM'} i$, c'est-à-dire la quantité que, dans une précédente Note, j'ai appelée la *variation* de V et que je représenterai par ε (¹), multipliée par l'intensité du courant.

Si le circuit Σ, au lieu d'être parcouru par un courant i, n'est parcouru par aucun courant, le mouvement de la masse M en M′ déterminera un courant d'induction dans le circuit. La force électromotrice de ce courant sera, d'après la loi de Neumann, la différence V′ — V multipliée par le magnétisme dont est chargée la masse. Cette quantité sera la même, que M s'approche de Σ ou que Σ s'approche de M, et nous pourrons dire que la quantité d'électricité qui passera dans chaque section du circuit Σ, quand il s'approchera (ou s'éloignera) d'un pôle magnétique d'intensité μ, est le produit de μ par la différence (positive ou négative) des angles sous lesquels on voit du pôle le circuit dans ses positions initiale et finale divisée par la résistance du circuit.

L'ambiguïté que présente cette règle dans le cas où le pôle est dans le plan du courant est facilement levée comme il suit. Décrivons du pôle comme centre une sphère de rayon 1, et projetons le circuit en perspective sur cette sphère; ce circuit projeté étant vu du pôle sous le même angle que le circuit Σ lui est équivalent à notre point de vue. Si, par le déplacement du circuit Σ, sa perspective, au lieu d'être la courbe Σ_1 (*fig.* 5), devenait la courbe Σ_2, le travail serait mesuré par la portion de la surface de la sphère couverte de hachures horizontales diminuée de la portion de cette même sphère couverte de hachures verticales. Suppo-

____

(¹) *Journal de Physique*, t. I, p. 145.

sons maintenant le circuit plan, et son plan passant par le pôle. Si le pôle est en dehors du circuit (*fig.* 6), les courbes Σ_1 et Σ_2 se réduisent à

Fig. 5.

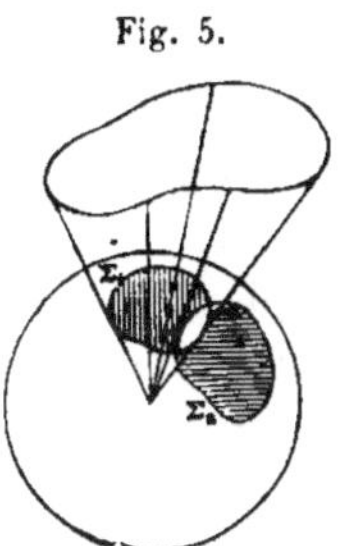

deux portions d'arc de grand cercle, et leurs aires sont nulles. Si le pôle est à l'intérieur (*fig.* 7), chacune de ces courbes est une circonférence

Fig. 6.   Fig. 7.

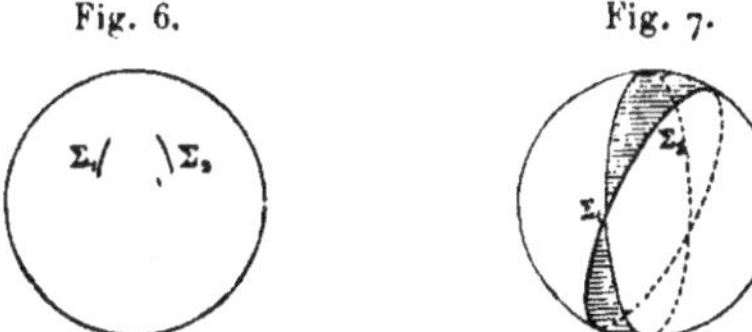

de grand cercle, et la surface à évaluer est celle d'un fuseau, c'est-à-dire l'angle formé par les deux plans du circuit. Donc, dans ce cas, s'il tourne de l'angle ω, que μ soit le magnétisme accumulé au pôle, la force électromotrice du courant induit sera $2\mu\omega$, ou $4\pi\mu$, par révolution.

Si l'induction, au lieu d'être produite par une variation dans la position de l'aimant, est produite par une variation dans son magnétisme, qui de μ deviendrait μ', le courant induit serait le même que si la quantité $\mu' - \mu$ de magnétisme était amenée de l'infini au point M, c'est-à-dire $(\mu' - \mu)V$; pour un circuit plan en particulier, le pôle étant dans son plan, ce sera o ou $2\pi(\mu' - \mu)$, suivant qu'il sera extérieur ou intérieur.

La propriété fondamentale de ces familles de surfaces résulte de ce qu'elles sont le lieu des points pour lesquels le potentiel des forces attractives et répulsives émanant de la surface magnétique est constant; et ces forces variant en raison inverse du carré de la distance, on peut leur appliquer ce qui a été dit des forces électriques, dans un article précédent (¹), et des surfaces d'égal potentiel auxquelles elles donnent lieu,

---

(¹) *Journal de Physique*, t. I, p. 145.

c'est-à-dire que, si l'on construit un filet normal à ces surfaces, le produit de la section σ de ce filet en un point quelconque, par la valeur de la variation ε en ce point, est constant tout le long du filet, et il y aura lieu de considérer encore des *lignes de force*, ou axes de filets, telles que le produit $\sigma\varepsilon$ soit l'unité pour chacun d'eux.

Si l'on substitue à un circuit traversé par un courant d'intensité 1 un courant d'intensité i, les valeurs de V et ε (potentiel) se trouvent multipliées par i, et la section σ du filet, telle que $\sigma\varepsilon = 1$, sera réduite dans le rapport de 1 à i; par suite, le nombre des lignes de force coupant une surface donnée sera augmenté aussi dans le rapport de 1 à i, sans que leur direction soit altérée.

La figure 8 donnera une idée de la manière d'être de ces surfaces. On

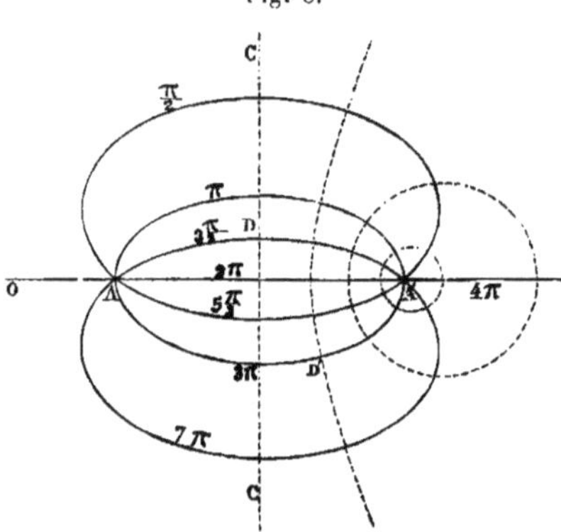

Fig. 8.

a supposé un circuit plan circulaire, perpendiculaire au plan du tableau, et projeté suivant AA'. Le chiffre inscrit sur chaque ligne donne l'angle solide sous lequel on voit le circuit d'un point quelconque de la surface engendrée par la révolution de cette ligne autour de l'axe CC.

Toutes les surfaces passent par le circuit lui-même. Des considérations géométriques, identiques à celles qui seront développées dans le paragraphe V, montrent que l'angle sous lequel ces surfaces coupent le plan du circuit est la moitié de l'angle solide correspondant ([1]).

Les lignes ponctuées représentent des lignes de force.

([1]) Ces surfaces sont isothermes : si deux d'entre elles étaient entretenues à des températures fixes et limitaient un corps conducteur, tel que AD A'D', la température t à l'intérieur de ce corps serait constante sur chaque surface V = const., et serait liée à la valeur de V par une relation $t = a\mathrm{V} + b$, a et b étant deux constantes déterminées par les températures des surfaces limitant le corps.

On pourra construire facilement un autre groupe de ces surfaces en prenant pour circuit Σ un courant infiniment petit, les méridiens de ces surfaces ayant pour équations $\dfrac{z}{r^3} = \text{const.}$, si l'on suppose le courant dans le plan des xy, avec $r^2 = x^2 + y^2 + z^2$.

§ II. — Action réciproque de deux courants fermés.

Il est facile de passer de l'action réciproque d'un courant fermé et d'un pôle à l'action réciproque de deux courants fermés. Soient Σ et Σ' ces deux circuits, on décomposera Σ', par exemple, en éléments σ', qu'on supposera parcourus par un courant d'intensité égale à celui qui parcourt Σ', on substituera à chacun de ces éléments σ' un aimant infiniment petit de longueur $2h'$, ayant à chacun de ses pôles une quantité de magnétisme $\mu' = \dfrac{\sigma' i'}{2h'}$, et l'on ajoutera les effets de tous ces petits aimants, soit qu'il s'agisse d'attraction, soit qu'il s'agisse d'induction.

Soient A et B (*fig.* 9) les pôles d'un de ces aimants, V la valeur de l'angle sous lequel on voit le circuit du point A, V' celui sous lequel on

Fig. 9.

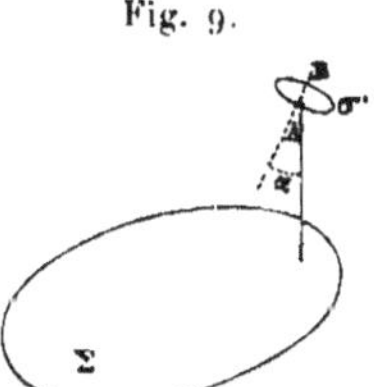

je voit du point B. Le travail nécessaire pour amener de l'infini à la position AB le petit aimant sera $i\mu'(V' - V)$, ou par définition $i\mu' \times 2h' \cos\alpha \times \varepsilon$, α étant l'angle de AB et de la normale aux surfaces $V = \text{const.}$, ou encore $ii'\sigma'\varepsilon \cos\alpha$; cette expression, divisée par i' ou $i\sigma\varepsilon \cos\alpha$, mesure encore la force électromotrice totale produisant le courant induit qui se développera dans le circuit σ', s'il est porté de l'infini à la position AB, et la somme des expressions analogues, dans lesquelles i est facteur commun, donnerait la force électromotrice du courant induit circulant dans Σ', si on l'amène de l'infini à sa position actuelle, ou bien encore si l'on fait passer dans Σ, primitivement sans courant, un courant d'intensité i.

Cette quantité est susceptible d'une expression plus simple. Les surfaces V sont normales à la force qui solliciterait une masse magnétique placée en A ou B, et ε est la grandeur de cette force. D'autre part, on sait que, si l'on considère un filet normal aux surfaces V et limité par le contour de σ', le nombre des lignes de force contenues dans ce filet sera le produit de ε par la section $\sigma' \cos\alpha$ de ce filet, normale à son axe; ce nombre fait donc connaître la force électromotrice.

L'induction produite par un mouvement de Σ' sera donnée par le nombre des lignes de force coupées par Σ' dans son mouvement. Si l'induction est produite par la variation d'intensité de Σ, le produit de la variation d'intensité par le nombre des lignes de force mesurera cette induction.

Il est facile de ramener à cet énoncé la règle donnée pour l'induction produite par un pôle. Dans ce cas, en effet, les lignes de force sont des droites convergentes vers le pôle, et également espacées. Le nombre de celles qui traversent une surface quelconque est donc mesuré par l'angle solide sous-tendu par cette surface.

§ III. — Action d'un courant fermé sur un élément de courant.

L'action d'un courant fermé sur un élément de courant se calculera aisément en partant de la loi de Laplace. En effet, un pôle d'aimant exerce, sur un élément de courant, une action $\dfrac{\mu \, ds \sin\alpha}{r^2}$; on en déduira l'action exercée par un aimant infiniment petit et, par suite, par un circuit élémentaire. En les composant, on aura l'action totale d'un circuit fermé; mais, au lieu de composer des forces, nous suivrons la méthode déjà employée; nous chercherons le travail produit par un déplacement du courant : $1°$ en présence d'un pôle; $2°$ en présence d'un petit courant; $3°$ en présence d'un courant. Ces calculs sont simplifiés, puisque l'*addition* des travaux est plus simple que la *composition* des forces.

Soient A (*fig.* 10) un pôle, *ds* l'élément de courant *ab*, F la force; déplaçons l'élément de courant, dont le milieu vient alors de M en M'; le travail de la force F sera $\mu i \dfrac{ds \times \mathrm{MM'} \sin\alpha}{r^2} \cos \mathrm{FMM'}$; mais l'expression $ds \sin\alpha \times \mathrm{MM'} \cos \mathrm{FMM'}$ est la projection du quadrilatère infiniment petit $aba'b'$ sur le plan normal à AM. En effet, $ds \sin\alpha$ est la projection $a_1 b_1$ de *ab* et $\mathrm{MM'} \cos \mathrm{FMM'}$ la projection de MM' sur F qui est perpendiculaire à $a_1 b_1$, et l'angle de $a_1 b_1$ et de $a'_1 b'_1$ est infiniment petit. Le quotient de cette surface par r^2 est l'angle solide sous lequel on voit, du pôle A, la surface décrite par l'élément *ds*.

La force électromotrice résultant de ce déplacement sera donc $\mu \times$ l'angle solide sous lequel on voit la surface décrite par l'élément de courant, et il en sera encore de même si le déplacement n'est pas infiniment petit, si la longueur du fil induit était finie.

Fig. 10.

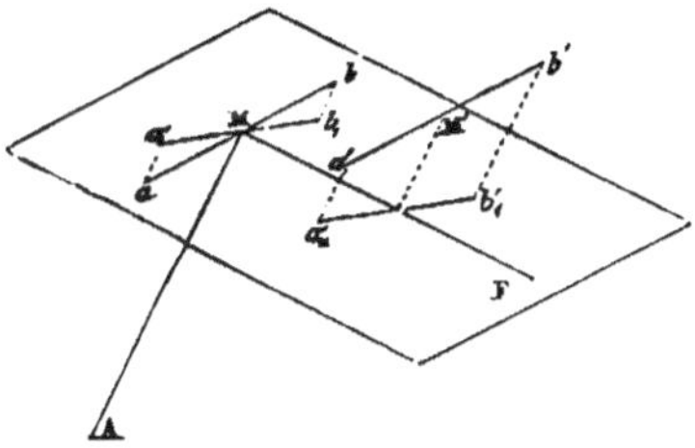

On retrouverait ainsi les règles données pour l'action d'un pôle sur un circuit fermé, que nous avons déduites d'abord de l'assimilation d'un courant à une surface magnétique, puisqu'on retrouve, pour mesure du travail produit par le rapprochement d'un pôle et d'un courant, la variation de l'angle sous lequel du pôle on voit le courant multiplié par le magnétisme du pôle et l'intensité du courant; par suite, le travail nécessaire pour amener un pôle, de l'infini à une position déterminée, en présence d'un courant de surface infiniment petite, a pour expression $\dfrac{i\sigma \cos\alpha}{r^2}$. Ce travail reste le même quand au courant on substitue un aimant de longueur $2h$ et de magnétisme μ, normal au plan du courant, si l'on a la relation $2\mu h = i\sigma$. Cet aimant et ce courant sont donc *équivalents* au point de vue de leur action sur un aimant, en vertu de la loi de Laplace.

Supposons maintenant qu'au lieu d'un pôle A on ait un aimant AB, de longueur $2h$ (*fig.* 11) et de magnétisme μ. Le travail produit par le même déplacement sera alors le produit de μi par les différences des angles sous lesquels on voit la surface décrite par ab ou ds, des deux points A et B. Or, ce produit est précisément égal au travail nécessaire pour amener, de l'infini à sa position actuelle, l'aimant AB, ou le courant qui lui est équivalent, en présence d'un courant d'intensité i parcourant le circuit $a\,b\,b'a'$ (*voir* page 5).

Si l'on considère le circuit Σ formé de l'ensemble des circuits équivalents à AB, le travail produit par le déplacement sera le même travail nécessaire pour amener le courant Σ, de l'infini à sa position actuelle, en présence du courant d'intensité i parcourant $a\,b\,b'a'$, c'est-à-dire la différence des angles sous lesquels on verrait ce courant des deux pôles A', B' de l'aimant équivalent au circuit $a\,b\,b'a'$, multipliée par μi (i' intensité de Σ').

Fig. 11.

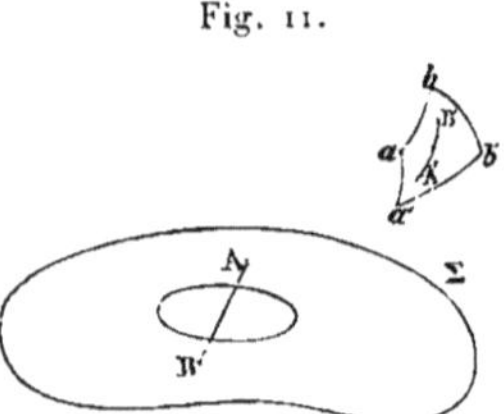

Supposons construites les surfaces V (*fig.* 12) et les lignes de force correspondant au circuit Σ'. Soient A et B' les deux pôles de l'aimant équivalent au circuit $a\,b\,b'a'$. Le travail cherché est la différence des valeurs de V correspondant aux points A et B″, c'est-à-dire $AB'' \times \varepsilon$, ou $AB'\varepsilon\cos\alpha$, ou $2\,h\varepsilon\cos\alpha$; σ étant la surface décrite par l'élément, α l'angle de cette surface avec la surface V. Ce travail est nul pour $\alpha = \dfrac{\pi}{2}$, quand le plan de la surface $a\,b\,a'b'$ est perpendiculaire à la surface V, ce qui a toujours lieu quand le déplacement aa', bb' est parallèle à la normale. Donc, la force doit être perpendiculaire à cette normale ou dirigée suivant le plan tangent à la surface V. Il est nul encore quand la surface

Fig. 12. Fig. 13.

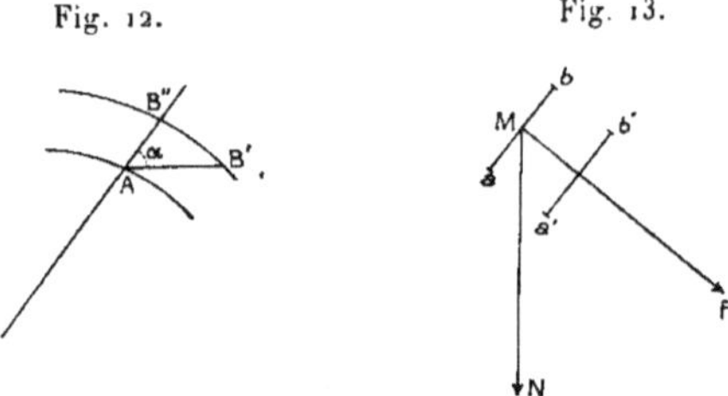

$a\,b\,b'a'$ est nulle, c'est-à-dire si le déplacement a lieu suivant la direction de l'élément ab; donc la force est aussi perpendiculaire à l'élément de courant, ce qui était d'ailleurs évident, *a priori*, puisque cette force est la résultante de forces perpendiculaires au courant ds. Pour connaître son intensité, donnons à ab (*fig.* 13) un déplacement suivant la direction ainsi déterminée de la force et d'une amplitude δ; la surface σ sera $\delta \times ds$. L'angle α qu'elle forme avec la surface V normale à MN est le complément de l'angle β formé par cette normale et ab. Donc, $\cos\alpha = \sin\beta$, et l'expression de la formule devient $i\varepsilon\delta\,ds\sin\beta$; divisant par δ pour avoir la force, il vient $i\varepsilon\,ds\sin\beta$, expression qui est de même forme que celle donnée pour un pôle d'aimant.

§ IV. — Résumé et applications.

Ainsi que nous l'avons montré dans ce qui précède, l'action exercée par un système quelconque de courants (ou d'aimants) revient à connaître les surfaces V relatives à ce système, ou encore les valeurs de ε, ou la direction et le nombre des lignes de force en chaque point, et nous pourrons résumer ainsi les lois des actions électrodynamiques :

1° La force qui sollicite un élément de courant est perpendiculaire à cet élément, tangente à la surface V (ou normale à la ligne de force), et égale à $i\varepsilon\,ds\sin\beta$ (ε pouvant être remplacé par le nombre de lignes de force par unité de surface).

2° La force électromotrice résultant d'un mouvement de cet élément de courant est $i' \times$ la projection de la surface décrite sur la surface V, ou le nombre des lignes de force coupées par le courant. Cette dernière règle s'applique aussi bien à un circuit quelconque qu'à un élément.

3° La force qui sollicite une masse de fluide magnétique est normale aux surfaces V; un aimant très petit se placerait normalement à ces surfaces, chaque pôle étant sollicité par une force égale à ε ou au nombre de lignes de force par unité de surface, multipliée par son magnétisme.

4° La force électromotrice induite dans le circuit Σ', par l'approche d'un pôle de magnétisme μ, est le produit de μ par la différence des angles sous lesquels le circuit est vu du pôle dans ses positions initiale et finale.

5° Si l'induction a lieu dans un circuit fermé, pour une variation dans l'intensité du magnétisme des pôles ou des courants inducteurs, la force électromotrice induite sera donnée par l'accroissement du nombre des lignes de force traversant le circuit induit.

Pour connaître la valeur de V en un point quelconque, il faudra multiplier le magnétisme (positif ou négatif) de chaque pôle par l'inverse de sa distance au point, multiplier l'intensité (positive ou négative, suivant le sens) de chaque circuit par l'angle sous lequel on le voit du point, et faire la somme de tous ces produits.

J'appliquerai ceci à un cas simple.

Soit un champ d'intensité constante, tel que le champ terrestre, ou celui qui est produit par deux électro-aimants à grandes armatures, et tel que la direction de la force (que je nommerai aussi *direction du champ*) et son intensité soient constantes dans un espace suffisamment grand. Les surfaces V sont alors parallèles, planes et équidistantes. Soit μ l'intensité du champ, c'est-à-dire la force qui solliciterait un pôle magnétique égal à l'unité. Les principes exposés ci-dessus donnent immédiatement :

α. L'élément ds de courant est sollicité par une force perpendiculaire à sa direction et à celle du champ, égale à $\mu i\, ds \sin\alpha$, α étant l'angle de ds avec la direction du champ.

β. Un courant plan fermé ne sera en équilibre que si son plan est normal à la direction du champ. Si A est sa surface, i son intensité, a l'angle de son plan avec la direction du champ, il est soumis à un couple dont le moment est $\mathrm{A}\,i\cos a$, ce qui ressort immédiatement de la substitution d'une surface magnétique à ce courant.

γ. Si un arc s se déplace, la force électromotrice induite est $\mu \times$ la projection de la surface décrite par s sur un plan normal à la direction du champ.

δ. Si un courant fermé se déplace, la force électromotrice induite est $\mu \times$ la variation de sa projection. En particulier, si la partie mobile est une demi-circonférence tournant autour d'un diamètre perpendiculaire à la direction du champ, et décrivant un angle de 180°, de manière que son plan initial et son plan final soient perpendiculaires à la direction du champ, $\pi\rho^2\mu$ sera la force électromotrice, ρ étant le rayon de la demi-circonférence. Si R est sa résistance, $\dfrac{\pi\rho^2\mu}{\mathrm{R}}$ sera la quantité d'électricité qui passera dans le circuit dont ferait partie la demi-circonférence. Ces résultats ont été utilisés par Verdet, dans ses recherches sur la rotation du plan de polarisation; par Weber, pour la détermination absolue des résistances.

§ V. — Exemples de vérifications expérimentales.

Je terminerai en montrant que la méthode indiquée ci-dessus permet de simplifier la plupart des calculs qu'il est d'usage de présenter dans l'étude de l'Électromagnétisme et de l'Électrodynamique.

1° Montrer que la loi de Laplace est d'accord avec les expériences de Biot et Savart.

Soit AB l'aimant, et cherchons la force appliquée au pôle A qui est à une distance h du plan du courant.

La surface $V = 0$ [1] est le plan même du courant; pour connaître la valeur de ε au point A, il suffit donc de connaître la valeur de V en ce point et de la diviser par h.

Or, l'angle solide sous lequel on voit le courant CODC, en supposant que les points C et D soient assez éloignés pour que l'on puisse considérer les droites AC, AD comme parallèles au plan du courant, est le trièdre formé par : 1° un plan parallèle au courant passant par le point A; 2° les plans passant par A et les droites OC, OD. C'est donc le trièdre

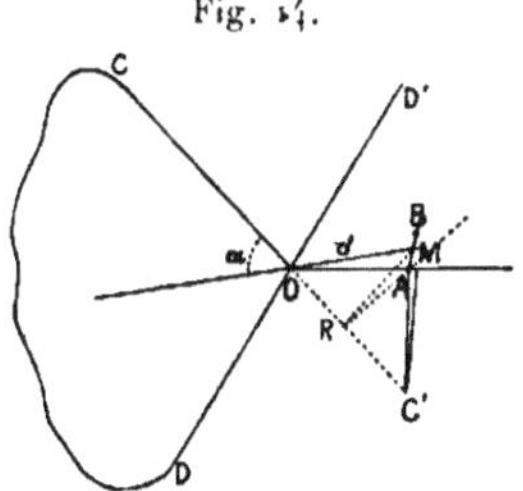

Fig. 14.

OAD'C'. Sa valeur en angle, ou l'excès de la somme de ses dièdres sur π, sera $\dfrac{2h}{d \sin a} - \dfrac{2h}{d \tang a}$, comme l'indique la figure $\left(\text{dièdre } OC = \dfrac{AM}{MR},\right.$ dièdre $\left. OA = \pi - 2\dfrac{AM}{MC'}\right)$, ou encore $\dfrac{2h}{d} \tang \dfrac{a}{2}$, d'où $\varepsilon = \dfrac{2}{d} \tang \dfrac{a}{2}$: la force appliquée au pôle A sera donc $\dfrac{2\mu i}{d} \tang \dfrac{a}{2}$.

2° L'action d'un pôle d'aimant sur un courant fermé se réduit à une force passant par ce pôle, si le pôle n'est pas dans le plan du courant.

En effet, tout déplacement par rotation du courant autour d'un axe passant par le pôle donne un travail nul, l'angle sous lequel le courant est vu du pôle restant invariable. Donc, les actions sur les différents éléments de courant ont une résultante unique passant par le pôle.

3° Action d'un courant indéfini rectiligne sur un élément de courant.

On a vu que les surfaces V passaient toutes par le courant lui-même; si celui-ci se compose d'une partie rectiligne très étendue, et d'une

---

[1] *Voir* § 1, p. 4.

partie curviligne très éloignée de l'élément de courant, les surfaces V se réduiront à des plans passant par la partie rectiligne du courant, dans le voisinage de l'élément *ds* considéré. Les lignes de force sont des circonférences ayant leur centre sur AB par raison de symétrie. En effet, pro-

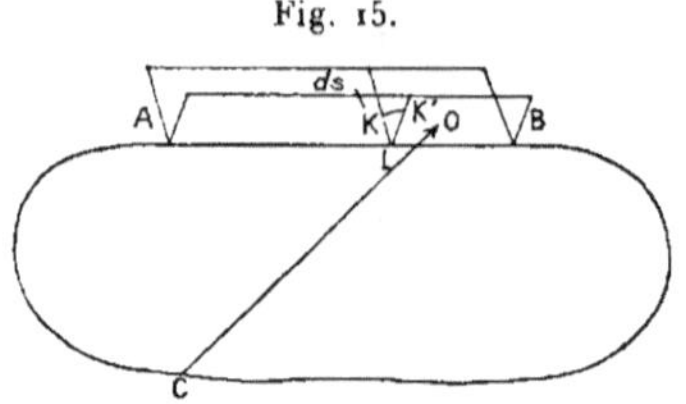

Fig. 15.

posons-nous de calculer la valeur de V pour un point O voisin de AB, assez loin du reste du circuit pour que les lignes telles que OC, etc., puissent être considérées comme parallèles au plan du circuit. Si du point O, avec un rayon égal à l'unité, on décrit une sphère, la perspective du courant sur cette sphère sera composée de deux demi-grands cercles dont l'angle dièdre est le supplément du dièdre formé par le plan OAB et la partie CAB du plan du courant. Les lieux des points pour lesquels V est constant sont donc des plans passant par AB. Cherchons ε pour un point K; la normale à la surface V est perpendiculaire à KL et à AB. Si l'on marche d'une longueur KK′ sur cette normale, la valeur de V varie de deux fois l'angle KLK′ ([1]); donc $\varepsilon = \dfrac{\mathrm{KLK'}}{\mathrm{KK'}} = \dfrac{\mathrm{KL}}{2}$.

Donc, si r est la distance d'un élément *ds* à AB, α l'angle que fait l'élément avec le plan passant par AB et son milieu, la force sera $\dfrac{2\,ii'\,ds}{r}\cos\alpha$, dirigée dans ce plan perpendiculairement à *ds*.

§ VI. — Vérification analytique.

Je crois avoir montré par ce qui précède qu'en partant de la formule de Laplace, et sans calculs trop longs, il est possible d'arriver à une connaissance réelle des lois de l'Électrodynamique et de l'induction plus approfondie que celle que donnent la plupart des Traités de Physique. D'un autre côté, l'expérience d'Ampère relative à la répulsion de deux éléments de courant placés dans le prolongement l'un de l'autre, et qui est

---

([1]) La valeur d'un angle dièdre en angle solide, ou la surface du fuseau qu'il intercepte sur une sphère de rayon r, est le double de l'angle plan qui le mesure.

dans sa théorie une expérience fondamentale, est sujette à plusieurs objections, quant à l'interprétation qu'il en a faite. Elle s'explique très bien dans l'hypothèse de l'équivalence d'une surface magnétique et d'un circuit parcouru par un courant. Il est évident qu'une pareille surface, supposée plane pour fixer les idées, est forcément tendue, puisque deux petits aimants parallèles, tels que ab, $a'b'$ se repoussent, les forces

Fig. 16.

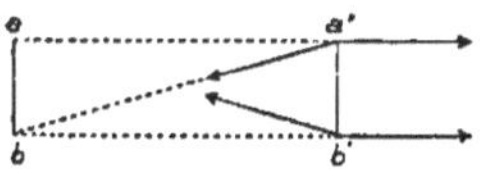

répulsives étant plus grandes que les forces attractives et étant de plus dirigées suivant la résultante finale. Le contour du courant doit donc tendre à s'élargir quand cela est possible, comme il le fait dans l'expérience. Néanmoins, la formule d'Ampère est la seule qui, dans l'hypothèse d'une force dirigée suivant la droite qui joint les éléments de courant, puisse rendre compte des phénomènes.

Malgré cette objection, et bien que la méthode suivie par Ampère soit plutôt celle d'un mathématicien que celle d'un physicien, l'intérêt historique qui s'attache à ses travaux m'engage à montrer que la formule d'Ampère conduit à la considération de l'angle solide.

Si l'on désigne par x, y, z les coordonnées de l'élément ds dont les projections sont dx, dy, dz, par x', y', z' celles de l'élément ds', dont les projections sont $\delta x'$, $\delta y'$, $\delta z'$, par $\dot{x}$, $\dot{y}$, $\dot{z}$ les différences $x - x'$, $y - y'$, $z - z'$, par r la distance des deux éléments, les composantes X, Y, Z de la force, telles qu'elles résultent de la formule d'Ampère, sont

$$2\,X = \delta\dot{x}'\,d\frac{x^2}{r^3} - \delta y'\,\dot{x}\left(3\frac{\dot{y}\,dr}{r^4} - 2\frac{dy}{r^3}\right) - \delta z'\,\dot{x}\left(3\frac{\dot{z}\,dr}{r^4} - 2\frac{dz}{r^3}\right);$$

on a encore

$$2\,X = \delta x'\,d\frac{\dot{x}^2}{r^3} - \delta y'\left(3\frac{\dot{x}\dot{y}\,dr}{r^4} - \frac{d\dot{x}\dot{y}}{r^3} + \frac{d\dot{x}\dot{y} - 2\dot{x}\,dy}{r^3}\right)$$
$$- \delta z'\left(3\frac{\dot{x}\dot{z}\,dr}{r^3} - \frac{d\dot{x}\dot{z}}{r^3} + \frac{d\dot{x}\dot{z} - 2\dot{x}\,dz}{r^3}\right)$$

ou

$$2\,X = \delta x'\,d\frac{\dot{x}^2}{r^3} + \delta y'\,d\frac{\dot{x}\dot{y}}{r^3} + \delta z'\frac{\dot{x}\dot{z}}{r^3} + \delta y'\frac{\dot{x}\,dy - \dot{y}\,dx}{r^3} + \delta z\frac{\dot{x}\,dz - \dot{z}\,dx}{r^3},$$

la caractéristique d devant une fonction de $d'x$, y, z représentant la variation de cette fonction, quand x, y, z augmentent de dx, dy, dz.

P.

Les composantes X_1, Y_1, Z_1 de l'action d'un courant fermé, dont ds fait partie, sur ds', s'obtiendront en intégrant les valeurs de X, Y, Z tout le long de ce courant. Les coefficients de $\delta x'$ dans X_1, $\delta y'$ dans Y_1, $\delta z'$ dans Z_1 seront nuls, puisque ce sont les intégrales d'une différentielle exacte le long d'un contour fermé. D'ailleurs, les coefficients de $\delta y'$, $\delta z'$ se composent de deux parties dont la première sera nulle pour la même raison, et il restera

$$X_1 = C\,\delta y' - B\,\delta z',$$
$$Y_1 = A\,\delta z' - C\,\delta x',$$
$$Z_1 = B\,\delta x' - A\,\delta y',$$

en posant

$$A = \frac{1}{2}\int \frac{\dot y\,dz - \dot z\,dy}{r^3},$$
$$B = \frac{1}{2}\int \frac{\dot z\,dx - \dot x\,dz}{r^3},$$
$$C = \frac{1}{2}\int \frac{\dot x\,dy - \dot y\,dx}{r^3}.$$

Il en résulte que la force cherchée est perpendiculaire : 1° à l'élément $\delta x'$, $\delta y'$, $\delta z'$, 2° à la droite dont les projections sur les axes seraient A, B, C, puisque l'on a

$$X_1\delta x' + Y_1\delta y' + Z_1\delta z' = 0 \qquad \text{et} \qquad A X_1 + B Y_1 + C Z_1 = 0.$$

Soit $D = \sqrt{A^2 + B^2 + C^2}$ la longueur de cette droite, la grandeur de la force cherchée sera

$$\sqrt{X_1^2 + Y_1^2 + Z_1^2} \qquad \text{ou} \qquad \sqrt{D^2\,\delta s'^2 - (A\,\delta x' + B\,\delta y' + C\,\delta z')^2},$$

ou encore, si α est l'angle de D et de $\delta s'$, $D\,\delta s'\sin\alpha$.

Mais A, B, C sont les dérivées partielles d'une même fonction V de x', y', z' par rapport à x', y', z', car

$$\frac{dA}{dy'} - \frac{dB}{dx'} = \frac{1}{2}\int\left(\frac{dz}{r^3} - 3\frac{\dot y\,dz - \dot z\,dy}{r^3}\dot y + \frac{dz}{r^3} + 3\frac{\dot z\,dx - \dot x\,dz}{r^3}x\right)$$
$$= \frac{1}{2}\int\left(-\frac{dz}{r^3} + 3\frac{z\,dr}{r^4}\right) = \frac{1}{2}\int d\left(-\frac{z}{r^3}\right) = 0;$$

de même pour

$$\frac{dA}{dz'} - \frac{dC}{dx'} \qquad \text{et} \qquad \frac{dB}{dz'} - \frac{dC}{dy'}.$$

Soit V cette fonction, on peut la mettre sous les trois formes

$$2V = -\int \left(1 - \frac{\dot{z}}{r}\right)\left(\frac{\dot{y}\,dx - \dot{x}\,dy}{\dot{x}^2 + \dot{y}^2}\right)$$
$$= -\int \left(1 - \frac{\dot{y}}{r}\right)\left(\frac{\dot{x}\,dz - \dot{z}\,dx}{\dot{y}^2 + \dot{z}^2}\right) = -\int \left(1 - \frac{\dot{x}}{r}\right)\left(\frac{\dot{z}\,dy - \dot{y}\,dz}{\dot{y}^2 + \dot{z}^2}\right).$$

Or, soit A un point de l'élément $\delta x'$, $\delta y'$, $\delta z'$; menons par ce point une parallèle à l'axe des z, et par cette droite deux plans passant par les extrémités d'un arc ds; l'angle de ces deux plans est

$$\omega = d\,\mathrm{arc\,tang}\,\frac{\dot{y}}{\dot{x}} \qquad \text{ou} \qquad \frac{\dot{y}\,dx - \dot{x}\,dy}{\dot{x}^2 + \dot{y}^2},$$

et le produit $\left(1 - \frac{\dot{z}}{r}\right)\omega$ est la mesure du trièdre limité par cette parallèle à l'axe de z, et les droites qui joignent le point A aux deux extrémités de l'arc ds. L'intégrale, dont ce petit trièdre sera l'élément, est donc l'angle solide sous lequel on voit le courant fermé de l'élément $\delta s'$. D'ailleurs D est

$$\sqrt{\left(\frac{dV}{dx'}\right)^2 + \left(\frac{dV}{dy'}\right)^2 + \left(\frac{dV}{dz'}\right)^2},$$

ou la dérivée de V prise suivant la normale à la surface $V = \text{const.}$, c'est-à-dire ce qu'on a appelé ε; on retrouve donc ainsi l'expression $\varepsilon\,\delta s' \sin\alpha$, à laquelle on a été conduit au paragraphe III [1].

Quant au travail produit par un déplacement a, b, c, il est

$$X_1 a + Y_1 b + Z_1 c = C(a\,\delta y' - b\,\delta x') + C(-a\,\delta z + c\,\delta x') + A(b\,\delta z' - c\,\delta x');$$

les trois parenthèses sont les projections de la surface décrite sur les trois plans coordonnés. Si σ est cette surface, α l'angle qu'elle forme avec le plan tangent à la surface V, ce travail est $\varepsilon\sigma\cos\alpha$, comme on l'a vu aussi au paragraphe III.

Les expressions A, B, C sont telles que l'on a identiquement

$$\frac{dA}{dx'} + \frac{dB}{dy'} + \frac{dC}{dz'} = 0 \qquad \text{ou} \qquad \frac{d^2V}{dx'^2} + \frac{d^2V}{dy'^2} - \frac{d^2V}{dz'^2} = 0.$$

Cette équation caractéristique des surfaces isothermes, ou des surfaces

---

[1] A un facteur 2 près. On sait, en effet, qu'il faut multiplier par 2 la formule d'Ampère si l'on veut faire concorder les intensités absolues mesurées par le galvanomètre et l'électrodynamomètre.

d'égal potentiel dans la théorie de l'attraction, est la traduction analytique de la propriété $\sigma\varepsilon = $ const. des filets normaux, propriété qui a servi de base à Faraday dans la conception des lignes de force; l'illustre physicien avait donc vu expérimentalement le caractère fondamental analytique des fonctions V.

Il résulte encore de ces formes données à X, Y, Z que, comme M. Renard l'a énoncé, on peut prendre pour expression de la force élémentaire

$$X = \frac{1}{2} \frac{\dot{x}\,dv - \dot{v}\,dx}{r^3} \delta y' - \frac{1}{2} \left(\frac{\dot{z}\,dx - \dot{x}\,dz}{r^3} \right) \delta z', \quad \ldots;$$

cette force est encore perpendiculaire à $\delta x'$, $\delta y'$, $\delta z'$, et, si l'on pose

$$\alpha = \frac{1}{2} \frac{\dot{v}\,dz - \dot{z}\,dy}{r^3}, \qquad \beta = \frac{1}{2} \frac{\dot{z}\,dx - \dot{x}\,dz}{r^3}, \qquad \gamma = \frac{1}{2} \frac{\dot{x}\,dv - \dot{v}\,dx}{r^3},$$

elle sera aussi perpendiculaire à la droite qui a pour projections α, β, γ. Son intensité sera, si $\delta^2 = \alpha^2 + \beta^2 + \gamma^2$, $\delta \times \delta s' \sin\omega$, ω étant l'angle de δs et de δ; mais α, β, γ sont $\frac{d\theta}{r}\cos\lambda$, $\frac{d\theta}{r}\cos\mu$, $\frac{d\theta}{r}\cos\nu$, si θ est l'angle sous lequel on voit ds du point x', y', z', et λ, μ, ν les angles du plan passant par ds et le point avec les plans coordonnés; donc la force sera $\frac{d\theta}{r}\delta s' \sin\omega$, ω étant l'angle de la normale au plan avec ds' : expression de même forme que celle qui correspond à un courant fermé, et plus simple que la formule élémentaire d'Ampère.

ANALOGIES

DE LA

PROPAGATION DE LA CHALEUR

ET DE LA

DISTRIBUTION DE L'ÉLECTRICITÉ.

Journal de Physique, t. I, 1872, p. 145 et 217.

La distribution de l'électricité à la surface des conducteurs soumis à leur influence mutuelle est un problème complètement résolu pour les physiciens; la loi trouvée par Coulomb permettant de mettre ce problème en équation, il ne reste plus qu'une question de pure analyse; mais, en dehors d'un nombre de cas très restreint, les formules analytiques auxquelles on arrive ne se laissent traduire en nombre que difficilement et péniblement; sous leur complication, il est impossible de voir, même en gros, l'allure des phénomènes, ce qui est souvent pour les physiciens le point important; tandis qu'en se laissant guider par l'analogie, il est possible, le plus souvent, de se rendre compte complètement de cette distribution, en comparant l'état électrique d'un système composé de conducteurs séparés par un milieu isolant avec l'état thermique permanent d'un corps conducteur ayant la même forme que le milieu isolant, et dans lequel les conducteurs seraient remplacés par des sources de chaleur à température constante.

L'identité des équations auxquelles Poisson, Green et Fourier ont été conduits en cherchant à appliquer l'analyse à ces deux problèmes implique nécessairement une relation entre les données et le résultat de l'un et les données et le résultat de l'autre. Je me suis proposé de montrer, ainsi que M. W. Thomson l'avait déjà fait (¹), mais d'une manière

---

(¹) *Cambridge mathematical Journal*, t. III, p. 71 et 189.

plus élémentaire et en quelque sorte géométrique, qu'il n'est pas nécessaire de mettre ces problèmes en équation pour voir qu'ils sont identiques au fond, et que de leur comparaison seule résultent les théorèmes principaux de la théorie de l'électricité.

§ I.

Considérons un milieu homogène indéfini, conducteur de la chaleur, et dont la température uniforme sera prise comme zéro ([1]). Distribuons dans ce milieu différentes sources de chaleur à température constante, et proposons-nous de trouver l'état thermique permanent, vers lequel tendra le milieu, état thermique qui, théoriquement, ne serait atteint qu'au bout d'un temps infini.

La température des points très éloignés des sources de chaleur sera toujours zéro, et, à mesure qu'on rapprochera des sources, cette température variera en passant d'un point à un autre, et prendra enfin, sur les surfaces par lesquelles la chaleur se répand dans le milieu, les différentes valeurs V_1, V_2, ... particulières à chacune des sources. Le lieu des points dont la température est la même sera une *surface isotherme*. Une sphère de rayon infini sera l'isotherme à température zéro ; les surfaces des sources feront partie des isothermes V_1, V_2, ... Les lignes qui coupent à angle droit toutes ces surfaces seront les lignes de propagation de la chaleur ou, pour être plus bref, les *lignes de propagation*. Si, sur une surface isotherme, nous découpons une petite surface ω, et si par tous les points du contour de ω nous menons les lignes de propagation correspondantes, nous obtiendrons ainsi un filet qui ne recevra ni ne perdra de chaleur latéralement, puisque latéralement il ne se trouve en contact qu'avec des portions du milieu à la même température que lui. Si nous limitons ce filet dans le sens de sa longueur par deux sections normales, c'est-à-dire faisant partie de deux surfaces isothermes, il recevra de la chaleur par une de ses bases et en perdra par l'autre une quantité égale, puisque, l'état permanent étant atteint, la température de chaque point du filet reste invariable.

Cette quantité de chaleur, qui s'écoule ainsi par chaque section du filet dans l'unité de temps, est le produit de la surface ω de la section par la variation de la température suivant l'axe du filet, et par un certain coef-

---

([1]) Cette supposition ayant pour but de permettre de dire « la température d'un point du milieu », au lieu de « la différence entre la température de ce point et la température initiale ».

ficient k dépendant de la nature du milieu, et qui est son coefficient de conductibilité absolu. Par *variation* de température, nous entendrons la différence de température de deux points situés sur l'axe du filet, et dont la distance est l'unité (celle-ci étant supposée assez petite), ou le rapport de la différence de température de deux points de l'axe très voisins à leur distance (¹). En désignant par ε cette variation, nous dirons que le *flux* de chaleur à travers un élément ω découpé sur une surface isotherme est $\varepsilon\omega k$, et ce flux sera le même pour toutes les sections ayant ω pour base. Le flux de chaleur à travers une section du filet orientée d'une manière quelconque, ayant même centre que ω, serait encore le même. Si ω' désigne cette section, α l'angle qu'elle fait avec la surface isotherme, ou l'angle de sa normale avec la ligne de propagation, comme $\omega = \omega'\cos\alpha$, le flux pourra s'écrire $\varepsilon\omega' k \cos\alpha$. Il est nul, comme on devait s'y attendre, pour toute surface ω' passant par une ligne de propagation.

Les éléments de l'état thermique étant maintenant définis, il s'agit de calculer leur valeur. Or, si nous supposons les sources de chaleur divisées en deux groupes A et B, la température d'un point quelconque du milieu sera la somme des températures qu'aurait ce point si les groupes A et B existaient seuls. L'échange de chaleur entre deux points quelconques, et, par suite, le flux à travers une surface quelconque, sera la somme algébrique des flux dus au groupe A seul et au groupe B seul. Ce flux sera donc nul si la normale à la surface fait avec la ligne de propagation du groupe A et avec celle du groupe B deux angles α, α_1 (*fig.* 17) dont les cosinus soient en raison inverse des variations ε, ε_1,

Fig. 17.

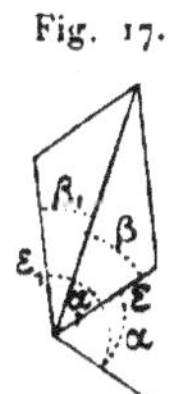

correspondant à ces deux groupes, et de signe contraire, tels que l'on ait $\varepsilon\cos\alpha + \varepsilon_1\cos\alpha_1 = 0$, d'où résulte la construction suivante : portez sur la ligne de propagation appartenant au groupe A une longueur égale à ε, sur la ligne de propagation correspondant au groupe B une lon-

---

(¹) C'est la dérivée $\dfrac{dV}{dn}$ de la température prise suivant la normale aux surfaces isothermes.

gueur égale à ε_1; composez ces deux lignes comme des forces; le flux sera nul pour tout élément passant par leur résultante. Celle-ci est donc dirigée suivant la ligne de propagation de l'ensemble des groupes A, B.

Quant à la variation de cette température suivant cette ligne de chaleur, elle est précisément égale à cette résultante. En effet, le flux correspondant à un élément normal à cette ligne, de surface ω, sera

$$k\omega(\varepsilon \cos\beta + \varepsilon_1 \cos\beta_1),$$

β et β_1 désignant les angles que forme cette résultante avec chacune des composantes. Les longueurs de celles-ci étant ε et ε_1, la quantité entre parenthèses est bien la résultante elle-même, et, puisque le flux est le produit $k\omega$ par cette résultante, celle-ci doit être la variation dans le système résultant de l'ensemble des deux groupes.

Donc l'état thermique dû au groupe A et celui dû au groupe B étant connus, on connaîtra dans tous ses éléments l'état thermique dû au groupe A + B. On peut diviser de même chacun des groupes A et B. En continuant ainsi indéfiniment, nous arriverons à décomposer l'ensemble des sources de chaleur donné en une infinité de sources de surfaces infiniment petites, et, pour obtenir l'état thermique final, on devra : 1° ajouter les températures et les flux dus à chacune de ces sources infiniment petites; 2° composer comme des forces les variations (ε) supposées dirigées suivant les lignes de propagation. On pourra suivre le premier procédé ou le deuxième; car, de la connaissance des températures, il est facile de déduire celle des lignes de propagation et de la variation, et réciproquement. Le second procédé est celui que je suivrai.

Il faut commencer par déterminer les lignes de propagation et la variation, quand la source de chaleur se réduit à un élément infiniment petit unique. Les surfaces isothermes sont alors des sphères, les lignes de propagation des lignes droites convergentes. Les filets orthogonaux aux surfaces isothermes sont des cônes d'une petite ouverture angulaire. Le flux $\varepsilon\omega k$ est le même pour un de ces petits cônes, à quelque distance du sommet que se fasse la section. Si σ désigne la surface de la section faite à l'unité de distance du sommet, r la distance à laquelle est faite la section ω, on a $\omega = \sigma r^2$, et le flux est $\varepsilon r^2 \times \sigma k$. Ce flux étant indépendant de r, on voit que ε doit varier en raison inverse du carré de la distance.

Si nous désignons par F la quantité de chaleur que perd notre source infiniment petite pendant l'unité de temps, cette quantité est encore égale à la somme des flux qui traversent les éléments d'une sphère de rayon quelconque, c'est-à-dire $\varepsilon k \times$ la surface de cette sphère ou $4\pi r^2 \varepsilon k$.

Le produit εr^2 est donc $\dfrac{F}{4\pi k}$, et ε vaut $\dfrac{F}{4\pi k r^2}$ lorsque la source se réduit à un élément.

Donc, si l'on connaissait pour chaque élément infiniment petit des surfaces des sources de chaleur la quantité F de chaleur qu'il perd dans l'unité de temps, il faudrait joindre un point quelconque M du milieu à chacun de ces éléments, porter sur chacune de ces droites une longueur égale à $\dfrac{F}{4\pi k r^2}$, puis composer toutes ces droites comme des forces : la direction de la résultante serait celle de la ligne de propagation au point M, et sa grandeur donnerait la valeur de la variation ε en ce point.

§ II.

Considérons maintenant, en même temps que le milieu qui nous occupe, un autre milieu, mauvais conducteur de l'électricité et dans lequel nous plaçons différents corps ayant mêmes surfaces que nos sources de chaleur, et chargeons chacun des éléments de ces surfaces d'une quantité d'électricité égale à $\dfrac{F}{4\pi k}$. Cette quantité d'électricité repousserait une masse d'électricité positive égale à l'unité placée au point M avec une force égale à $\dfrac{F}{4\pi k r^2}$, dirigée suivant la droite qui joint le point M à l'élément considéré, et la force totale qui agirait sur cette masse égale à l'unité s'obtiendrait en composant ces diverses forces. Par suite, cette force aura même direction que la ligne de propagation, et sa grandeur sera précisément ε.

Il est facile de voir à quoi répond cette distribution de l'électricité. Considérons, en effet, un élément de la surface d'une de nos sources. En ce point, comme au point M, la direction de la résultante des actions électriques est celle de la ligne de propagation. La surface de la source étant une surface isotherme, cette résultante lui est perpendiculaire : l'électricité accumulée sur l'élément σ sera donc sollicitée à sortir [1] de

---

[1] Si nous représentons par $\dfrac{f}{4\pi k}$ la quantité d'électricité accumulée sur l'unité de surface de l'élément σ, de telle sorte que $F = f\sigma$, la force qui sollicite la quantité $\dfrac{F}{4\pi k}$ d'électricité sera $\dfrac{f\sigma\varepsilon}{4\pi k}$, ε étant le flux de chaleur qui passe à travers l'unité de surface de σ dans le problème thermique, c'est-à-dire $\dfrac{F}{\sigma}$ ou f; par suite, la force est $\dfrac{F^2}{4\pi k\sigma}$ ou $\sigma\dfrac{f^2}{4\pi k}$, ce qui est toujours positif, quel que soit le signe de F ou f, c'est-à-dire la nature de l'électricité. La force est donc toujours dirigée vers l'extérieur de la source.

la surface sur laquelle elle est retenue par le pouvoir isolant, mais non à se mouvoir dans un sens ou dans l'autre sur cette surface. Cette électricité sera donc en équilibre, et la distribution électrique que nous avons imaginée est précisément celle qui se produirait si les différents corps étaient chargés chacun d'une quantité d'électricité égale à la somme des valeurs de F pour ses éléments, et soumis à leur influence mutuelle.

On peut aller plus loin et chercher à quoi correspond, dans le problème électrique, la température V de chacune de nos sources.

Considérons, en effet, une molécule électrique de masse $= I$ placée en un point quelconque sur la surface isotherme de température ν_0, et donnons-lui un mouvement qui la fasse passer sur la surface isotherme voisine de température ν_1; la force qui la sollicite est ε; la projection de chemin parcouru sur la direction de la force, qui est normale aux surfaces isothermes, est la distance h de ces deux surfaces au point considéré : le travail effectué par les forces électriques sera donc εh. Mais, par définition, $\varepsilon = \dfrac{\nu_1 - \nu_0}{h}$, ce travail est donc $\nu_1 - \nu_0$; donc, si l'on fait arriver d'un point situé à l'infini une molécule électrique de masse I jusque sur la surface isotherme de température ν, le travail des forces électriques sera la somme des accroissements successifs de ν, et, comme la température est zéro pour les points situés à l'infini, ce travail sera simplement ν. Si nous faisons arriver cette molécule jusqu'à la surface de la source à température V_1, par exemple, on trouverait V_1 pour le travail total, c'est-à-dire pour le *potentiel* de l'électricité sur cette surface ([1]).

La distribution électrique considérée est donc celle que prendraient les différentes surfaces des sources considérées si elles étaient chargées d'électricité, de telle manière que le potentiel soit V_1, V_2, ..., c'est-à-dire représenté par le même nombre que la température.

En résumé, nous avons ramené l'un à l'autre les deux problèmes suivants :

I. Un système de corps, à températures fixes, V_1, V_2, ..., étant plongé dans un milieu conducteur, de conductibilité k, homogène et indéfini, dont la température est zéro pour les régions infiniment éloignées, trouver la distribution de la température et les quantités de chaleur qui passent par un élément superficiel du milieu.

II. Un système de corps chargés d'électricité, de potentiel V_1, V_2, ..., étant séparés par un milieu isolant, trouver la valeur du potentiel en un

---

([1]) *Voir* A. Cornu, *Mesures électrostatiques* (*Journal de Physique*, t. I, p. 90).

point quelconque et la distribution de l'électricité sur ces différents corps.

Les surfaces isothermes du problème I sont les surfaces d'égal potentiel du problème II; le nombre qui exprime la *température* dans le premier exprime le *potentiel* dans le second; les lignes de *propagation* du premier sont *tangentes à la direction de la force* que solliciterait une molécule électrique dans le second, et la *grandeur* de cette force est précisément la *variation* ε de la température ou $\frac{1}{k}$ *du flux de chaleur* à travers l'unité de surface isotherme. La quantité d'électricité existant en chaque point des surfaces données sur l'unité de surface (ou la densité électrique) est $\frac{1}{4\pi}\varepsilon$ (ε étant pris pour ce point en particulier et extérieurement à la surface), tandis que la perte de chaleur de cette même surface est $k\varepsilon$.

<h2 align="center">§ III.</h2>

Tout théorème relatif à l'état calorifique a donc son correspondant dans l'état électrique, et inversement; tel résultat que suggère l'évidence physique dans l'un d'eux se traduit immédiatement pour l'autre en un énoncé que le calcul n'aurait tiré qu'avec peine de la loi de l'attraction; tel est, par exemple, le pouvoir des pointes. Il est clair qu'un corps d'une forme voisine de l'ellipsoïde et maintenu à une température constante laissera s'échapper, par chacun des éléments de sa surface, une quantité de chaleur d'autant plus grande que la courbure sera plus prononcée, et que l'élément considéré *verra* une plus grande portion de l'espace. La loi de distribution de l'électricité étant la même que celle des flux de chaleur, la densité électrique sera aussi d'autant plus grande que la courbure de la portion de la surface sera plus grande.

Si l'on considère une cage dont les barreaux sont chauffés et maintenus à une température constante au sein d'un milieu conducteur, il est clair que, lorsque l'état permanent sera atteint, la température sera forcément constante dans la plus grande partie de cette cage.

Si, en effet, on essaye de tracer autour des barreaux la surface isotherme correspondant à une température (correspondant à la température des points également distants des barreaux) un peu inférieure à la leur, on verra que cette surface doit être tout entière à l'extérieur de la cage, sans quoi il entrerait dans celle-ci un flux continu de chaleur et, par suite, la température ne saurait s'y maintenir constante. Il n'y a donc sur tout le côté interne des barreaux qu'un flux de chaleur très faible, et, par suite, si on les suppose chargés d'électricité, presque toute celle-ci se portera vers leur côté externe, d'autant plus complètement qu'ils seront plus rapprochés.

C'est l'expérience bien connue de la chambre de Faraday, à laquelle M. Terquem a donné récemment une forme très élégante ([1]), et que M. W. Thomson a répétée pour les forces magnétiques.

§ IV.

Nous avons vu que, dans tout filet orthogonal aux surfaces isothermes, la quantité de chaleur $k\omega\varepsilon$ qui entrait par une des bases était égale à celle qui sortait par l'autre base. Le produit $\omega\varepsilon$ est donc constant pour un même filet dans toute sa longueur, et ce produit n'est autre chose, dans le problème électrique, que la force qui agirait sur de l'électricité répandue avec la densité 1 sur la surface de l'élément ω. Donc, si l'on considère deux surfaces isothermes couvertes d'électricité de densité I, la somme des forces appliquées sur les différents éléments de l'une sera égale à la somme correspondante pour l'autre surface. Cette somme étant constante, quel que soit l'épanouissement de la surface isotherme considérée, celle-ci ne diffère des autres que par la manière dont cette somme de forces s'y distribue.

Découpons l'une de ces surfaces en un grand nombre d'éléments d'inégale grandeur, tels que le produit $\omega\varepsilon$ soit le même pour chacun d'eux et égal à l'unité. Considérons les filets ayant pour base ces différents éléments et les lignes de propagation passant par leurs centres ; si nous coupons un de ces filets en un point quelconque par un plan, le flux de chaleur à travers la section obtenue sera le même et égal à la valeur de $\omega\varepsilon$ qui nous a servi de point de départ. Donc, pour connaître la quantité de chaleur qui passera à travers une surface quelconque, il suffira de compter combien elle coupe de ces filets, ou combien de lignes de propagation qui leur servent d'axe, et ce nombre donnerait en même temps la force qui agirait sur une petite surface chargée d'électricité de densité 1.

Ces lignes, dirigées de telle sorte que la force qui sollicite une molécule attirable leur est toujours tangente, et dont le nombre par unité de surface est proportionnel à l'intensité, sont *les lignes de force de Faraday ;* leur ensemble constitue le *champ* (électrique ou magnétique sui-

---

([1]) *Journal de Physique,* t. I, p. 29.

vant que l'on s'occupe d'électricité ou de magnétisme), l'emploi d'un pareil système de lignes supposant toujours que les forces mises en jeu varient en raison inverse du carré de la distance, cette condition étant indispensable pour que le produit $\omega\varepsilon$ soit constant pour un même filet.

La considération de ces lignes ou des surfaces auxquelles elles sont normales est si importante et si utile dans toutes les questions d'électricité (statique et dynamique) et de magnétisme, qu'il est bon d'indiquer ici les plus simples de ces surfaces; la température ou le potentiel est toujours représenté par V :

I. *Plans.* — Si on les prend parallèles au plan des xy, $V = az + b$, $\varepsilon = a$.

II. *Cylindres.* — 1° Les cylindres de révolution autour d'un même axe. $V = \alpha \log r + b$, $\varepsilon = \dfrac{a}{r}$, r étant le rayon.

2° Les cylindres de révolution ayant pour base les cercles

$$V = \log r - \log r',$$

r et r' représentant les distances à deux points fixes; les lignes de force sont des cercles, lieux des points d'où l'on voit ces deux points sous un angle constant.

3° Les cylindres ayant pour bases des ellipses ou des hyperboles homofocales.

III. *Surfaces de révolution.* — 1° Des sphères concentriques $V = \dfrac{a}{r}$, $\varepsilon = -\dfrac{a}{r^2}$.

2° Les surfaces de révolution $V = \dfrac{A}{r} - \dfrac{B}{r}$, r et r' étant les distances à deux points fixes.

On trouvera dans les Ouvrages de **M. Lamé** (*Théorie de la chaleur* et *Théorie des coordonnées curvilignes*) tous les détails relatifs à la théorie de ces surfaces.

§ V.

Si divers corps A, B, C, ... sont chargés d'électricité, que le potentiel sur ces corps soit V, V_1, V_2, ..., on pourra substituer à un ou plusieurs de ces corps une autre surface ayant la même action qu'eux sur tout point extérieur.

En effet, considérons l'état thermique correspondant à l'énoncé ci-dessus : les corps A, B, C, de température constante V, V_1, V_2, sont plongés dans un milieu conducteur; si nous substituons aux corps A

Fig. 18.

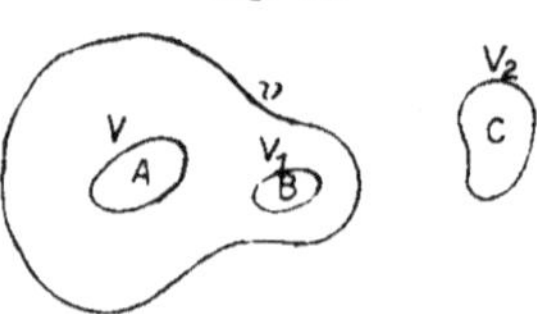

et B un corps terminé par la surface isotherme correspondant à la température ν, et maintenu précisément à cette température, rien ne sera changé à l'état thermique des points situés en dehors de cette surface ν. Par conséquent, rien non plus ne sera changé à l'état électrique ni à la force attractive ou répulsive de l'ensemble sur une masse quelconque, si cette surface se trouve chargée d'électricité au potentiel ν.

Le flux de chaleur que traversait un élément σ de ν, étant $\pi\varepsilon \times k$, restera toujours le même. Par suite, ce même élément de σ (§ II) devra être chargé d'une quantité d'électricité égale à $\sigma \dfrac{\varepsilon}{4\pi}$, c'est-à-dire que la densité $\left(\dfrac{\varepsilon}{4\pi}\right)$ devra en un point de la surface ν être proportionnelle à la force exercée sur l'unité de masse électrique placée en ce point. Si, par exemple, le corps A seul existait et était une barre suffisamment longue pour pouvoir être considérée comme une ligne FF', les surfaces isothermes seraient des ellipsoïdes de révolution ayant F et F' comme foyers ([1]). L'action d'un de ces ellipsoïdes sur un point extérieur quelconque sera la même que celle de la barre FF', s'il est chargé en chacun de ses points d'une quantité d'électricité égale à $\dfrac{1}{4\pi}$ multiplié par la force exercée par la barre sur l'unité d'électricité placée en ce point.

Or, cette force ou ε est, pour les différents points d'un ellipsoïde, inversement proportionnelle à la distance qui les sépare de l'ellipsoïde homofocal infiniment voisin, ou, d'après un théorème connu, proportionnelle à la distance qui les sépare de l'ellipsoïde homothétique infiniment voisin. On retrouve ainsi la distribution connue de l'électricité à la surface de ces corps.

([1]) *Voir*, pour la démonstration, les Ouvrages cités de M. Lamé ou les travaux de M. Chasles sur l'attraction des ellipsoïdes.

§ VI.

J'appliquerai maintenant les considérations exposées ci-dessus à la solution complète d'un problème simple de distribution électrique. Une sphère en communication avec la terre, et sur laquelle le potentiel est nul par conséquent, est influencée par une boule très petite placée en P (*fig.* 19) (ou bien la sphère est pleine d'un mélange d'eau et de

Fig. 19.

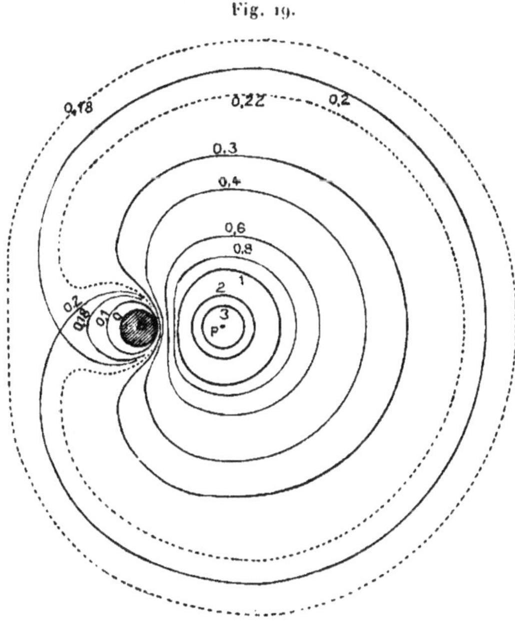

glace, et la boule est à une température connue). Les surfaces d'égal potentiel, ou isothermes, sont des surfaces de révolution autour de la droite passant par le centre de la sphère et celui de la petite boule; leurs méridiens tracés sur la figure ont pour équations, comme il sera démontré ci-dessous, $V = \dfrac{4}{r} - \dfrac{1}{r'}$, r étant la distance au point P, et r' la distance à un point S situé à l'intérieur de la sphère qui partage le diamètre dans le rapport de 5 à 3, rapport qui est précisément celui des distances du point P aux extrémités de ce diamètre. Dans ces conditions, la courbe $V = 0$, ou le lieu des points tels que le rapport $\dfrac{r}{r'}$ soit 4, est la circonférence méridienne de la sphère; celle-ci est donc la surface sur laquelle $V = 0$. La figure montre comment ces surfaces se déforment quand V augmente. Quand la valeur de V devient grande, les méridiens se resserrent de plus en plus autour du point P en se rapprochant de la forme de circonférence. Si la distance PS était de 5^{cm}, les valeurs de V correspondant aux différents points de la sphère décrite du point P comme centre avec $0^{cm},04$ de rayon varieraient seulement de $99,1984$ à $99,2016$. On peut donc regarder une sphère de très petit rayon ayant son centre au point P comme une surface isotherme correspondant à une température (ou à un potentiel) d'autant plus élevée que ce rayon sera plus petit. Ainsi, si nous supposons la petite boule placée au point P ayant une température de 99° environ, et la sphère pleine de glace fondante, les surfaces isothermes auraient pour méridien les courbes tracées ci-dessus, et les températures de ces surfaces seraient données par les chiffres placés sur les courbes. Si la boule est chargée d'électricité au potentiel 99 environ et la sphère en communication avec la terre, ces courbes sont les méridiens des surfaces d'égal potentiel. Ces surfaces resteraient encore isothermes si la température (ou le potentiel) de la boule P était différente de 99, mais la température de chacune d'elles serait modifiée dans le même rapport.

La plus remarquable de ces courbes est celle qui possède un point singulier et correspond à la valeur $V = 0,2$. Son point singulier est tel qu'une molécule électrique qui y serait placée resterait en équilibre sous l'influence de la petite boule et de la sphère; la valeur de ε en ce point est nulle, et un élément de surface ayant son centre en ce point ne donnerait passage à aucun flux. Les courbes amorcées $0,18$ et $0,22$ montrent avec quelle lenteur la température ou le potentiel varie dans le voisinage de ce point.

En général, pour obtenir en un point quelconque la valeur de ε, il suffirait, si les méridiens tracés sont suffisamment rapprochés dans le voisinage de ce point, de diviser la différence des nombres inscrits sur ces méridiens par la plus courte distance de ces courbes aux environs de ce point. La ligne de propagation de la chaleur est toujours dirigée de la courbe à température plus élevée vers la courbe à température moins élevée, normalement à ces courbes.

S'il s'agit d'électricité, que l'on suppose la petite boule chargée d'électricité positive, la force qui solliciterait une molécule électrique positive sera dirigée comme la ligne de propagation, et dans le même sens. Sa mesure est la valeur de ε.

Au lieu de construire graphiquement la valeur de ε, on peut la calculer par les considérations suivantes : l'expression de V se compose de deux parties; l'une $\frac{4}{r}$ est le potentiel d'une masse électrique 4 rassemblée au point P, la seconde $-\frac{1}{r'}$ est le potentiel d'une masse 1 de fluide négatif rassemblée au point S. La force exercée sur une molécule électrique s'obtiendra donc en composant deux forces, l'une $\frac{4}{r^2}$ répulsive, émanant du point P, l'autre attractive $\frac{1}{r'^2}$ émanant du point S. Cette valeur de ε pour un point quelconque est

$$\varepsilon^2 = \left(\frac{4}{r^2}\right)^2 + \left(\frac{1}{r'^2}\right)^2 + \frac{4}{r^3 r'^3}\,(\mathrm{PS}^2 - r^2 - r'^2).$$

Des théorèmes établis dans le paragraphe II de cet article, il résulte encore que la densité électrique en chaque point de la sphère est $\frac{1}{4\pi}$ de la valeur de ε en ce point. Or, pour les points de cette sphère $r = 4r'$, par suite $\varepsilon = \frac{\mathrm{PS}}{4 r'^3}$; la densité électrique des différents points de cette sphère variera donc en raison inverse du cube de la distance à la boule. On déduirait facilement de cette densité la quantité d'électricité accumulée sur la surface de la sphère; mais l'intégration est inutile, d'après ce que nous verrons ci-dessous.

Le problème sera donc résolu complètement si l'on démontre que les méridiens des surfaces isothermes ont bien pour équations $\mathrm{V} = \frac{4}{r} - \frac{1}{r'}$; or, si l'on considère une sphère infiniment petite placée en P et chargée d'une quantité d'électricité positive égale à 4, une autre placée en S et chargée d'une masse 1 d'électricité négative, la valeur du potentiel d'un pareil système, c'est-à-dire le travail nécessaire pour amener de l'infini en un point déterminé l'unité de masse, serait précisément la valeur de $\frac{4}{r} - \frac{1}{r'}$ ou de V pour ce point, et la surface sur laquelle V est nul est la sphère considérée. Donc, d'après le théorème énoncé au début de cet article, on pourra substituer à la sphère infiniment petite chargée de la quantité 1 d'électricité et placée au point S la sphère dont le méridien a pour équation $\frac{r}{r'} = 4$, sans rien changer à la valeur de V pour un point quelconque, pourvu que sur cette sphère le potentiel soit nul, c'est-à-dire qu'elle soit en communication avec la terre.

P.   3

On pourrait encore à la sphère substituer l'une quelconque des surfaces qui l'entourent, jusques et y compris la surface engendrée par la rotation de la courbe o, 2 (à condition de charger chacune de ces surfaces au potentiel convenable), et, comme ε est nul au point singulier, on voit que, malgré la forme de cette surface, la densité et, par suite, la tension électrique seraient nulles en ce point. De plus, la quantité d'électricité à r épartir sur chacune de ces surfaces serait toujours la même, puisque la figure montre que toute ligne de force arrivant à la sphère rencontre ces surfaces et réciproquement, et cette quantité est précisément celle qu'il faudrait supposer concentrée au point S pour que les lignes de force et les surfaces isothermes fussent les mêmes, c'est-à-dire 1, la quantité d'électricité de la boule P étant 4.

MESURE DE L'ÉNERGIE

DÉPENSÉE PAR UN

APPAREIL ÉLECTRIQUE.

Journal de Physique, t. X, année 1881, p. 445.

Première méthode. — Soient V_1 et V_2 les potentiels aux deux bornes d'un appareil quelconque, contenant une lampe, des électro-aimants, un électrolyte, et parcouru par un courant d'intensité variable i, mais *périodique*.

Fig. 20.

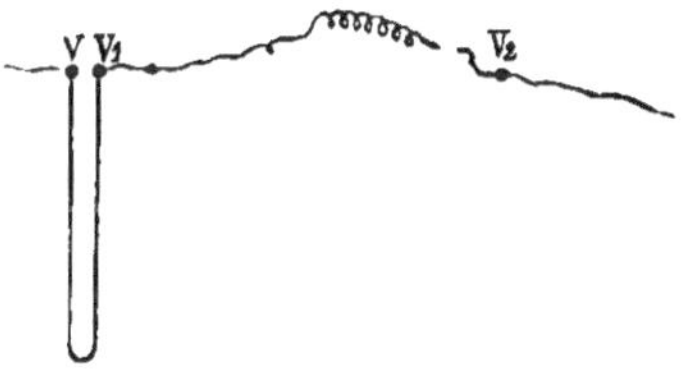

Soient de plus R une résistance connue, *non inductive* [1], faisant partie du circuit, et V le potentiel de l'autre extrémité de cette résistance. La méthode de M. Joubert [2] donne la valeur moyenne de $(V - V_2)^2$ ou de $\int (V - V_2)^2 dt$; comme $V = V_1 + R i$, cette méthode détermine

$$\int (V_1 - V_2 + R i)^2 dt$$

$$= \int (V_1 - V_2)^2 dt + 2 R \int i (V_1 - V_2) \, dt + R^2 \int i^2 dt.$$

[1] Par exemple un fil replié sur lui-même.
[2] Voir *Journal de Physique*, t. IX, p. 297, et *Annales de l'École Normale supérieure*, 2ᵉ série, t. X, p. 131.

Si l'on fait trois expériences, en laissant à i la même valeur et en donnant à R les valeurs o, R_1, R_2, on pourra déterminer les coefficients de R et de R^2, c'est-à-dire $1° \int i(V_1 - V_2) dt$, ou l'énergie moyenne dépensée par l'appareil, et $2° \int i^2 dt$, ou la seule moyenne ayant un sens pour l'intensité de courants de sens variable.

Les expériences se feront ainsi : l'aiguille et une paire de cadrans de l'électromètre restant en communication avec V_2, il suffira de mettre l'autre paire successivement en A, B, C.

Fig. 21.

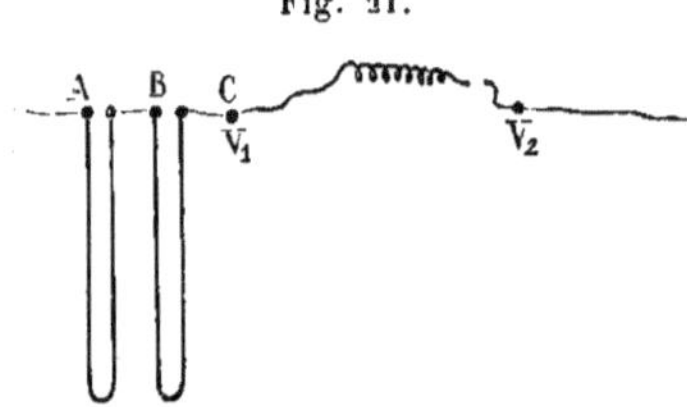

Seconde méthode. — Soient toujours V_1, V_2 les potentiels des deux points entre lesquels on veut mesurer la dépense d'énergie, R une résistance.

Dans une première expérience, on met l'aiguille d'un électromètre de Thomson au potentiel V_2, les cadrans au potentiel V_1 et V ; la déviation de l'électromètre mesure

$$\int (V_1 - V)\left(V_2 - \frac{V_1 + V}{2} \right) dt.$$

Dans une deuxième expérience, on met l'aiguille et une paire de cadrans au potentiel V_1, l'autre paire au potentiel V ; l'électromètre mesure

$$\int \frac{(V_1 - V)^2}{2} dt.$$

La différence donne

$$\int (V_1 - V)\left(V_2 - \frac{V_1 + V}{2} - \frac{V_1 - V}{2} \right) dt = \int (V_1 - V)(V_2 - V) dt.$$

On a d'ailleurs à chaque instant

$$i = \frac{V_1 - V}{R};$$

par suite, la dernière intégrale représente $R \int i(V_2 - V_1) dt$; on en déduit l'énergie dépensée $\int i(V_2 - V_1)$; on a de plus

$$\int \frac{(V_1 - V)^2}{2} dt \qquad \text{ou} \qquad R^2 \int i^2 dt.$$

On n'obtient pas ainsi $\int (V_2 - V_1)^2 dt$ qu'a mesuré M. Joubert, mais deux autres intégrales qui ont un sens physique mieux déterminé; l'énergie se déduit de deux mesures au lieu de trois, et l'on peut choisir R de telle sorte que $R^2 \int i^2 dt$ soit petit par rapport à $R \int i(V_2 - V_1) dt$, tout en étant susceptible d'une mesure exacte.

Il est entendu que les intégrales représentent la valeur moyenne des quantités sous le signe $\int$ pendant une période.

SUR LA THÉORIE DU CONTACT.

Journal de Physique, 2ᵉ série, t. IV, année 1885, p. 220.

Un plateau de zinc est réuni par un fil de cuivre à un plateau de cuivre ; ces deux plateaux forment un condensateur dont la capacité est C, et la charge $e = $ VC. Si on les laisse se rapprocher, les attractions électriques produisent un travail $\frac{1}{2}d(V^2 C)$. Soient dq la quantité de chaleur à fournir au système pour maintenir sa température constante malgré le passage de la quantité de à travers la soudure zinc-cuivre et la diminution de la charge à la surface des plateaux, dU la variation de l'énergie du système ; on aura

$$J\, dq = d\mathrm{U} + \frac{\mathrm{V}^2}{2} d\mathrm{C}.$$

Dans la théorie du contact, tous ces phénomènes sont réversibles à toute température ; on peut donc appliquer le second principe et écrire

$$\frac{d\mathrm{U}}{d\mathrm{C}} + \frac{\mathrm{V}^2}{2} = \mathrm{T}\frac{\partial}{\partial \mathrm{T}}\left(\frac{\mathrm{V}^2}{2}\right) = \mathrm{VT}\frac{d\mathrm{V}}{d\mathrm{T}}.$$

D'autre part, $\dfrac{d\mathrm{U}}{d\mathrm{C}}$ se compose de deux termes : l'un relatif à la variation d'énergie du condensateur $\frac{1}{2}\mathrm{V}^2$, et un autre relatif au changement que le passage de la quantité $de = \mathrm{V}\, d\mathrm{C}$ d'électricité peut avoir amené dans la constitution des surfaces ; si $\Lambda\, de = \Lambda \mathrm{V}\, d\mathrm{C}$ représente ce changement, on aura donc

$$\Lambda \mathrm{V} + \frac{\mathrm{V}^2}{2} + \frac{\mathrm{V}^2}{2} = \mathrm{VT}\frac{d\mathrm{V}}{d\mathrm{T}} \qquad \text{ou} \qquad \Lambda = \left(\mathrm{T}\frac{d\mathrm{V}}{d\mathrm{T}} - \mathrm{V}\right).$$

La théorie du contact suppose $\Lambda = 0$; on devrait donc avoir $\mathrm{V} = \mathrm{T}\dfrac{d\mathrm{V}}{d\mathrm{T}}$, et les différences de potentiel devraient être proportionnelles à la tem-

pérature absolue ; on pourrait réaliser un thermomètre parfait à toute
température. Des expériences instituées dans ce but semblent prouver
que la relation ci-dessus n'est pas vérifiée, au moins pour le couple
zinc-platine ; on ne pourrait donc écrire $\Lambda = o$, et il y aurait modification des surfaces, c'est-à-dire action chimique ou polarisation, comme
on voudra l'appeler, dans l'expérience classique de Pfaff.

SUR LE SIÈGE

DE LA

FORCE ÉLECTROMOTRICE DE CONTACT.

Journal de Physique, 2ᵉ série, t. VIII, année 1889, p. 223.

Un article de M. Gouy (¹) a récemment appelé l'attention sur la différence apparente de potentiel des métaux en contact. M. Gouy est porté
à voir dans des actions chimiques la cause de cette différence et assimile
le condensateur, formé de deux plateaux zinc et cuivre réunis par un
conducteur métallique, à une pile extrêmement résistante, où l'air remplacerait le liquide actif; l'énergie nécessaire à l'entretien de ce courant
serait fournie par l'oxydation de traces de zinc.

On peut objecter à cette manière de voir que, si l'on rapproche et
éloigne alternativement les deux plateaux du condensateur, il devrait y
avoir aussi alternativement oxydation et désoxydation du zinc, ce qui
paraît peu probable, vu la stabilité de l'oxyde de zinc.

Dans une Note un peu plus ancienne (²), j'avais cherché à montrer
que le rapprochement des plateaux, qui correspond à la fois à la production d'un travail extérieur et à l'accroissement de l'énergie électrique,
était nécessairement accompagné d'une diminution de l'énergie du système; que la chaleur empruntée au milieu ambiant ne contribuait au
travail produit que pour une fraction négligeable dans une première
approximation. La différence de potentiel observée est la valeur de cette
diminution d'énergie par unité d'électricité transférée d'un plateau à
l'autre quand on fait varier leur distance. Or, ni l'intérieur des métaux
ni leur surface de jonction n'éprouvent d'altération par le fait de cette
modification de l'état électrique; leur surface extérieure seule en

---

(¹) *Journal de Physique,* 2ᵉ série, t. VII, 1888, p. 205.
(²) *Journal de Physique,* 2ᵉ série, t. IV, 1885, p. 220. — Ce Volume, p. 38.

éprouve; c'est donc cette surface, ou la couche excessivement mince qui l'avoisine, qui est le siège des phénomènes qui produisent cette diminution d'énergie; il faut donc conclure que l'énergie d'un métal en contact avec l'air varie avec la charge ; cette énergie ou au moins la part qui en revient à cette couche mince, et que l'on peut désigner sous le nom d'*énergie superficielle,* est proportionnelle à la surface et à une fonction de la densité superficielle qu'on représentera par $M(\varepsilon)$ pour le métal M, si la densité est ε : ceci est un fait d'expérience, et il ne semble pas, en présence de la réversibilité du phénomène, qu'il soit possible d'aller plus loin, et d'attribuer à une véritable combinaison chimique la variation d'énergie des surfaces, surtout quand on voit des métaux, aussi peu oxydables que l'argent et l'or, donner des différences de potentiel entre eux.

Je rappellerai la relation entre $M(\varepsilon)$ et la différence de potentiel observée. Si M et M' représentent les deux métaux, ε et ε' leurs densités superficielles, le gain total d'énergie interne sera la quantité désignée par A dans la Note précitée, et l'on aura

$$A = \frac{dM}{d\varepsilon} - \frac{dM'}{d\varepsilon'} = V,$$

en négligeant dans une première approximation les phénomènes thermiques qu'on peut englober sous le nom d'*effet Peltier,* à la jonction des métaux ou à leur surface.

L'expérience montre que V est, dans certaines limites au moins, indépendant des charges ; pour les métaux, on pourrait admettre que les dérivées $\dfrac{dM}{d\varepsilon}$ sont constantes, et l'énergie superficielle totale d'un métal varierait proportionnellement à sa charge, indépendamment de la distribution de cette charge.

Si, dans le circuit métallique qui réunit les armatures, on introduit une pile de force électromotrice E, c'est-à-dire dans laquelle le passage de l'unité d'électricité corresponde à une perte d'énergie $-\Delta U'$ et à un gain de chaleur $J q'$ liés par la relation $E = -\Delta U' + J q'$, l'équation ci-dessus devient

$$\frac{dM}{d\varepsilon} - \frac{dM'}{d\varepsilon} V' + E = V,$$

en appelant V la différence de potentiel observée dans ce cas.

Il paraît dès lors évident que la différence de potentiel, qui est d'une manière générale la somme algébrique des forces électromotrices, doit être attribuée à l'existence, à la surface de chaque métal, d'une force électromotrice $\dfrac{dM}{d\varepsilon}$ dirigée du métal vers l'air.

La surface d'un métal se conduit donc comme la surface d'une électrode ; pendant qu'une électrode se polarise, une quantité d'électricité s'accumule sur sa surface, et son énergie $M(\varepsilon)$ par unité de surface varie ; il en est de même de l'énergie $L(\varepsilon')$ de l'unité de surface du liquide ; l'arrivée d'une charge égale à l'unité sur la surface métallique est accompagnée du départ d'une charge égale de la surface liquide, et la variation d'énergie est

$$\frac{dM(\varepsilon)}{d\varepsilon} + \frac{dL(\varepsilon')}{d\varepsilon'};$$

tant qu'il n'y a pas d'action chimique, c'est encore la force électromotrice due au contact de l'électrolyte et de l'électrode, c'est-à-dire que, si S est la surface de contact, la variation de l'énergie de l'ensemble est $P\,d(S\varepsilon)$. Lorsque la surface de l'électrode est de plus extensible, la théorie de Gauss donne pour l'énergie un terme TS, où T est la tension superficielle : l'énergie totale est donc de la forme $(T + P\varepsilon)S = US$ et l'on doit avoir $\dfrac{dU}{d\varepsilon} = P$, ce qui exige $dT + \varepsilon\,dP = 0$, ou la relation découverte par M. Lippmann [1].

Il est d'ailleurs inutile d'insister sur ce point après l'étude si complète de M. Blondlot [2] sur la polarisation.

Dans ce travail, M. Blondlot a trouvé de plus que, pour les solutions aqueuses diverses, P était la même fonction de ε' pour le platine, c'est-à-dire que la fonction L serait la même pour toutes ces dissolutions ; ce qui semble indiquer que les éléments de l'eau jouent dans la polarisation le rôle prédominant, sinon exclusif.

Puis on peut tirer de la théorie deux autres conséquences dont l'une au moins est déjà vérifiée par les expériences de M. Pellat : si deux métaux plongent dans le même liquide, la polarisation de l'ensemble est $P - P'$; si les charges par unité de surface sont les mêmes pour les deux métaux, la différence $P - P'$ se réduit à

$$\frac{dM(\varepsilon)}{d\varepsilon} - \frac{dM'(\varepsilon)}{d\varepsilon};$$

---

[1] *Annales de Chimie et de Physique*, 1875.
[2] *Thèse* et *Journal de Physique*, 2ᵉ série, t. X, p. 441.

elle sera donc la différence de potentiel observée dans l'air entre les deux métaux, ce que M. Pellat a vérifié dans le cas de $\varepsilon = 0$ [1].

On conclura encore de là que les capacités de polarisation $\dfrac{d\varepsilon}{dP}$ de deux métaux différents sont les mêmes fonctions de ε; on trouve, en effet, que $\dfrac{dM(\varepsilon)}{d\varepsilon}$ est sensiblement constant; si P et P′ sont les valeurs des forces électromotrices correspondant à une même valeur de ε, on a donc $\dfrac{dP}{d\varepsilon} = \dfrac{dP_1}{d\varepsilon}$.

Or M. Lippmann a donné pour le mercure la relation entre T et P; on connaît donc aussi la relation entre ε et P, ou inversement entre P et ε.

La notion, que l'énergie d'une surface conductrice est fonction de sa densité superficielle, nécessaire pour expliquer la différence de potentiel observée par Volta et ses successeurs, suffit donc également pour les phénomènes de polarisation.

Si, dans une première approximation, j'ai négligé les phénomènes thermiques, il est néanmoins facile de voir que ceux-ci rentrent dans la théorie; la tension capillaire T varie avec la température. Il en est de même des P, des M et des L; or, il résulte des principes de la Thermodynamique que, si $X\,dx$ est le travail des forces extérieures correspondant à une variation de la variable x, la température ne peut être maintenue constante qu'en cédant au système la quantité de chaleur équivalente à $-\Theta\dfrac{\partial X}{\partial\Theta}\,dx$, ou que le coefficient de dx dans la différentielle de l'énergie est

$$X - \Theta\frac{\partial x}{\partial\Theta} = \frac{\partial U}{\partial x}.$$

Dans la question actuelle, les X sont les forces électromotrices. Il résulte donc simplement de l'expérience que l'énergie $M(\varepsilon)$ dépend aussi de la température, que la différence de potentiel n'est pas rigoureusement égale à la variation d'énergie, mais en diffère de l'effet Peltier, dont l'existence est la conséquence de cette dépendance.

---

[1] *Comptes rendus de l'Académie des Sciences*, t. CVIII, p. 567. M. Pellat trouve pour la force électromotrice du couple zinc-sulfate de zinc-mercure 0,52 volt quand les deux métaux sont amenés à avoir une charge nulle; c'est la valeur donnée par Hankel pour la différence de potentiel entre le zinc et le mercure; il n'y a pas ici à tenir compte des expériences plus anciennes du même auteur (*Comptes rendus*, t. CIV, p. 1099) dans l'eau acidulée, où l'action chimique proprement dite intervient.

ÉQUIVALENT ÉLECTROLYTIQUE DE L'ARGENT.

En collaboration avec M. H. PELLAT.

Journal de Physique, 2ᵉ série, t. IX, 1890, p. 381.

L'électrodynamomètre absolu ([1]) imaginé par l'un de nous permet de rapporter avec une grande précision l'intensité d'un courant à l'unité théorique C. G. S. Nous nous sommes proposé de déterminer, avec cet appareil, la masse d'argent déposée en une seconde par un courant d'intensité connue.

Le courant, fourni par 20 éléments Daniell, passait dans des résistances métalliques assez élevées pour réduire son intensité à 0,1 ampère environ, et dans un voltamètre à azotate d'argent. Parmi ces résistances se trouvaient : 1° un rhéostat de Wheatstone perfectionné par M. Ducretet; 2° une résistance (R) en fil nu de 0ᶜᵐ,08 de diamètre formé d'un métal nickelifère, dit *métal* XXX ([2]), dont le coefficient de variation avec la température était connu et d'ailleurs très faible (0,00022); cette résistance était placée dans un bain de pétrole; un agitateur à air rendait uniforme la température, qui était donnée par un thermomètre. La différence de potentiel déterminée par le courant aux extrémités de cette résistance (R) était opposée à la force électromotrice (*e*) d'un élément à

([1]) *Journal de Physique*, 2ᵉ série, t. VI, p. 175.

([2]) Ce métal, remarquable par sa grande résistance spécifique (double de celle du maillechort) et par le faible coefficient de variation de cette résistance avec la température, contient :

Cuivre.............	56,5
Nickel.............	35,5
Zinc.............	8,0
	100,0

sulfate de mercure ([1]), contenant au milieu de son électrolyte liquide le réservoir d'un thermomètre, et placé dans un bain d'eau pour maintenir sa température invariable. Un électromètre capillaire de M. Lippmann, intercalé dans le circuit de l'élément, permettait de constater l'équilibre de ces forces électromotrices opposées. On rendait le courant constant à $\frac{1}{10000}$ près environ, en faisant varier, à l'aide du rhéostat, la résistance du circuit principal de façon à maintenir au zéro la colonne de mercure de l'électromètre pendant toute la durée de l'expérience; en désignant par i l'intensité du courant, on avait alors

$$(1) \qquad e = i\mathrm{R}.$$

Une autre expérience servait à obtenir la valeur de la force électromotrice de l'élément au sulfate de mercure. Pour cela, le courant principal, au lieu de passer dans le voltamètre, passait dans l'électrodynamomètre absolu, et les résistances étaient réduites de façon à lui donner une intensité de 0,3 ampère environ. On rendait le courant parfaitement constant par le même procédé que dans la première expérience, et l'on procédait à la mesure de son intensité absolue au moyen de l'électrodynamomètre. On avait alors

$$(2) \qquad e' = i''\mathrm{R}',$$

en désignant par e' et R' les valeurs à ce moment de la force électromotrice et de la résistance, qui, par suite des variations de température, pouvaient différer un peu des valeurs e et R. De (1) et de (2) on tire

$$(3) \qquad \frac{e}{e'} = \frac{i}{i''} \frac{\mathrm{R}}{\mathrm{R}'};$$

d'où

$$i = i'' \left(\frac{e}{e'}\right)\left(\frac{\mathrm{R}'}{\mathrm{R}}\right).$$

Les déterminations des températures et l'étude préalable des coefficients de variation faisaient connaître exactement la valeur très voisine

---

([1]) Cet élément est un Latimer-Clark dans lequel l'électrolyte pâteux est remplacé par une dissolution à 15 pour 100 de sulfate de zinc pur et par du sulfate mercureux en poudre reposant sur le mercure. Outre ces facilités de construction, il présente sur le Latimer-Clark à électrolyte pâteux l'avantage de se polariser beaucoup moins (il se polarise soixante fois moins environ qu'un élément Gouy pour le passage de la même quantité d'électricité), d'avoir un coefficient de variation avec la température moitié moindre (mais encore le double environ de celui de l'élément Gouy); enfin sa température peut être bien déterminée, puisque le thermomètre plonge dans un liquide.

de l'unité des rapports $\dfrac{e}{e'}$ et $\dfrac{R'}{R}$, et, i' étant connue, l'intensité i du courant qui avait circulé dans le voltamètre était ainsi déterminée avec une précision égale à celle donnée par l'électrodynamomètre absolu, estimée à $\dfrac{1}{2000}$ au moins.

Le voltamètre était constitué : 1° par une anode en argent pur ayant la forme d'un dé à coudre, de $0^{cm},26$ de diamètre, plongeant de 4^{cm} environ dans le bain ; 2° par une cathode formée d'une lame d'argent cylindrique, concentrique à l'anode, plongeant de 5^{cm} dans le liquide. Celui-ci était une dissolution neutre d'azotate d'argent à 15 pour 100.

Les électrodes, au sortir du bain, étaient lavées à l'eau distillée, puis placées sous la cloche d'une machine pneumatique et séchées dans le vide sec pendant plus de 12 heures. On procédait ensuite aux pesées.

Les résultats de deux expériences, que la régularité du courant nous a fait considérer comme bonnes, sont les suivants :

Coulombs.	Masse déposée.	Durée.
$742,85$	$0^g,8312$	$6^{sec},850$
$755,08$	$0^g,8453$	$6^{sec},9{\small(8}$

Elles conduisent respectivement à $1^{mg},1189$ et $1^{mg},1195$ pour la masse d'argent déposée par 1 ampère en 1 seconde.

Les nombres donnés antérieurement sont :

	mg
Kohlrausch	$1,1183$
Rayleigh	$1,118$
Mascart	$1,1156$
Pellat et Potier	$1,1192$

SUR LE

CALCUL DES COEFFICIENTS DE SELF-INDUCTION

DANS UN CAS PARTICULIER.

Comptes rendus de l'Académie des Sciences, t. CXVIII, 22 janvier 1894, p. 166.

Si une ligne droite verticale, indéfinie, est chargée uniformément d'électricité, si ε est la charge par unité de longueur, la force *électrique*, en un point situé à la distance a de la droite, est horizontale, rencontre la droite électrisée, et sa grandeur est $\dfrac{2\varepsilon}{a}$, si l'on a adopté le système électrostatique de mesures. Si la même ligne est parcourue par un courant d'intensité ε (mesure électromagnétique), la force *magnétique*, au même point, sera horizontale, perpendiculaire à la force électrique déterminée ci-dessus, et aura la même valeur numérique.

Il en sera encore de même si l'on considère un nombre quelconque de droites semblables, en ayant soin de modifier à la fois le sens du courant et le signe des charges.

Considérons maintenant un condensateur formé : 1° d'un conducteur indéfini, de section quelconque, mais cylindrique; 2° d'un second conducteur cylindrique indéfini entourant le précédent. En représentant par e la densité électrique, la charge d'une partie du conducteur ayant l'unité de longueur, et pour base un élément ds de la section, sera $e\,ds$. Ces charges se distribuent de telle sorte que la force électrique est nulle à l'intérieur du contour S_1 du conducteur intérieur, et en dehors du contour S_2 du conducteur extérieur qui lui fait face. Si Δ est la différence des potentiels, E la charge totale par unité de longueur, la capacité γ par unité de longueur est donnée par $E = \Delta\gamma$.

Supposons que, au lieu d'être chargée d'électricité, la surface cylindrique, dont ds est la base, soit parcourue par un courant vertical dont l'intensité ait pour valeur $e\,ds$. Le courant total aura la même valeur pour les conducteurs extérieur et intérieur; l'un est le retour de l'autre. La force magnétique sera nulle partout, sauf dans l'espace compris entre les deux conducteurs. Le flux magnétique, à travers une surface cylindrique de hauteur égale à l'unité et ayant pour base un élément dl, est, par définition, le produit de dl par la composante de la force magnétique, suivant la normale à dl, ou, à cause de la perpendicularité des forces magnétique et électrique dans les deux questions, le produit de dl par la composante de la force électrique *suivant dl*, c'est-à-dire la différence dV des valeurs du potentiel aux deux extrémités de dl, et ceci sera vrai aussi bien pour une courbe finie que pour un élément. Si donc on veut obtenir le flux total, il suffira d'appliquer cette proposition à une courbe joignant un point de S_1 à un point de S_2, et la valeur de ce flux sera Δ.

D'autre part, le courant total est E : si donc on définit le coefficient λ de self-induction par unité de longueur comme le quotient du flux par l'intensité, on aura $E\lambda = \Delta$, d'où la relation $\lambda\gamma = 1$ entre la capacité (électrostatique) et la self-induction (électromagnétique) par unité de longueur. La distribution que nous avons admise pour les courants n'est pas arbitraire : c'est celle dont se rapproche asymptotiquement la distribution réelle, à mesure que les variations du courant total deviennent plus brusques.

Il est clair que le contour S_1 pourrait être formé de plusieurs contours, ou le conducteur intérieur unique remplacé par un faisceau de conducteurs reliés entre eux, sans que la relation $\lambda\gamma = 1$ cessât d'être vérifiée; on pourrait aussi introduire d'autres conducteurs, dans l'espace annulaire, en les reliant aussi par leurs extrémités au conducteur extérieur, dont le contour S_2 peut être rejeté aussi loin qu'on veut. La capacité est alors définie, aussi bien que dans le cas simple traité, tout un groupe de conducteurs se trouvant au potentiel V_1 et l'autre au potentiel V_2. La présence de conducteurs isolés laisserait encore subsister le théorème (la surface de chacun d'eux étant le siège de courants dont la somme algébrique est nulle), tout en changeant les valeurs individuelles de λ et de γ.

Il est à peine besoin de rappeler que, si l'on mesure γ dans le système dit *électromagnétique,* cette relation devient $v^2\lambda\gamma = 1$, v étant le rapport des unités; que, si l'isolant était un diélectrique de constante K, la capacité deviendrait $\lambda_1 = K\gamma$ et, par suite, on aurait $v^2\lambda\gamma_1 = K$, et qu'enfin c'est le coefficient $\lambda\gamma_1$ qui doit, si l'on accepte l'équation classique

$$\lambda\gamma_1 \frac{\partial^2 V}{dt^2} + \rho\gamma_1 \frac{\partial V}{dt} = \frac{d^2 V}{dx^2},$$

être l'inverse du carré de la vitesse de propagation de l'électricité.

Il paraît curieux de constater que cette équation conduit à des résultats indépendants de l'existence de conducteurs isolés ou reliés à la terre dans le voisinage de ceux dans lesquels on étudie la propagation, conformément à la théorie qui place dans le diélectrique l'agent de cette propagation ([1]).

([1]) On peut en conclure que la période d'oscillation propre d'un système de longueur donnée est aussi constante. En réalité, cette indépendance est seulement apparente, provient évidemment des hypothèses mêmes faites au début de la Note et est limitée à ces conditions spéciales. Il n'y a donc aucune contradiction entre cette théorie, qui suppose des conducteurs indéfinis placés dans un espace indéfini, et les résultats tout différents qu'on constate dans la télégraphie sans fil : dans ce cas, la période d'oscillation propre d'un système de fils verticaux augmente quand on les écarte les uns des autres jusqu'à une certaine distance, parce que la capacité de l'ensemble *par rapport à la terre* croit plus vite que ne diminue la self-induction par l'augmentation des distances entre les éléments du système de fils.　　　　(*Note de l'Éd.*)

SUR LA PROPAGATION DU COURANT

DANS UN CAS PARTICULIER.

Comptes rendus de l'Académie des Sciences, t. CXVIII, 29 janvier 1894, p. 227.

En traitant de la propagation des courants, certains auteurs ont introduit des coefficients λ, γ, dits de self-induction et de capacité par unité de longueur, dont on a peine à comprendre l'usage, leur définition supposant pour l'un, λ, que le courant a partout la même intensité, pour l'autre, γ, que l'électricité est en équilibre à la surface des fils, tandis qu'on prétend étudier un état du courant et une distribution des charges variables dans le temps et dans l'espace.

Si l'on se place dans les conditions simples auxquelles j'ai fait allusion dans la précédente séance, conditions très voisines de celles de l'expérience, on peut se dispenser d'introduire ces coefficients. Soient i, q le courant et la densité linéaire de la charge en un point de la surface d'un conducteur cylindrique indéfini déterminé par son abscisse s, et V le potentiel en un point de son intérieur, défini par son abscisse x. (Le système électromagnétique de mesures sera employé, et toute intégrale portant sur ds sera étendue au conducteur.)

La force électromotrice induite est égale à la différence de potentiel: écrivant cette égalité pour les extrémités d'un élément dx à l'*intérieur* du circuit,

$$-\frac{\partial}{\partial t}\int \frac{i\,ds}{r} = +\frac{\partial V}{\partial x};$$

mais, d'autre part,

$$\frac{\partial q}{\partial t} + \frac{\partial i}{\partial x} = 0,$$

donc ([1])

$$\frac{\partial}{\partial t^2} \int \frac{q\,ds}{r} = \frac{\partial^2 V}{\partial x^2};$$

mais, dans le système électromagnétique,

$$V = c^2 \int \frac{dm}{r} = c^2 \int \frac{q\,ds}{r}.$$

Il reste donc l'équation bien connue

$$\frac{\partial^2 V}{\partial t^2} = c^2 \frac{\partial^2 V}{\partial x^2}.$$

M. Poincaré ([2]) avait déjà indiqué cette équation, mais pour un fil de section circulaire seulement, et en admettant que le potentiel électrique est proportionnel au logarithme du rayon, ce qui n'est vrai que pour des charges uniformes.

Le même raisonnement appliqué à un circuit courbe dont ds' serait un élément donnerait

$$\frac{\partial}{\partial t^2} \int \frac{q\cos\varepsilon}{r}\,ds = \frac{\partial^2 V}{\partial s'^2}.$$

On en déduira que la vitesse de propagation sera encore v, pourvu que les charges soient localisées; si elles n'occupent qu'une faible longueur à la surface du fil, q est nul dès que $\cos\varepsilon$ s'écarte de la valeur 1, et le premier membre se réduit à $\frac{1}{c^2}\frac{\partial^2 V}{\partial t^2}$.

([1]) Parce que

$$\frac{\partial}{\partial x}\int i\frac{ds}{r} = \int i\frac{\partial}{\partial x}\left(\frac{1}{r}\right)ds = -\int i\frac{d}{ds}\left(\frac{1}{r}\right)ds = \int \frac{1}{r}\frac{di}{ds}\,ds = -\int \frac{1}{r}\frac{dq}{dt}\,ds.$$

([2]) *Électricité et Optique*, t. II, p. 201.

SUR LA

RÉSISTANCE DES CONDUCTEURS

EN COURANT VARIABLE.

L'Éclairage électrique, t. XII, n° 34, 21 août 1897.

Dans une publication qu'il vient de terminer sur la propagation des courants alternatifs, M. Brylinski ([1]) a abordé la question des conducteurs creux, question intéressante non seulement au point de vue des applications industrielles, mais aussi au point de vue des mesures. En l'étudiant de mon côté, j'avais été amené à employer les mêmes développements en séries, car ceux-ci fournissent la seule solution du problème ([2]); mais la voie que j'ai suivie permet d'assigner, avec une précision suffisante pour la pratique, l'épaisseur à admettre pour un conducteur, à une fréquence donnée, pour que l'énergie transformée en chaleur ne dépasse pas de plus de 10 pour 100 l'énergie calculée en partant de la résistance du conducteur.

([1]) Voir *L'Éclairage électrique* des 26 juin, 10, 17 et 24 juillet, p. 5, 97, 149 et 200.

([2]) On connait les formules de lord Rayleigh pour les conducteurs pleins de section circulaire. Si l'on appelle a le rayon du conducteur, μ sa perméabilité, ρ sa résistivité, l sa longueur, R sa résistance ohmique, ω la vitesse de pulsation du courant, et si l'on pose, pour simplifier,

$$\alpha = \omega \mu \frac{\pi a^2}{\rho} = \frac{\omega l \mu}{R},$$

ces formules s'écrivent

$$R_1 = R\left(1 + \frac{\alpha^2}{12} - \frac{\alpha^4}{180} + \ldots\right),$$

$$L_1 = L - \mu l\left(\frac{\alpha^2}{48} - \frac{13\,\alpha^4}{8640} + \ldots\right),$$

L étant le coefficient de self-induction correspondant à une répartition uniforme du courant.

Dans le cas des conducteurs creux, en appelant a le rayon extérieur et b le rayon intérieur,.

S'il s'agit d'appareils de mesure, si l'on veut prendre par exemple un voltage déterminé sur un conducteur, on ne peut admettre des corrections aussi fortes, et l'on doit employer des conducteurs plus minces : des séries rapidement convergentes, dans ce cas, peuvent être substituées aux premières, et permettent d'effectuer avec précision les corrections nécessaires, comme je vais l'exposer.

Soient T la période d'un courant sinusoïdal, ρ la résistance spécifique (C. G. S.) du conducteur ; le coefficient caractéristique

$$a = \frac{1}{\pi} \sqrt{\frac{\rho T}{2\mu}}$$

est une longueur sensiblement égale à $0^m,01$ pour le cuivre et une fréquence de 80.

---

et en posant

$$\alpha = \omega\mu \frac{\pi a^2}{\rho},$$

$$\beta = \omega\pi \frac{b^2 \mu}{\rho},$$

M. Brylinski est arrivé, par une savante analyse, aux formules suivantes :

$$R_1 = R \frac{\alpha - \beta}{2} \frac{d}{d\alpha} \log(g^2 + h^2),$$

$$L_1 = L - \mu l \left[\frac{1}{2} \frac{\alpha - 3\beta}{\alpha - \beta} + \left(\frac{\beta}{\alpha - \beta} \right)^2 \log \frac{\alpha}{\beta} - \frac{d}{d\alpha} \text{arc tang} \frac{h}{g} \right],$$

dans lesquelles

$$A = \sum_0^\infty \frac{(-1)^n \alpha^{2n+1}}{(2n)!(2n+1)!}, \qquad A' = \sum_0^\infty \frac{(-1)^n \beta^{2n+1}}{(2n)!(2n+1)!},$$

$$B = \sum_0^\infty \frac{(-1)^n \alpha^{2n+2}}{(2n+1)!(2n+2)!}, \qquad B' = \sum_0^\infty \frac{(-1)^n \beta^{2n+2}}{(2n+1)!(2n+2)!},$$

$$M = 2\sum_0^\infty \frac{(-1)^n S_{2n+1} \alpha^{2n+1}}{(2n)!(2n+1)!}, \qquad M' = 2\sum_0^\infty \frac{(-1)^n S_{2n+1} \beta^{2n+1}}{(2n)!(2n+1)!},$$

$$N = 2\sum_0^\infty \frac{(-1)^n S_{2n+2} \alpha^{2n+2}}{(2n+1)!(2n+2)!}, \qquad N' = 2\sum_0^\infty \frac{(-1)^n S_{2n+2} \beta^{2n+2}}{(2n+1)!(2n+2)!},$$

$$P = M - dB,$$

$$Q = N + dA,$$

$$g = A \log \frac{\alpha}{\beta} - P + P' \frac{AA' + BB'}{A'^2 + B'^2} + Q' \frac{AB' - BA'}{A'^2 + B'^2},$$

$$h = B \log \frac{\alpha}{\beta} - Q - P' \frac{AB' + BA'}{A'^2 - B'^2} + Q' \frac{AA' + BB'}{A'^2 + B'^2}.$$

Malgré son élégance, cette solution exige forcément, pour les applications pratiques, des calculs si laborieux que la solution approchée exposée ici par M. Potier offre un intérêt capital à ce point de vue.   (*Note de l'Éditeur.*)

Un conducteur annulaire sera caractérisé par deux nombres exprimant les rapports des carrés des rayons intérieur et extérieur à a^2 : lorsqu'il s'agit de conducteurs concentriques, quatre nombres s_a, s_b, s_c, s_d sont nécessaires; on les supposera rangés par ordre de grandeur, de sorte que $a^2 s_a$, $a^2 s_b$ sont les carrés des rayons intérieur et extérieur de l'âme, ou conducteur enveloppé, $a^2 s_c$ et $a^2 s_d$ les carrés des rayons intérieur et extérieur de l'enveloppe ([1]).

Un conducteur annulaire étant parcouru par un courant alternatif, la densité de courant y est minimum, soit à la face interne s'il est enveloppé, soit à la face externe s'il est l'enveloppe; le symbole Δ représentera le rapport de la densité moyenne du courant sur toute la section du conducteur à cette densité minimum, et Φ l'avance du courant total sur ce courant périphérique, tandis que δ et φ seront respectivement le rapport de la densité maximum à la densité minimum et l'avance de ce courant de densité maximum, de sorte que $\delta = \dfrac{d_3}{d_4}$ ou $\dfrac{d_2}{d_1}$, et que φ est $\varphi_3 - \varphi_4$ ou $\varphi_2 - \varphi_1$ suivant les cas; l'avance du courant maximum sur le courant moyen, ou $\varphi - \Phi$, sera représentée par Ψ.

Si l'on désigne par K le rapport de la chaleur dégagée dans le conducteur à la chaleur RI^2 qui serait dégagée pour une distribution uniforme de courant, on a

$$ k = \frac{\delta}{\Delta} \cos \Psi. $$

Le coefficient de self-induction d'un semblable conducteur est également altéré; en affectant les lettres i et e au conducteur intérieur et à l'extérieur, il est par unité de longueur

$$ L_e \frac{s_3}{s_2} + K_i \tan \Psi_i \frac{1}{s_2 - s_1} + K_e \tan \Psi_e \frac{1}{s_4 - s_3}. $$

Les Tableaux I et II se rapportent à des conducteurs de mêmes dimensions considérés comme âme ou comme enveloppe :

TABLEAU I.

$$s_1 = 5.$$

$s_2.$	$\Delta.$	$\Phi.$	$\delta.$	$\varphi.$	K.	$\dfrac{\text{K tang} \Psi}{s_2 - s_1}.$	$\Psi.$
6	1,000	1.42′	1,003	5. 3′	1,001	0,0578	3.21′
7	1,002	6.24	1,033	17.33	1,086	0,102	11.11
8	1,011	13.19	1,129	34.58	1,038	0,137	21.43
9	1,029	21.54	1,315	52.38	1,099	0,163	30.44
10	1,063	31.50	1,816	68.52	1,196	0,181	37. 2

TABLEAU II.

$$s_3 = 5.$$

$s_4.$	$\Delta.$	$\Phi.$	$\delta.$	$\varphi.$	K.	$\dfrac{\text{K tang} \Psi}{s_4 - s_3}.$	$\Psi.$
6	1,000	1.42′	1,003	5.22′	1,001	0,064	3.40′
7	1,002	6.24	1,027	19.54	1,020	0,121	13.32
8	1,011	13.19	1,183	39.43	1,048	0,174	26.28
9	1,029	21.54	1,472	59.37	1,132	0,219	37.43
10	1,063	31.50	1,593	76,44	1,275	0,238	44.54

Les valeurs de Δ et Φ sont identiques dans les deux Tableaux.

Il est utile de comparer ces chiffres à ceux qu'on obtiendrait pour des conducteurs de même *épaisseur* et dont le rayon serait considérable. Dans la colonne épaisseur du Tableau est indiquée, en *fraction* de la longueur a définie ci-dessus, l'épaisseur du conducteur, c'est-à-dire $\sqrt{6} - \sqrt{5}$, $\sqrt{7} - \sqrt{5}$, ... :

Épaisseur.	$\Delta.$	$\Phi.$	$\delta.$	$\varphi.$	K.	$\Psi.$
0,213	1,000	1.44′	1,003	5.13′	1,001	3.29′
0,410	1,002	6.24	1,037	18.44	1,010	12.22
0,592	1,011	13.17	1,153	37. 6	1,043	23.49
0,764	1,030	21.58	1,386	46.54	1,114	33.56
0,926	1,064	31.53	1,734	72.43	1,237	40.50

On voit que, pour une épaisseur donnée, les valeurs de K et de K tang ψ correspondantes à $s = \infty$ ne sont pas très différentes de ce qu'elles sont pour le conducteur cylindrique, qu'il soit intérieur ou extérieur, et, d'une manière générale, on peut dire que le coefficient K restera toujours au-dessous de 1,10 tant que l'épaisseur n'atteindra pas 0,7 a.

Lorsqu'il s'agit d'un conducteur plein, $s_1 = 0$, les valeurs de K ont été données par lord Kelvin pour des valeurs de $2\sqrt{s_2}$ ($= q$ de l'adresse présidentielle à l'*Institution of Electrical Engineers* du 10 janvier 1889). Dans le Tableau III, j'ai réuni les valeurs de δ, Δ, φ, Φ et K pour des valeurs de s différentes, croissant par unités jusqu'à 10. J'y ai ajouté la valeur de $\dfrac{K \, \text{tang} \, \Psi}{s_2}$; cette valeur doit être substituée au coefficient $\dfrac{1}{2}$ de la formule classique, qui donne le coefficient de self-induction de deux fils parallèles, au moins tant qu'ils ne sont pas très voisins. La correction serait plus forte pour deux fils rapprochés, mais est extrêmement difficile à calculer.

TABLEAU III.

Conducteur plein $s_1 = 0$.

s_2.	Δ.	δ.	φ.	K.	$\dfrac{K \, \text{tang} \, \Psi}{s_2}$. $0,5 - \dfrac{s_2}{48} - \dfrac{31 s^4}{720}$.	Ψ.
1	1,041	1,229	52.17$^{\circ\prime}$	1,078	0,481	24. 1$^{\circ\prime}$
2	1,160	1,780	89. 7	1,265	0,435	34.33
3	1,344	2,524	116. 6	1,479	0,389	38. 2
4	1,586	3,439	138.11	1,678	0,343	39.17
5	1,881	4,542	157.27	1,853	0,320	39.54
6	2,228	5,863	174.49	2,007	0,283	40.18
7	2,630	7,347	190.48	2,146	0,263	40.38
8	3,091	9,302	205.40	2,274	0,246	40.55
9	3,617	11,501	219.37	2,394	0,234	41.11
10	4,213	14,08	232.50	2,507	0,221	41.24
16	9,763	40,82	300.55	3,095	0,176	42.14
20	16,163	75,18	339.15	3,415	0,157	42.33
25	28,932	149,9	382. 6	3,795	0,142	42.54
56,25	545,35	1265,1 .	588.50	5,573	0,098	43.37
100	12202,8	124223	737.31	7,323	0,071	43.57
∞	∞	$\Delta \sqrt{s}$	$\sqrt{2s} - 22^{\circ}30'$	$\sqrt{\dfrac{s}{2} + 0,25}$	$\dfrac{1}{\sqrt{2s}}$	$\text{tang} \, \Psi = 1 - \dfrac{1}{\sqrt{8s}}$

Les calculs relatifs aux conducteurs creux sont très pénibles; il semble toutefois possible de les éviter dans la plupart des cas pratiques; car les formules .

$$\delta \cos\varphi = 1 - \frac{1}{24 s^2}(\Delta s)^4 + \frac{1}{20 s^3}(\Delta s)^5 - \frac{1}{20 s^4}(\Delta s)^6,$$

$$\delta \sin\varphi = s\left[\frac{(\Delta s)}{s} - l\frac{s+(\Delta s)}{s}\right] + \frac{1}{720}\frac{(\Delta s)^5}{s},$$

$$\Delta \cos\Phi = 1 - \left[\frac{1}{120}\frac{(\Delta s)^4}{s^2}\frac{1}{120}\frac{(\Delta s)^5}{s^3} - \frac{1}{140}\frac{(\Delta s)^6}{s^4} + \frac{1}{168}\frac{(\Delta s)^7}{s^3}\right],$$

$$\Delta \sin\Phi = s\left[1 + \frac{\Delta s}{2s} - \frac{(s+\Delta s)}{(\Delta s)}l\frac{s+\Delta s}{s}\right],$$

dans lesquelles $s = s_a$, $\Delta s = s_b - s_a$, s'il s'agit d'un conducteur enveloppé, et $s = s_d$, $\Delta s = s_c - s_d$, s'il s'agit d'un conducteur extérieur, suffiront pour le cas, fréquent dans la pratique, où $\dfrac{(\Delta s)^2}{s}$ est inférieur à $\dfrac{1}{3}$.

Appendice. — Pour représenter les valeurs de K en fonction du rayon, ou plutôt de $\sqrt{s}$, deux formules empiriques ont été proposées, l'une par M. Brylinski ([1]), l'autre par M. Mascart ([2]); ces formules du premier degré en $\sqrt{s}$, quoique différentes, donnent des valeurs très suffisamment approchées pour la pratique; ce n'est qu'en étudiant avec un peu plus de précision l'allure de la courbe qui représente K, que l'on peut se rendre compte de cette particularité. Dans la Note précitée, sir William Thomson indique que le rapport $\dfrac{k}{\sqrt{s}}$ tend vers $\dfrac{1}{\sqrt{2}}$; autrement dit, si l'on prend $x = \sqrt{s}$ comme abscisse, la courbe en K a une asymptote parallèle à la droite $K = 0{,}707\,x$. On peut faire un pas de plus et calculer l'ordonnée à l'origine de cette asymptote; elle est $0{,}25$.

Mais la courbe de K ne se rapproche pas toujours de son asymptote; elle a une allure serpentante, que l'on peut rapprocher de celle de la courbe $\dfrac{\sin x}{x}$ et que l'on peut bien mettre en évidence en calculant la valeur de $\dfrac{dk}{dx}$. On a, en effet,

$$\frac{dk}{ds} = \frac{k}{s} + \frac{\delta^2}{\Delta^2} \cos 2\,\Psi$$

ou

$$\frac{dk}{dx} = \frac{2\,k}{x} + 2\,x\,\frac{\delta^2}{\Delta^2} \cos 2\,\Psi.$$

Les valeurs de cette dérivée sont donc faciles à déduire du Tableau de la page précédente.

On trouve ainsi

([1]) *Électricien*, 1ᵉʳ février et 1ᵉʳ mars 1890; *L'Éclairage électrique*, t. VII, p. 82, 11 avril 1896.

([2]) *Bulletin de la Société internationale*, décembre 1895; *L'Éclairage électrique*, t. V, p. 469, décembre 1895 et t. VI, p. 129, 18 janvier 1896.

$s =$		$\dfrac{dk}{dx} =$		$x =$
	3	0,728		1,732
	3,6	0,7465	$=$	1,897
	3,9	0,7284 (max.)		1,975
	4	0,7468	$=$	2
	6	0,7441		2,449
	7	0,7037		2,645
	8	0,6977 (min.)		2,828
	9	0,6978	$=$	3
	10	0,6984		3,162
	12	0,7002		3,364
	16	0,7034	$=$	4
	20	0,7074 (max.)		4,472
	25	0,7046		5
	30	0,6996		5,377
	36	0,7052		6
	100	0,7084		10

On voit que le coefficient angulaire de la tangente oscille autour de celui de l'asymptote 0,707; la courbe présente une série d'inflexions, et suivant le choix des valeurs de x choisies, entre lesquelles on veut interpoler, on obtiendra des coefficients différents.

SUR L'ÉNERGIE DES COURANTS[1].

L'Éclairage électrique, t. XXII, n° 3, 20 janvier 1900.

I. On représente généralement par $\frac{1}{2}\Sigma I\Phi = W$ l'énergie d'un système de courants; cette expression est égale à l'intégrale

$$\frac{1}{8\pi}\int \mathfrak{B}\,\mathfrak{H}_b\,dv,$$

dans laquelle $\mathfrak{H}_b$ est la composante de la force magnétique, suivant la direction de l'induction; ces deux expressions sont identiques, quels que soient les milieux compris dans le champ.

On a récemment proposé de substituer, à la première de ces valeurs, $\Sigma\int I\,d\Phi = W_1$ et, à la seconde, par unité de volume

$$\frac{1}{8\pi}\int \mathfrak{H}\,d\mathfrak{B}.$$

On n'a envisagé, d'ailleurs, que le cas où $\mathfrak{B}$ et $\mathfrak{H}$ coïncident en direction, mais où leur rapport μ est variable avec $\mathfrak{H}$.

Cette expression ne peut être générale; en effet, les corps que l'on connaît, avec μ variable, ont tous de l'hystérésis [2], de sorte que $\int \mathfrak{H}\,d\mathfrak{B}$ varie suivant la manière dont le corps a été amené à l'état $(\mathfrak{B}\mathfrak{H})$, et quand même on viendrait à trouver un tel corps, si μ était fonction de la température, cela suffirait pour que l'intégrale prît des valeurs diffé-

---

[1] Cette Note a été motivée par une publication d'un autre physicien; M. Potier n'a donc pas eu l'intention de traiter le sujet dans toute son ampleur, mais seulement de remplacer une formule inexacte par la véritable relation qu'il a établie. (*Note de l'Éd.*)

[2] *Voir* à cet égard les travaux de M. Duhem.

rentes suivant les températures par lesquelles on l'aurait fait passer, en l'amenant d'un état $(\mathfrak{B}\mathfrak{H})$ à un état $(\mathfrak{B}_1\mathfrak{H}_1)$.

Il est aisé de voir que c'est par une hypothèse, que ce résultat démontre être erronée, qu'on est arrivé à cette valeur inexacte de W_1. On a, en effet, raisonné sur un circuit unique, invariable de position, en écrivant

$$\delta W_1 = I\, d\Phi$$

comme résultant des lois de l'induction; or, ce raisonnement suppose à tort qu'il n'y a nulle autre chaleur dégagée que la chaleur dégagée dans le courant du circuit I; si, au contraire, une substance du champ, dont l'état magnétique change, est, en outre, le siège d'un dégagement de chaleur δQ, on doit avoir, en appelant δW la variation vraie d'énergie,

$$\delta W + \delta Q = I\, d\Phi + T_e,$$

en appelant T_e le travail des forces extérieures, travail égal et de signe contraire à celui des forces vives dites *électromagnétiques* ou *électro-dynamiques*.

Le second membre, calculé en partant des lois de l'induction et de l'électromagnétisme, est

$$\frac{I}{4\pi} \int \overline{\mathfrak{H}\, \delta\mathfrak{B}}\, dv,$$

que le champ renferme ou non des substances magnétiques, susceptibles ou non d'hystérésis, quelles que soient les relations entre $\mathfrak{B}$ et $\mathfrak{H}$.

Mais cette expression, pour les raisons développées plus haut, ne peut être l'expression de l'énergie; il est à présumer (¹), au contraire, que celle-ci est

$$\frac{1}{8\pi} \int \overline{\mathfrak{B}\mathfrak{H}}\, dv$$

et que la quantité de chaleur dQ est

$$\frac{I}{8\pi} \int \left(\overline{\mathfrak{H}\, d\mathfrak{B}} - \overline{\mathfrak{B}\, d\mathfrak{H}} \right) dv,$$

qui ne s'annule que si $\mathfrak{B}$ et $\mathfrak{H}$ ont la même direction, et leur rapport est indépendant de $\mathfrak{H}$.

(¹) Si les relations entre $\mathfrak{B}$ et $\mathfrak{H}$ dépendent de la température, il serait vraisemblablement plus exact de dire que cette intégrale représente, non l'énergie, mais le travail disponible.

Dans ces formules les produits $\overline{\mathcal{H}, \mathfrak{B}}$, ... désignent des produits géométriques ou produits des vecteurs par le cosinus de leur angle.

Par exemple, si l'on considère une sphère de fer placée dans un champ magnétique uniforme tournant, on sait que $\mathfrak{B}$ et $\mathcal{H}$ restent constants en grandeur, mais que $\mathfrak{B}$ est en retard sur $\mathcal{H}$ d'un angle constant ε; $\delta\mathcal{H}$ et $\delta\mathfrak{B}$ sont respectivement perpendiculaires à $\mathcal{H}$ et $\mathfrak{B}$, et égaux à $\mathcal{H}\omega\,dt$, $\mathfrak{B}\omega\,dt$, si ω est la vitesse angulaire; l'angle de $\mathfrak{B}$ et de $\delta\mathcal{H}$ est $\dfrac{\pi}{2} - \varepsilon$, celui de $\mathcal{H}$ et $\delta\mathfrak{B}$ est $\dfrac{\pi}{2} + \varepsilon$; par suite $\overline{\mathcal{H}\,d\mathfrak{B}} - \overline{\mathfrak{B}\,d\mathcal{H}}$ est $2\mathfrak{B}\mathcal{H}\sin\varepsilon\omega\,dt$, et la quantité de chaleur dégagée par unité de temps $\dfrac{V}{4\pi}\mathfrak{B}_1\mathcal{H}\sin\varepsilon\omega$.

II. Le *théorème* sur lequel reposent les formules ci-dessus est le suivant :

Soient dans un champ magnétique, constitué d'une manière quelconque, courants, aimants ou fer, homogène ou non, un contour fermé C_1, et h la force magnétique produite par un courant égal à l'unité parcourant ce contour dans l'espace ambiant supposé vide; *l'intégrale* $\dfrac{1}{4\pi}\displaystyle\int \overline{h\,\mathfrak{B}}\,dv$, *étendue à tout l'espace, est la valeur du flux qui traverse le contour* C, *si $\mathfrak{B}$ est l'induction dans le champ.*

En effet, la valeur de cette intégrale est nulle pour tout tube qui ne traverse pas le contour, et égale à la valeur du flux de ce tube lorsqu'il le traverse.

Par suite, si le contour est parcouru par un courant, la valeur de $I\,\delta\Phi$ relative à ce courant, lors d'une modification du champ, sera

$$\frac{1}{4\pi}\,I\int \overline{\delta(h\,\mathfrak{B})}\,dv,$$

tandis que le travail des forces électromagnétiques est

$$\frac{1}{4\pi}\,I\int \overline{\mathfrak{B}\,\delta h}\,dv,$$

puisque c'est le produit de I par la variation de flux due au déplacement seul; on a donc pour l'ensemble du champ

$$\delta W + \delta Q = \frac{1}{4\pi}\,\Sigma I\int \left(\overline{\delta h\,\mathfrak{B}} - \overline{\mathfrak{B}\,\delta h}\right) dv = \frac{1}{4\pi}\,\Sigma\int I\,\overline{h\,\delta\mathfrak{B}}\,dv,$$

le signe Σ s'étendant à tous les circuits; mais la force magnétique $\mathcal{H}$ en un point du champ est $\Sigma \overline{Ih} + \overline{\mathcal{H}'}$, en appelant $\mathcal{H}'$ la force magnétique due à l'aimantation des substances du champ : d'ailleurs $\int \overline{\mathfrak{v}\mathcal{H}'}\,dv$ est nul, puisque $\int \mathcal{H}'_s\,ds$ est nul le long d'un circuit fermé et, par suite, pour chaque tube de force; on peut donc écrire

$$\int \left(\Sigma\, \overline{I\,h\,\delta\mathfrak{v}} + \overline{\mathcal{H}'\,\delta\mathfrak{v}} \right) dv = \int \overline{\mathcal{H}\,d\mathfrak{v}},$$

et enfin

$$\delta W + \delta Q = \frac{1}{4\pi} \int \overline{\mathcal{H}\,\delta\mathfrak{v}},$$

comme il a été annoncé plus haut.

LA

THÉORIE ÉLECTROMAGNÉTIQUE

DE LA LUMIÈRE.

(Résumé extrait du Cours de Physique professé à l'École Polytechnique, 1893) ([1]).

I. Faraday, dans ses recherches sur les diélectriques et l'induction, a toujours été guidé par l'idée que les actions électriques (électrostatiques, électrodynamiques magnétiques) étaient non des actions directes à distance, mais le résultat de tensions développées dans le milieu ambiant, accompagnées nécessairement d'une modification dans l'état de celui-ci. La distinction essentielle entre les deux modes est qu'une action à distance est censée se produire instantanément, tandis qu'une action propagée par un milieu se transmet avec une vitesse finie, celle de la propagation des perturbations dans le milieu. En cherchant à donner une forme plus concrète aux idées de Faraday, Maxwell est arrivé à ce résultat, que la vitesse de propagation devait être le rapport des unités électromagnétiques et électrostatiques appelé u dans ce qui suit.

Plus on a perfectionné les méthodes de mesure et plus les valeurs trouvées pour u se sont approchées de la valeur de la vitesse de la lumière. D'où la conclusion que c'est l'éther de la théorie des ondulations qui est en même temps le véhicule des actions électriques; on a même été plus loin et conclu que, toute perturbation du milieu étant un phénomène électrique, la lumière n'était qu'un cas particulier de

---

([1]) Cette Note, qui n'est qu'un Chapitre extrait du cours de M. Potier à l'École Polytechnique, d'après les feuilles autographiées de 1893-1894, est reproduite ici dans le même but que le premier Mémoire de la série (*voir* la note p. 1). Nous pensons que cette synthèse d'un Maître, malgré tant d'autres exposés qui ont été publiés depuis lors, sera à la fois utile et intéressante pour les lecteurs.   (*Note de l'Éditeur.*)

ceux-ci, à savoir la propagation de perturbations alternatives, d'une période excessivement courte, et l'Optique ne serait qu'une section de l'Électricité, dont l'étude embrasserait les perturbations tant permanentes que périodiques de l'état du milieu éthéré. Ces vues semblent se confirmer à mesure que les expériences s'accumulent, mais ne forment pas encore un corps de doctrines classiques. Dans les théories de Fresnel et de ses successeurs, l'éther est considéré comme doué d'inertie et d'élasticité; il ne diffère de la matière pondérable que par son incapacité à propager des vibrations longitudinales; l'esprit n'a aucune peine à se représenter les phénomènes et à les matérialiser; l'explication est entièrement mécanique. Une semblable représentation mécanique manque pour l'électricité; ni la charge électrique, ni le courant ne sont jusqu'ici susceptibles d'une semblable représentation. Malgré cette difficulté, on essayera de donner ci-dessous un exposé succinct des idées de Maxwell en partant des brillantes expériences qu'elles ont suggérées à Hertz, Blondlot, etc., expériences qu'on suppose ici bien connues.

II. Voici comment Maxwell était arrivé, antérieurement à ces expériences, à penser que la vitesse de propagation dans le vide devait être égale au rapport des unités.

Rappelons d'abord que le courant a été défini et mesuré par ses effets magnétiques, qu'on a été amené à le considérer comme un vecteur ou quantité dirigée et que, pour définir l'état d'un conducteur non linéaire, il faut donner en chaque point la densité et la direction du courant, ou, ce qui revient au même, les composantes (u, v, w) de la densité du courant.

Dans le cas des courants permanents, cette densité variable en grandeur et en direction avec la position du point considéré dans le conducteur est soumise à la condition (commune avec l'*induction* magnétique ou électrostatique) qu'un fluide homogène, dont la vitesse serait en chaque point égale à cette densité du courant, conserverait la même masse par unité de volume pendant son mouvement, ou encore qu'un milieu élastique dans lequel les déplacements seraient égaux à cette densité n'éprouverait ni dilatation ni contraction en aucun point.

C'est cette analogie avec le mouvement d'un fluide incompressible, dérivée de l'égalité de l'intensité d'un courant fermé en tous les points du circuit, qui a guidé dans le choix même des mots employés pour la représentation des phénomènes électrodynamiques; l'image est si heureuse, que les mots *distribution, canalisation, débit* et même *pression*

(au lieu de différence de potentiel) sont d'un usage aussi courant dans
le langage des électriciens que dans celui des hydrauliciens. Il ne faut
cependant pas oublier qu'il ne s'agit que d'une image et que la nature
des phénomènes nous est inconnue.

Lorsqu'on étudie des circuits non fermés parcourus pas des courants
variables (par exemple celui qui réunit les deux armatures d'un condensateur), des phénomènes nouveaux se présentent; la charge (dite statique) des conducteurs varie avec le temps, et tout se passe comme si le
fluide, incompressible dans l'intérieur des conducteurs, pouvait s'accu-
muler à leur surface. La manière dont se comportent les longs câbles
électriques sous-marins à grande capacité semble bien justifier cette
conception. Mais on ne constate pas de différence entre l'action magnétique de ces courants non fermés, en apparence au moins, et celle des
courants fermés. Ces courants, qui accompagnent le déplacement des
charges dans les diélectriques, ont été appelés par Maxwell *courants de
déplacement*, tandis que les courants dans les conducteurs sont des *courants de conduction*. Maxwell a supposé que, même dans les circuits
ouverts, les courants de déplacement sont encore fermés, et se forment
dans les diélectriques en même temps que les charges se modifient à
la surface des conducteurs. Les diélectriques éprouvent des modifications; leurs dimensions changent, s'il s'agit de solides; ils cessent d'être
isotropes, comme on peut le reconnaître par leur action sur la lumière
polarisée (expérience de Kerr) (¹).

Mais l'argument principal en faveur de l'existence de ces modifications
dans le vide même est, pour les esprits réfractaires à la notion des actions
à *distance*, dans les pressions ou tensions qui doivent s'y développer
pour rendre compte des actions ou répulsions qui accompagnent la production des charges, ou l'arrivée d'un courant à la surface de séparation
des conducteurs et du diélectrique.

A la variation de ces charges correspond une variation dans la valeur de
la force électrique dans le diélectrique ou une modification de celui-ci;
c'est cette modification que Maxwell assimile au passage d'un courant;
il est alors naturel, au moins dans les milieux isotropes, d'assigner à la

---

(¹) L'effet des courants de déplacement qui se produit en un court espace de temps peut
être comparé à l'action de bander un ressort; le diélectrique est ainsi soumis à des tensions
intérieures qui le rendent biréfringent. Lorsque la tension cesse, l'énergie absorbée est rendue
comme lorsqu'un ressort se détend. D'ailleurs on peut obtenir du travail en laissant les conducteurs obéir aux attractions électrostatiques, et les mouvements peuvent être considérés comme le
résultat des tensions qui se développent entre les conducteurs et les milieux diélectriques qui
les entourent.

P.   · 5 densité de ce courant en chaque point, ou plutôt aux composantes de cette densité, des valeurs (u, v, w) proportionnelles aux variations des composantes de la force électrique, et d'écrire

$$(1) \qquad u = \frac{c}{4\pi} \frac{\partial X_e}{\partial t}, \qquad v = \frac{c}{4\pi} \frac{\partial Y_e}{\partial t}, \qquad w = \frac{c}{4\pi} \frac{\partial Z_e}{\partial t},$$

en désignant par X_e, Y_e, Z_e les composantes de la force électrique, le coefficient c pouvant varier suivant la nature du diélectrique; c'est ce qu'a supposé Maxwell. Pour que les courants soient fermés, il faudra que la composante normale à la surface de séparation de deux milieux de la densité du courant ait la même valeur des deux côtés de la surface.

Dans un milieu conducteur les trois composantes seraient

$$(2) \qquad u = \frac{X_e}{\rho}, \qquad v = \frac{Y_e}{\rho}, \qquad w = \frac{Z_e}{\rho},$$

en désignant par ρ la résistance spécifique du milieu.

Si les idées de Maxwell ont quelque fondement, lorsqu'on étudiera l'état variable, on devra tenir compte, dans le calcul des flux magnétiques et des forces électromotrices induites, de ces courants qui circulent dans le diélectrique. A première vue il semble résulter de là seulement une complication plus grande; mais, d'un autre côté, il est bien plus satisfaisant pour l'esprit de ne faire entrer dans les calculs que des courants fermés comme tous ceux qui ont servi à établir les lois expérimentales, et l'on ne peut regretter cette complication lorsqu'on verra que l'hypothèse ci-dessus fait rentrer dans la théorie générale les résultats des expériences de Hertz et de ses successeurs.

III. La force électrique en un point se compose de deux parts : l'une attribuée aux charges et dont les composantes sont

$$-\frac{\partial V}{\partial x}, \qquad -\frac{\partial V}{\partial y}, \qquad -\frac{\partial V}{\partial z};$$

l'autre produite par induction dans le voisinage de courants variables, et dont les composantes sont

$$-\mu \frac{\partial}{\partial t} \int \frac{u\,d\tau}{r}, \qquad -\mu \frac{\partial}{\partial t} \int \frac{v\,d\tau}{r}, \qquad -\mu \frac{\partial}{\partial t} \int \frac{w\,d\tau}{r},$$

en appelant $d\tau$ l'élément de volume ([1]).

([1]) En effet, un élément de circuit ds parcouru par un courant variable i induit dans un

L'intégrale étant étendue à tout l'espace, puisqu'on admet maintenant l'existence de courants dans le diélectrique, on aura donc

$$(3) \qquad X_e = -\frac{\partial V}{\partial x} - \mu\frac{\partial}{\partial t}\int\frac{u}{r}\,d\tau, \qquad Y_e = \ldots, \qquad Z_e = \ldots$$

Or l'on sait que si φ désigne une fonction quelconque, discontinue ou non des coordonnées de l'élément $d\tau$, et Φ le potentiel correspondant,

$$\Phi = \int\frac{\varphi}{r}\,d\tau,$$

on a

$$(4) \qquad \Delta_2\Phi = \frac{\partial^2\Phi}{\partial x^2} + \frac{\partial^2\Phi}{\partial y^2} + \frac{\partial^2\Phi}{\partial z^2} = 4\pi\varphi;$$

d'autre part les charges électriques n'existent qu'à la surface des conducteurs; par suite, en vertu même de cette relation, $\Delta_2 V$ est nul, en tous les points d'un milieu homogène; ce qui entraîne

$$\frac{\partial}{\partial x}\Delta_2 V = 0.$$

On a donc, par application de (3),

$$(5) \qquad \Delta_2 X_e = 4\pi\mu\frac{\partial u}{\partial t}, \qquad \Delta_2 Y_e = 4\pi\mu\frac{\partial v}{\partial t}, \qquad \Delta_2 Z_e = 4\pi\mu\frac{\partial w}{\partial t},$$

et, par suite, dans les diélectriques, en vertu des relations (1),

$$(6) \qquad \Delta_2 X_e = \mu c\frac{\partial^2 X_e}{\partial t^2}, \qquad \Delta_2 Y_e = \mu c\frac{\partial^2 Y_e}{\partial t^2}, \qquad \Delta_2 Z_e = \mu c\frac{\partial^2 Z_e}{\partial t^2};$$

élément de circuit ds' une force électromotrice

$$-\frac{di}{dt}\frac{ds\,ds'\cos\varepsilon}{r},$$

en appelant ε l'angle formé par les directions ds et ds' ramenées à un point commun, et r la distance des deux éléments.

L'élément de courant de longueur dx, qui occupe un petit canal de section $dy\,dz$, a pour intensité $u\,dy\,dz$; il fait un angle de 90° ($\cos\varepsilon = 0$) avec des éléments de circuit parallèles à OY, OZ, et n'induit de force electromotrice que dans un élément parallèle à OX; cette force électromotrice est, par application de la formule précédente,

$$-\frac{d}{dt}\left(\frac{(u\,dy\,dz)dx}{r}\right)dx = -\frac{d}{dt}\frac{u\,d\tau}{r}\,dx.$$

(*Note de l'Éditeur.*)

tandis que, dans les conducteurs, en vertu de (2),

$$(7) \quad \Delta_2 X_e = 4\pi \frac{\mu}{\rho} \frac{\partial X_e}{\partial t}, \qquad \Delta_2 Y_e = 4\pi \frac{\mu}{\rho} \frac{\partial Y_e}{\partial t}, \qquad \Delta_2 Z_e = 4\pi \frac{\mu}{\rho} \frac{\partial Z_e}{\partial t}.$$

La forme des équations (3) n'est pas nouvelle, c'est celle des équations auxquelles satisfont les composantes des déplacements dans un milieu élastique lorsque la vitesse V de propagation est $(\mu C)^{-\frac{1}{2}}$; on peut donc interpréter ces équations en disant que toute perturbation dans l'état électrique d'un diélectrique s'y propage avec une vitesse égale à $(\mu C)^{-\frac{1}{2}}$. La transformation purement analytique par laquelle on passe de (3) à (6) a fait disparaître (r) et, par suite, toute trace d'action à *distance;* inversement, on remontera par intégration des équations (6) [combinées à (5)] aux équations (3).

Les équations ci-dessus sont exactes, quel que soit le système d'unités électriques choisi; toutes choses égales d'ailleurs, si les unités de longueurs et de temps restent les mêmes, les valeurs numériques de μ, $\frac{1}{C}$ et ρ sont proportionnelles à la grandeur de l'unité de courant, et en raison inverse de celle de l'unité de force électrique, de sorte que $\mu\rho$ et μc ont des valeurs indépendantes du système d'unités, et variables avec la nature seule du milieu. Si l'on choisit le système dit électromagnétique, μ est l'unité pour le vide et très voisin de cette valeur pour toutes les substances sauf les métaux magnétiques; le sens de ρ est alors bien connu. Cherchons la signification de c. Considérons un condensateur à deux armatures planes très rapprochées; si on le décharge, le fil de jonction est traversé par un courant I, et l'on connaît le moyen de mesurer $\int I\,dt$; c'est ce qu'on appelle la charge du condensateur mesurée en unités électromagnétiques. Soit l'axe des x normal aux faces; la densité du courant dans le diélectrique est u, et l'intégrale

$$\int u\,d\sigma,$$

étendue à l'une ou l'autre des armatures, est le courant qui traverse le diélectrique; elle a aussi pour valeur I, puisque le courant est fermé. Mais on a défini c par la relation (1)

$$u = \frac{c}{4\pi} \frac{\partial X_e}{\partial t};$$

d'où

$$(8) \qquad \int \mathrm{I}\, dt = \frac{c}{4\pi} \int \mathrm{X}_e\, d\sigma.$$

Par suite $\dfrac{c}{4\pi}$ est le rapport de la charge du condensateur au flux de force, ou le rapport de la densité de cette charge à la force électrique. Or, ce rapport, en fonction du pouvoir diélectrique k, est $\dfrac{k}{4\pi}$, quand on adopte le système électrostatique, c'est-à-dire quand on adopte pour la charge une unité a fois plus petite et pour la force électrique une unité a fois plus grande que l'unité électromagnétique dans le système électromagnétique (a étant le rapport des deux unités); ce rapport est donc $\dfrac{k}{4\pi a^2}$ et finalement $c = \dfrac{k}{a^2}$.

La vitesse de propagation a, comme on le sait, pour valeur

$$\frac{a}{\sqrt{\mu k}},$$

μ et k étant des coefficients purement numériques, égaux à 1 par définition pour le vide.

Cette vitesse de propagation doit donc être égale à a dans le vide. Or, à mesure qu'on a perfectionné les procédés de mesure, on a trouvé pour a des valeurs de plus en plus voisines de 3.10^{10} (C. G. S.), c'est-à-dire de la vitesse de la lumière; les mesures beaucoup plus grossières basées sur le calcul de la période et la mesure approximative de la longueur d'onde dans les expériences analogues à celle de Hertz donnent, pour la vitesse de propagation des ondes électriques, des chiffres de même ordre. On peut donc conclure à l'identité des deux vitesses. De là à conclure à l'identité non seulement des milieux qui propagent la lumière et les actions électriques, mais aussi de la lumière et de ces actions elles-mêmes, il n'y a qu'un pas, qui a été vite franchi dans la théorie dite électromagnétique de la lumière. Dans celle-ci, les phénomènes lumineux sont attribués à des courants alternatifs de courtes périodes, propagés dans les corps transparents qui sont généralement isolants.

La première épreuve à laquelle on ait pensé à soumettre cette théorie, antérieurement aux expériences de Hertz, est la suivante : il doit y avoir identité entre les vitesses de propagation non seulement dans le vide, mais dans tous les milieux transparents; par conséquent, le carré de l'indice doit être le pouvoir diélectrique.

Cette vérification a d'abord échoué; ce n'était pourtant pas un motif pour rejeter la théorie; car un corps transparent n'a pas *un* indice, mais une infinité d'indices, et il en est de même du pouvoir diélectrique, qui varie avec le temps de la charge dans des proportions fort étendues; ni n ni k ne sont des *constantes*, et l'on n'a pas su mesurer le pouvoir inducteur spécifique pour des charges variables, dont la période fût comparable à celle des vibrations lumineuses.

Les expériences de **M. Blondlot** ont montré que la vitesse de propagation V_1 et le pouvoir inducteur spécifique k sont liés entre eux par la relation

$$a = V_1 \sqrt{k},$$

conforme à la théorie; pour étendre les vérifications aux vibrations lumineuses, il faudrait pouvoir produire directement des oscillations électriques dont les périodes fussent aussi petites que celles des vibrations lumineuses, et mesurer k et l'indice n pour des périodes égales.

4. Les expériences auxquelles on a fait allusion plus haut sont assez probantes pour qu'on reconnaisse la nécessité de tenir compte des courants induits dans les diélectriques, toutes les fois que les variations des forces électriques seront assez rapides; en même temps que l'état électrique du milieu change, son état magnétique change aussi. Désignons en effet par X_m, Y_m, Z_m les composantes de la force magnétique; si w est la composante (positive pour un courant ascendant) de la densité du courant parallèle à l'axe des z, le courant qui traverse un petit élément de surface $d\sigma$ parallèle au plan xy est $w\,d\sigma$ de bas en haut; puisqu'il n'existe que des courants fermés, ce travail de la force magnétique sur un pôle nord égal à l'unité, décrivant le contour du petit élément plan, en tournant de la droite à la gauche du courant, est $4\pi w\,d\sigma$: c'est aussi

$$\left(\frac{\partial Y_m}{\partial x} - \frac{\partial X_m}{\partial y} \right) d\sigma;$$

on a donc

$$(9) \qquad \begin{cases} 4\pi u = \dfrac{\partial Z_m}{\partial y} - \dfrac{\partial Y_m}{\partial z}, \\[2mm] 4\pi v = \dfrac{\partial X_m}{\partial z} - \dfrac{\partial Z_m}{\partial x}, \\[2mm] 4\pi w = \dfrac{\partial Y_m}{\partial x} - \dfrac{\partial X_m}{\partial y}; \end{cases}$$

ces trois équations permettent de déduire l'état électrodynamique de la valeur du champ magnétique; elles entraînent l'égalité

$$(10) \qquad \frac{\partial u}{\partial x} + \frac{\partial v}{\partial y} + \frac{\partial w}{\partial z} = 0,$$

égalité qui exprime que tous les courants sont fermés.

D'autres relations se déduisent de la définition de la force électrique induite. En effet, si X'_e, Y'_e, Z'_e sont ses composantes, l'intégrale

$$\int (X'_e \, dx + Y'_e \, dy + Z'_e \, dz),$$

prise le long du contour de $d\sigma$, ou force électromotrice induite le long de ce circuit, est égale à la variation par rapport au temps

$$- \mu \, \frac{\partial F_m}{\partial t} \, d\sigma,$$

du flux magnétique à travers $d\sigma$; mais cette intégrale est aussi égale à

$$\int (X_e \, dx + Y_e \, dy + Z_e \, dz),$$

puisque $X_e - X'_e$, $Y_e - Y'_e$ et $Z_e - Z'_e$ sont les dérivées du potentiel par rapport aux coordonnées x, y, z [1]. On a donc [2]

$$(11) \qquad \begin{cases} \mu \dfrac{\partial X_m}{\partial t} = \dfrac{\partial Y_e}{\partial z} - \dfrac{\partial Z_e}{\partial y}, \\[2mm] \mu \dfrac{\partial Y_m}{\partial t} = \dfrac{\partial Z_e}{\partial x} - \dfrac{\partial X_e}{\partial z}, \\[2mm] \mu \dfrac{\partial Z_m}{\partial t} = \dfrac{\partial X_e}{\partial y} - \dfrac{\partial Y_e}{\partial x}. \end{cases}$$

---

[1] Il en résulte en effet

$$\int [(X_e - X'_e) \, dx + (Y_e - Y'_e) \, dy + (Z_e - Z'_e) \, dz] = \Delta V = 0,$$

parce que le contour d'intégration est fermé. (*Note de l'Éditeur.*)

[2] Ces équations se déduisent directement, comme cas particulier, de la relation ci-dessous,

$$(11 \, bis) \qquad - \mu \, \frac{\partial F_m}{\partial t} \, d\sigma = \int (X_e \, dx + Y_e \, dy + Z_e \, dz),$$

en prenant successivement comme contours de $d\sigma$ trois rectangles élémentaires $dz \times dy$, $dx \times dz$, $dy \times dx$, respectivement perpendiculaires aux trois axes OX, OY, OZ. (*Note de l'Éditeur.*)

De là il résulte que, si

$$(12) \qquad \frac{\partial X_m}{\partial x} + \frac{\partial Y_m}{\partial y} + \frac{\partial Z_m}{\partial z} = 0$$

(comme dans le régime permanent) à une époque quelconque, il en sera toujours de même.

De ces équations combinées avec les équations (1)

$$u = \frac{c}{4\pi} \frac{\partial X_e}{\partial t} = \frac{k}{4\pi a^2} \frac{\partial X_e}{\partial t},$$

on déduit facilement que dans un milieu diélectrique les forces électriques u et les forces magnétiques X_m satisfont à l'équation type

$$(13) \qquad \frac{\partial^2}{\partial t^2} = \frac{a^2}{\mu k} \Delta_2.$$

Pour compléter cet exposé rapide des bases de cette théorie qui supprime les actions à distance, il convient d'y ajouter l'expression de l'énergie d'un système. Si l'on représente par F_e la force électrique et par φ_e l'*induction* électrostatique dont les composantes sont $\dfrac{c X_e}{4\pi}$, $\dfrac{c Y_e}{4\pi}$, ..., l'énergie électrostatique pourra s'écrire indifféremment

$$(14) \qquad \frac{c}{8\pi} F_e^2 \quad \text{ou} \quad \frac{2\pi}{c} \varphi_e^2$$

par unité de volume. De même l'énergie électromagnétique s'écrira

$$(15) \qquad \frac{\mu F_m^2}{8\pi} \quad \text{ou} \quad \frac{2\pi}{\mu} \varphi_m^2,$$

si F_m est la force, et φ_m le flux magnétique [1]. Il est facile de montrer, par des transformations analytiques, que les énergies ainsi calculées pour tout le système se réduisent à $\frac{1}{2}\Sigma VQ$ et à $\frac{1}{2}\Sigma i\Phi$; par suite, on

---

[1] L'énergie totale par unité de volume peut s'écrire aussi en fonction des composantes des forces électriques et magnétiques

$$(15\ bis) \qquad \frac{c}{8\pi}(X_e^2 + Y_e^2 + Z_e^2) + \frac{\mu}{8\pi}(X_m^2 + Y_m^2 + Z_m^2).$$

Voir aussi à ce sujet notre Note II (p. 83).

(Note de l'Éditeur.)

retrouvera pour les actions mécaniques des conducteurs les lois déjà connues (*voir* Note I à la fin).

Appliquons ces notions à la propagation des ondes électriques.

5. On suppose que dans un espace de petites dimensions se trouvent des centres de perturbations électriques; celles-ci, se propageant avec la vitesse propre au milieu, donneront naissance à des ondes sphériques, qui, à une distance suffisante, peuvent être considérées comme planes. Si l'on prend comme plan des xy un plan parallèle aux ondes, les

$$u, \quad v, \quad w, \qquad X, \quad Y, \quad Z$$

sont simplement fonction de z et de t; pour satisfaire aux équations (6), il faut que ce soient des fonctions de $\left(t - \dfrac{z}{v}\right)$. D'après l'équation (10) qui se réduit à $\dfrac{\partial w}{\partial z} = 0$, il n'y a pas de composante longitudinale dans l'oscillation électrique.

Supposons les composantes (u, v) de celle-ci sinusoïdales; l'oscillation sera elliptique si les phases sont différentes de zéro ou d'un multiple de $\dfrac{1}{2}$. Cette oscillation entraîne une oscillation magnétique, en vertu des équations (9), qui se réduisent à

$$(16) \qquad 4\pi u = -\frac{\partial Y_m}{\partial z}, \qquad 4\pi v = \frac{\partial X_m}{\partial z};$$

si l'oscillation électrique est rectiligne, l'oscillation magnétique lui est perpendiculaire; si la première est elliptique, la seconde l'est aussi et orientée à angle droit.

Posons, en effet,

$$(17) \qquad u = a \sin(\alpha - 2\pi\varphi) \qquad \text{et} \qquad v = b \sin\alpha,$$

avec

$$\alpha = 2\pi\left(\frac{t}{T} - \frac{z}{\lambda}\right);$$

on aura

$$(18) \qquad X_m = 2\lambda b \cos\alpha, \qquad Y_m = 2\lambda a \cos(\alpha - 2\pi\varphi).$$

Les composantes de l'induction, dont u et v sont les dérivées par rapport au temps, sont les intégrales des expressions (17); donc

$$(19) \qquad \frac{c\,X_e}{4\pi} = -\frac{T}{2\pi}\, a \cos(\alpha - 2\pi\varphi), \qquad \frac{c\,Y_e}{4\pi} = \frac{T}{2\pi}\, b \cos\alpha.$$

D'après (14), l'énergie électrostatique par unité de volume est

$$\frac{T^2}{2\pi c}\,[a^2\cos^2(\alpha - 2\pi\varphi) + b^2\cos^2\alpha].$$

De même, d'après (15), l'énergie électromagnétique est

$$\frac{\mu}{8\pi} \times 4\lambda^2[a^2\cos^2(\alpha - 2\pi\varphi) + b^2\cos^2\alpha];$$

ces deux expressions sont égales, à cause de la relation connue

$$\frac{\lambda^2}{T^2} = V^2 = \frac{1}{\mu c}.$$

L'énergie moyenne totale pendant une période est ainsi

$$(20) \qquad \frac{T^2}{2\pi c}\,(a^2 + b^2) \quad \text{ou} \quad \mu\,\frac{\lambda^2}{2\pi}\,(a^2 + b^2).$$

Des relations nécessaires existent entre les valeurs de ces différents éléments des deux côtés de la surface de séparation de deux milieux: prenons comme plan des xy un plan tangent à cette surface; au point de contact, u, v, X_m et Y_m sont finis; par suite,

$$\frac{\partial Y_m}{\partial z}, \quad \frac{\partial X_m}{\partial z}, \quad \frac{\partial Y_e}{\partial z}, \quad \frac{\partial X_e}{\partial z}$$

le sont aussi, c'est-à-dire que les composantes tangentielles de la force magnétique et de la force électrique sont *continues,* ou ont la même valeur des deux côtés. Si ces conditions sont satisfaites, il en sera de même forcément pour w et pour μZ_m, c'est-à-dire pour les flux d'induction, électrique et magnétique, à travers la surface, ce qui est également nécessaire; au contraire, les composantes tangentielle u, v ou $c\,X_e$, $c\,Y_e$ sont discontinues ainsi que Z_m (si les valeurs de μ sont différentes de Z_e).

6. L'emploi des imaginaires simplifie beaucoup les calculs relatifs à ces ondes sinusoïdales; il est évident que, si un groupe de valeurs complexes pour les u et les X_m satisfait à toutes les conditions d'un pro-

blème, les parties réelles, d'une part, ou les coefficients de $\sqrt{-1}$, d'autre part, y satisferont également. S'il s'agit d'ondes planes, on est amené à considérer des expressions de la forme

$$(21) \qquad XA e^{(at+mx+ny+pz)\sqrt{-1}}.$$

Les ondes sont parallèles au plan $mx + ny + pz = 0$; a est essentiellement positif et égal à $\dfrac{2\pi}{T}$, tandis que m, n et p sont les produits de $\dfrac{2\pi}{\lambda}$ par les cosinus directeurs; si m est positif, l'onde coupe l'axe des x en des points dont l'abscisse diminue avec le temps. Le module de A est la demi-amplitude de l'élément considéré, et son argument est la phase ($2\pi\varphi$) exprimée en arc; si le rapport $\dfrac{A}{A'}$ pour deux éléments est réel, ces éléments ont la même phase.

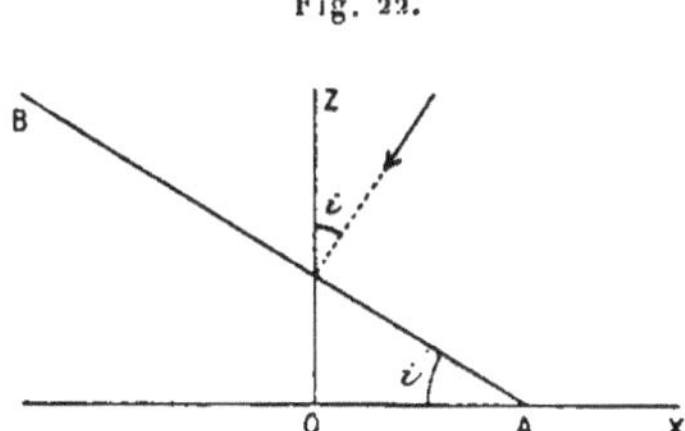

Fig. 22.

Si une onde AB (*fig.* 22), normale au plan des zx, marche dans le sens figuré par la flèche, on aura, d'après ce qui précède,

$$\frac{m}{\sin i} = \frac{p}{\cos i} = \frac{2\pi}{\lambda};$$

pour l'onde réfléchie sur la surface $z = 0$, m aurait la même valeur, mais p serait changé de signe. Dans ce cas, toutes les variables étant indépendantes de y, les équations générales (1), (9) et (11) se réduisent à

$$4\pi u = -\frac{\partial Y_m}{\partial z}, \quad 4\pi v = \frac{\partial X_m}{\partial z} - \frac{\partial Z_m}{\partial x}, \quad 4\pi w = \frac{\partial Y_m}{\partial x}, \quad \frac{\partial u}{\partial x} + \frac{\partial w}{\partial z} = 0,$$

$$\mu\frac{\partial X_m}{\partial t} = \frac{\partial Y_e}{\partial z}, \qquad \mu\frac{\partial Y_m}{\partial t} = \frac{\partial Z_e}{\partial x} - \frac{\partial X_e}{\partial z}, \qquad \mu\frac{\partial Z_m}{\partial t} = -\frac{\partial Y_e}{\partial x};$$

$$\frac{\partial}{\partial t}\left(\frac{\partial X_e}{\partial x} + \frac{\partial Z_e}{\partial z}\right) = 0.$$

Si le plan $Z = 0$ sépare deux matières différentes, X_e, Y_e et X_m, Y_m doivent avoir, pour $Z = 0$, la même valeur dans les deux milieux, μ étant sensiblement égal à l'unité dans presque tous les cas pratiques.

Dans un milieu diélectrique, caractérisé par (μ, c), on a les équations (1)

$$u = \frac{c}{4\pi} \frac{\partial X_e}{\partial t}, \qquad v = \frac{c}{4\pi} \frac{\partial Y_e}{\partial t}, \qquad w = \frac{c}{4\pi} \frac{\partial Z_e}{\partial t};$$

on en déduit, comme on l'a vu,

$$V^2 \Delta_2 X_e = \frac{\partial^2 X_e}{\partial t^2}, \qquad \text{ou} \qquad V^2(m^2 + p^2) = \alpha^2;$$

dans un milieu conducteur

$$U = \frac{1}{\rho} X_e, \qquad \Delta_2 X_e = \frac{4\pi\mu}{\rho} \frac{\partial X}{\partial t},$$

ou

$$(m^2 + p^2) = -\frac{4\pi\mu}{\rho} a \sqrt{-1}.$$

Nous supposerons $\mu = 1$; si les x, y, z sont donnés par des expressions de la forme ci-dessus, il vient, à cause de $mX + pZ = 0$,

$$\frac{\partial}{\partial t} X_m = p Y_e, \qquad \frac{\partial}{\partial t} Y_m = m Z_e - p X_e = X_e \frac{m^2 + p^2}{p};$$

par suite, en affectant l'accent à l'onde réfléchie et l'indice à l'onde réfractée en remarquant que p se change en $-p$ pour l'onde réfléchie,

$$X + X' = X_1 \qquad \text{et} \qquad \frac{m^2 + p^2}{p}(X - X') = \frac{m_1^2 + p_1^2}{p_1} X_1,$$

$$Y + Y' = Y_1, \qquad p(Y - Y') = p_1 Y_1.$$

On en déduit enfin

$$\frac{X'}{X} = \frac{\dfrac{m^2 + p^2}{p} - \dfrac{m_1^2 + p_1^2}{p_1}}{\dfrac{m^2 + p^2}{p} + \dfrac{m_1^2 + p_1^2}{p_1}}, \qquad \frac{Y'}{Y} = \frac{p - p_1}{p + p_1}.$$

Les rapports doivent être constants, quel que soit t, en tout point du plan $Z = 0$; l'exposant de e, c'est-à-dire $at + mx$, doit donc avoir la même valeur pour les deux milieux; donc $m = m_1$.

On va appliquer ces formules aux divers cas :

I. Le milieu inférieur est un diélectrique, λ est la longueur d'onde dans ce milieu, et l'on a

$$\frac{m}{\sin i} = \frac{p}{\cos i} = \frac{2\pi}{\lambda}, \qquad \frac{m_1}{\sin r} = \frac{p_1}{\cos r} = \frac{2\pi}{\lambda_1};$$

si p_1 est réel, $\dfrac{X'}{X}$, $\dfrac{Y'}{Y}$ le sont aussi; il n'y a pas de changement de phase par réflexion. En introduisant l'angle r, donné par $\dfrac{\sin i}{\sin r} = \dfrac{\lambda}{\lambda_1}$, il vient

$$\frac{X'}{X} = \frac{\cos r \sin r - \cos i \sin i}{\cos r \sin r + \cos i \sin i} = -\frac{\operatorname{tang}(i-r)}{\operatorname{tang}(i+r)},$$

$$\frac{Y'}{Y} = \frac{\cos i - \cos r}{\cos i + \cos r} = -\frac{\sin(i-r)}{\sin(i+r)}.$$

On voit que les amplitudes réfléchies sont données par les formules de Fresnel pour la réflexion de la lumière polarisée, si l'on suppose la force électrique perpendiculaire au plan de polarisation; la force magnétique est au contraire dans ce plan, et l'on trouverait

$$\left(\frac{X'_m}{X_m}\right) = \frac{\sin(i-r)}{\sin(i+r)}, \qquad \frac{Y'_m}{Y_m} = \frac{\operatorname{tang}(i-r)}{\operatorname{tang}(i+r)}.$$

Il est facile de calculer la force magnétique dans chaque milieu, et de vérifier l'égalité

$$\lambda \cos i\,(F^2 - F'^2) = \lambda_1 \cos r\, F_1^2,$$

analogue à l'équation des forces vives de Fresnel, et qui exprime ici l'égalité de l'énergie d'un volume de l'onde incidente à la somme des énergies des volumes correspondants des ondes réfléchies et réfractées.

Mais il peut arriver que p soit imaginaire, si $\dfrac{\lambda_1 \sin i}{\lambda}$ est plus grand que 1; en posant alors $\lambda = n\lambda_1$ il vient

$$p_1^2 = \left(\frac{2\pi}{\lambda_1}\right)^2 - m^2 = \left(\frac{2\pi}{\lambda_1}\right)^2 (1 - n^2 \sin^2 i),$$

qui est négatif si $\sin^2 i > \dfrac{1}{n^2}$; posant alors $p_1 \sqrt{-1} = \varpi$, l'exponentielle devient, dans le milieu inférieur,

$$e^{\varpi z} e^{\sqrt{-1}(at + mx)};$$

les parties réelles et imaginaires sont le produit d'une exponentielle $e^{\varpi z}$, décroissant à mesure qu'on s'écarte du plan $Z = o$, par un sinus ou cosinus de $2\pi\left(\dfrac{t}{T} + \dfrac{x\sin i}{\lambda}\right)$; il n'y a plus d'*onde* réfractée à proprement parler.

Les valeurs de X' et de Y' deviennent

$$\frac{X'}{X} = \frac{\varpi\lambda_1^2\sqrt{-1} - p\lambda^2}{\varpi\lambda_1^2\sqrt{-1} + p\lambda^2}, \qquad \frac{Y'}{Y} = \frac{p - \varpi\sqrt{-1}}{p + \varpi\sqrt{-1}};$$

les modules de ces rapports sont l'unité; par suite, les amplitudes réfléchies sont égales aux amplitudes incidentes, et la réflexion est totale; mais les phases (φ et φ') ne sont plus celles des mouvements incidents; on a

$$\operatorname{tang}\pi\varphi = -\frac{\varpi\lambda_1^2}{p\lambda^2} = \frac{1}{n^2\cos i}\sqrt{\sin^2 i - n^2},$$

$$\operatorname{tang}\pi\varphi' = -\frac{\varpi}{p} = \frac{1}{\cos i}\sqrt{\sin^2 i - n^2}.$$

S'il n'y a pas de différence de phase entre X et Y, ou si l'oscillation incidente est rectiligne, X' et Y' auront une différence de phase $2\pi(\varphi' - \varphi)$, donnée par

$$\operatorname{tang}\pi(\varphi' - \varphi) = \frac{\varpi p(\lambda_1^2 - \lambda^2)}{p^2\lambda^2 + \varpi_1^2\lambda_1^2} = \frac{\cos i\sqrt{\sin^2 i - n^2}}{\sin^2 i},$$

formule donnée par Fresnel pour la réflexion totale.

II. Le milieu inférieur est un conducteur, p est une quantité complexe

$$p^2 = -\frac{4\pi\mu}{\rho}\,a\sqrt{-1 - m^2},$$

avec

$$a = \frac{2\pi}{T} \qquad \text{et} \qquad m = \frac{\sin i}{\lambda}.$$

Alors les rapports $\dfrac{X'}{X}$, $\dfrac{Y'}{Y}$ sont eux-mêmes complexes; la réflexion n'est que partielle et accompagnée d'un changement de phase; l'excès de l'énergie incidente sur l'énergie réfléchie est transformé en chaleur dans le conducteur.

Le changement de phase n'est pas le même pour des oscillations électriques parallèles à la surface, et pour des oscillations parallèles au plan d'incidence; par suite, une oscillation rectiligne orientée d'une manière quelconque sera elliptique après réflexion.

Il faut noter, dans ce cas, comment intervient la période des oscillations, dans le diélectrique : on a, en appelant V la vitesse,

$$m = \frac{2\pi \sin i}{\lambda}, \qquad p = \frac{2\pi \cos i}{\lambda} \qquad \text{et} \qquad \lambda = VT.$$

On en déduira pour le conducteur, en tenant compte de l'expression de x,

$$p_1^2 = - \frac{8\pi^2 \sqrt{-\iota}}{\rho T} - \frac{4\pi^2 \sin^2 i}{V^2 T^2};$$

pour des valeurs de T suffisamment grandes, le module de p_1^2 et son argument seront sensiblement indépendants de $\sin i$, et, dans les valeurs de X', Y', on peut négliger m et p devant p_1; il reste alors

$$X' = - X, \qquad Y' = - Y \qquad \text{ou} \qquad X = Y = 0,$$

c'est-à-dire que la force électrique est normale au conducteur, comme à l'état statique.

Pour que cela ait lieu, il faut que le premier terme p_1 soit prépondérant par rapport au second, et, par suite, que $\dfrac{2V^2}{\rho} T$ soit un grand nombre; or, quand on prend le centimètre et la seconde comme unité, $V = 3.10^1$; ρ pour le cuivre est environ 1600; il suffit donc que T soit grand par rapport à $\dfrac{1600}{6.10^{10}} = 2,6 \times 10^{-8}$ seconde.

III. On peut enfin se demander ce qui se passerait dans un diélectrique non isotrope. Les équations (4) et (5) subsistent toujours, mais il n'y a plus de raison pour que l'induction et la force électrique soient parallèles; l'hypothèse la plus simple est que ce parallélisme subsiste pour trois directions trirectangulaires, de sorte que, si l'on prend celles-ci comme axes, on aura

$$u = \frac{c_1}{4\pi} \frac{\partial X_e}{\partial t}, \qquad v = \frac{c_2}{4\pi} \frac{\partial Y_e}{\partial t}, \qquad w = \frac{c_3}{4\pi} \frac{\partial Z_e}{\partial t},$$

à joindre au système (9) et (11).

Si l'on utilise encore les imaginaires, les éléments correspondants à une onde plane de vitesse ω, et dont les cosinus directeurs sont α, β, γ, sont les produits de constantes par l'exponentielle

$$e^{\frac{2\pi}{T}\left(\frac{t+\alpha x+\beta y+\gamma z}{\omega}\right)\sqrt{-1}}.$$

Les équations (1), (9) et (11) prennent les formes simples ci-dessous :

$$u = \frac{c_1}{2T}\sqrt{-1}\,X_e,$$

$$v = \frac{c_2}{2T}\sqrt{-1}\,Y_e,$$

$$w = \frac{c_3}{2T}\sqrt{-1}\,Z_e,$$

et

$$u = (\beta Z_m - \gamma Y_m)\frac{\sqrt{-1}}{2\omega T},$$

$$v = (\gamma X_m - \alpha Z_m)\frac{\sqrt{-1}}{2\omega T},$$

$$w = (\alpha Y_m - \beta X_m)\frac{\sqrt{-1}}{2\omega T},$$

$$\mu\omega X_m = (\gamma Y_e - \beta Z_e),$$

$$\mu\omega Y_m = (\alpha Z_e - \gamma X_e),$$

$$\mu\omega Z_m = (\beta X_e - \alpha Y_e).$$

On en déduit les relations

$$\alpha u + \beta v + \gamma w = 0, \qquad \alpha X_m + \beta Y_m + \gamma Z_m = 0,$$

$$u X_m + v Y_m + w Z_m = 0, \qquad X_e X_m + Y_e Y_m + Z_e Z_m = 0;$$

c'est-à-dire que le courant et la force magnétique sont dans le plan d'onde, et que la force magnétique est perpendiculaire au plan passant par le courant et par la force électrique.

Si l'on pose

$$\frac{1}{\mu c_1} = \omega_1^2, \qquad \frac{1}{\mu c_2} = \omega_2^2, \qquad \frac{1}{\mu c_3} = \omega_3^2,$$

la dernière équation peut s'écrire

$$u X_m \omega_1^2 + v Y_m \omega_2^2 + w Z_m \omega_3^2 = 0;$$

elle signifie que la force magnétique est dans le plan conjugué de la direction du courant par rapport à l'ellipsoïde défini par

$$\omega_1^2 x^2 + \omega_2^2 y^2 + \omega_3^2 z^2 = 1;$$

par suite, la force magnétique et le courant sont dirigés comme les axes de la section de cet ellipsoïde par le plan de l'onde.

D'ailleurs, en éliminant X_m, Y_m et Z_m, entre (9) et (11) modifiés, on a

$$2\omega^2\mu T u = [X_c - \alpha(\alpha X_c + \beta Y_c + \gamma Z_c)]\sqrt{-1}, \qquad 2\omega^2\mu T v = \ldots; \qquad \text{etc.}$$

Multipliant ces trois équations par u, v, w, et ajoutant, en tenant compte des équations (1) et de ce que $\alpha u + \beta v + \gamma w = 0$, il vient

$$\omega^2(u^2 + v^2 + w^2) = \omega_1^2 u^2 + \omega_2^2 v^2 + \omega_3^2 w^2,$$

ce qui signifie que la vitesse ω est l'inverse du rayon de l'ellipsoïde mesuré suivant la direction (u, v, w) du courant.

On retrouve donc identiquement les lois de Fresnel, si l'on assimile encore l'oscillation électrique à la vibration de Fresnel. (Le rayon serait perpendiculaire à la force électrique.)

On voit combien sont puissants les arguments en faveur de l'hypothèse qui attribue à des oscillations électriques les phénomènes lumineux. Il reste cependant bien des difficultés à résoudre : on a signalé déjà l'écart entre le carré de l'indice et la capacité spécifique; les métaux donnent lieu à des divergences de même ordre. Si l'on essaie de vérifier numériquement les lois de la réflexion métallique en étudiant l'intensité et l'ellipticité des rayons réfléchis, on trouve que les résultats d'expérience ne conduisent pas à une valeur acceptable de la résistance électrique des métaux; il est même impossible de déterminer une valeur de ρ telle que les valeurs de p_1 déduites de

$$m^2 + p_1^2 = - \frac{4\pi\mu}{\rho} a\sqrt{-1}$$

concordent avec l'expérience, tandis qu'on peut arriver à les faire concorder en supposant que pour le métal $m^2 + p_1^2$ est une quantité complexe, dont la partie réelle est différente de zéro, et que, par suite, le métal est défini, au point de vue optique, non par une constante, mais par deux : un pouvoir absorbant et une vitesse de propagation.

Il suffit, pour que $m^2 + p_1^2$ ait une valeur de cette forme, de supposer que la relation entre u et X_c soit de la forme

$$u = \frac{1}{\rho} X_c + \frac{c}{4\pi} \frac{\delta X_c}{\delta t}.$$

les métaux et les diélectriques ne se distinguant que par les valeurs relatives de ρ et c. Des recherches récentes ont bien montré que, dans des diélectriques solides et liquides, une certaine conductibilité électrique coexistait avec le pouvoir diélectrique; mais la preuve n'a pas été faite pour les métaux.

De ces rapprochements entre les phénomènes électriques et lumineux il ne ressort aucune *explication* des uns ou des autres, tandis que la théorie des ondulations tend à donner des derniers une explication *mécanique* en admettant que l'énergie de *l'éther* y existe sous des formes déjà connues.

———

NOTE I (¹).

Pour intégrer $\dfrac{c}{8\pi} F_e^2\, d\varpi$ dans tout l'espace occupé par un diélectrique, décomposons cet espace en tubes de force aboutissant aux conducteurs; l'élément $d\varpi$ d'un de ces tubes est le produit de la section $d\sigma$ par la longueur dl, et l'on a

$$\frac{c}{8\pi} F_e^2\, d\varpi = \frac{1}{2} F\, dl\, \frac{c\,F}{4\pi}\, d\sigma = \frac{1}{2} F\, dl \times \varphi\, d\sigma.$$

Or $\varphi\, d\sigma$ est constant tout le long du tube et égal à la charge de la surface du conducteur positif duquel part le tube; soit dq cette charge; pour le tube l'intégrale sera $\dfrac{1}{2} dq \displaystyle\int F\, dl$, ou (vu la définition du potentiel) $\dfrac{1}{2}(V_1 - V_0)dq$, somme des produits des charges $+ dq$ et $- dq$ par les potentiels des conducteurs qui les portent. Faisant la somme pour tous les filets, on a $\dfrac{1}{2}\, \Sigma\, VQ$.

Pour intégrer $\dfrac{\mu F_m^2}{8\pi}\, d\varpi$, dans tout l'espace, considérons encore un tube d'induction magnétique; l'expression se transforme en $\dfrac{1}{4\pi} \times \dfrac{1}{2}\, F_m\, dl \times \varphi_m\, d\sigma$; pour le tube considéré, $\varphi_m\, d\sigma$ est constant dans toute sa longueur, et égal au flux magnétique $d\Phi$; d'autre part, l'intégrale $\displaystyle\int F_m\, dl$ est égale à $4\pi \times$ la somme des intensités i des courants qui traversent la ligne de force. On a donc pour ce tube $\dfrac{1}{2}\, d\Phi \times \Sigma i$. En faisant

---

(¹) Cette Note de M. Potier montrant son désir de préciser les points de départ de la théorie électromagnétique, j'ai cru bon de compléter de même son exposé en certains points par les Notes suivantes, dans le même esprit. (*Note de l'Auteur.*)

la somme pour tous les tubes, et mettant chaque i en facteur commun, on obtient pour valeur de l'intégrale totale $\frac{1}{2}\Sigma i\Phi_m$, si Φ_m est le flux total embrassé par le courant i.

(Note de l'auteur.)

NOTE II.

La variation de l'énergie dans un volume $d\tau$, en fonction du temps, peut s'écrire, d'après ce qui précède :

$$\frac{1}{8\pi}\frac{d}{dt}(c\,\mathrm{F}_e^2 + \mu\,\mathrm{F}_m^2)\,d\tau = \left[\frac{c}{8\pi}\frac{d}{dt}(\mathrm{X}_e^2 + \mathrm{Y}_e^2 + \mathrm{Z}_e^2) + \frac{\mu}{8\pi}\frac{d}{dt}(\mathrm{X}_m^2 + \mathrm{Y}_m^2 + \mathrm{Z}_m^2)\right]d\tau.$$

Dans le cas où le milieu est plus ou moins conducteur, il convient d'ajouter aux énergies électrique et magnétique l'énergie calorifique résultant de l'effet Joule.

Si l'on considère un élément de section $dy\,dz$ et de longeur dx, il présente une résistance $\frac{\rho\,dx}{dy\,dz}$ et est le siège d'une intensité de courant $\frac{\mathrm{X}_e}{\rho}\,dy\,dz$. La perte par effet Joule par seconde dans cet élément est ainsi, en appelant $d\tau$ l'unité de volume,

$$\left(\rho\frac{dx}{dy\,dz}\right)\left(\frac{\mathrm{X}_e}{\rho}\,dy\,dz\right)^2 = \frac{\mathrm{X}_e^2}{\rho}\,dx\,dy\,dz = \frac{\mathrm{X}_e^2}{\rho}\,d\tau.$$

Si l'on tient compte, de la même manière, des deux autres composantes de la force électrique, on obtient l'énergie calorifique totale

$$\frac{\mathrm{X}_e^2 + \mathrm{Y}_e^2 + \mathrm{Z}_e^2}{\rho}.$$

Par suite, la variation par seconde de l'énergie totale par unité de volume, est

$$\frac{\partial\mathrm{W}}{\partial t\,\partial\tau} = \left[\left(\frac{c}{4\pi}\frac{\partial\mathrm{X}_e}{\partial t} + \frac{\mathrm{X}_e}{\rho}\right)\mathrm{X}_e + \dots\right] + \left[\frac{\mu}{4\pi}\mathrm{X}_m\frac{\partial\mathrm{X}_m}{\partial t} + \dots\right],$$

$$= u\,\mathrm{X}_e + v\,\mathrm{Y}_e + w\,\mathrm{Z}_e + \frac{\mu}{4\pi}\left(\mathrm{X}_m\frac{\partial\mathrm{X}_m}{\partial t} + \dots\right).$$

Cette expression permet de calculer, suivant la théorie de Poynting, le flux d'énergie qui traverse une surface quelconque ds du champ. En effet les équations (9) et (11) permettent de remplacer toutes les fonctions du temps $\left(u, v, w, \frac{\partial\mathrm{X}}{\partial t}, \frac{\partial\mathrm{Y}}{\partial t}, \frac{\partial\mathrm{Z}}{\partial t}\right)$ par des fonctions des seules coordonnées; d'où

$$\frac{\partial\mathrm{W}}{\partial t} = \frac{1}{4\pi}[(\mathrm{Y}_e\mathrm{Z}_m - \mathrm{Z}_e\mathrm{Y}_m)\,dy\,dz + (\mathrm{Z}_e\mathrm{X}_m - \mathrm{X}_e\mathrm{Z}_m)\,dz\,dx$$

$$+ (\mathrm{X}_e\mathrm{Y}_m - \mathrm{Y}_e\mathrm{X}_m)\,dx\,dy].$$

Cette expression montre que la variation d'énergie dans le volume $d\tau$ peut être attribuée hypothétiquement (Hertz a fait des réserves) à un flux d'énergie, dont les composantes à travers les surfaces $dy\,dz$, $dz\,dx$, $dx\,dy$, sont respectivement

$$\mathfrak{X} = Y_e Z_m - Z_e Y_m, \qquad \mathfrak{Y} = Z_e X_m - X_e Z_m, \qquad \mathfrak{Z} = X_e Y_m - Y_e X_m.$$

Ces trois expressions représentent respectivement les projections de l'aire du parallélogramme formé dans l'espace sur les vecteurs F_e et F_m. En outre, on peut vérifier les deux identités

$$\mathfrak{X} X_m + \mathfrak{Y} Y_m + \mathfrak{Z} Z_m = 0,$$

$$\mathfrak{X} X_e + \mathfrak{Y} Y_e + \mathfrak{Z} Z_e = 0$$

et en conclure que le vecteur radiant $\mathfrak{X}$, $\mathfrak{Y}$, $\mathfrak{Z}$ est perpendiculaire au plan de $F_m F_e$.

Le flux d'énergie à travers une surface ds est, en définitive,

$$\Phi = F_m F_e \sin\theta \cos\varphi,$$

en appelant θ l'angle des deux forces et φ l'angle du vecteur avec la surface ds. La direction du vecteur radiant est positive dans le sens où un observateur voit la direction de la force électrique à la droite de la direction de la force magnétique.

(Note de l'Éditeur.)

NOTE III.

Les équations (9) sont, dans le cas le plus général, envisagé par Hertz, de la forme

$$(9\ bis) \qquad \left(4\pi\,\frac{X_e - X'}{\rho} + c\,\frac{\partial X_e}{\partial t}\right) = \frac{\partial Z_m}{\partial y} - \frac{\partial Y_m}{\partial z},$$

en appelant X', Y', Z' les forces électromotrices internes, dues par exemple aux effets thermo-électriques. [Hertz, qui emploie les unités de Gauss, ajoute une constante A, dépendant du milieu, en coefficient devant les premiers termes des équations ($9\ bis$) et (11), et alors μ et K sont de dimension 1.]

Les premiers membres des équations ($9\ bis$) représentent ce que Vaschy a heureusement appelé l'*apport total d'induction électrique*.

Les équations ($9\ bis$) et (11) ne font que traduire, dans les notations de la Géométrie analytique, deux lois physiques générales, qu'on peut énoncer ainsi :

1° La force magnétomotrice intégrée le long d'un circuit fermé est, à chaque instant, proportionnelle à l'apport total d'induction électrique à travers le circuit ;

2° La force électromotrice intégrée le long d'un circuit fermé est égale, à chaque instant, à la variation de l'induction magnétique à travers ce circuit, changée de signe.

En désignant comme les Anglais une ligne intégrale par le symbole « curl », on a
donc

$$-\frac{d\Phi_m}{dt} = \operatorname{curl} \mathrm{F}_m, \qquad \frac{d\Phi_e}{dt} = \operatorname{curl} \mathrm{F}_e.$$

Ces deux lois ne sont elles-mêmes, d'ailleurs, que deux applications du théorème purement analytique de Stokes sur la transformation d'une intégrale de surface en une intégrale de circuit; de sorte que l'interprétation physique est, au fond, arbitraire.

On peut être tenté de rapporter, comme dans la loi de Laplace, les propriétés du circuit fermé à une propriété des éléments du circuit. En ce qui concerne la force électrique, il semble possible d'admettre qu'elle est proportionnelle, à chaque instant, au flux d'induction magnétique « balayé » par l'élément; la réciproque, c'est-à-dire la proportionnalité de la force magnétique au flux électrique balayé, est admissible aussi dans le cas d'ondes libres. Mais il est difficile d'interpréter ainsi la loi dans le cas des phénomènes de courants dans des conducteurs.

Les courants permanents, par exemple, donnent lieu, au voisinage des conducteurs, à des lignes de force magnétique circulaires et à des forces électriques formées de deux composantes : les unes, parallèles aux conducteurs, correspondent à l'énergie qui entre et se détruit dans les conducteurs; les autres, perpendiculaires à la surface, correspondent à l'énergie transportée de la source au point d'utilisation (ou aux parties de conducteurs les plus éloignées de la source). On pourrait considérer les lignes de force électrique comme animées de mouvement, tandis que les lignes de force magnétique resteraient immobiles et constitueraient la réserve d'énergie potentielle $\dfrac{L i^2}{2}$ qui est brusquement libérée au moment de la rupture du circuit. Mais il faudrait alors admettre que la force magnétique serait due au « balayage » par les seules lignes de force électrique parallèles aux conducteurs; car la force électrique suivant cette composante dépend seulement de l'intensité du courant, tandis que, suivant les lignes de force perpendiculaires aux conducteurs, la force électrique est proportionnelle à la tension existant entre les conducteurs. De là une difficulté contre la loi de « balayage », qu'on ne trouve pas pour la loi du circuit fermé.

(Note de l'Éditeur.)

———

NOTE IV.

Si l'on pose, dans le cas d'oscillations électromagnétiques dans un milieu indéfini,

$$(21) \qquad \left\{ \begin{aligned} \mathrm{X}_m &= \frac{\partial \zeta}{\partial y} - \frac{\partial \eta}{\partial z}, \\[4pt] \mathrm{Y}_m &= \frac{\partial \xi}{\partial z} - \frac{\partial \zeta}{\partial x}, \\[4pt] \mathrm{Z}_m &= \frac{\partial \eta}{\partial x} - \frac{\partial \xi}{\partial y}, \end{aligned} \right.$$

avec les équations (9) et (11), et avec

$$(22) \qquad \frac{\partial \xi}{\partial x} + \frac{\partial \eta}{\partial y} + \frac{\partial \zeta}{\partial z} = 0,$$

une solution des équations (9) et (11) est donnée au point xyz par les fonctions rappelées plus haut (p. 66)

$$(23) \qquad \begin{cases} \xi = \displaystyle\int \frac{u'\, dz'}{r}, \\[2mm] \eta = \displaystyle\int \frac{v'\, dz'}{r}, \\[2mm] \zeta = \displaystyle\int \frac{w'\, dz'}{r}, \end{cases}$$

composantes de ce que Maxwell appelle le *potentiel-vecteur* au point xyz. Quand u', v', w' sont connus en fonction des x', y', z' (points quelconques de l'espace), on en déduit ce vecteur et, par (9) et (11), les X_e, Y_e, Z_e, X_m, Y_m, Z_m.

M. Lorentz a introduit un autre potentiel-vecteur, dit *retardé*, en posant, au lieu de (22), la condition

$$(24) \qquad \frac{\partial \xi}{\partial x} + \frac{\partial \eta}{\partial y} + \frac{\partial \zeta}{\partial z} + \frac{\partial \psi}{\partial t} = 0,$$

en appelant ψ un potentiel ordinaire retardé d'une masse attirante. Il a démontré qu'on obtient ainsi une solution

$$(25) \qquad \begin{cases} \xi = \displaystyle\int \frac{p'\, dz'}{r}; \\[2mm] \eta = \displaystyle\int \frac{q'\, dz'}{r}; \\[2mm] \zeta = \displaystyle\int \frac{r'\, dz'}{r}, \end{cases}$$

si l'on appelle p', q', r' les composantes du courant électrique aux points x', y', z', mesurées non pas à l'instant t considéré, mais à une époque antérieure correspondant aux instants que mettrait une perturbation pour aller, avec la vitesse de la lumière, du point $x'y'z'$ au point xyz.

Cela signifie qu'on peut calculer l'état électrique et magnétique en un point de l'espace soit en tenant compte à la fois des courants proprement dits et des courants de déplacement, dans l'hypothèse où les perturbations se propagent instantanément; soit, au contraire, en ne considérant que les courants proprement dits et en tenant compte du temps de propagation réel des perturbations.

NOTE V.

Dans le cas des ondes planes, la force électrique et la force magnétique étant dans le même plan perpendiculaire à la direction de propagation, cette dernière se confond avec celle du vecteur radiant de Poynting qui peut donc représenter le rayon lumineux.

L'énergie du milieu,

$$ W = W_e + W_m = \frac{c}{8\pi} F_e^2 + \frac{\mu}{8\pi} F_m^2, $$

se trouve par moitié sous forme électrostatique et moitié sous forme électromagnétique; pendant une période, l'énergie moyenne totale $W_{moy} = \sqrt{W_e^2 + W_m^2}$ est constante et égale à $\frac{K}{8\pi}(F_e^2)_{max.}$, parce que les amplitudes de F_e et F_m suivent la même loi sinusoïdale (le carré moyen est alors la moitié du carré de l'amplitude).

On sait que le diélectrique, sous l'action de la force électrique F_e, se trouve soumis parallèlement à cette direction à une tension W_e, et perpendiculairement à des pressions W_e. La force magnétique produit de même une tension W_m suivant la force magnétique et une pression W_m suivant les directions perpendiculaires. L'angle entre la force électrique et la force magnétique étant $\frac{\pi}{2}$, les forces élastiques dans le plan de l'onde sont les différences des deux expressions ci-dessus et passent par un maximum dans une des directions pendant qu'elles s'annulent dans l'autre, et inversement, mais leur moyenne pendant la durée d'une oscillation s'annule. Au contraire, il reste dans la direction de la propagation une pression dont la moyenne est constante et égale à l'énergie moyenne totale W_m.

Si l'on suppose avec Maxwell l'énergie moyenne reçue du Soleil, par mètre carré,

$$ W_{moy.} = 124 \text{ kgm} : \text{sec}, $$

d'où une pression moyenne de l'ordre de $4,14 \times 10^{-8}$ gr : cm² ; les valeurs correspondantes des amplitudes sont

$$ F_e = 6 \text{ volts par centimètre}, \qquad F_m = 0,193 \text{ C.G.S.} $$

En fait la pression n'atteint jamais plus de 6×10^{-8} gr : cm². Cependant d'habiles expérimentateurs, notamment Lebedef, Nichols et Hull, Poynting, ont pu la déterminer et vérifier l'accord de ces mesures avec la théorie. Poynting a même pu démontrer que le rayonnement presse sur la surface dont il sort (*Journ. Phys.*, 4ᵉ série, t. IX, p. 666).   (*Note de l'Éditeur.*)

DEUXIÈME PARTIE.

ÉLECTROTECHNIQUE.

MESURE DE LA PUISSANCE

AU MOYEN D'UN

ÉLECTRODYNAMOMÈTRE DIFFÉRENTIEL.

[Note inédite de 1902 ([1]).]

La méthode qui suit procède à la fois de celle du wattmètre électro-dynamique et de celle des 3 ampèremètres et des 3 voltmètres.

Elle suppose simplement l'emploi d'un électrodynamomètre du genre Siemens dans lequel la bobine fixe est remplacée par deux bobines indépendantes M et M' placées de part et d'autre de la bobine mobile m, et qu'on fait agir différentiellement.

Si l'on appelle G et G' deux constantes qui dépendent de la position relative des bobines M et m d'une part, M' et m d'autre part, la bobine mobile m traversée par un courant i sera soumise de la part de la bobine M traversée par un courant I à un couple

$$C = GIi;$$

de même, la seconde bobine M' traversée par un courant I' produit sur m un autre couple

$$C' = G'I'i.$$

Suivant le sens du courant dans M', ce couple agira pour faire tourner la bobine mobile, dans le même sens que le premier ou en sens inverse.

([1]) Cette Note avait été remise à cette époque à M. Swyngedauw, professeur à l'Université de Lille, qui l'a publiée avec l'autorisation de M. Potier (*Phénomènes fondamentaux du courant alternatif*, par R. Swyngedauw, p. 73-76). C'est à cette publication, ainsi qu'à une autre plus récente de M. H. Tellier (*L'Industrie électrique*, 25 janvier 1907) que nous empruntons l'exposé ci-joint et la description de l'appareil. (*Note de l'Éditeur.*)

On choisit le sens du courant dans M′ de façon que les deux actions de M et M′ se contrarient et l'on fixe la bobine M′ à une position telle que la bobine mobile reste en équilibre lorsque les deux bobines fixes sont traversées par le même courant.

L'appareil ainsi disposé fonctionne en dynamomètre *différentiel;* dans ces conditions les deux coefficients G et G′ sont égaux. Si deux courants différents I et I′ parcourent M et M′, la bobine mobile *m* parcourue par un courant *i* sera soumise à un couple résultant de moment

$$C = G(Ii - I'i).$$

Sous l'influence de ce couple, la bobine mobile tourne autour de son axe; pour la ramener à sa position d'équilibre, il faut tordre le fil de suspension d'un angle α, tel que le couple de torsion soit égal au couple électrodynamique exercé par les courants; or le couple de torsion est proportionnel à l'angle de torsion. On a donc

$$C = A\alpha = G(Ii - I'i),$$

d'où

$$Ii - Ii' = \frac{A\alpha}{G} = K\alpha.$$

A et G étant des constantes, K sera connue par une expérience préliminaire avec des courants continus.

Cela posé, considérons un circuit ACB parcouru par un courant alter-

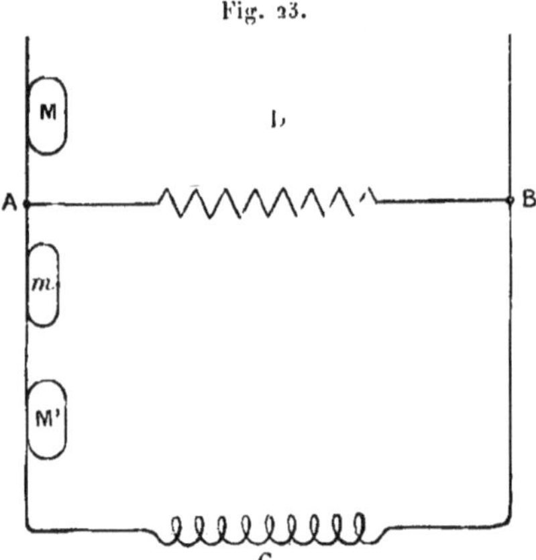

Fig. 23.

natif, pour lequel on veut connaître la puissance dégagée (*fig.* 23), jetons entre les bornes A et B de ce circuit une dérivation sans self ADB.

Soient i le courant qui parcourt le circuit ACB, v la tension entre ses bornes AB, r' la résistance du circuit ADB, i' le courant qui le parcourt, I le courant qui arrive à la bifurcation B. La puissance instantanée dégagée en ACB est

$$p = vi,$$

or

$$v = r' i'$$

et

$$i' = I - i,$$

donc

$$p = r'(I - i)i = r'(I i - i^2).$$

Si l'on fait traverser l'une des bobines fixes M par I, l'autre M' par i et la bobine mobile m par i, et si les courants sont constants, le couple électrodynamique résultant qui agira sur les équipages mobiles sera équilibré par une torsion d'un angle α telle que

$$I i - i^2 = k \alpha$$

et, par conséquent, la puissance dégagée sera

$$p = K r' \alpha.$$

Dans le cas de courants alternatifs, la puissance moyenne sera

$$P = r' \frac{1}{T} \int_T (I i - i^2) \, dt,$$

le couple électrodynamique moyen sera

$$C = G \frac{1}{T} \int_T (I i - i^2) \, dt.$$

Le couple étant rapidement variable, on pourra maintenir l'équipage mobile dans sa première position d'équilibre, en tordant le fil d'un angle tel que le couple de torsion égale le couple électrodynamique moyen

$$G \frac{1}{T} \int_T (I i - i^2) \, dt = A \alpha,$$

d'où

$$\frac{1}{T} \int_T (I i - i^2) \, dt = K \alpha$$

et par conséquent

$$P = K r' \alpha,$$

le coefficient K est le même qu'en courant continu; il est déterminé une fois pour toutes.

En définitive, pour appliquer cette méthode, on doit mesurer la résistance sans self r' qu'on a employée: cela peut se faire avec précision en mesurant la tension efficace aux bornes de cette résistance et le courant efficace qui la parcourt à un moment quelconque, même lorsque l'appareil dont on veut connaître la puissance ne fonctionne pas. Connaissant cette résistance, une seule mesure avec le dynamomètre différentiel suffit pour connaître la puissance dégagée dans le circuit pour un voltage donné.

La résistance r' sera déterminée par la mesure de la tension aux bornes de la dérivation AB et du courant qui la parcourt.

L'appareil pourra servir à des tensions très différentes suivant la valeur de cette résistance. Son emploi n'est limité que par l'intensité maxima que pourront supporter les bobines et par la puissance du ressort qui naturellement devra ne pas être dévié au delà de sa limite d'élasticité (¹).

(¹) Un électrodynamomètre différentiel, basé sur le principe indiqué ci-dessus, a été réalisé

Fig. 24.

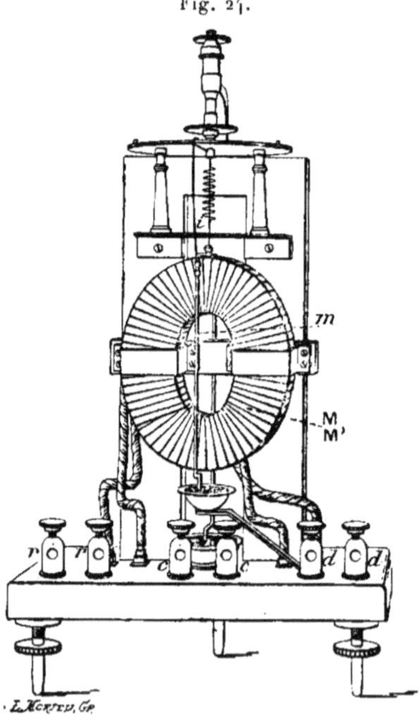

à l'Institut électrotechnique de l'Université de Lille, sous la forme représentée par la figure 24. Les deux bobines fixes (MM') comportent chacune 10 spires et sont placées à l'intérieur de la bobine mobile m, constituée par un conducteur en cuivre de forme rectangulaire. Ce cadre mobile est suspendu par un fil de cocon et orienté par un ressort hélicoïdal fixé à une tête de torsion, munie d'un index qui se meut au-dessus d'un limbe gradué; il porte aussi un index i qui permet de le ramener à sa position d'équilibre. Le courant est amené dans la spire par des godets à mercure superposés suivant l'axe de rotation. Un niveau sphérique permet de placer l'appareil horizontalement. Deux bornes c, c reçoivent les deux fils d'amenée du *courant;* deux autres bornes r, r reçoivent les deux fils allant au *récepteur,* enfin deux bornes d, d reçoivent les deux fils communiquant avec la *dérivation* constituée par une résistance sans self.

(Note de l'Éditeur, d'après l'Industrie électrique, loc. cit.)

SUR LA RÉACTION DE L'INDUIT

DANS LES

MACHINES DYNAMOS.

Congrès international des Électriciens de 1889, p. 291 (¹).

Une sphère de fer doux, approchée d'une aiguille aimantée mobile sur un pivot, fera tourner cette aiguille jusqu'à ce que son axe magnétique passe par le centre de la sphère; mais l'aiguille a deux positions d'équilibre stable, le pôle nord ou le pôle sud pouvant être indifféremment tournés vers la sphère. Si, au lieu d'une aiguille, on suspend avec son axe vertical un anneau Gramme, c'est-à-dire l'ensemble de deux solénoïdes opposés l'un à l'autre et équivalents, comme on le sait, à deux pôles magnétiques placés respectivement dans le voisinage des points d'entrée et de sortie du courant, l'anneau aura également deux positions d'équilibre stable et deux positions d'équilibre instable perpendiculaires aux premières; si O représente le centre de l'anneau, C le centre de la sphère, les forces magnétiques exercées sur l'anneau tendent toujours à rapprocher son axe magnétique AB de la droite OC et à diminuer l'angle de ces deux lignes, de sorte que si l'anneau est muni d'un collecteur, que les points d'entrée et de sortie du courant soient fixes dans l'espace et déterminés par la position des balais, l'anneau tournera d'une manière continue dès qu'il sera parcouru par un courant en présence de la sphère C; le sens de la rotation est déterminé par la condition que la droite AB, ou la ligne des balais, viendrait se placer suivant OC, si elle était libre de suivre ce mouvement. Toutefois, le couple qui détermine cette rotation est nul si l'angle des deux droites AB, OC est nul ou

---

(¹) Il ne faut pas oublier en lisant cette Note, qui paraît aujourd'hui traiter d'un sujet banal, qu'à l'époque où M. Potier la présentait, comme Rapport introductif d'une discussion au Congrès de 1889, la réaction d'induit était encore mal expliquée; c'était la première fois qu'on en donnait cette explication à la fois simple et précise, appuyée sur l'expérimentation. Cette Note sert aussi d'introduction à la suivante. (*Note de l'Éditeur.*)

de 180° (équilibre stable), ou encore de 90° ou 270° (équilibre instable); de sorte que, si l'on vient à déplacer les balais, le sens de la rotation changera quatre fois pendant qu'on aura fait faire à la ligne des balais un tour entier.

On réalise donc ainsi un moteur électrique sans inducteurs, le fer doux C qui joue le rôle d'inducteur ne devant son magnétisme qu'au courant de l'anneau, moteur qui pourrait même être alimenté par un courant alternatif.

D'un autre côté, en vertu de la loi de Lenz, le déplacement de l'anneau, étant accompagné d'un travail des forces magnétiques, a nécessairement pour conséquence le développement d'une force électromotrice induite dans l'anneau, qui tend à y produire un courant de sens inverse à celui qui le parcourt et diminue par conséquent son intensité; force électromotrice proportionnelle à la vitesse, et croissant avec le magnétisme induit dans le fer doux C, c'est-à-dire avec l'intensité; l'expérience vérifie ces conséquences d'ailleurs évidentes des lois de l'induction. On se rend encore compte de la production de cette force électromotrice en examinant le spectre magnétique de l'anneau, lorsqu'on vient à approcher la sphère C d'un des points d'entrée ou de sortie, mais en la tenant en dehors du diamètre AB; les lignes de force perdent la symétrie qu'elles possédaient autour de ce diamètre en l'absence de la sphère C; et il devient évident que les spires voisines du diamètre de commutation sont traversées par un flux de force qui n'est pas nul, en présence de ce fer doux.

Il est non moins évident que la force électromotrice induite et la rotation sont uniquement déterminées par ce fait qu'après l'introduction de la sphère C, le système n'est plus symétrique par rapport à la ligne des balais, et qu'une pièce de fer doux, d'une forme quelconque, pourvu qu'elle soit dissymétrique par rapport à la ligne des balais, produira le même effet.

Or tel est précisément le cas des machines dynamos, employées soit comme génératrices, soit comme moteurs; on est obligé, pour éviter la production d'étincelles destructives, d'incliner la ligne des balais et de placer ceux-ci en avant (génératrices) ou en arrière (moteurs) de la ligne neutre, ou axe de symétrie des inducteurs, à moins d'employer des artifices spéciaux (électro-aimants supplémentaires excités par un courant égal à celui de l'anneau); par suite, dans le fonctionnement normal de la machine, l'anneau est entouré de masses de fer doux, dissymétriques par rapport à la ligne des balais et pour l'ensemble desquelles on peut répéter les raisonnements faits avec la sphère C, le diamètre perpendiculaire à la ligne neutre jouant le même rôle que la ligne OC. L'expérience vérifie en effet : 1° que, *en l'absence de courant dans les inducteurs*, une aiguille aimantée s'oriente perpendiculairement à la ligne neutre quand on la met à la place de l'anneau; 2° que l'anneau, quand on y lance un courant et que la ligne des balais fait un angle autre que 0° ou 90° avec la ligne neutre, est sollicité à tourner de telle sorte que la ligne de commutation viendrait se placer à angle droit sur la ligne neutre, si elle pouvait suivre le mouvement; 3° qu'une force électromotrice de sens contraire au courant est induite par le mouvement.

Lorsque les inducteurs sont excités, leur magnétisme dépend à la fois du courant inducteur et du courant qui circule dans l'anneau; il n'est certainement pas rigoureux d'affirmer que le flux magnétique qui traverse une surface quelconque, ou que la force électromotrice induite dans un élément de fil soit la somme des flux, ou des forces dues à chacun de ces courants agissant seuls : mais on sait que cette hypothèse est d'accord avec le sens des phénomènes; on peut donc dire que, pendant qu'un anneau tourne dans le champ des inducteurs, il est soumis, au point de vue mécanique : 1° au couple provenant du magnétisme excité par le courant inducteur seul; 2° à un couple qui tend à accélérer son mouvement si les balais sont calés en avant de la ligne neutre (génératrices) ou à le retarder si les balais sont calés en arrière de cette ligne (moteurs); en même temps, il est, au point de vue électrique, le siège : 1° de la force électromotrice induite par son mouvement dans le champ dû au courant inducteur seul, et qui est du sens du courant induit (génératrices) ou de sens contraire (moteurs); 2° d'une force électromotrice induite par son mouvement dans le champ dû au courant de l'anneau, force électromotrice qui est opposée au courant de l'anneau quand les balais sont calés en avant, de même sens s'ils sont calés en arrière (moteurs), de telle sorte que le courant dû à cette force électromotrice seule s'opposerait au mouvement qui a lieu si le champ de l'anneau existait seul.

Il en résulte que la force électromotrice d'une génératrice est diminuée, et la contre-force électromotrice d'un moteur augmentée par le fait du passage du courant dans l'induit, à cause de la position qu'il est nécessaire de donner aux balais pour obtenir la marche sans étincelles, mais il est clair que les phénomènes seront renversés si l'on consent à caler les balais en sens contraire; ce sont bien les phénomènes que constate l'expérience, et qu'on a désignés sous le nom de *réaction d'induit*, sans en préciser la cause.

Les expériences suivantes peuvent encore servir à montrer, par l'examen des machines en repos, qu'il n'est pas besoin d'invoquer la self-induction pour expliquer cette réaction d'induit : on sait que la force électromotrice induite dans un anneau est le produit du nombre des tours par seconde par le nombre de spires et par le flux à travers les spires placées dans le plan de commutation ; il suffit donc d'examiner à l'état de repos l'influence des différents éléments sur ce flux. Soit un anneau Gramme, recouvert de fil à la manière ordinaire ; deux points diamétralement opposés de ce fil sont reliés aux pôles d'une pile, et un interrupteur (une simple clef de Morse) intercalé dans le circuit ; on enroule quelques tours de fil supplémentaire sur l'anneau, aussi symétriquement que possible, et tout près du point d'entrée du courant, de manière à ne couvrir sur cet anneau qu'une bande très étroite ; les deux extrémités du fil sont reliées à un galvanomètre ; lorsque l'enroulement est bien symétrique, ni le passage ni l'interruption du courant de la pile ne produisent de mouvement dans l'aiguille du galvanomètre ; l'anneau ainsi préparé est porté dans le champ magnétique d'une machine à aimant permanent ou à électro-aimant. La ligne qui joint les points d'entrée et de sortie du courant fait alors un angle A, variable à volonté avec la ligne neutre, ou axe de symétrie du champ des inducteurs ; on lance le courant dans l'anneau, et l'aiguille du galvanomètre est alors déviée ; l'angle dont l'aiguille s'écarte de sa position d'équilibre est la mesure du changement du flux magnétique à travers la spire de l'anneau au-dessus de laquelle le fil supplémentaire a été enroulé, changement produit par le passage du courant. L'expérience montre que ce changement de flux est nul quand A est zéro, 90°, 180° ou 270°, et qu'il change de signe toutes les fois que A passe par ces valeurs ; qu'il croît avec l'intensité du courant induit, auquel il est sensiblement proportionnel, tandis qu'il varie à peine avec l'excitation des inducteurs ; en tout cas, le sens du mouvement de l'aiguille est déterminé par le sens du courant dans l'anneau, et non par le sens du courant dans les inducteurs, de sorte que, en valeur absolue, le flux magnétique provenant de ceux-ci est augmenté ou diminué : 1° suivant le sens du courant lancé dans l'anneau ; 2° suivant le quadrant où se trouve le point d'entrée de ce courant. Lorsque le pôle N développé dans l'anneau se trouve plus près de l'armature N des inducteurs que de l'armature S, la valeur absolue du flux est diminuée, ce qui correspond à la diminution de force électromotrice observée en marche normale dans les génératrices.

L'état de mouvement de l'anneau et les courants parasites à l'intérieur n'ont qu'une influence secondaire sur cette réaction d'induit ; le champ

P.

produit par l'anneau doit être considéré comme résultant du champ statique que la méthode ci-dessus permet d'étudier, et du champ produit par les courants parasites, dont l'effet s'ajoute à celui du courant de l'anneau quand la machine est génératrice, s'en retranche quand elle agit comme moteur. Le retard du fer à l'aimantation produit le même effet, car il équivaut à une augmentation de l'angle de calage pour une génératrice, et une diminution pour un moteur ; ces causes accessoires ont donc pour effet de rendre la réaction d'induit, toutes choses égales d'ailleurs, plus marquée pour les génératrices que pour les réceptrices.

Les dispositions qui suppriment le décalage des balais ont en même temps pour effet de ne laisser subsister que ces causes secondaires de la réaction d'induit (¹).

Si l'on compare les enroulements Gramme et von Hefner Alteneck sur une même carcasse, on observera que l'enroulement Gramme équivaut à deux enroulements en tambour, l'un suivant les génératrices extérieures, l'autre suivant les génératrices intérieures de l'induit, mais en sens contraires et dont les effets magnétiques sur le fer s'ajoutent ; le fer de l'induit devient donc, à nombre égal d'ampères-tours, un aimant plus puissant avec l'enroulement Gramme, et doit produire une réaction d'induit plus forte, ce que la pratique a confirmé.

(¹) Il convient de rappeler ici que M. Potier, s'il n'a pas été l'inventeur des pôles de commutation, a été un des premiers à en comprendre l'intérêt théorique (comme le montre l'allusion qu'il y fait plus haut, p. 95) et la grande portée pratique. Dès 1891, il en conseillait et dirigeait l'application pour les Ateliers Sautter Harlé, qui, depuis cette époque, en ont fait un usage constant pour le matériel électrique de la Marine. Il a été, à ce point de vue, bien en avance sur son temps.   (*Note de l'Éditeur.*)

SUR LA RÉACTION D'INDUIT

ET LES

AMPÈRES-TOURS DÉMAGNÉTISANTS.

L'Éclairage électrique, t. XIX, n° 20, 20 mai 1899 ([1]).

OBJET DE CETTE ÉTUDE.

La distinction entre les ampères-tours longitudinaux et transversaux ne constitue pas une idée théorique nouvelle, mais simplement un mode d'exposition de théories anciennes, théories dont tout électricien est obligé de se servir lorsqu'il veut calculer la déformation du champ sous les pièces polaires.

On ne pourrait nier l'action de ces ampères-tours sans nier le principe fondamental de l'électro-magnétisme, savoir : le travail de la force magnétique $\mathcal{H}$ agissant sur une masse unité $\left[\text{ou l'intégrale} \int \mathcal{H} \cos(\mathcal{H}, ds) ds \right]$ parcourant un circuit fermé est le produit par $1,257$ du nombre d'ampères-tours embrassé par ce circuit fermé.

En effet considérons un circuit fermé ainsi constitué : deux petites lignes droites, traversant l'entrefer en deux points diamétralement opposés (pour une machine bipolaire), rejointes par une ligne quelconque dans l'induit, et par une autre ligne quelconque dans l'inducteur (*fig.* 25). Si l'induit n'est parcouru par aucun courant, les ampères-tours embrassés sont ceux des inducteurs mi; si les fils de l'induit sont parcourus par des courants changeant de sens sous les balais, en b_1 et b_2 ce nombre d'ampères-tours est diminué d'un nombre d'ampères-tours variable avec le diamètre choisi; mais il est clair : 1° que si les balais sont calés sur la

---

([1]) Nous avons supprimé de cette Note quelques passages qui étaient d'actualité lors de la publication, mais qui, aujourd'hui, seraient sans intérêt pour le lecteur.

(*Note de l'Éditeur.*)

ligne neutre (verticale), le nombre d'ampères-tours correspondant au diamètre horizontal reste inaltéré, qu'il y a diminution pour la ligne diamétrale figurée, augmentation égale à cette diminution pour sa symétrique ; 2° que si les balais sont décalés de l'angle λ, il y a diminution

Fig. 25.

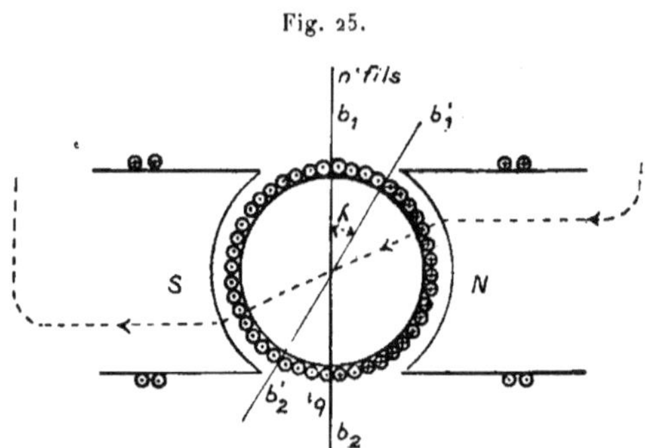

(dans le cas de la figure, dynamo avec calage en avant) et diminution *égale* pour toutes les lignes diamétrales, le décalage faisant diminuer le nombre d'ampères-tours embrassé du double du nombre des ampères-tours compris dans l'angle de décalage ([1]). A égalité de courant d'armature, l'induction dans l'entrefer doit donc diminuer quand le décalage augmente, et il y a bien une relation de cause à effet entre le décalage et cette variation de l'induction.

En particulier pour les points situés juste au milieu de l'arc polaire, l'induction doit forcément diminuer quand le décalage augmente, elle resterait constante s'il n'y avait pas réaction des contre-ampères-tours.

La déformation seule du champ à décalage nul n'a pas d'action sensible sur un induit *lisse;* il en est autrement quand l'induit est denté profondément, comme on le fait aujourd'hui, et l'entrefer réduit ; cela revient en effet à substituer à l'entrefer à réluctance constante, dont Hopkinson avait seulement à s'occuper, un entrefer à réluctance variable, composé de l'entrefer proprement dit et des dents, où l'induction atteint parfois 24000.

Je me propose d'établir les points suivants :

1° Ce sont les dents, et non un allongement, d'ailleurs évalué arbi-

---

([1]) Le décalage fait sortir n'I ampères-tours positifs et introduit n'I ampères-tours négatifs dans le circuit fermé considéré.

trairement, des lignes de force de l'induit qui déterminent la réaction d'induit à décalage nul ;

2° Si une expérience que je discuterai plus loin n'a pas montré la *superposition* de l'action du décalage et la déformation du champ, cela tient à la constitution particulière de la machine expérimentée.

D'ailleurs de nombreux essais, anciens déjà, portant sur des armatures lisses avec une induction inférieure à 7000 dans l'entrefer, ont montré que le flux, indépendant du débit tant que les balais n'étaient pas décalés, décroissait proportionnellement aux ampères-tours dits *démagnétisants* ([1]). Ces essais ont été faits par mesure directe des flux, l'armature étant immobile. Ils confirmaient les principes sur lesquels on s'appuie dans la construction des dynamos. Comme, d'un autre côté, on ne saurait mettre en doute les résultats de l'expérience particulière qui paraît les contredire, il y a lieu de discuter les conditions dans lesquelles elle a été faite, et l'application de la théorie à cet essai.

EXPÉRIENCE PARADOXALE SUR UNE DYNAMO.

M. Picou a fait, en décembre 1895, des essais sur une machine du Creusot de 10 à 12 kilowatts, dont la figure 26 donne une coupe schéma-

Fig. 26.

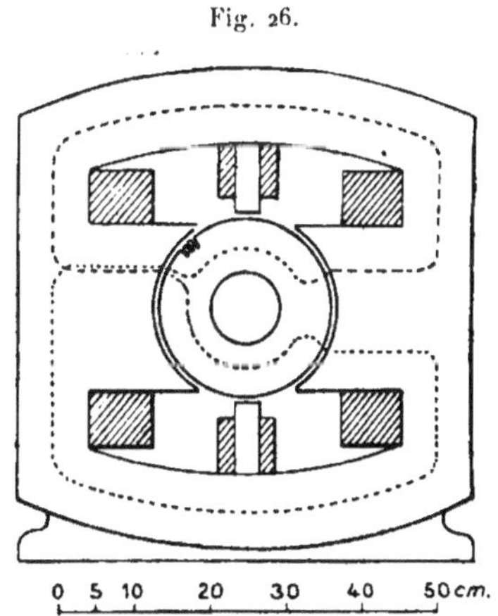

- - - - ligne de force moyenne produite par l'inducteur seul.
·········   »   par l'inducteur et l'induit.

([1]) *Cf.* A. Potier, *Rapport au Congrès des Électriciens,* 1889.

tique ([1]). Cette machine a été choisie en raison des avantages particuliers qu'elle présentait pour cette recherche : son entrefer très faible assurait une réaction d'induit très marquée ; la forme très symétrique du circuit magnétique permettait de faire les hypothèses, sur le trajet des lignes de force, aussi peu arbitraires que possible ; enfin des pôles auxiliaires, excités en série, permettaient de marcher à volonté, même avec une surcharge de 20 pour 100 sans aucun décalage ni aucune étincelle. Voici les données principales de cette machine :

Induit denté.	Diamètre extérieur	230^{mm}
	Diamètre intérieur	90^{mm}
	Rainure	$5^{mm},7$ sur 15^{mm}
	Nombre	72
	Longueur	230^{mm}
	Bobinage (fil de)	$4^{mm},2$
	Spires contre les balais	72
Inducteur en acier coulé.	Section sous le fil	210^{mm} sur 210^{mm}
	Angle polaire	$132°$
	Surface polaire	556^{cm^2}
	Entrefer simple	$2^{mm},5$

Chiffres résultant d'essais et de calculs préalables.

(Marche à 1200 tours par minute.)

Différence de potentiel aux balais à vide		110 volts
Flux utile correspondant		$4,16,10^6$ C. G. S.
Excitation correspondante		6600 ampères-tours
Coefficient de dispersion		$1,16$
Inductions.	Fer inducteur	11000 C. G. S.
	Entrefer	7360 »
	Fer induit	16500 »
Résistance extérieure à chaud		0,0205 ohm

On reproduira ci-après les principaux résultats de cette expérience.

La figure 27 donne la caractéristique à vide rapportée aux ampères-tours d'excitation et au voltage à cette allure. La figure 28 donne les résultats des deux séries d'expériences, où l'on mesurait les différences de potentiel aux balais (portées en ordonnées) et les intensités du cou-

---

([1]) *Bulletin de la Société internationale des Électriciens,* mars 1899, et *Éclairage électrique,* 20 mai 1899, p. 268.

Nous donnons ici, pour faciliter la lecture de la discussion, un résumé sommaire mais suffisant de cette publication.   (*Note de l'Éditeur.*)

rant sortant de l'induit (portées en abscisses); dans l'une des séries, les inducteurs auxiliaires étaient en action et maintenaient les balais au calage rigoureusement neutre à toutes charges; dans l'autre, ces inducteurs auxiliaires étaient hors circuit et les balais étaient déplacés à la

Fig. 27.

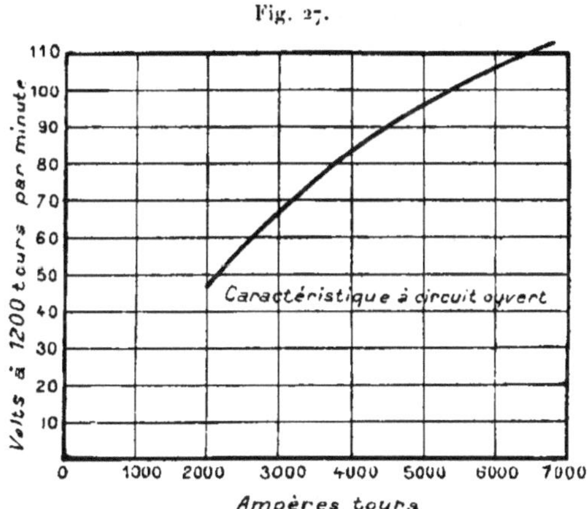

main pour chaque variation de débit. La figure n'indique qu'une courbe parce que *les deux séries de lectures se sont superposées de la manière la plus complète.*

Fig. 28.

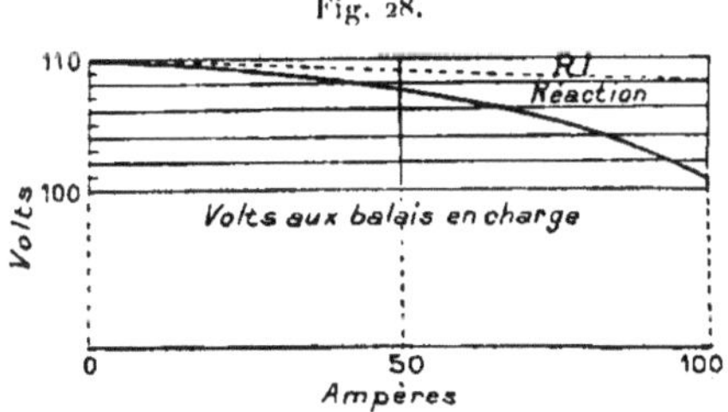

Il semble donc, et c'est là le paradoxe, que, avec ou sans décalage des balais, la réaction d'induit soit absolument la même et qu'il soit ainsi impossible de l'attribuer aux ampères-tours inverses, qui, dans l'un des cas, n'existent pas. Les pôles auxiliaires ne pouvaient, semble-t-il, annuler que les ampères-tours transversaux; mais, comme ils n'avaient que la largeur strictement nécessaire pour recouvrir la spire en commutation, ils ne pouvaient annuler la déformation totale du champ, comme le fait par exemple le bobinage connu sous le nom de M. Ryan.

L'auteur de l'expérience a analysé comme il suit la déformation du champ, pour calculer l'ordre de grandeur de son effet et le comparer aux résultats :

1° Dans l'inducteur, la ligne de force subit d'abord un léger allongement. Dans la partie formant culasse, la répartition ne change pas et la densité de flux reste uniforme; mais, dans la pièce polaire au voisinage de l'entrefer, il n'en est pas de même; l'induction varie d'un point à l'autre, et par suite aussi la perméabilité;

2° Dans l'entrefer, toutes les lignes de force sont déviées et, par conséquent, allongées;

3° Dans le fer induit, la perméabilité change peu ou pas, mais la ligne de force moyenne est très sensiblement allongée.

Avant la torsion, la répartition dans chaque noyau inducteur est uniforme et la perméance se réduit à $\mu\dfrac{s}{l}$, soit, dans le cas considéré et pour l'un seulement des noyaux inducteurs, $2150 \times \dfrac{440}{12} = 78800$; la réluctance est donc $\dfrac{1}{78800} = 0,0000127$.

Après la torsion, la répartition n'est plus uniforme, mais on peut calculer les valeurs extrêmes du champ aux cornes polaires : les ampères-tours sur l'induit étant au total de 3600, l'angle de 135° en contient 2680. La moitié agit pour renforcer le champ sous l'une des cornes et l'autre pour affaiblir le champ sous l'autre corne, par raison de symétrie. D'autre part le champ moyen dans l'entrefer, $\mathcal{H} = 7360$ avant torsion, absorbait, pour $0^{cm},25$, un nombre d'ampères-tours égal à

$$7360 \times 0,25 \times (0,4\pi)^{-1} = 1470.$$

Les valeurs extrêmes du champ après torsion sont donc

$$7360 \times \frac{1470 - 1340}{1470} = 660,$$

$$7360 \times \frac{1470 \times 1340}{1470} = 14100.$$

En admettant que, dans les 12^{cm} du fer inducteur voisin de la face polaire, cette répartition soit la même, il suffit, pour avoir la perméance correspondante, de tracer une courbe sur la hauteur du noyau portée en abscisses avec la valeur de μ en ordonnées (*fig*. 29). La quadrature de cette courbe donne le μ moyen nouveau, qui permet de calculer la nouvelle perméance; on obtient ainsi, pour la valeur moyenne de μ après torsion, $\mu_1 = 2040$.

Pour le reste de l'inducteur, la perméabilité ne change pas, mais la

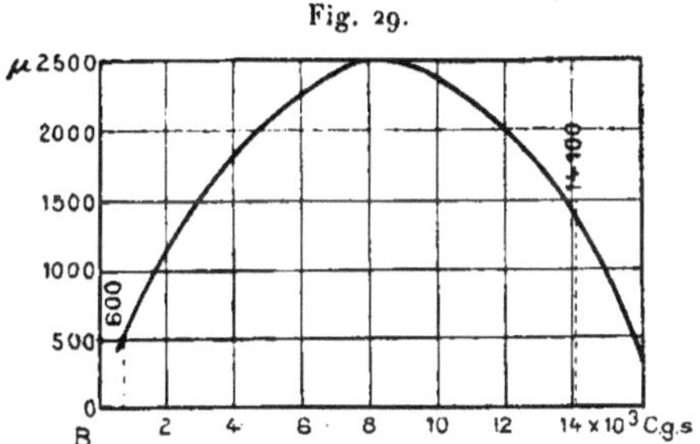

Fig. 29.

ligne de force subit un très léger allongement. La mesure linéaire montre que la longueur passe de 80^{cm} à 85^{cm}. La réluctance subit l'accroissement correspondant.

Dans le noyau induit, on peut admettre que la répartition des inductions en profondeur (suivant le rayon) ne change pas pendant la déformation du champ; mais la longueur moyenne de la ligne de force est au contraire très notablement accrue. Car une mesure à la roulette de cette ligne moyenne faite sur le dessin (*fig.* 26 agrandie) donne les valeurs

$$\text{Avant déformation} \dots\dots\dots\dots\dots\dots\dots 21^{cm}$$
$$\text{Après déformation} \dots\dots\dots\dots\dots\dots\dots 29^{cm}$$

Les réluctances correspondantes, avec les valeurs $\mathfrak{B} = 16500$ et $\mu = 400$,

$$r_0 = \frac{21}{400 \times 253} = 0,000207,$$

$$r_1 = \frac{29}{21} r_0 = 0,00028.$$

Dans l'entrefer, les lignes de force ne sont plus radiales après déformation; mais le calcul montre (¹) que l'allongement des lignes de force résultant de leur inclinaison est absolument négligeable.

Enfin, d'après les données et dimensions, on obtient le Tableau suivant des réluctances des diverses parties du circuit magnétique avant et après la distorsion due au courant induit :

(¹) *Cf.* Picou, *loc. cit.*

		Avant la déformation.	Après la déformation.
Culasse $\dfrac{l}{\mu s} =$	$\dfrac{80}{2070 \times 416}$	0,0000929	»
»	$\dfrac{85}{2070 \times 416}$	»	0,0000987
Noyaux	$\dfrac{24}{2150 \times 440}$	0,0000254	»
»	$\dfrac{24}{2040 \times 440}$	»	0,0000268
Entrefer	$\dfrac{0,5}{566}$	0,0008834	0,0008834
Induit	$\dfrac{21}{400 \times 253}$	0,0002075	»
»	$\dfrac{29}{400 \times 253}$	»	0,0002865
Totaux............		0,0012092	0,0012954

Si l'on admettait que le flux utile soit réduit dans le rapport de l'augmentation de la réluctance par la déformation (ou, plus exactement, proportionnellement à la diminution relative des perméances), soit

$$\frac{828 - 772}{828} = 0,06_7,$$

cette réduction concorderait sensiblement avec les résultats des mesures, traduits par la figure 25, et obtenus lorsque la machine fonctionne avec excitation séparée fixe; car on trouve sur cette courbe les tensions suivantes :

	volts
Aux balais à vide......................	110
» avec 100 ampères de débit.....	101
Différence.............	9
Effet de la résistance intérieure.........	2
Effet de la réaction d'induit.............	7 volts

Il semble donc que l'augmentation de réluctance suffise à expliquer la chute constatée et qu'il ne reste plus de place pour l'effet des contre-ampères-tours de l'induit.

DISCUSSION DE L'EXPÉRIENCE PRÉCÉDENTE.

On va discuter cette expérience d'abord sans faire intervenir le décalage, puis en tenant compte de celui-ci, et enfin en faisant intervenir les électros auxiliaires.

1. *Marche sans décalage.* — Admettons que la longueur du circuit magnétique dans l'induit a passé de 21^{cm} à 29^{cm}; il n'en résulte cependant, d'après le Tableau des réluctances, qu'un changement insignifiant dans la réluctance totale, et celle-ci peut être évaluée par la formule

$$0,001 + \frac{l}{253\,\mu},$$

$0,001$ se rapportant à l'entrefer et aux culasses, tandis que l et μ se rapportent à l'induit.

A vide, on a

$$l = 21, \qquad \mu = 400, \qquad \mathfrak{N} = 16500;$$

d'où un nombre d'ampères-tours d'excitation

$$0,8 \left(0,001 + \frac{21}{253 \times 400} \right) \times 16500 \times 253,$$

puisque 253×16500 est le flux utile, soit

$$0,8 \left(0,253 + \frac{21}{400} \right) 16500 = 0,8 \times 5041.$$

Lorsque l devient 29^{cm}, ce nombre d'ampères-tours devient

$$(1) \qquad 0,8 \left(0,253 + \frac{29}{\mu} \right) \mathfrak{N}.$$

Si $\mathfrak{N}$ et μ sont les nouvelles valeurs, l'excitation étant restée constante, il faut que la parenthèse conserve la même valeur. Or, lorsque $\mathfrak{N}$ est voisin de 16500, μ varie avec une extrême rapidité. En acceptant la courbe $(\mathfrak{N}, \mu)$ de la figure 26, on voit que dans cette région on a sensiblement

$$\mu = 400 + (16500 - \mathfrak{N})\,0,55,$$

soit $\mu = 510$ pour $\mathfrak{N} = 16300$, $\mu = 521$ pour $\mathfrak{N} = 16280$.

Si l'on porte ces valeurs de $\mathfrak{N}$ et de μ dans l'expression (1) on trouve $0,8 \times 5051$ pour la première, $0,8 \times 5040,6$ pour la seconde; on peut donc admettre que $\mathfrak{N}$ dans l'induit a été réduit de 16500 à 16280 par l'allongement (estimé) des lignes de force. La réduction du flux utile est alors

$$\frac{220}{16280} = 0,0135$$

et non de $0,067$.

La déformation du champ, calculée par ce procédé, ne peut donc rendre compte des faits. Il en est autrement si l'on considère que l'induit est denté, que l'induction dans les dents atteint au moins 23000, et que ces dents sont six fois plus hautes que l'entrefer.

Soit $\mathfrak{B}_d$ la valeur de l'induction dans une dent; dans l'encoche, l'induction radiale a une valeur $\mathfrak{B}'$, telle que $\mu\,\mathfrak{B}' = \mathfrak{B}$ (principe de la continuité de composante tangentielle de la force magnétique à la surface de séparation); la même valeur convient pour l'espace occupé par l'isolant entre deux tôles. Donc, si le fer occupe une fraction f de la surface de l'armature, le flux total par centimètre carré de cette surface sera $f\,\mathfrak{B}_d + (1-f)\,\mathfrak{B}'$ ou

$$\mathfrak{B}_e = \mathfrak{B}_d\left(f + \frac{1-f}{\mu}\right);$$

$\mathfrak{B}_e$ est l'induction moyenne, qui, multipliée par la surface polaire, donne le flux.

Les ampères-tours absorbés par l'entrefer plus les dents résultent de la formule connue

$$(\text{AT})_e = 0,8\left(e\,\mathfrak{B}_e + h\frac{\beta d}{\mu}\right) = 0,8\,\mathfrak{B}_d\left(ef + \frac{e(1-f)+h}{\mu}\right).$$

On peut donc pour différentes valeurs de $\mathfrak{B}_d$ construire une Table donnant les valeurs correspondantes de $\mathfrak{B}_e$ et de $(\text{AT})_e$, et une courbe donnant $\mathfrak{B}_e$ en fonction de $(\text{AT})_e$, courbe qui ne s'écartera d'une droite que pour des valeurs assez faibles de μ ou des valeurs de $\mathfrak{B}$ notablement supérieures à 16000.

Dans la machine du Creusot, la section du fer de l'induit est évaluée 253^{cm^2}; la longueur de l'induit 23^{cm} et la différence des diamètres 14^{cm}; on en conclut que le fer n'occupe que $0,8$ de la longueur totale; d'un autre côté la rainure a $0^{\text{cm}},57$ de largeur; il y a 72 dents sur une circonférence de $23 \times \pi = 72^{\text{cm}},26$, la dent a $0^{\text{cm}},43$ de large et

$$f = 0.43 \times 0,8 = 0,344.$$

On a enfin

$$e = 0^{\text{cm}},25, \qquad h = 1^{\text{cm}},5.$$

Avec ces données on a construit le Tableau suivant :

$\mathfrak{B}_d$.....	16000	17000	18000	19000	20000	21000	22000	23000	24000
μ (¹)...	365	133	92	56	33	23	17	13	8
$\mathfrak{B}_e$.....	5552	5950	6336	6783	7340	7854	8426	9085	10248
$(\text{AT})_e$...	1156	1356	1502	1773	2187	2666	3233	3939	5649

(¹) Les valeurs de μ n'ont pas été données pour la dynamo du Creusot. Elles sont empruntées à des essais faits sur des tôles, probablement moins bonnes que celles de l'induit en question, qui pour $\mathfrak{B} = 16500$ donnent $\mu = 400$.

Pour donner 110 volts, l'induction moyenne sous la pièce polaire doit
être 7630 ; à vide, quand cette induction est uniforme, les deux entrefers
complets (dents comprises) exigeront 2 × 2500, soit 5000 AT.

Si l'on veut calculer le flux sous les pièces polaires, avec un débit de
100 A, les balais étant calés sur la ligne neutre, on observera que la demi-
circonférence porte 72 fils parcourus par 50 A, soit 3600 (AT) ou 20 (AT)
par degré. L'excitation pour un entrefer simple est augmentée de
20n(AT) pour un point situé à n degrés de l'axe des pôles et en avant.

Fig. 30.

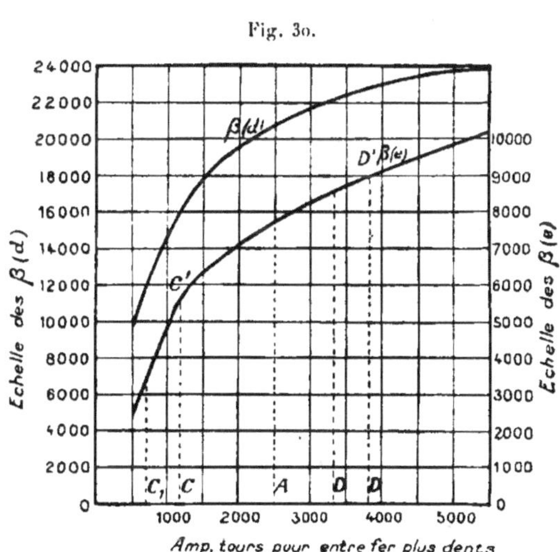

Ayant construit la courbe (*fig.* 30) dont les $\mathfrak{W}_e$ sont les ordonnées et
les (AT)$_e$ les abscisses, on portera à gauche et à droite du point A [(OA)
correspond à 2500 (AT)] des longueurs représentant 66 × 20 = 1320 (AT) ;
l'ordonnée moyenne de la surface CDD'C' est l'induction moyenne sous
la pièce polaire ; elle est de 7300 ; la force électromotrice correspondante
est

$$110 \times \frac{7300}{7600} = 105 \text{ volts.}$$

La différence entre les 5 volts de perte ainsi calculés et les 7 volts de
l'expérience peut provenir : 1° de ce que les tôles de la machine donneraient une courbe plus aplatie que celle de la figure ; 2° de ce qu'on n'a pas
tenu compte, en attribuant 7 volts à la réaction d'induit, de la perte due
à la résistance des balais, qui peut atteindre et même dépasser 3 volts.

On peut aussi tenir compte de la correction de 1 volt calculée plus haut pour l'allongement des lignes de force, allongement qui paraît d'ailleurs fort exagéré (*voir* plus loin le paragraphe IV).

II. *Influence du décalage*. — Si l'on suppose en outre les balais décalés de n' degrés en avant, les AT correspondants à un point de l'entrefer sont diminués de $20n'$; il suffit donc de déplacer les ordonnées CD, C'D' de $20n'(\text{AT})$ vers la gauche, et l'ordonnée moyenne du nouveau rectangle donnera l'induction moyenne et par suite la force électromotrice correspondante à ce débit. Dans les expériences citées $n' = 24$; on prendra $CC_1 = DD_1 = 480(\text{AT})$, l'ordonnée moyenne correspond à 6570, d'où une force électromotrice

$$110 \times \frac{6570}{7630} = 94^{\text{volts}},7.$$

Ce résultat doit toutefois subir une correction importante; l'induction moyenne de l'induit tombe de 16500 à 13200, μ passe de 400 à 1300 d'après la courbe de la figure 30, et la réluctance de l'induit s'abaisse de 0,0002075 à 0,0000638. Par suite l'aimantation de l'induit demande 515(AT) de moins, et il y aurait lieu de chercher par tâtonnement, comme on l'a fait plus haut, comment les ampères-tours d'excitation supposés constants se répartissent entre l'induit et l'entrefer.

Mais, quel que soit le résultat du calcul, il y aura toujours et nécessairement une différence notable entre la force électromotrice ainsi calculée et la force électromotrice correspondante au même débit sans décalage : ce qui est en contradiction absolue avec l'expérience discutée, et mérite d'être examiné.

III. *Influence des électros auxiliaires*. — On n'a pas tenu compte jusqu'ici de la présence des électros auxiliaires (*fig.* 31), dont l'influence est facile à prévoir sinon à calculer exactement. Le décalage est assez prononcé pour que la spire en commutation soit complètement dégagée du pôle supplémentaire; celui-ci n'est plus excité; néanmoins, un flux important existe entre le pôle supplémentaire et l'armature; il est dû aux ampères-tours transversaux, et la valeur $\mathfrak{B}_e$ sous ce pôle doit se calculer comme pour les pôles principaux; par exemple, pour un décalage de 24°, on attribuera à chaque entrefer $66 \times 20 = 1320$ ampères-tours; ce qui donne $\mathfrak{B}_e = 6125$. Le flux réel est plus grand que le produit de $\mathfrak{B}_e$ par la surface polaire; celle-ci étant très étroite, il n'est pas permis de négliger la frange qui entoure toute pièce polaire; si Σ est la surface de la pièce

polaire supplémentaire augmentée de cette frange, 6125 Σ est un flux à
ajouter à celui de la pièce polaire principale située du même côté de la
spire en commutation pour avoir le flux embrassé par cette spire, *flux
qui est l'élément réel de la force électromotrice;* de sorte que, si σ est le

Fig. 31.

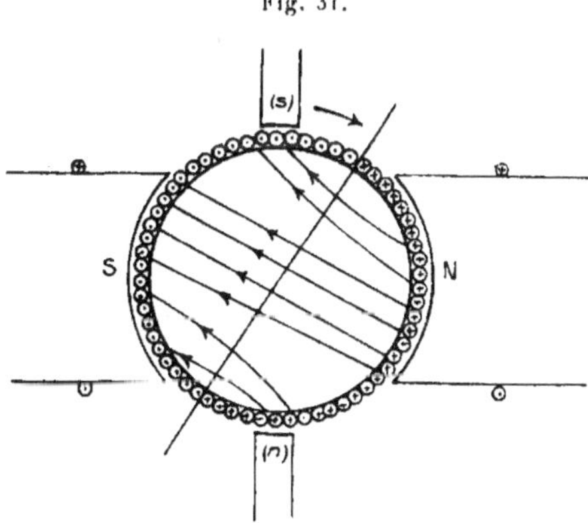

rapport de Σ à la surface polaire principale, il faut ajouter au $\mathfrak{N}_e$ calculé
ci-dessus le produit 6125σ, produit qui, d'après la figure 27, supposée à
l'échelle, serait 674, c'est-à-dire compenserait la diminution due au décalage, circonstance fortuite qui ne se retrouverait pas dans une autre machine.

IV. *Remarque sur l'accroissement de longueur des lignes de force.* —
On se placera dans le cas le plus défavorable, et qui n'est pas atteint
avec le débit de 100 ampères et le décalage de 24°; on admettra que $\mathfrak{N}$
est nul sous la corne d'avant, et qu'il croît en progression arithmétique
jusqu'à la corne d'arrière.

La moitié du flux est alors débitée par une longueur ab (*fig.* 32) de la
pièce polaire égale à la longueur totale $\times$ 0,707, soit en degrés
132 $\times$ 0,707 = 93,24; c'est donc suivant le rayon ob que le flux se partage; il paraît logique de prendre comme longueur moyenne une ligne
aboutissant aux centres de gravité des flux, soit entre a et b, soit entre b'
et c'. Entre a et b le centre de gravité est aux deux tiers de ab, soit à
62°,16 de a; le centre de gravité de l'ensemble étant aux deux tiers de ac
ou à 88°, le centre de gravité de la portion bc doit être à 113°,84 de a,
puisque les flux de a en b et de b en c sont égaux; la distance $c'g'$ est
donc 132 — 113,84 ou 18°,16, tandis que $ag = 62°,16$. Dans l'hypothèse

d'une distribution uniforme, on aurait à estimer la longueur de la ligne de force entre o et o', avec $ao = c'o' = 33°$. L'arc oo' est plus court que

Fig. 32.

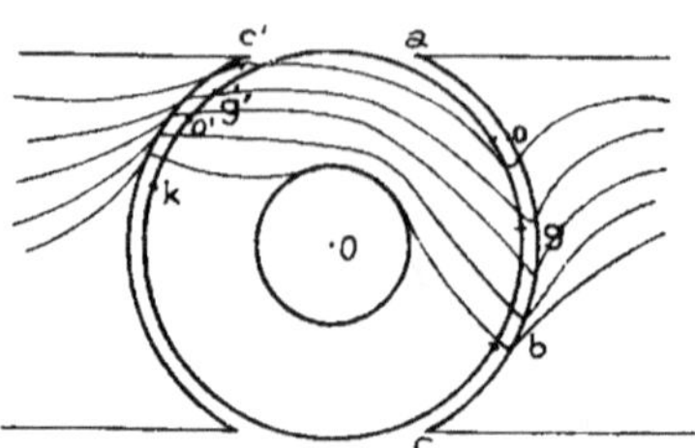

l'arc gg' de $14°,32$. Il paraît rationnel de supposer que l'allongement de la ligne de force moyenne est un arc de $14°$ de la circonférence de 16^{cm} de diamètre, moyenne entre les deux diamètres de l'induit, soit 2^{cm}. Il résulte des considérations ci-dessus qu'il n'existe pas de règles fixes pour calculer cet allongement; si l'on observe cependant qu'avec ou sans décalage, la plus courte et la plus longue des lignes de force conservent la même longueur, l'accroissement de 2^{cm} paraîtra déjà fort.

OBSERVATION SUR UNE NOTE DE M. BLONDEL

RELATIVE A LA

RÉACTION D'INDUIT DES ALTERNATEURS.

Comptes rendus de l'Académie des Sciences, t. CXXIX, 23 octobre 1899, p. 637.

En attribuant deux coefficients de self-induction différents, l'un aux courants wattés, l'autre aux courants déwattés, M. Blondel a sans doute voulu faire allusion à ce fait que le coefficient de self-induction de l'induit est variable avec sa position par rapport aux inducteurs, et est une fonction du temps, de fréquence double de celle du courant. Admettant que la force électromotrice extérieure est $E \sin \omega t$, l'équation du courant est

$$(1) \qquad R i + \frac{d(L i)}{dt} = E \sin \omega t.$$

Avant de résoudre cette équation dans toute sa généralité, il peut être utile de la résoudre dans un cas particulier, ce qui permettra de présumer l'influence de la variation de L dans les cas que le calcul ne peut aborder. On supposera que L varie en raison inverse du binome $1 - 2 \alpha \cos \omega t$, la valeur maximum étant λ', la valeur minimum λ, on aura

$$2 \alpha = \frac{\lambda' - \lambda}{\lambda' + \lambda}, \qquad \frac{1}{L} = \frac{1}{L_1} (1 - 2 \alpha \cos \omega t), \qquad \frac{2}{L_1} = \frac{1}{\lambda} + \frac{1}{\lambda'},$$

L_1 est un coefficient, moyenne harmonique entre λ et λ'.

Si l'on désigne par Z_1, Z_3, ... les impédances, et par δ_1, δ_3, ... les retards correspondant aux divers harmoniques

$$Z_k^2 = R^2 + K^2 L_1^2 \omega^2, \qquad \tan g \delta_k = \frac{K L_1 \omega}{R};$$

P.

8

la solution périodique de l'équation (1) se développe en série convergente suivant les puissances de α

$$i = \frac{E}{Z_1} [\sin(\omega t - \delta_1)] + \alpha \left| \begin{array}{l} \sin\delta_1 \cos\omega t \\[4pt] - \sin\delta_3 \cos(3\omega t - \delta_1 - \delta_3) \end{array} \right.$$

$$+ \alpha^2 \left| \begin{array}{l} - \sin\delta_1(\cos\delta_1 \cos(\omega t - \delta_1) + \cos\delta_3 \cos(\omega t - \delta_1 - \delta_3) \\[4pt] + \sin\delta_3 \; \cos\delta_1 \cos(3\omega t - \delta_3) \\[4pt] - \sin\delta_5 \; \cos\delta_3 \cos(5\omega t - \delta_1 - \delta_3 - \delta_5). \end{array} \right.$$

La formule s'applique quel que soit δ_1, même en court-circuit absolu $(R = 0)$; elle se réduit alors à

$$i = \frac{E}{\omega L_1} \sin\left(\omega t - \frac{\pi}{2}\right)(1 - 2\alpha\cos\omega t) = \frac{E}{\omega L_1}[-\cos\omega t(1-\alpha) + \alpha\cos 3\omega t],$$

qui est bien la solution de l'équation (1) dans ce cas.

Dans la plupart des machines, α est inférieur à 0,05; il est donc suffisant d'examiner les termes en α; on voit alors que, lorsque δ_1 est faible, ou lorsque le circuit extérieur est peu inductif, tout se passe comme si L_1 était le coefficient de self-induction réel. Lorsque δ_1 est notable, deux cas sont à distinguer : ou bien, comme dans la pratique, cela tient à l'inductance du circuit extérieur, la valeur α est alors négligeable, parce que λ, λ' se rapportent au circuit complet; ou bien, comme dans les essais en court-circuit, α peut atteindre la valeur donnée plus haut; l'intensité du courant en court-circuit est déterminée par un coefficient d'induction

$$\frac{L_1}{1 - \alpha} = \frac{4\lambda\lambda'}{3\lambda + \lambda'}$$

compris entre L_1 et λ'; mais l'écart entre ces deux coefficients, l'un correspondant à la marche normale, l'autre à la marche en court-circuit, n'est que le quart de la différence $(\lambda' - \lambda)$.

Lorsque la force électromotrice contient des termes en $\sin k\omega t$, l'hypothèse faite sur la variation de L conduit à l'introduction dans la valeur du courant d'un terme principal en $k\omega t$, et de deux autres termes proportionnels à α, en $(k - 2)\omega t$ et $(k + 2)\omega t$; la force électromotrice $E_k \sin k\omega t$ produit le courant

$$i = \frac{E_k}{Z_k}\{\sin(k\omega t - \delta_k) - \alpha[\sin\delta_{k-2}\cos(k-2)\omega t - \delta_k - \delta_{k-2}$$

$$+ \sin\delta_{k+2}\cos(k+2)\omega t - \delta_k - \delta_{k+2}] + \alpha^2(\ldots)\}.$$

Si $\dfrac{1}{L}$ est représenté par une série

$$\frac{1}{L_1}\left(1 - 2\alpha\cos 2\omega t - 2\beta\cos 4\alpha t \ldots\right),$$

un calcul analogue aux précédents fournit la valeur de i en séries ordonnées suivant les puissances de α, β.

Le courant est ainsi calculé, quelles que soient les variations de L et de E (ou de l'induction mutuelle) en fonction de l'angle de position des bobines.

Enfin, à la force électromotrice $E_1\sin\omega t + E_3\sin 3\omega t + \ldots$, et au coefficient de self-induction L tel que

$$\frac{1}{L} = \frac{1}{L_1}\left(1 - 2\alpha\cos 2\omega t - 2\beta\cos 4\omega t - 2\gamma\sin 6\omega t \ldots\right),$$

$$\frac{1}{L_1} = \frac{1}{T_1}\int_0^T \frac{dT}{L},$$

correspond le courant de court-circuit i_0 tel que

$$L_1\omega i_0 = \cos\omega t\left[E_1 - \alpha\left(E_1 + \frac{E_3}{3}\right) - \beta\left(\frac{E_3}{3} + \frac{E_5}{5}\right) - \gamma\left(\frac{E_5}{5} + \frac{E_7}{7}\right) - \ldots\right]$$
$$+ \cos 3\omega t\left[\frac{E_3}{3} - \alpha\left(E_1 + \frac{E_5}{5}\right) - \beta\left(E_1 + \frac{E_7}{7}\right) - \gamma\left(\frac{E_3}{3} + \frac{E_9}{9}\right) - \ldots\right]$$
$$+ \cos 5\omega t\left[\frac{E_5}{5} - \alpha\left(\frac{E_3}{3} + \frac{E_7}{7}\right) - \beta\left(E_1 + \frac{E_9}{9}\right) - \gamma\left(E_1 + \frac{E_{11}}{11}\right) - \ldots\right].$$

Si le court-circuit n'est pas absolu, mais que $R > 0$ soit une petite fraction de $L_1\omega$, en posant $\dfrac{L_1}{L} = h = 1 - 2\alpha\cos 2\omega t - \ldots$,

$$i = i_0 + \frac{R}{L_1}\int h i_0\, dt + \frac{R^2}{R_1^2}\int h\int h i_0\, dt + \ldots,$$

développement qui, pour R très petit, peut être plus commode que les précédents.

Ces procédés de calcul ne s'appliquent qu'autant que le fer est loin de la saturation. Ils sont loin de satisfaire aux *desiderata* de la pratique; mais les procédés plus ou moins empiriques que l'on emploiera pour tenir compte de la saturation et des fuites devront toujours donner des résultats conformes à ceux des calculs ci-dessus quand on négligera la saturation seulement; théoriquement, il y a incohérence entre les hypothèses **L** variable, **E** et i sinusoïdaux ([1]).

([1]) Il est à remarquer que cette incohérence théorique que M. Potier envisage dans la présente note n'empêche pas, au point de vue pratique, comme on le verra plus loin, (note de la page 129), de faire l'hypothèse l variable et i sinusoïdale, et d'en déduire la valeur de la force motrice de réaction d'induit, dans laquelle on peut négliger en première approximation les harmoniques supérieurs.

Si l'on veut une approximation plus grande, on peut traiter ces harmoniques supérieurs comme des termes de correction. Mais, en pratique, les phénomènes sont si complexes quand on tient compte de la saturation, de la forme des pièces polaires, de la répartition, de l'enroulement induit, etc., qu'on est obligé, dans la théorie empirique des alternateurs, de se contenter d'approximations assez grossières.   *(Note de l'Éditeur.)*

SUR LA

RÉACTION D'INDUIT DES ALTERNATEURS.

L'Éclairage électrique, t. XXIV, n° 30, 28 juillet 1900.

Diverses publications récentes des électriciens allemands ([1]) ont montré que les méthodes usitées pour le calcul de la chute de tension des alternateurs, et fondées uniquement sur la connaissance de la caractéristique à vide et de la courbe de court-circuit, sont insuffisantes dès que la saturation du fer est notable. M. Kapp, dans son Ouvrage *Dynamomaschinen*, indique le principe d'une méthode, développée dans les *Elektrotechnische Konstructionen*, où il suppose connus et déterminables *a priori* deux éléments : les contre-ampères-tours, et ce qu'il appelle la *self-induction des bobines induites;* toutefois les applications, sauf une, celle de l'alternateur Schwartzkopff, sont faites sur des machines peu saturées et, pour cette dernière, le calcul et l'expérience sont tout à fait discordants en ce qui concerne la valeur du court-circuit. Cet auteur a néanmoins montré que *deux* éléments au moins doivent être adjoints à la caractéristique à vide pour déterminer la chute de tension. Si on les connaît, on connaît la courbe de court-circuit, et réciproquement, si l'on connaît cette courbe et l'un des deux éléments, on aura l'autre. Mais si les auteurs semblent d'accord sur la nécessité d'introduire un élément de plus, ils diffèrent sur la manière de l'introduire, et même sur sa définition; M. Blondel, dans une série d'articles ([2]) (publiés en 1899), a proposé l'emploi de deux coefficients spéciaux de réaction pour le courant déwatté et le courant watté et d'un troisième coefficient pour la self-induction due à la dispersion.

([1]) MM. Behrend, Rothert et Arnold, dans *L'Éclairage électrique*, t. XXII, p. 296 à 308, 24 février 1900.

([2]) *Théorie empirique des alternateurs* (*L'Industrie électrique*, octobre-novembre 1899).

Dans le travail ci-après, on se propose de démontrer que l'examen de la caractéristique en courant déwatté, obtenue expérimentalement, permet de déterminer deux coefficients suffisants pour calculer la chute de tension sous un débit donné de phase quelconque ([1]), et incidemment on examinera la signification théorique de ces coefficients.

I. Lorsqu'un alternateur débite un courant I, en retard ou en avance de $90°$ sur la force électromotrice, l'intensité est maximum lorsque l'axe d'une bobine induite coïncide avec l'axe d'un noyau inducteur; de même sens que le courant inducteur i quand I est en avance, de sens contraire quand il est en retard. Calculer le flux Φ qui traverse la bobine à ce moment, c'est donc étudier le flux dans un circuit magnétique à faible entrefer portant deux enroulements, l'un parcouru par le courant i, l'autre par un courant $\pm I\sqrt{2}$; ce flux se décompose en deux : $1°$ une partie Φ_1 se ferme autour de la bobine induite sans passer dans l'inducteur, et est même à l'intérieur de la bobine, dans le cas du retard, de sens contraire au flux général, tandis que dans le cas de l'avance c'est à l'extérieur que cela a lieu; le trajet dans l'air du faisceau qui constitue ce flux paraît assez grand pour que l'on admette à titre de première approximation que l'on a $\Phi_1 = KI$; $2°$ l'autre partie Φ_2, qui vient des pièces polaires, enserre un nombre d'ampères-tours $2(ni - NI\sqrt{2})$, si n et N sont le nombre des spires des bobines induites et inductrices par pôle; ce flux est bien étranglé dans la bobine induite, d'autant plus que I est plus grand, mais cet étranglement n'est que local, et l'on peut admettre (ou du moins tenter cette hypothèse) que la réluctance de son circuit est indépendante de I, ou que Φ_2 est le même que si l'inducteur seul portait $(ni - NI\sqrt{2})$ ampères-tours. Or le quotient du flux Φ par le quart de la période est la force électromotrice moyenne totale induite. Si l'on concède encore que le rapport de cette force électromotrice moyenne à la force électromotrice efficace n'est pas altéré sensiblement quand I varie, la force électromotrice efficace se trouve représentée par une expression $-\lambda I + f(i - \alpha I)$, λ et α étant deux coefficients constants

---

([1]) En réalité, cet énoncé est limité dans ces applications par une hypothèse que M. Potier n'énonce pas, à savoir que la self-induction et la réaction d'induit sont *indépendantes de la position de l'induit* par rapport aux inducteurs. C'est un cas particulier qui se rencontre lorsque les pièces polaires sont peu saturées et s'étendent sur presque tout l'entrefer. Dans le cas général, où ces conditions ne sont pas remplies, il faut recourir à la théorie plus générale de M. Blondel, qui impose l'emploi de trois paramètres, qui ne sont pas identiques avec ceux de M. Potier (*voir* p. 133).

(Note de l'Éditeur.)

pour une machine, et $f(i)$ étant la force électromotrice à vide de l'alternateur, puisque $E = f(i)$ quand $I = o$ ([1]).

Les choses sont un peu plus complexes dans le cas des alternateurs homopolaires, ou à fer tournant; la force électromotrice moyenne est la différence entre le flux Φ' qui traverse la bobine quand elle est en face d'un pôle, et le flux Φ'' qui le traverse quand elle est entre deux pôles, divisée par la demi-période, soit

$$2\,\frac{\Phi' - \Phi''}{T}.$$

Les ampères-tours qui déterminent les parties de Φ' et Φ'' communes aux systèmes inducteurs et induits sont $\left(ni - NI\sqrt{2}\right)$, $\left(ni + NI\sqrt{2}\right)$, mais les réluctances des deux circuits sont différentes; pour Φ'', où le trajet dans l'air est important, on peut admettre que cette partie a une réluctance constante et est proportionnelle à $ni + NI\sqrt{2}$, tandis que pour Φ' on doit considérer cette réluctance comme variable avec l'excitation; enfin, tenant compte des flux, $- KI$ dans la première position, $+ KI$ dans la seconde, qui se ferment autour de la bobine induite, la force électromotrice moyenne se présente sous la forme

$$\frac{2}{T}\left[- 2KI + F\left(ni - NI\sqrt{2}\right) + K_2\left(ni + NI\sqrt{2}\right)\right].$$

On peut encore écrire

$$- 2\left(K + K_2 N\sqrt{2}\right)I - K_2\left(ni - NI\sqrt{2}\right),$$

pour les premier et troisième termes, et il restera comme plus haut pour la force électromotrice une expression de la forme

$$(1) \qquad\qquad - \lambda I + f(i - \alpha I) \quad ([2]).$$

([1]) I sera désormais compté positivement dans le cas du retard; c'est $I \sin\varphi$.

Dans les calculs ci-dessus, on suppose implicitement des enroulements à une encoche par phase; s'il en était autrement, on devrait tenir compte du nombre et de l'espacement de ces encoches, et même de la largeur des pièces polaires, si celles-ci ne sont pas, y compris la frange magnétique de leurs bords, entièrement embrassées par la bobine la plus étroite. On a voulu surtout définir le sens de α dont la valeur doit subir (§ III) une correction importante dans certains cas au moins.

([2]) Il est facile de voir que λ est proportionnel à l'inductance due aux fuites *totales*, et α aux contre-tours de réaction de l'induit.

En effet, si l'on appelle, suivant l'usage, S la self-induction de dispersion, N le nombre des fils induits sous un champ polaire double (2 pôles), k le coefficient de chevauchement de l'enroulement, on a identiquement (*voir* p. 133) :

$$- \lambda I + f(i - \alpha I) = - \frac{\omega S}{v} I + f\left(i - \frac{k}{v}\,\frac{N}{2}\,I\sqrt{2}\right).$$

Si les alternateurs sont polyphasés, les raisonnements seront les mêmes, les coefficients λ et α prendront seulement d'autres valeurs.

L'expérience permet de vérifier si la force électromotrice totale est réellement de la forme (1). En effet, supposons que l'on veuille construire la valeur de U, différence de potentiel aux bornes, pour un courant i (qui sera variable) et un I donné, et tellement voisin de 90° qu'on peut négliger l'influence de la résistance intérieure; on a donc à construire $U = -\lambda I + f(i - \alpha I)$ connaissant la courbe $E = f(i)$. Soit $i = OA$ (*fig.* 33); on portera $AB = \alpha I$, on mènera l'ordonnée BP, sa

Fig. 33.

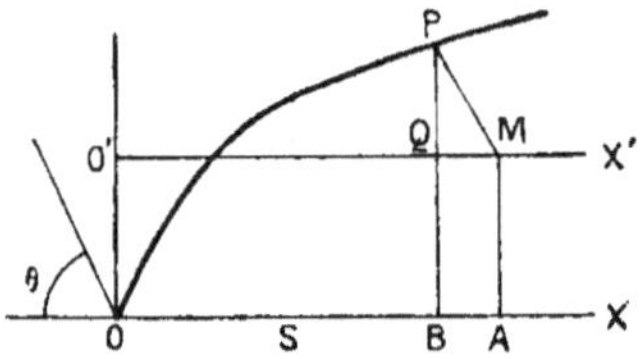

grandeur est $f(i - \alpha I)$, on prendra donc $PQ = \lambda I$ et $BQ = U$; menant QM parallèle à l'axe des i, le point M a pour abscisse i, pour ordonnée U; c'est un point de la caractéristique, pour le courant déwatté en retard P; si l'on pose

$$\lambda = h \sin\theta, \qquad \alpha = h \cos\theta, \qquad h^2 = \alpha^2 + \lambda^2,$$

on aura $MP = h I$, cette droite faisant l'angle θ en dessous de l'axe des i; donc la caractéristique pour $I = $ const. s'obtiendra en déplaçant la caractéristique à circuit ouvert, parallèlement à elle-même, suivant une direction fixe, d'une longueur $h I$ proportionnelle à l'intensité du courant déwatté; si celui-ci est en avance, le déplacement se fera dans la direction opposée.

Si l'on préfère construire une caractéristique à U constant, on mène $O'X'$ parallèle à OX à la distance U; à une excitation $i = O'M$ correspond un courant $I = \frac{1}{h} MP$; donc, si l'on déplace ainsi l'axe des i, la carac-

---

D'où

$$\lambda = \frac{\omega S}{v},$$

$$\alpha = \frac{k N \sqrt{2}}{2 v}.$$

(Note de l'Éditeur.)

téristique E à circuit ouvert peut servir de caractéristique (I, i) en coordonnées obliques, puisque MP fait l'angle constant θ, et est égal à hI.

Reprenons les premières caractéristiques : chacune d'elles vient couper l'axe des X en un point pour lequel $U = o$; la valeur de I correspondante est l'intensité en court-circuit, ainsi $AS = hI_{cc}$, si I_{cc} correspond à l'excitation OA; tant que le point S ne sort pas de la partie droite de la caractéristique, AS et OA sont proportionnels, propriété bien connue; cette construction pour le court-circuit est du reste celle de Kapp.

Il suffit de jeter les yeux sur les courbes n°ˢ 3 et 6 de M. Behrend dans l'*Electrical World*, et sur la figure 2 dans l'*Elektrotechnische Zeitschrift*, pour voir que ce parallélisme est très approché, dans *toute* l'étendue de la caractéristique Mais une comparaison plus précise et portant à la fois sur des courants en retard et des courants en avance ne sera pas inutile.

Dans l'article de l'*E. T. Z.*, M. Behrend [1] étudie deux machines et donne pour chacune d'elles un Tableau contenant, pour du courant déwatté en retard, les tensions observées aux bornes (col. I), les résultats déduits des deux méthodes de calcul usitées (col. II) et (col. III); j'y ajoute (col. IV) les résultats donnés par la formule $U = f(i - \alpha I) - \lambda I$:

PREMIÈRE MACHINE. — *Inducteur hétéropolaire.*

$$(2) \qquad I_{cc} = 10i, \qquad \alpha = 0,09, \qquad \lambda = 1,125, \qquad \frac{\alpha}{\lambda}\left[\frac{E_0}{I}\right]_0 = 9.$$

$i.$	I.	I.	II.	III.	IV.
5,8	29,4	216	140,5	242	215
5,8	22,0	235	177	259	232
5,8	18,2	244	195	263	245
4,0	23	170	116	186	167
4,0	18,2	195	146	215	204
4,0	15,6	213	162	231	204
2,0	12,6	85,5	85	100	209
2,0	9,2	120	116	130	75 [2]
5,8	58	0	»	»	108 [2]

[1] *L'Éclairage électrique*, t. XXII, 24 février 1900, p. 303.
[2] Incertains à cause du magnétisme rémanent.

DEUXIÈME MACHINE. — *Inducteur homopolaire.*

$$(3) \qquad \mathrm{I}_{cc} = 66,5\,i, \qquad \alpha = 0,01, \qquad \lambda = 0,088, \qquad \frac{\alpha}{\lambda}\left[\frac{\mathrm{E}}{\mathrm{I}}\right]_0 = 2,4.$$

$i.$	I.	I.	II.	III.	IV.
35	375	260	252,2	292	261
30	360	250	240,3	282	253,3
21	360	220	202	249	229,3
14,6	360	168	153	179	166,3
11,5	360	117	114	131	120,3
34,8	500	248	235	287	247
30	435	240	229,5	178	245
21,2	500	199	177,5	233	208
14,4	488	135	123	147	134,5

Dans un article paru en 1900 ([1]), M. Behrend a donné la caractéristique à 655 ampères d'un alternateur de 200 kilowatts à 180 volts, hétéropolaire; le parallélisme de cette courbe et de la caractéristique à circuit ouvert est parfait, on transporte l'une des courbes sur l'autre en diminuant les ordonnées de 19 volts, et augmentant les abscisses de 6,3 ampères, les constantes de cet alternateur sont :

$$(4) \qquad \mathrm{I}_{cc} = 75,5\,i, \qquad \alpha = 0,0096, \qquad \lambda = 0,029, \qquad \frac{\alpha}{\lambda}\left[\frac{\mathrm{E}}{\mathrm{I}}\right]_0 = 2,9$$

De plus, cet auteur a donné les valeurs du courant i d'excitation nécessaire pour faire fonctionner cette machine comme moteur synchrone à vide en lui fournissant 655 ampères, sous des voltages variés, entre 86 et 192 volts; ces excitations ont varié de 0 à 20 ampères, et la courbe (U, i) ainsi obtenue est encore parallèle à la caractéristique, à la même distance et de l'autre côté, de sorte que son équation est

$$\mathrm{U} - 19 = f(i + 6,3).$$

Enfin, pour une quatrième machine homopolaire de 175 chevaux à 5200 volts, l'auteur donne le Tableau suivant, que je complète comme ci-dessus par l'addition d'une colonne IV :

$$(5) \qquad \mathrm{I}_{cc} = 3,12\,i, \qquad \alpha = 0,2, \qquad \lambda = 82, \qquad \frac{\alpha}{\lambda}\left[\frac{\mathrm{E}}{\mathrm{I}}\right]_0 = 1,8.$$

([1]) *Electrical World and Engineer*, 27 janvier et 3 février 1900 (*fig.* 6).

$i.$	I.	E_0 (tension à vide).	I (U obs.).	II.	IV.
10,7	9,7	4600	3030	3200	3105
13,7	15,7	5600	3120	3460	3160
14,5	17,5	5850	3290	3470	3365
18	24,8	6650	3470	3540	3417
20	26	7000	3640	3860	3768
27,5	38	7830	3910	3870	3884

Fig. 34.

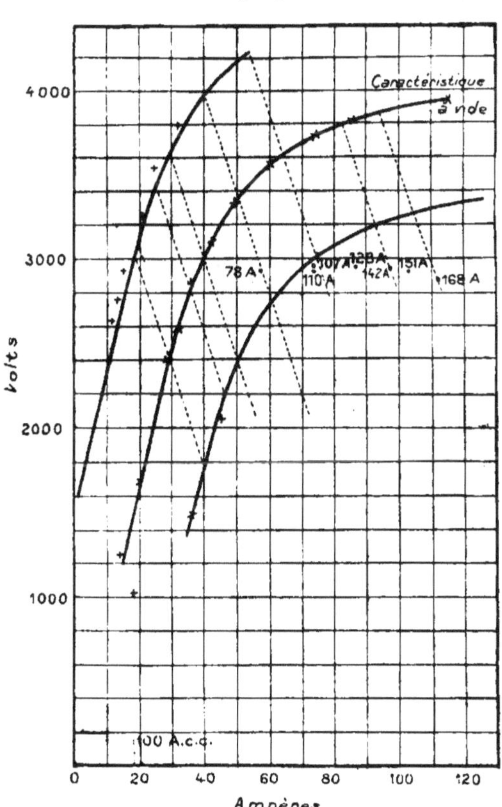

M. Guilbert a bien voulu me communiquer les chiffres relatifs aux essais d'un alternateur Farcot du secteur des Champs-Elysées, qu'il a décrit antérieurement avec détails; de plus, à ma demande, il a varié les conditions de travail, comme intensité et phase du courant débité, dans des limites bien plus étendues qu'on n'a l'habitude de le faire; ces chiffres fournissent aux techniciens qui s'occupent du fonctionnement des alternateurs un document de haute valeur.

Sur la figure 34, on a tracé la caractéristique à vide, et deux courbes identiques obtenues en diminuant (ou augmentant) les ordonnées de 610 volts, et augmentant (ou diminuant) les abscisses de 10,5 ampères; les lignes ponctuées montrent dans quelle direction la caractéristique à vide est ainsi déplacée.

Les croix indiquent des essais avec un courant de 100 ampères, en retard ou en avance de 90°; les points ronds des essais faits avec des courants divers, en retard; il est aisé de vérifier que la distance du point 142 par exemple, à la caractéristique, comptée sur la droite ponctuée, est 1,42 fois celle de la courbe à 100 ampères à la même caractéristique, ce qui justifie l'hypothèse de la constance de λ.

Ces exemples variés, pris dans des machines de types divers, établissent la valeur pratique et expérimentale de la formule

$$U = f(i - \alpha I) - \lambda I.$$

II. Les considérations théoriques sur lesquelles elle est basée ne sont pas nouvelles en elles-mêmes, car M. Kapp en a exposé la substance ([1]); il est nécessaire cependant de ne les appliquer qu'avec certaines précautions, sans quoi leurs conséquences paraîtront contraires à l'expérience. Voici en quoi consiste la difficulté : la formule s'applique encore dans le cas du fonctionnement en court-circuit, on a alors $U = 0$, $\lambda I = f(i - \alpha I)$; comme dans ce cas on est dans la partie droite de la caractéristique, $f(i - \alpha I)$ est le produit de $(i - \alpha I)$ par un coefficient, désigné dans les Tableaux ci-dessus par $\left[\dfrac{E}{i}\right]_0$, d'où, au court-circuit, la relation

$$(2) \qquad i = I_{cc}\left\{\alpha + \lambda\left[\frac{I}{E}\right]\right\} = I_{cc}(\alpha + \beta).$$

Le rapport de i à I_{cc} étant donné par les essais, *si l'on suppose* α donné correctement par la théorie précédente, λ s'en déduit, et tout est connu dans la formule (I); le calcul ainsi conduit donne des résultats qui cessent d'être d'accord avec l'expérience, d'autant plus que l'excitation dépasse le coude de la caractéristique; et je l'attribue à la non-exactitude de la

---

([1]) *Dynamo-maschinen,* 2° édition allemande, p. 329.

valeur de α. Si, du reste, on part uniquement de l'expérience pour déterminer α et λ, on trouve pour α une valeur plus petite que la valeur théorique ([1]).

Premier exemple. — Alternateur des Champs-Élysées; l'expérience donne $\alpha = 0,105$; or chaque bobine porte 24 spires, et les bobines forment deux groupes réunis en quantité; les pôles mobiles ont chacun 325 spires et forment quatre groupes en quantité : on devrait donc avoir

$$\alpha = \frac{4}{325} = \frac{24\sqrt{2}}{12} = 0,209 \qquad \text{ou} \qquad 0,209 \times \frac{4}{5} = 0,165,$$

si l'on tient compte de la disposition des fils induits.

Deuxième exemple. — M. Wagner donne, pour l'alternateur des Electricitäts Werke de Zurich ([2]) (homopolaire, triphasé), $I_{cc} = 15i$; 2000 volts, 450 ampères; en courant déwatté, $\cos\varphi = 0$; en comparant avec la caractéristique, on déduit $\alpha = 0,038$. Les ateliers d'Œrlikon ont eu l'obligeance de me donner les renseignements suivants, qui complètent ceux de cet auteur. Les deux anneaux de l'induit ont chacun 180 bobines, soit 60 par phase, à 5 tours de fil; les 60 bobines sont en série, mais les deux anneaux sont couplés en parallèle; montage en étoile; la bobine excitatrice a 200 tours de ruban de cuivre, d'où théoriquement

$$\alpha = \frac{1}{200}\,\frac{1}{2}\,10\,\frac{3}{2}\sqrt{2} = 0,0525.$$

Donc on ne peut en général admettre pour α la valeur théorique ([3]).

III. Les courants de Foucault sont généralement traités un peu rapidement par les auteurs; on se contente de dire le plus souvent qu'ils équivalent à une augmentation de résistance, et dans le calcul des baisses de voltage lorsque $\cos\varphi = 1$, en particulier, on propose de doubler la résistance ohmique de l'alternateur, sans donner d'autre motif que la chaleur dégagée. Ce raisonnement est superficiel. Supposons un alter-

---

([1]) Les divergences paraissent provenir plutôt de ce que le calcul des valeurs de α n'est pas tout à fait exact; elles sont beaucoup moindres si l'on calcule α en tenant compte du chevauchement des enroulements, c'est-à-dire en se servant des valeurs de K calculées par le signataire de cette note (*L'Éclairage électrique*, t. V, p. 97 et 166).

(Note de l'Éditeur.)

([2]) *Elektrotechnische Zeitschrift*, 22 févr. 1900, reproduit dans *L'Éclairage électrique*, t. XXIII, 26 mai 1900, p. 304.

([3]) *Voir* à ce sujet l'explication de l'avant-dernière note.   (*Note de l'Éditeur.*)

nateur à induit fixe. La rotation du système inducteur développera dans toutes les parties fixes, à circuit ouvert, dans la culasse par exemple, des courants de Foucault, mais l'équivalent de ceux-ci est du travail fourni par le moteur; ils affaiblissent le champ, abaissent la caractéristique à circuit ouvert, comme ils affaiblissent le champ à circuit fermé; on peut avoir à s'en occuper au point de vue du rendement, mais non de la baisse de voltage. Lorsque l'alternateur débite, à ces courants s'ajoutent ceux venant de la variation du champ de l'induit, soit dans la carcasse de l'induit, soit dans les pièces polaires; leur effet est comme dans un transformateur de diminuer l'impédance apparente de l'induit, malgré l'augmentation apparente de résistance, c'est là l'effet principal, comme le prouve le rôle d'écran magnétique de toute pièce massive fer ou cuivre. Loin de devoir être considérés comme wattés, ils sont au contraire presque complètement déwattés; les ampères-tours de ces courants qui embrassent le flux commun sont opposés, ou presque opposés, à ceux de l'induit, leur sont proportionnels, de sorte que, dans l'expression $ni - NI\sqrt{2}$, il convient de diminuer N, ou ce qui revient au même de prendre pour α une valeur inférieure à la valeur théorique. Les courants de Foucault diminuent l'action démagnétisante de l'induit : résultat bien conforme à l'expérience.

Si l'on considère en particulier l'alternateur des Champs-Elysées, ses pièces polaires sont feuilletées, les circuits disposés de manière à rapprocher de la sinusoïde la courbe de la force électromotrice, mais ils sont munis de puissants amortisseurs Leblanc, dont la section se prête au passage de forts courants sans échauffement sensible; il résulte de la théorie de ces amortisseurs, telle qu'elle a été exposée par leur auteur, que les ampères-tours des courants qui y circulent seraient équivalents à la moitié de ceux des bobines induites; de sorte que N, et par suite α, devraient être réduits de moitié si le transformateur formé par les amortisseurs était parfait; il est remarquable que la valeur trouvée expérimentalement pour α soit à peine supérieure à la moitié de la valeur théorique; cela autorise à penser que dans les alternateurs polyphasés où l'on aura pris des précautions suffisantes, on pourra partir de la valeur théorique de α dans les calculs de baisse de voltage, et se contenter de la courbe de court-circuit pour déterminer λ; quelques expériences, en faisant débiter le plus fort courant possible en retard de 80°, sur des types variés de machines suffiraient pour résoudre cette question.

IV. Une fois la signification de λ et de α précisée, le procédé qui paraît le plus rationnel pour calculer l'excitation nécessaire pour débiter I avec un $\cos\varphi$ déterminé est la suivante ([1]): porter à l'extrémité de U (*fig.* 35) des droites RI et λI, dans les directions φ et $-\varphi-90°$; on porte sur OE

Fig. 35.

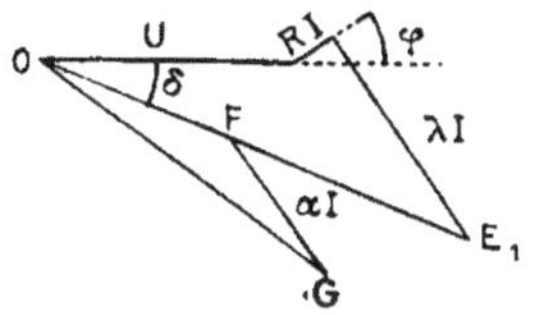

une longueur OF $= i$, excitation qui, sur la caractéristique, correspond à OE, puis FG parallèle à λI, mais égal à αI; OG est l'excitation cherchée, d'où l'on peut, sur la caractéristique, déduire E et la baisse de voltage.

Pour montrer que ce procédé est suffisamment approché, on va l'appliquer à l'alternateur d'Œrlikon, et à celui des Champs-Élysées.

Alternateur d'Œrlikon ([2]). — On a

$$i = 0{,}0667\,\mathrm{I}, \qquad \alpha = 0{,}038 \qquad \text{d'où} \qquad \lambda\left(\frac{E}{I}\right)_0 = 0{,}0287, \qquad \lambda = 1{,}67.$$

1° On demande l'excitation nécessaire pour

$$U = 2000\,V, \qquad I = 340, \qquad \cos\varphi = 0{,}8.$$

On a

$$\lambda I \sin\varphi = 340, \qquad RI \cos\varphi = 18, \qquad \lambda I \cos\varphi = 453, \qquad RI \sin\varphi = 13,$$

$$E_1^2 = \overline{2358}^2 + \overline{440}^2, \qquad E_1 = 2397, \qquad i_1 = 57{,}5, \qquad \delta = 10°{,}5, \qquad \varphi = 37°,$$

$$\alpha I = 12{,}97, \qquad \alpha I \cos 42°{,}5 = 9{,}5, \qquad \alpha I \sin 42°{,}5 = 7{,}9,$$

$$i = 68, \quad \text{au lieu de } 65 \text{ trouvé.}$$

2° On demande l'excitation nécessaire pour

$$U = 2000\,V, \qquad I = 280, \qquad \cos\varphi = 1.$$

On a

$$E_1^2 = (U + RI)^2 + \lambda^2 I^2 = \overline{2019}^2 + \overline{467}^2 = \overline{2079}^2, \qquad i' = 43, \qquad \delta = 13°,$$

$$\alpha I = 10{,}64, \qquad \alpha I \sin\delta = 2{,}39, \qquad \alpha I \cos\delta = 10{,}3,$$

$$i_0 = 46{,}5, \quad \text{au lieu de } 46 \text{ trouvé.}$$

([1]) Ce procédé, inspiré de Rothert (*L'Éclairage électrique*, t. XXII, p. 296, *fig.* 2), suppose la réaction d'induit indépendante de la position de l'induit.

On verra plus loin que α et λ devraient être multipliés par U de Hopkinson. Il serait bon aussi de rapporter φ à la force électromotrice intérieure. (*Note de l'Éditeur.*)

([1]) WAGNER, *E. T. Z.*, 22 février 1900, reproduit dans *L'Éclairage électrique*, t. XXIII, p. 306.

Alternateur monophasé des Champs-Élysées. — Pour $\cos\varphi = 1$ ($R = 0,43$).

Volts aux bornes (ramenés à 6o tours).	Débit.	Excitation	
		observée.	calculée.
2885	59	38,3	39,6
2960	68	41,5	41,8
2940	79	42,0	42,5
2930	98	43,9	44,1
2960	112	46,2	46,5
2945	132	48,5	48,9
2935	164	53,5	53,5
2960	175	56,0	55,8

Ces calculs peuvent être très notablement simplifiés dès que $\cos\varphi$ est inférieur à o,6; les termes en $\sin\varphi$ jouent alors un rôle tellement prépondérant qu'on peut négliger les autres, et opérer comme en courant déwatté, à la condition de remplacer I par I $\sin\varphi$, en prenant la formule

$$U = f(i - \alpha I \sin\varphi) = \lambda I \sin\varphi.$$

Exemple. — M. Guilbert, sur un réseau dont le $\cos\varphi = 0,5$, ou $\sin\varphi = 0,866$, a trouvé des baisses de voltage aux bornes de 735 volts, 790 volts, pour des débits de 13o ampères, 153 ampères, et des excitations de 85 et 1o3 ampères.

On a

$$\lambda \sin\varphi = 5,2, \qquad \alpha \sin\varphi = 0,091,$$

et, sur la courbe à circuit ouvert, on lit

$$f(85 - 0,09 \times 13o) = f(73,2) = 3720, \quad f(1o3 - 0,09 \times 153) = f(89,1) = 383o;$$

on en déduit pour U

$$3720 - 5,2 \times 13o = 3o4o, \qquad 383o - 765 = 3o65,$$

tandis que la tension relevée aux bornes a été de 31o5 dans les deux cas.

Il est clair que cette simplification ne s'applique qu'aux valeurs de I assez éloignées de la valeur du court-circuit, car si l'on prenait cette règle au pied de la lettre, elle donnerait, pour l'excitation en court-circuit, la valeur de i correspondant à I $\sin\varphi$, au lieu de la valeur correspondant à I.

L'emploi de ces procédés de calcul dans le cas de $\cos\varphi = 1$, malgré la vérification offerte par la machine d'Œrlikon, est toutefois douteux; en

effet, pour de faibles débits, le quotient de la baisse de voltage $E - U$ par
l'intensité devrait être la résistance R, et les courbes publiées montrent
en général qu'il n'en est pas ainsi, et que la résistance apparente ainsi
calculée est notablement plus forte que R. On a donc proposé d'introduire, dans les calculs, non la résistance ohmique R, mais une résistance R', et à titre d'approximation de prendre R' deux fois plus grand
que R; ce rapport est purement arbitraire, rien ne le justifie. Si l'on veut
introduire l'effet des courants de Foucault, on ne comprend pas quel
rapport ils peuvent avoir avec la résistance de l'induit; il serait plus rationnel de les introduire comme suit : si ces courants ont une composante notable à 90° sur les courants I qui les déterminent, cela veut dire
que α doit être diminué, et que le terme αI correspond à des courants
dont l'ensemble est inférieur à la valeur théorique, ce qui remplacerait
la construction du triangle OFG par la suivante (*fig.* 36), où $F'G_1$ serait

Fig. 36.

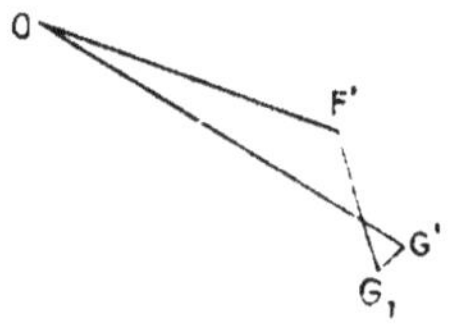

la valeur théorique de αI, $G_1 G'$ le courant équivalent aux courants de
Foucault, et OG' la valeur du courant i d'excitation. Il semble résulter
des exemples ci-dessus que cette correction ne présente pas d'intérêt
pratique. Une très faible erreur sur $\cos\varphi$ dans le voisinage de l'unité a
d'ailleurs une importance relative considérable ([1]).

([1]) Cependant le cas des alternateurs monophasés ne se ramène pas si facilement au cas des
alternateurs polyphasés; le flux monophasé de l'induit est équivalent à deux flux tournants de
sens inverses, dont l'un (le flux qui tourne à contre-vitesse) joue le rôle d'un flux de fuite plus
ou moins atténué par la réaction des courants de Foucault, tandis que l'autre se comporte
comme le flux de réaction d'induit d'un alternateur polyphasé, sans produire de courants de
Foucault dans les pièces polaires.

Supposons le courant produit sensiblement sinusoïdal; ce qui, du reste, est plus ordinairement
réalisé. Dans ce cas, on peut supposer que la self-induction de l'armature L varie avec la
position de l'armature entre deux valeurs extrêmes λ et λ', suivant une loi telle que

$$L = A + B \cos 2\omega t + \omega s,$$

en appelant ω la vitesse de pulsation, s la self-induction due aux fuites et en posant

$$A + B = \lambda', \qquad A - B = \lambda.$$

La différence de potentiel instantanée u mesurée aux bornes de la machine se déduit de la force

V. Pour terminer, je rappellerai ci-dessous les valeurs de α et de β pour les machines dont il a été parlé, en rappelant que $i = (\alpha + \beta)\, \mathrm{I}_{cc}$ aux faibles intensités; pour montrer comment le courant d'excitation semble la somme de deux parties dont la seconde β résulte uniquement de la dispersion :

	α.	β.	
Behrend	0,09	0,01	pôles alternés, entrefer 1^{mm}
»	0,0106	0,0044	fer tournant
»	0,0096	0,0033	pôles alternés très larges
»	0,2	0,142	fer tournant
Guilbert	0,105	0,075	pôles alternés, entrefer 7^{mm}
Wagner	0,038	0,029	fer tournant, entrefer 5^{mm},5

Leur rapport est celui de $\mathbf{E}_s$ ou force électromotrice de self-induction (β) à $\mathbf{E}_g$ force électromotrice due aux contre-ampères-tours (α), dans les notations de M. Kapp; sauf pour la première machine, il est de

---

électromotrice induite et de la résistance intérieure par la relation

$$u = e - ri - \mathrm{L}\,\frac{di}{dt} - i\,\frac{d\mathrm{L}}{dt},$$

dans laquelle e et i sont de la forme

$$e = \mathrm{E}_0 \sin \omega t,$$
$$i = \mathrm{I}_0 \sin(\omega t - \varphi).$$

Si l'on porte les valeurs de e, L et i dans l'expression de u et si l'on ne tient pas compte de l'harmonique supérieure en $2\omega t$, il reste, après réductions,

$$u = \mathrm{E}_0 \sin \omega t - r\mathrm{I}_0 \sin(\omega t - \varphi) - \frac{\omega(\lambda + \lambda')}{4}\mathrm{I}_0 \cos(\omega t - \varphi) - \frac{\omega\lambda}{2}\mathrm{I}_0 \cos\varphi \cos\omega t$$
$$- \frac{\omega\lambda'}{2}\mathrm{I}_0 \sin\varphi \sin\omega t - \omega s\mathrm{I}_0 \cos(\omega t - \varphi).$$

La force électromotrice produite par la réaction d'induit est donc la même que si le courant watté $\mathrm{I}\cos\omega t$ traversait une inductance $\dfrac{\lambda}{2}$, le courant déwatté $\mathrm{I}\sin\omega t$ une inductance $\dfrac{\lambda'}{2}$ et si le courant total I subissait l'effet d'une self-induction de fuite égale à

$$s + \frac{\lambda + \lambda'}{4} = s + \frac{\mathrm{A}}{2}.$$

Ce calcul, bien qu'il ne soit pas rigoureux, permet de se rendre compte que, dans une machine monophasée, une partie de la self-induction de l'induit produit encore une réaction d'induit variable suivant le décalage de l'armature, tandis qu'une autre partie se comporte comme une self-induction constante s'ajoutant à la self-induction due aux fuites.

(Note de l'Éditeur.)

même ordre que pour les alternateurs étudiés, dans les *Elektromechanischen Konstructionen;* mais les valeurs de α sont notablement plus fortes que celles déduites des formules indiquées dans cet Ouvrage, pour les deux dernières machines, les seules pour lesquelles les éléments de calcul soient connus.

Les conclusions pratiques de cette étude sont faciles à énoncer. La courbe en court-circuit ne permet de calculer *a priori* l'excitation à fournir à un alternateur que si celui-ci est peu saturé; sinon deux coefficients sont nécessaires à connaître : l'un est le rapport d'équivalence des ampères-tours induits et inducteurs, l'autre un coefficient dépendant des fuites magnétiques; dès que les inducteurs sont saturés, le rôle du second devient prédominant et il détermine, pour de légères augmentations de débit, des augmentations considérables de l'excitation; c'est donc sur ce coefficient qu'on doit chercher à agir. Il croît avec l'entrefer, avec le degré de fermeture des encoches, avec leur profondeur; il est d'autant plus grand, à égal nombre d'ampères-tours induits, que le nombre des encoches par pôle est plus réduit; c'est ce coefficient, bien plus que le rapport d'équivalence, qui limite le débit qu'on peut demander à la machine sans excitation exagérée.

Sur la réaction d'induit des alternateurs (*suite*) (¹).

L'Éclairage électrique, t. XXXII, n° 30, 26 juillet 1902.

Traçons une courbe OA (*fig.* 37) ayant pour ordonnées les flux dans l'inducteur, et pour abscisses les ampères-tours demandés par ces flux, ou $0,8 \times$ le produit du flux par la réluctance des inducteurs traversés par ce flux; puis une courbe OB ayant pour ordonnées les flux utiles ou flux dans l'induit et pour abscisses, comptées de droite à gauche, les ampères-tours correspondant au passage de ce flux, dans l'induit et l'entrefer; et de même une courbe OC (qui est une droite) ayant pour ordonnées les flux perdus dans la partie aérienne du champ de dispersion des inducteurs, ou les lignes de force n'arrivant pas à l'induit; enfin

---

(¹) M. Potier modifié, deux ans plus tard, de la manière suivante la construction graphique relative à la construction des caractéristiques en charge des dynamos. Cette construction s'applique d'ailleurs aussi bien aux machines à courant continu qu'aux alternateurs, et a pour but de déterminer les ampères-tours inducteurs en tenant compte de la saturation et des pertes. (*Note de l'Éditeur.*)

$Q_1 Q_2$ est le nombre d'ampères-tours de réaction d'induit, ou somme algébrique des ampères-tours d'induit, comptés entre les axes de deux pôles consécutifs.

Fig. 37.

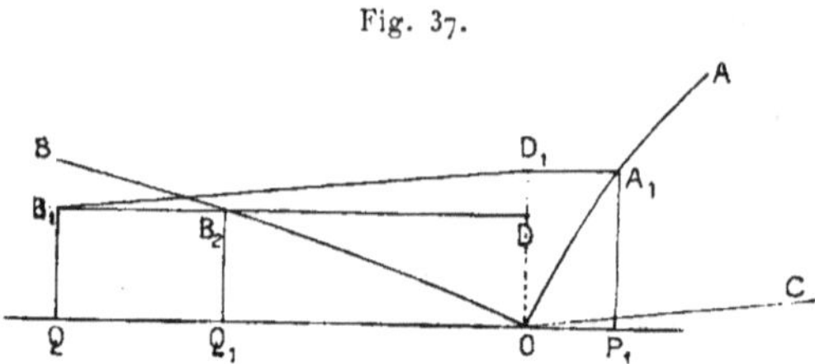

Ceci posé, la question à résoudre est : construire l'excitation nécessaire pour produire un flux utile $\Phi = OD$ dans l'induit.

Pour cela, on mène, $DB_2 B_1$ parallèle à OQ, puis $B_1 D_1$ parallèle à OC, puis $D_1 A_1$ parallèle à OP_1 jusqu'à la rencontre de la courbe OA; la distance $P_1 Q_1$ des ordonnées de A_1 et B_1 est le nombre d'ampères-tours cherché. En effet, les ampères-tours demandés par le champ de dispersion sont l'excès des ampères-tours portés par les électros, ou $P_1 Q_1$ sur les ampères-tours OP_1 pris par ceux-ci, soit OQ_1, et le flux de dispersion ainsi produit est bien l'excès du flux $A_1 P_1$ sur le flux utile $B_1 Q_1$, puisque $B_1 D_1$ est parallèle à OC.

La construction ci-dessus ne conduirait pas, pour des alternateurs, à des caractéristiques rigoureusement parallèles pour des courants complètement déwattés; mais ce parallélisme paraît, dans l'état actuel, suffisamment approché.

NOTES ADDITIONNELLES DE L'ÉDITEUR.

Les considérations qui précèdent ne s'appliquent légitimement qu'au cas où l'alternateur débite un courant complètement déwatté, car c'est le seul cas où la réaction d'induit soit réellement opposée à la force magnétomotrice des inducteurs; il en est de même si l'on considère seulement la composante déwattée d'un courant (par rapport à la force électromotrice intérieure). En nous bornant à ces cas, nous pouvons, à l'aide de ces considérations, compléter la théorie donnée par M. Potier dans son Mémoire des pages 117, 131, en tenant compte de la saturation des inducteurs.

1° *Différence entre les deux Notes de M. Potier.* — Bien qu'en apparence la seconde Note soit la continuation de la première, elle repose sur une théorie différente. En effet, la première, telle qu'elle est représentée par la figure 35, ne tient pas compte explicitement des pertes de flux de l'inducteur, le coefficient λ étant présenté comme un coefficient de fuite applicable à l'induit; au contraire, la deuxième Note ne parle pas de flux de fuite de l'induit, mais seulement de flux de fuite de l'inducteur. Pour les concilier, il faudra admettre que, dans le premier cas, on fera la construction de la figure 35 en calculant les fuites des inducteurs au moyen de la réaction déwattée seule et en appliquant la construction de la figure 39.

Il convient de remarquer, du reste, que les valeurs de α et λ qui servent dans la construction de la figure 35 doivent être modifiées dans la théorie représentée par la figure 37, ainsi qu'on va le voir.

$2°$ *Interprétation de α et λ.* — Ainsi que d'autres auteurs l'ont démontré postérieurement ([1]), la propriété fondamentale établie par M. Potier à la figure 33 (page 120), ne donne les valeurs de α et λ que dans l'hypothèse particulière où le flux dans les inducteurs reste constant; cette hypothèse est en effet nécessaire pour que la saturation des inducteurs n'intervienne pas.

Fig. 38.

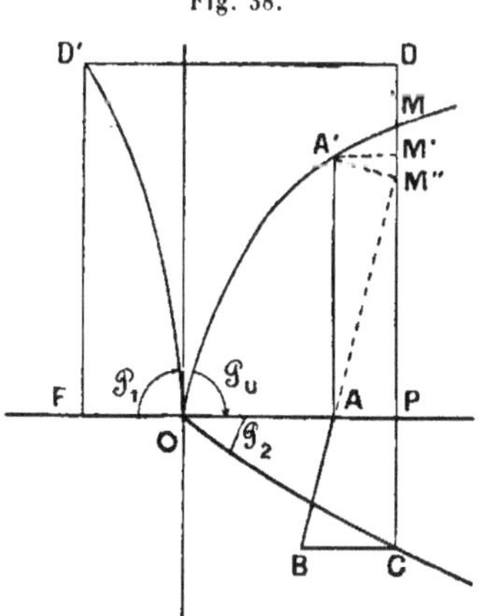

Soient (*fig.* 38) A'M la caractéristique de l'entrefer et l'induit seuls (qui donne les flux utiles en fonction des excitations partielles correspondantes) et OC la caractéristique des flux de dispersion de l'inducteur, supposée rectiligne. Soient $\overline{OP}$ les ampères-tours agissant à la sortie des inducteurs sur le circuit induit et sur le circuit de fuite des inducteurs; $\overline{MP}$ et $\overline{PC}$ le flux utile et le flux perdu quand le circuit de l'induit est ouvert; $\mathcal{R}_u$ la réluctance magnétique du circuit du premier et $\mathcal{R}_2$ la réluctance du circuit du second; $\mathcal{P}_u$ et $\mathcal{P}_2$ les perméances correspondantes, qui sont représentées par les coefficients angulaires à l'origine des courbes MO et CO; v le coefficient de Hopkinson $v = \dfrac{\mathcal{R}_u + \mathcal{R}_2}{\mathcal{R}_2}$.

Si l'on fait débiter à l'induit un certain courant I donnant lieu à des contre-ampères-tours AI, on démontre, par la loi de Kirchhoff appliquée aux deux circuits $\mathcal{P}_u$ et $\mathcal{P}_2$ placés en parallèle, que ces contre-ampères-tours agissent sur le circuit inducteur comme une force magnétomotrice opposée à l'excitation et d'intensité $AI \dfrac{\mathcal{R}_2}{\mathcal{R}_u + \mathcal{R}_2} = \dfrac{AI}{v} = \alpha I$. Pour maintenir le flux constant dans l'inducteur,

---

([1]) R.-V. PICOU, *Réaction d'induit et chute de tension dans les machines dynamo-électriques* (*Bull. Soc. int. Elect.*, 1 juin 1902, p. 425). — C.-F. GUILBERT, *L'Éclairage électrique*, t. XXXIII, 25 octobre, p. 109.

il faut ajouter sur celui-ci des ampères-tours équivalents à cette force magnéto-motrice; la différence de potentiel magnétique entre les pièces polaires se trouve augmentée d'autant; il en résulte une augmentation des fuites magnétiques propor-tionnelle $\dfrac{AI}{\mathcal{R}_u + \mathcal{R}_2}$. La force électromotrice induite que produirait ce flux de perte, s'il traversait utilement l'induit, serait :

$$I = \frac{AI}{\mathcal{R}_u + \mathcal{R}_2} \cdot \frac{\mathcal{R}_u}{ni} \cdot E$$

en appelant ni la force magnétomotrice disponible à la sortie des inducteurs quand la force électromotrice est E.

Cette interprétation de α et λ, en fonction de quantités connues, se traduit gra-phiquement en portant horizontalement $\overline{CB} = AI$, joignant $\overline{BM}$, déterminant le point A où cette droite coupe l'axe OA, traçant la verticale AA' jusqu'à la ren-contre de la courbe et menant A'M' parallèle à OC. La similitude des triangles donne $\overline{AP} = \dfrac{\mathcal{R}_2}{\mathcal{R}_u + \mathcal{R}_2} AI = \alpha I$; $\overline{MM'}$ mesure le flux qui serait perdu par l'effet de la réaction directe seule si l'on n'augmentait pas les ampères-tours. En traçant $\overline{A'M''}$ parallèle à $\overline{OC}$, on obtient ainsi la perte de flux $\overline{M'M''}$ correspondante à l'augmen-tation d'ampères-tours :

$$\overline{M'M''} = \frac{\overline{AP}}{\mathcal{R}_2} = \frac{AI}{\mathcal{R}_u + \mathcal{R}_2} = \left(\frac{ni}{\mathcal{R}_u E} \right) \lambda I.$$

L'hypoténuse du triangle $\overline{A'M''}$ représente, en direction et en grandeur, la translation de Potier; on voit qu'elle est bien constante pour tous les points de la courbe A'M'' si OC est une droite.

3° *Influence de la saturation des inducteurs.* — La propriété du parallélisme des caractéristiques, établie pour la caractéristique de l'entrefer et l'induit seuls, reste vraie pour la caractéristique totale seulement si la réluctance des inducteurs est négligeable devant celle de l'entrefer, ou si elle est sensiblement constante.

En effet, pour déduire la caractéristique totale de la caractéristique d'entrefer et d'induit, il faut ajouter aux ampères-tours correspondants les ampères-tours néces-saires au passage dans les inducteurs du flux $\overline{C''M}$, égal au flux total que l'on aurait pour le régime A'. Si la ligne OC est une droite (cas d'un flux de dispersion propor-tionnel au flux utile), et si la perméabilité des inducteurs est constante, la force magnétomotrice nécessaire pour y faire passer le flux total est elle-même propor-tionnelle au flux utile. Il suffira donc de remplacer α par une quantité plus grande, mais proportionnelle, et les conditions du parallélisme resteront conservées. Il en est autrement si l'inducteur est saturé, parce qu'alors la quantité à ajouter à λ ne lui sera plus proportionnelle; c'est pourquoi on doit employer dans ce cas la construction de la page 133.

4° *Modification des coefficients α et λ pour le calcul de l'excitation à tension constante.* — Le cas traité au 3° ci-dessus (hypothèse d'un flux constant) ne cor-respond malheureusement pas aux conditions d'emploi pratiques, qui ne peuvent être que l'excitation constante ou la tension constante. M. Potier, dans son premier Mémoire, se proposait, comme on l'a vu, principalement le calcul de la tension en charge en partant d'une *excitation constante;* au contraire, sa seconde Note se rap-porte au calcul de l'excitation *sous voltage constant*, et les coefficients employés dans ce second cas ne peuvent être les mêmes que dans *le premier cas*, ni que dans l'hypothèse du flux constant. En effet, pour compenser complètement les ampères-tours AI de l'induit à voltage constant, il faut ajouter sur les inducteurs des ampères-tours égaux AI, et non pas seulement, comme dans le premier cas, $\dfrac{AI}{v}$; le coefficient α doit donc être remplacé par $v\alpha$. Corrélativement, les fuites de l'inducteur, qui constituent dans le premier Mémoire le flux de dispersion λI, deviennent aussi v fois plus grands, et par conséquent λ doit être remplacé par $v\lambda$. Le quotient de ces deux constantes reste seul le même et égal à $\dfrac{\lambda}{\alpha}$, il représente, à un facteur constant près (le facteur de transformation des flux en forces électromotrices), la perméance du circuit de fuites entre les pôles inducteurs.

Sous réserve des observations qui précèdent j'indiquerai ci-dessous diverses méthodes expérimentales pour déterminer α et λ.

5° *Détermination de α et λ.* — Pour les applications pratiques de la théorie précédente, il est important de savoir déterminer rapidement les coefficients α et λ, sans être obligé de relever une ou plusieurs courbes à intensité constante; on peut employer dans ce but l'un ou l'autre des procédés suivants, qui supposent d'abord tracée la courbe d'excitation (représentant la force électromotrice à vide en fonction du courant d'excitation).

Procédé de M. A. Blondel (Elektrotechnische Zeitschrift, 6 juin 1901, p. 474). — On excite l'alternateur franchement au delà du coude et, tout en maintenant le courant d'excitation invariable, on détermine sa force électromotrice à vide E, puis la tension aux bornes u quand il débite un courant déwatté par I_d (d'intensité arbitraire), et enfin le courant de court-circuit I_{cc} (*fig.* 39).

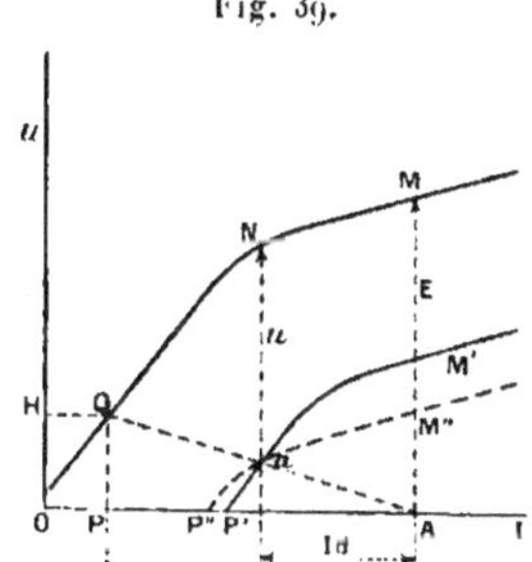

Fig. 39.

Cela fait, on exécute une construction graphique. On prend sur l'axe des abscisses le point (A) qui correspond à l'excitation et l'on s'en sert comme centre d'homothétie pour construire une courbe homothétique à la courbe d'excitation et réduite dans le rapport $\dfrac{I_d}{I_{cc}}$. On détermine sur cette courbe le point (a) qui est à une distance verticale u de la courbe d'excitation. En joignant A_a et prolongeant cette ligne jusqu'à la courbe d'excitation, on obtient le triangle de Potier, et de Kapp QPA correspondant au régime de court-circuit I_{cc}; la base PA de ce triangle donne αI_{cc} et sa hauteur QP donne λI_{cc}, d'où α et λ (¹).

(¹) Pour être complètement rigoureuse, cette méthode demanderait une petite correction de la courbe P'M', afin de tenir compte de la majoration du flux de fuite de l'inducteur.

Procédé de M. Fischer-Hinnen (*Elektr. Zeit.*, 26 décembre 1901, p. 1064) (*fig.* 40).
— On détermine encore un régime I_d, correspondant à un courant purement déwatté
et à une excitation (NI) au delà du coude; on lit la tension aux bornes u correspondante. Puis on détermine l'excitation (NI′) différente nécessaire pour obtenir en

Fig. 40.

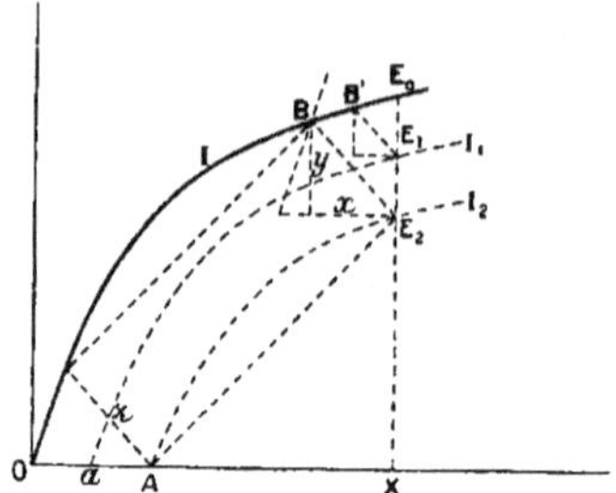

court-circuit la *même* intensité I_d. On trace l'angle à l'origine de la courbe d'excitation δ sur une feuille de papier calque en portant sur la base horizontale un segment OA égal à NI′. On déplace ce segment parallèlement à lui-même jusqu'au point E_2,
régime (u, I_d), et l'intersection du côté oblique avec la courbe d'excitation détermine
le point régime correspondant à vide ($I = 0$), ce qui détermine le triangle de Potier.

Pour plus de détails sur ces constructions, je renvoie aux articles originaux qui
contiennent des figures explicatives.

6° Détermination de la self-induction apparente de l'alternateur. — On commet
souvent une erreur notable en calculant la self-induction d'un alternateur au moyen
de la courbe de court-circuit, en formant le quotient de la force électromotrice par
le courant de court-circuit qu'elle produit. La correction qu'on a proposée et qui
consiste à réduire la valeur ainsi déterminée proportionnellement à la perméabilité
vraie du circuit magnétique est purement arbitraire.

Au contraire, les courbes à intensités constantes de Potier donnent aisément une
valeur rationnelle. S'il s'agit, par exemple, de déterminer la self-induction moyenne
pour des régimes de courant compris entre I_1 et I_2 sous une certaine excitation (NI),
on trace la verticale correspondante et l'on mesure sur cette ligne la distance $E_1 E_2 = h$
entre les courbes de voltage correspondant à I_1 et I_2; on en déduit

$$L = \frac{h}{\omega(I_2 - I_1)}.$$

La self-induction moyenne pour les régimes compris entre 0 et I_2 ampères est de
même

$$L_m = \frac{h}{\omega I_2}.$$

Cette expression a une limite parfaitement déterminée, quand I_2 tend vers zéro;
on peut l'obtenir par une courbe, ou en traçant sur la courbe d'excitation une tangente
au point régime. (*L'Éditeur.*)

SUR LES

MOTEURS A INDUIT FERMÉ EN COURT-CIRCUIT.

Bulletin de la Société internationale des Électriciens, t. XI, mai 1894, p. 248.

Les moteurs dans lesquels l'inducteur est excité par un courant alternatif, tandis que l'induit est fermé sur lui-même, ont un mode de fonctionnement particulier; à la vitesse du synchronisme absolu, le champ magnétique, constant en grandeur, tourne avec la vitesse de l'induit, sans produire aucun travail; quand la vitesse est nulle, l'appareil est un tranformateur à secondaire fermé sur lui-même; le courant lancé dans l'inducteur y prendrait une intensité considérable qui diminue rapidement à mesure que la vitesse de l'induit augmente. Il est donc impossible d'étudier ces moteurs si l'on ne tient pas compte de l'influence de cette vitesse sur l'intensité du courant inducteur, ce qu'on a négligé de faire dans les premiers travaux publiés sur cette matière, par crainte sans doute de calculs compliqués. Or, lorsque les sections induites sont beaucoup plus nombreuses que les pôles, l'expression du couple moteur en fonction de la vitesse est, au contraire, plus simple que lorsqu'on ne considère qu'un cadre unique mobile dans un champ uniforme et supposé sans réaction sur l'inducteur. Des formules modérément compliquées permettent de discuter les variations du courant inducteur, en phase et en intensité, et celles des flux magnétiques quand la vitesse varie; de calculer quelles limites sont imposées aux résistances de l'induit et de l'inducteur, pour que le moteur ait un effet utile convenable. Il suffit de faire les hypothèses simplificatives habituelles : champ réparti uniformément dans l'induit, proportionnalité des flux aux courants qui les engendrent et lois sinusoïdales pour la différence de potentiel aux bornes de l'inducteur; on supposera les machines bipolaires.

THÉORIE GÉNÉRALE.

L'induit est supposé constitué, comme dans les machines Brown, par un nombre N de barres conductrices traversant les tôles et terminées à deux flasques de résistance négligeable; on peut les assimiler à $\frac{N}{2}$ spires de résistance $r = 2\,r_1$, si r_1 est la résistance d'une barre.

X et Y seront les composantes horizontale et verticale du flux OM qui traverse l'induit; α est l'angle d'une spire avec la verticale; le flux à travers cette spire est $X\cos\alpha + Y\sin\alpha$; par suite, le courant qui y circule est donné par

$$ri(\alpha) = -\cos\alpha\,(X' + Y\omega') - \sin\alpha\,(Y' - X\omega');$$

X′ et Y′ sont les dérivées par rapport au temps, et ω' la vitesse angulaire.

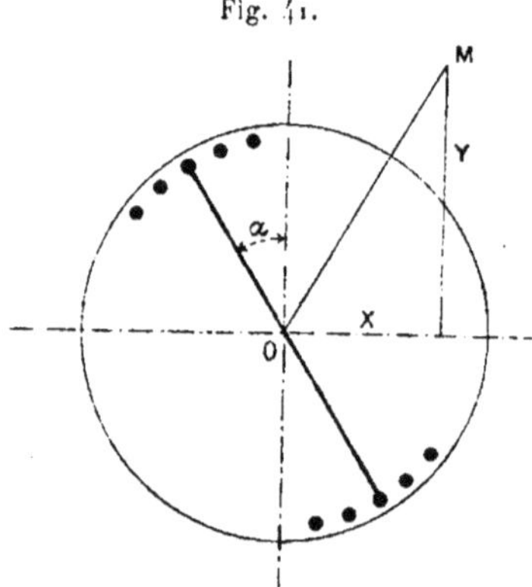

Fig. 41.

Le couple moteur sur cette spire est le produit

$$i(\alpha)\,(Y\cos\alpha - X\sin\alpha).$$

En faisant la somme de ces couples, on devra tenir compte de ce que

$$\Sigma\cos^2\alpha = \Sigma\sin^2\alpha = \frac{N}{4}, \qquad \Sigma\sin\alpha\cos\alpha = 0.$$

Il vient

$$C = \frac{N}{4\,r}\left[X(Y' - X\omega') - Y(X' + Y\omega')\right].$$

Quand X et Y sont périodiques, et de la forme classique

$$X = X_m \sin \omega t, \qquad Y = Y_m \sin(\omega t - \varphi),$$

C devient

$$\frac{N}{4r} [X_m Y_m \omega \sin \varphi - X_m^2 \omega' \sin^2 \omega t - Y_m^2 \omega' \sin^2(\omega t - \varphi)],$$

dont la valeur moyenne pendant une période est

$$(A) \qquad C = \frac{1}{2} \frac{N}{4r} [2 X_m Y_m \omega \sin \varphi - \omega'(X_m^2 + Y_m^2)],$$

et la puissance est $C\omega' = P$.

La chaleur dégagée par seconde a pour valeur

$$\frac{N}{4r} (X' + Y\omega')^2 + \frac{N}{4r} (Y' - X\omega')^2$$

dans l'ensemble des $\frac{N}{2}$ spires; sa valeur moyenne, quand X et Y sont périodiques, est

$$(B) \qquad Q = \frac{1}{2} \frac{N}{4r} [(X_m^2 + Y_m^2)(\omega^2 + \omega'^2) - 4 X_m Y_m \omega \omega' \sin \varphi],$$

de sorte que

$$(C) \qquad P + Q = \frac{1}{2} \frac{N}{4r} [(X_m^2 + Y_m^2)\omega^2 - 2 X_m Y_m \sin \varphi]$$

est la puissance totale absorbée par l'induit en mouvement.

Le champ magnétique (XY) est la résultante du champ extérieur créé par l'inducteur, et du champ $X_1 Y_1$, engendré par les courants $i(\alpha)$.

Lorsque l'inducteur est de révolution autour de l'axe de l'induit, la perméance est indépendante de l'orientation du champ; et, si F est le flux produit normalement à une spire (α), par un courant unité circulant dans cette spire, les composantes $X_1 Y_1$ du champ seront

$$X_1 = F \Sigma i(\alpha) \cos \alpha, \qquad Y_1 = F \Sigma i(\alpha) \sin \alpha,$$

ou encore, en remplaçant les $i(\alpha)$ par leur valeur,

$$X_1 = - \frac{NF}{4r} (X' + Y\omega'), \qquad Y_1 = - \frac{NF}{4r} (Y' - X\omega').$$

Le coefficient, homogène à un temps, sera représenté désormais par u^{-1},

d'où

$$(\text{D}) \qquad u\mathrm{X}_1 = -(\mathrm{X}' + \mathrm{Y}\omega'), \qquad u\mathrm{Y}_1 = -(\mathrm{Y}' - \mathrm{X}\omega').$$

Le champ extérieur a pour composantes

$$\Phi_x = \mathrm{X} - \mathrm{X}_1, \qquad \Phi_y = \mathrm{Y} - \mathrm{Y}_1.$$

Si ces composantes sont périodiques, il en sera de même de X et de Y, puisque

$$(\text{E}) \qquad u\Phi_x = u\mathrm{X} + \mathrm{X}' + \mathrm{Y}\omega', \qquad u\Phi_y = u\mathrm{Y} + \mathrm{Y}' - \mathrm{X}\omega',$$

et, si l'on connaît ces composantes, il sera facile de calculer X et Y, et, par suite, le couple moteur, la puissance absorbée et l'hystérésis.

Comme exemple, on choisira un moteur à excitation alternative simple, et un moteur à champ tournant, et l'on cherchera à en donner une théorie aussi complète que l'est actuellement celle des dynamos à courants continus.

I. — *Moteur à excitation simple.*

L'inducteur seul produirait dans l'induit un flux horizontal dont l'intensité maximum sera Φ_m et l'intensité, à un moment quelconque,

$$\Phi = \Phi_m \sin(\omega t - \beta).$$

Dans les équations (E), il faut faire $\Phi_y = 0$, et il reste

$$(1) \qquad u\Phi = u\mathrm{X} + \mathrm{X}' + \mathrm{Y}\omega', \qquad 0 = u\mathrm{Y} + \mathrm{Y}' - \mathrm{X}\omega'.$$

La seconde de ces équations donne, en conservant les notations du paragraphe précédent,

$$\tang\varphi = \frac{\omega}{u},$$

$$\mathrm{Y}_m \cos\varphi = \frac{u\omega'}{u^2 + \omega^2}\mathrm{X}_m, \qquad \mathrm{Y}_m \sin\varphi = \frac{\omega\omega'}{u^2 + \omega^2}\mathrm{X}_m, \qquad \mathrm{Y}_m^2 = \frac{\omega'^2}{u^2 + \omega^2}\mathrm{X}_m^2.$$

Le point dont X et Y seraient les coordonnées décrit, comme on le sait, une ellipse (*fig.* 36) dont les axes a et b satisfont aux équations

$$a^2 + b^2 = \mathrm{X}_m^2 + \mathrm{Y}_m^2, \qquad ab = \mathrm{X}_m \mathrm{Y}_m \sin\varphi.$$

Dans la marche normale de ces moteurs, ω' ne diffère de ω que de quelques centièmes, et l'on verra que u est une petite fraction de ω;

$\sin \varphi$ est très voisin de l'unité, et l'ellipse est pratiquement circulaire; *et le flux, conservant la même valeur, tourne dans l'espace avec la vitesse ω.*

Substituant ces valeurs de Y_m et de φ dans la valeur du couple (A), il vient successivement

$$(2) \qquad C = \frac{1}{2} \frac{N}{4r} X_m^2 \frac{\omega^2 - \omega'^2 - u^2}{\omega^2 + u^2} \omega',$$

$$(3) \qquad Q = \frac{1}{2} \frac{N}{4r} X_m^2 \frac{(\omega^2 - \omega'^2)^2 + u^2(\omega^2 + \omega'^2)}{\omega^2 + u^2},$$

$$(4) \qquad P + Q = \frac{1}{2} \frac{N}{4r} X_m^2 \frac{\omega^2 - \omega'^2 + u^2}{\omega^2 + u^2} \omega^2.$$

Fig. 42.

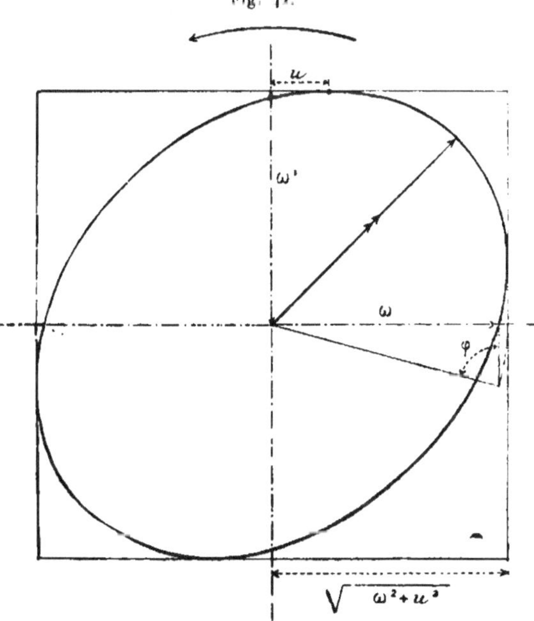

Le rendement de l'induit seul serait le carré du rapport des vitesses [1].

L'enroulement inducteur est constitué par N_1 spires enroulées moitié vers le haut, moitié vers le bas, et produisant le flux horizontal Φ; mais, en réalité, c'est le flux total XY qui se ferme dans l'inducteur; le calcul

---

[1] Ce rendement a en effet pour expression $\dfrac{P}{P+Q} = \dfrac{\omega' C}{P+Q}$ proportionnel à $\dfrac{\omega'^2}{\omega^2}$.

du flux qui traverse chaque spire dépend de la manière dont celles-ci sont disposées.

Nous admettrons que, vu la symétrie de l'enroulement autour du plan vertical, les variations de la composante Y n'y engendrent aucune force électromotrice et, par suite, tout se passe comme si le flux X se fermait seul dans l'anneau inducteur (la moitié dans chaque demi-anneau); la variation de X produit une force électromotrice $-\dfrac{N_1 X'}{2}$ et le courant inducteur est donné par l'équation

$$(5) \qquad E = RI + \frac{N_1 X'}{2}.$$

Il y a toujours assez de fer dans l'inducteur pour que le terme RI soit insignifiant à côté du second et pratiquement X' et X ont une intensité moyenne constante avec E, la différence de potentiel aux bornes, ce qui justifie l'emploi de X_m comme variable fondamentale. Le calcul suivant servira à vérifier cette assertion, et en même temps à calculer les pertes dans l'inducteur.

Le flux Φ est la somme de deux flux égaux engendrés chacun par $\dfrac{N_1 I}{2}$ ampères-tours et traversant une branche de l'inducteur et la moitié de la section de l'induit; par suite

$$(6) \qquad \Phi = 2 \frac{F}{2} \frac{N_1 I}{2} = \frac{F N_1 I}{2}.$$

Or, Φ est donné par l'équation (1)

$$(7) \qquad u\Phi = X_m [u \sin\omega t + \omega \cos\omega t] + \omega' Y_m \sin(\omega t - \varphi);$$

on en déduit 1 et, par suite, RI^2 dont la valeur moyenne, en posant

$$\lambda = \frac{R}{N_1^2} \frac{N}{r},$$

s'écrira

$$(8) \qquad Q_1 = \tfrac{1}{2} RI_m^2 = \lambda \frac{1}{2} \frac{N}{4r} X_m^2 \frac{(\omega^2 - \omega'^2 - u^2)^2 + 4 u^2 \omega^2}{u^2 + \omega^2}.$$

La différence de potentiel aux bornes de l'inducteur est

$$(9) \qquad \left\{ \begin{aligned} E &= \frac{N_1}{2}(\lambda u \Phi + X') \\ &= \frac{N_1}{2} X_m \omega \left[\lambda \frac{u}{\omega} \frac{\omega^2 + \omega'^2 + u^2}{\omega^2 + u^2} \sin\omega t + \left(1 + \lambda \frac{\omega^2 - \omega'^2 + u^2}{\omega^2 + u^2}\right) \cos\omega t \right], \end{aligned} \right.$$

valeur sensiblement égale à

$$\frac{N_1}{2} X_m \omega \cos \omega t,$$

à cause de la petitesse de u et de $\omega - \omega'$.

La différence de phase φ_1 entre E et I ou entre E et Φ est la différence des décalages de E et de Φ par rapport à X, c'est-à-dire des angles dont les tangentes sont

$$\frac{\omega}{u} \frac{\dfrac{\omega^2 + u^2}{\lambda} + \omega^2 - \omega'^2 + u^2}{\omega^2 + \omega'^2 + u^2} \quad \text{et} \quad \frac{\omega}{u} \frac{\omega^2 - \omega'^2 + u^2}{\omega^2 + \omega'^2 + u^2}.$$

On trouve ainsi

$$(10) \qquad \operatorname{tang}\varphi_1 = \frac{1}{2} \frac{N}{4r} X_m^2 \frac{\omega u (\omega^2 + \omega'^2 + u^2)}{(\omega^2 + u^2)(P + Q + Q_1)},$$

valeur qu'on aurait pu déduire de la relation nécessaire

$$\tfrac{1}{2} E_m I_m \cos \varphi_1 = P + Q + Q_1.$$

On représentera par K le produit

$$\frac{1}{2} \frac{N}{4r} X_m^2 \omega^2.$$

C'est une puissance, quadruple de la puissance maxima utile du moteur, ou la valeur de Q pour $\omega' = 0$, c'est-à-dire de la chaleur dégagée dans l'induit au repos.

II. — *Effet de l'inégalité des flux de l'induit et de l'inducteur.*

On peut objecter à ces formules qu'on a supposé, pour les établir, que le même flux traversait l'inducteur et l'induit; en réalité, il n'en est pas ainsi; on peut bien supposer que tout le flux de l'induit passe dans l'inducteur qui l'enveloppe ([1]); mais une partie du flux créé par le courant

---

([1]) Cela revient à négliger les fuites de l'induit et ne tenir compte que de celles de l'inducteur. Aujourd'hui on ne considère plus ces fuites de l'induit comme négligeables, et il en résulte pour la remarquable théorie de M. Potier quelques modifications nécessaires; elles ont été introduites du reste par les auteurs étrangers qui ont imité ou repris cette méthode féconde. *Voir* notamment : STEINMETZ, *Éclairage électrique*, t. XXII, 7 juin 1906, p. 376; GOERGES, *Éclairage électrique*, t. XXXVII, 17 octobre 1903, p. 73 et *Elektrot. Zeitschrift*, t. XXIV, 9 avril 1903, p. 271; ce dernier auteur a d'ailleurs ramené l'induit à barres à un induit diphasé à quatre bobines, ce qui ne donne pas tout à fait les mêmes résultats. (*Note de l'Éditeur.*)

inducteur se ferme par l'extérieur, et, si Φ représente le flux déterminé dans l'induit par un ampère-tour sur l'inducteur, $v\Phi$ sera le flux déterminé dans l'inducteur lui-même; par suite le flux total qui le traverse, au lieu d'être

$$\Phi + F \Sigma i(\alpha) \cos\alpha = X,$$

est

$$v\Phi + F \Sigma i(\alpha) \cos\alpha = (v - 1)\Phi + X;$$

et, par suite, il faudrait écrire

$$E = \frac{N_1}{2}\left[\lambda u \Phi + (v - 1)\Phi' + X'\right],$$

ce qui peut apporter dans la valeur de φ_1 une perturbation notable.

La valeur de $\tang \varphi_1$ devient

$$\frac{\omega}{u}\left[\frac{(v - 1)}{\lambda}\frac{Q_1}{P + Q + Q_1} + \frac{K u^2(\omega^2 + \omega'^2 + u^2)}{\omega^2(\omega^2 + u^2)(P + Q + Q_1)}\right].$$

La diminution qui en résulte pour $\cos\varphi_1$ peut être importante; or, $E_m \cos\varphi_1$ est indépendant de v, et est

$$\lambda u \Phi_m \frac{N_1}{2}\left(1 + \frac{\omega^2}{\lambda u^2}\frac{\omega^2 - \omega'^2 + u^2}{\omega^2 + u^2}\right)$$

ou

$$\frac{N_1}{2} X_m \frac{\omega^2(\omega^2 - \omega'^2 + u^2) + \lambda u^2(\omega^2 + u^2)}{\sqrt{(\omega^2 + u^2)\left[(\omega^2 - \omega'^2 + u^2)^2 + 4 u^2 \omega'^2\right]}}.$$

Un changement de la valeur de v affectera la valeur de E, et par suite le nombre de spires N_1 nécessaires pour amener le flux X_m à une valeur déterminée. On laissera de côté ces détails qui n'intéressent pas le rendement, ni la puissance d'un moteur déterminé.

Il est utile de considérer tout spécialement le cas où $\omega^2 - \omega'^2$ est une petite fraction, à peine quelques centièmes de ω^2; c'est le cas de la pratique; on pourra, sans inconvénient, remplacer $\omega^2 + u^2$ ou ω'^2 par ω^2 et écrire

$$\tang \varphi_1 = \frac{\omega}{u}\frac{(v - 1)Q_1 + 2K u^2 \lambda}{\lambda(P + Q + Q_1)},$$

lorsque le moteur fonctionne à vide $\omega^2 = \omega'^2 + u^2$,

$$Q_0 = 2K u^2,$$

$$Q_1 = 4\lambda K u^2,$$

et

$$\tan\varphi_1 = \frac{\omega}{u}\,\frac{1 + 2\,(v - 1)}{1 + 2\lambda},$$

$$E = \frac{N_1}{2}\,\omega\,X_m\,(1 + 2\lambda\,u^2)\cos\omega t.$$

La valeur de E en fonction de X_m (et réciproquement) est donc pratiquement la même, que la machine tourne à vide ou avec une vitesse différant de $\sqrt{\omega^2 - u^2}$ de quelques centièmes; φ au contraire varie très vite dès que la machine est chargée; dans les limites pratiques de fonctionnement, l'intensité I du courant inducteur et Q_1 sont indépendants de la charge à cause de la petitesse de $\omega^2 - \omega'^2$; Q_1 est très sensiblement $4\lambda K u^2$, et $\tan\varphi$ se réduit à

$$\tan\varphi_1 = \frac{2\,K\,\omega\,u}{T}\,(2v - 1),$$

si $T = P + Q + Q_1$ est la puissance totale absorbée; en effet, Q_1 varie comme $(\omega^2 - \omega'^2 - u^2)^2 + 4u^2\omega^2$; il est minimum pour le travail à vide, et ses variations sont insignifiantes dans les conditions pratiques où $\omega^2 - \omega'^2 - u^2$ est une petite fraction de ω^2.

III. — *Application numérique.*

La théorie de la machine est ainsi complètement établie; pour des vitesses données ω et ω', les pertes ne dépendent que des valeurs de u et de λ, tandis que la capacité dépend surtout de $\dfrac{1}{2}\,\dfrac{N}{4r}\,X_m^2\,\omega^2 = K$.

Il faut donc examiner les éléments qui influent sur u, λ et K; il y a intérêt à diminuer autant que possible les deux premiers.

Valeurs de u. — Si l'on désigne par e' l'épaisseur qu'il faudrait donner à l'entrefer (simple) pour que la réluctance, ou résistance magnétique de l'air seul, fût égale à celle du circuit complet, on aura

$$F = 4\pi\,\frac{\pi D l}{2}\,\frac{1}{2e'} = \frac{\pi^2 D l}{e'},$$

D et l étant le diamètre et la longueur du cylindre tournant; d'autre part, la résistance r d'une spire, en prenant la résistivité du cuivre égale à 2000 pour tenir compte de la température, des impuretés, etc., est

P.

$\dfrac{2000 \times 2\,l}{s}$, si s est la section d'une barre; en désignant par $S = N_s$ la section totale du cuivre de l'induit

$$u = \frac{4\,r}{NF} = \frac{16\,000\,e'}{\pi^2\,DS} = \frac{1600\,e'}{DS}.$$

Dans la disposition prise comme type, e' n'est qu'une fraction de centimètre; il est très facile, par exemple, avec $D = 20$, d'avoir $e' = 0,4$; avec le même diamètre, il est facile de placer trente-deux barres de $0^{cm^2},50$ de section; on aurait ainsi $u = 2$.

En général, u est représenté par un petit nombre entier et, avec les valeurs ordinaires de ω, peut être amené à être $\frac{1}{100}$ et même moins de ω. Les formules ci-dessus peuvent être simplifiées en négligeant u^2 devant ω^2, u^4 devant $(\omega^2 - \omega'^2)$.

Valeur de λ. — λ est un nombre abstrait dont la valeur peut s'écrire $\dfrac{l_1}{S_1}\dfrac{S}{l}$, en appelant l_1 la longueur d'un tour de spire inducteur, et S_1 la section totale de ces spires, produit de leur nombre N_1 par leur section. Quand on adopte la disposition prise comme type, l_1 est toujours plus grand que l; le rapport $\dfrac{S}{S_1}$ devrait donc être aussi petit que possible. Comme S_1 est limité, cela conduirait à diminuer S et à augmenter u. Le produit $\lambda u = \dfrac{1600\,e'}{DS_1}\dfrac{l_1}{l}$ peut toujours n'être qu'une faible fraction de ω; on verra l'influence de la variation de chacun de ses facteurs.

Valeur de K. — K représente une puissance. Si l'on s'astreint à ne pas dépasser 5000 comme induction dans le fer, $X_m = 5000\,D\,l$ et

$$K = \frac{1}{2}\frac{N}{4r}X_m^2\,\omega^2 = \frac{N_s\overline{5000}^2}{32\,000}D^2\,l\,\omega^2 = D^2\,lS\,\omega^2\frac{25\,000}{32}\ \text{ergs}$$

et en watts

$$K = \tfrac{25}{32}D^2\,lS\,\omega^2 \times 10^{-4};$$

par exemple, pour $D = 20$, $l = 20$, $S = 16$, $\omega = 200$,

$$K = 400 \text{ kilowatts.}$$

En tenant compte de la simplification résultant de la petitesse du rapport $\dfrac{u}{\omega}$, les formules utiles deviennent

$$(4) \qquad \mathrm{C} = \mathrm{k}\,\frac{\omega'(\omega^2 - \omega'^2 - u^2)}{\omega^4},$$

$$(5) \qquad \mathrm{Q} = \mathrm{k}\,\frac{(\omega^2 - \omega'^2) + u^2(\omega^2 + \omega'^2)}{\omega^4},$$

$$(8) \qquad \mathrm{Q}_1 = \mathrm{K}\lambda\,\frac{(\omega^2 - \omega'^2)^2 + 4\,u^2\,\omega'^2}{\omega^4},$$

$$(9) \qquad \mathrm{E}_m = \frac{\mathrm{N}_1\,\mathrm{X}_m}{2}\,\omega\left(1 + \lambda\,\frac{\omega^2 - \omega'^2 + u^2}{\omega^2}\right),$$

$$(10) \qquad \tang\varphi = \frac{\omega\,u(\omega^2 + \omega'^2) + (v-1)\left[(\omega^2 - \omega'^2)^2 + u^2(\omega^2 + \omega'^2)\right]}{\omega^4(\mathrm{P} + \mathrm{Q} + \mathrm{Q}_1)}\,\mathrm{K}.$$

Le couple croît avec ω' jusqu'à $\omega' = \sqrt{\dfrac{\omega^2 - u^2}{3}}$; à partir de ce moment, le régime de la machine est stable et le couple décroît quand ω' augmente pour être nul quand $\omega' = \sqrt{\omega^2 - u^2}$, ou sensiblement ω (tant que K est constant).

La puissance croît jusqu'à $\omega' = \sqrt{\dfrac{\omega^2 - u^2}{2}}$.

La chaleur dans l'induit et, par conséquent, le carré de l'intensité décroissent depuis K pour $\omega = 0$ jusqu'à $\mathrm{K}\dfrac{2\,u^2}{\omega^4}$ ou zéro, d'une manière continue, quand ω' augmente.

La chaleur, ou le carré du courant inducteur, varie de $\mathrm{K}\lambda$ pour $\omega' = 0$ à $\dfrac{4\,\mathrm{K}\,\lambda\,u^2}{\omega^4}$ pour $\omega' = \omega$, en passant par un minimum pour $\omega'^2 = \dfrac{\omega^4}{\omega^2 - 2\,u^2}$, valeur très voisine de $\omega' = \omega$.

La force électromotrice correspondant à un flux donné varie dans le rapport de 1 à $1 + \lambda$ quand ω' s'abaisse de ω à zéro.

Enfin, $\cos\varphi_1$ est voisin de 1, excepté quand $\mathrm{P} + \mathrm{Q} + \mathrm{Q}_1$ est une petite fraction de K, ce qui a lieu précisément dans les conditions normales de fonctionnement où ω et ω' sont peu différents.

Le Tableau ci-après comprend pour les quatre moteurs ci-dessus une série de valeurs de P et de T; les valeurs correspondantes de $\cos\varphi_1$ du rendement théorique et de la densité de courant (en ampères par milli-mètre carré) *dans l'induit* sont indiquées. La figure qui le résume a été construite en prenant T comme abscisses, en y ajoutant 150 watts pour l'hystérésis et portant P et $\cos\varphi_1$ comme ordonnées. La courbe $\cos\varphi_1$ est la même pour les quatre moteurs, et à la même puissance utile P corres-pondent des puissances dépensées T, dont les différences sont sensiblement constantes; on peut donc dire que les moteurs ne diffèrent que par la valeur du travail à vide, correspondant à chacun d'eux, travail qui, pour le même enroulement inducteur, est d'autant plus petit que S est plus grand.

Fig. 43.

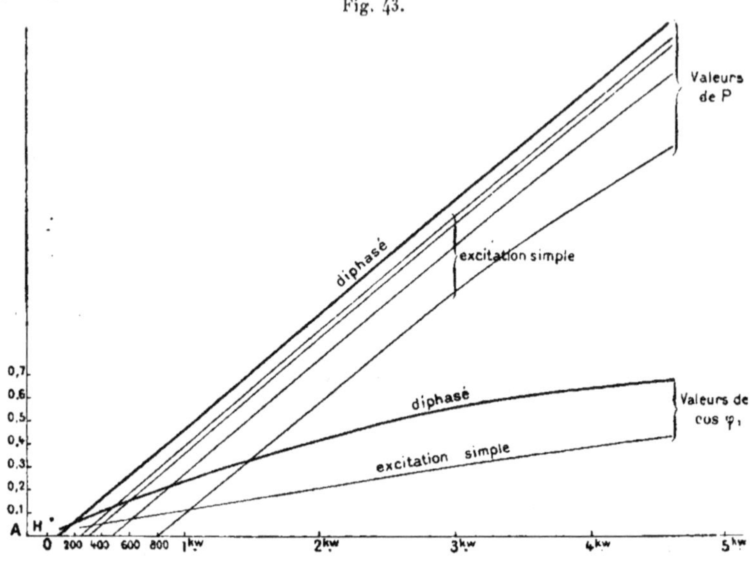

TABLEAU I.

Moteur à excitation simple.

$\dfrac{\omega^2}{\omega^2}$.	P (watts).	Q (watts).	Q_1 (watts).	T (watts).	Rendement.	$\cos\varphi_1$.	č.
		$u = 0,01,$	$\lambda = 1,$	$S = 16.$			
à vide	0	80	159	239	0	0,025	3,5
0,996	1560	80	166	1806	0,86	0,184	3,5
0,994	2346	94	174	2614	0,90	0,262	3,8
0,990	3920	120	198	4238	0,94	0,402	4,3
0,980	7800	160	314	8274	0,94	0,600	5,0
0,960	15322	718	793	16833	0,91	0,727	10,6
		$u = 0,02.$	$\lambda = 0,5,$	$S = 8.$			
à vide	0	160	180	320	0	0,033	7,1
0,996	717	163	161	1041	0,69	0,108	7,2
990	1113	167	163	1443	0,77	0,140	7,3
990	1901	179	168	2248	0,84	0,227	7,5
980	3841	239	197	4277	0,90	0,400	8,6
960	7603	477	315	8395	0,90	0,601	12,2

Tableau I (suite).

Moteur à excitation simple.

$\dfrac{\omega^2}{\omega^2}$.	P (watts).	Q (watts).	Q_1 (watts).	T (watts).	Rendement.	$\cos\varphi_1$.	δ.
		$u=0,04,$	$\lambda=0,25,$	$S=4.$			
à vide	0	320	160	480	0	0,05	14,1
0,996	239	321	160	720	0,33	0,075	14,2
994	437	323	160	920	0,47	0,096	14,2
990	832	328	161	1321	0,63	0,136	14,3
980	1803	357	167	2327	0,77	0,232	14,9
960	3686	474	193	4353	0,85	0,405	17,2
		$u=0,08,$	$\lambda=0,125,$	$S=2.$			
à vide	0	640	160	800	0	0,060	28,2
0,990	178	642	159	979	0,18	0,102	28,3
980	667	653	160	1480	0,45	0,153	28,6
960	1615	705	164	2484	0,65	0,252	29,7
940	2520	800	174	3494	0,74	0,345	31,6
920	3386	934	188	4508	0,75	0,425	34,2
900	4212	1108	207	5527	0,73	0,500	39,8

IV. — *Moteur diphasé.*

Lorsque l'inducteur porte deux enroulements à angle droit, parcourus
par des courants décalés de 90°, l'équation générale (1) subsiste; à la
place du flux Φ horizontal unique, il faut substituer un flux horizontal
$\Phi_m \sin(\omega t - \beta)$ et un flux vertical $-\Phi_m \cos(\omega t - \beta)$ (le signe — est
nécessaire pour que le flux résultant tourne dans le sens où α croît, soit
de droite à gauche). Les équations (2) deviennent

$$(1)' \qquad \begin{cases} u X + X' + Y\omega' = u\Phi_m \sin(\omega t - \beta), \\ u Y + Y' - X\omega' = -u\Phi_m \cos(\omega t - \beta); \end{cases}$$

X et Y sont les composantes $X_m \sin\omega t$, $-X_m \cos\omega t$ du flux tournant qui
traverse l'induit, ce qui donne

$$u\Phi_m \cos\beta = u X_m, \qquad u\Phi_m \sin\beta = -(\omega - \omega') X_m,$$

le couple moteur, dont la valeur générale est

$$\frac{N}{4r}[X(Y'-X\omega') - Y(X'+Y\omega')] = -\frac{N}{4r}[(X^2+Y^2)\omega' - (XY'-X'Y)]$$

est maintenant indépendant du temps et égal à

$$(2)' \qquad C = \frac{N}{4r} X_m^2 (\omega - \omega'), \qquad P = \frac{N}{4r} X_m^2 \omega'(\omega - \omega').$$

La chaleur dégagée $\Sigma r i^2(\alpha)$ par seconde

$$\frac{N}{4r}[(X' + Y\omega')^2 + (Y' - X\omega')]^2$$

$$= \frac{N}{4r}[(X^2 + Y^2)\omega^2 + (X'^2 + Y'^2) + 2\omega'(X'Y - Y'X)]$$

est également constante et égale à

$$(3)' \qquad \cdot \; Q = \frac{N}{4r} X_m^2 (\omega - \omega')^2.$$

En ce qui concerne l'inducteur, N_1 désignant le nombre total des spires, R la résistance que présenteraient les quatre groupes en série, E la différence de potentiel aux bornes d'un des circuits, celui qui produit le flux horizontal par exemple, on aura

$$(5)' \qquad E = \frac{R}{2} I + \frac{N_1}{4} X'.$$

Le courant I produisant le flux horizontal $\Phi_m \sin(\omega t - \beta)$, on a

$$(6)' \qquad \Phi_m \sin(\omega t - \beta) = \frac{N_1 F}{4} I$$

ou, pour valeur moyenne de RI^2 des deux circuits ensemble,

$$\frac{1}{2} R \Phi_m^2 \left(\frac{4}{NF}\right)^2 = \frac{1}{2} \frac{R}{N^2} \frac{N}{r} \left(\frac{4r}{NF}\right)^2 \frac{N}{r} \Phi_m^2 = \frac{1}{2} \lambda u^2 \Phi_m^2 \frac{N}{r},$$

ce que l'on écrira

$$(8)' \qquad Q_1 = \frac{N}{4r} X_m^2 2\lambda [u^2 + (\omega - \omega')^2],$$

la valeur de λ étant la même pour deux enroulements, l'un monophasé, l'autre diphasé ayant le même poids de fil de même section.

L'expression de E devient, en introduisant λ,

$$\frac{N_1}{4}\left(X' + \frac{2RI}{N_1}\right) = \frac{N_1}{4}\left[X' + 2\frac{4R}{N_1^2 F} \Phi_m \sin(\omega t - \beta)\right]$$

$$= \frac{N_1}{4}[X' + 2\lambda u \; \Phi_m \sin(\omega t - \beta)],$$

soit

$$(9)' \qquad E = \frac{N_1}{4} X_m \omega \left[2\lambda \frac{u}{\omega} \sin \omega t + \left(1 + 2\lambda \frac{\omega - \omega'}{\omega} \right) \cos \omega t \right];$$

on en déduira la valeur moyenne de E ainsi que la différence de phase entre E et I : c'est la différence des angles dont les tangentes sont respectivement

$$\frac{\omega - \omega'}{u} \qquad \text{et} \qquad \frac{\omega - \omega'}{u} + \frac{\omega}{2\lambda u}$$

ou l'angle φ_1 dont la tangente est

$$(10)' \qquad \tang \varphi_1 = \frac{u \omega}{\omega(\omega - \omega') + 2\lambda u^2 + (\omega - \omega')^2}.$$

Toutes ces formules peuvent se mettre sous une forme analogue à celles du moteur monophasé :

$$C = K \frac{(\omega - \omega')}{\omega^2},$$

$$P = K \omega' \frac{(\omega - \omega')}{\omega^2},$$

$$Q = K (\omega - \omega')^2,$$

$$Q_1 = K 2\lambda \left[\frac{u^2 + (\omega - \omega')^2}{\omega^2} \right],$$

$$E_m = \frac{N_1}{4} X_m \omega \left(1 + 2\lambda \frac{\omega - \omega'}{\omega} \right),$$

$$\tang \varphi_1 = \frac{u \omega K}{P + Q + Q_1}, \qquad \sin Q = \frac{K (\omega - \omega')^2}{\omega^2}.$$

Les dernières sont sujettes à correction si l'on veut avoir égard à la valeur de v et deviennent

$$E_m \cos \varphi_1 = \frac{N_1}{4} u \Phi_m \left[2\lambda + \frac{\omega(\omega - \omega')}{u^2 + (\omega - \omega')^2} \right] = \frac{N_1}{4} X_m \frac{(P + Q + Q_1)\omega^2}{K [u^2 + (\omega - \omega')^2]^{\frac{1}{2}}},$$

$$\tang \varphi_1 = \frac{\omega}{u} \frac{(v - 1)Q_1 + v u^2 K}{2\lambda(P + Q + Q_1)}$$

lorsque le moteur travaille à vide $\omega = \omega'$

$$Q_0 = 0, \qquad Q_1 = 2 K \lambda u^2 \omega^2, \qquad \tang \varphi_1 = \frac{\omega}{u} \frac{v}{2\lambda}.$$

TABLEAU II.

Moteur diphasé.

$$u = 0,01\,\omega, \qquad \lambda = 1.$$

$\dfrac{\omega'}{\omega}$.	P.	Q.	Q_1.	T_1.	Rendement.	$\cos\varphi_1$.	δ.
	o	o	8o	8o	o	o,018	o
o,998	798	2	83	883	90	o,196	o,5
o,996	1594	6	93	1693	94	o,354	1
o,994	2386	14	109	2509	95	o,483	1,5
o,992	3174	26	131	3331	95	o,584	2,0
o,990	3960	40	160	4160	95	o,654	2,5
o,980	7840	160	400	8400	93	o,814	5,0
o,960	15360	640	1320	17320	89	o,849	10,0

$$u = 0,02\,\omega, \qquad \lambda = 0,5.$$

P.	Q.	Q_1.	T_1.	Rendement.	$\cos\varphi_1$.	δ.
o	o	8o	8o	o	o,018	o
399	1	81	481	83	o,109	o,5
797	3	83	883	90	o,196	1
1193	7	87	1287	93	o,277	1,5
1587	13	93	1693	94	o,354	2
1980	20	100	2100	94	o,423	2,5
3920	80	160	4160	94	o,654	5
7680	320	400	8400	91	o,814	10

$$u = 0,04\,\omega, \qquad \lambda = 0,25.$$

$\dfrac{\omega'}{\omega}$.	P.	Q.	Q_1.	T_1.	$\cos\varphi$.	Rendement.	δ.
1	o	o	8o	8o	o,018	o	o
o,998	200	o,5	8o	280	o,061	71	o,5
o,996	398	1,5	81	481	o,109	83	1
o,994	596	3,5	82	682	o,153	87	1,5
o,992	794	6,5	83	883	o,195	90	2
o,990	1990	10	85	1085	o,238	91	2,5
o,980	1960	40	100	2100	o,423	93	5,0
o,960	3840	160	160	4160	o,654	92	10,0

$$u = 0,08\,\omega, \qquad \lambda = 0,125.$$

P.	Q.	Q_1.	T_1.	Rendement.	$\cos\varphi$.	δ.
o	o	8o	8o	o	o,018	o
100	o	8o	180	55	o,041	o,5
199	1	8o	280	71	o,063	1
298	2	8o	380	78	o,086	1,5
397	3	81	481	83	o,109	2
495	5	81	581	85	o,131	2,5
980	20	85	1085	90	o,238	5
1920	80	100	2100	91	o,423	10

Pour établir une comparaison entre les deux genres de moteur, on supposera les induits et inducteurs identiques comme fer, et chargés du même poids de cuivre, c'est-à-dire u et λ les mêmes; on supposera que le flux X_m est plus faible dans le moteur diphasé, dans le rapport de 1 à $\sqrt{2}$, de sorte que K ait aussi la même valeur; l'hystérésis sera donc moindre dans le moteur diphasé.

A l'échelle adoptée, les courbes qui donnent P et $\cos\varphi_1$ en fonction de T se confondent quelles que soient les valeurs de λ et de u, quand le produit λu reste le même, ou pour le même enroulement inducteur.

Il en est de même de l'intensité du courant induit, du rendement, de $\cos\varphi_1$; et, en comparant ces courbes avec les courbes correspondantes du moteur à excitation alternative, on voit :

1° Que $\cos\varphi_1$ est deux fois plus grand pour le moteur diphasé;

2° Que le travail à vide y est beaucoup moins considérable que pour les premiers; d'où un meilleur rendement pour le moteur lui-même et pour la ligne en faveur du diphasé. La différence du travail à vide vient de ce que le courant est nul dans le moteur diphasé à flux rigoureusement uniforme, tandis qu'il existe même à vide dans le moteur à champ alternatif pour lequel l'ellipse représentative de l'état magnétique n'est pas rigoureusement circulaire.

V. — *Démarrage.*

Il resterait, pour compléter l'étude des moteurs à champ tournant au point de vue pratique, à examiner les conditions de démarrage, c'est-à-dire à discuter les valeurs du couple C lorsque ω', au lieu d'être voisin de ω, est nul ou très petit.

La valeur de C s'écrit indifféremment

$$C = (\omega - \omega')\frac{r}{N}\left(\frac{N_1 I_m}{2}\right)^2 \frac{r}{u^2 + (\omega - \omega')^2}$$

ou

$$C = (\omega - \omega')\frac{4\lambda}{R}\frac{E_m^2 \omega^2}{4\lambda^2 u^2 + [\omega + 2\lambda(\omega - \omega')]^2}$$

lorsque l'on suppose $v = 1$.

Si l'on ne néglige pas ces pertes, le dénominateur de cette seconde expression doit être complété en ajoutant

$$2(v - 1)\omega^2 + (v - 1)^2 \frac{\omega^2}{u^2}[u^2 + (\omega - \omega')^2].$$

Il convient d'utiliser l'une ou l'autre formule suivant que la machine doit fonctionner à intensité constante ou sous potentiel constant. Mais cette discussion a déjà été faite par M. Blondel ([1]), et est étrangère au but que je m'étais proposé : l'établissement des formules fondamentales ; on notera cependant l'influence énorme des pertes magnétiques sur la valeur du couple de démarrage à potentiel constant.

<hr>

NOTE DE L'AUTEUR ([2]).

J'ai considéré comme pratique le fonctionnement de ces moteurs à une vitesse très voisine de celle du synchronisme : c'est la condition nécessaire pour obtenir des rendements élevés, et elle est réalisée même pour certains moteurs de faible puissance (4 chevaux Siemens et Halske), dont la vitesse ne s'éloigne que de deux à trois centièmes de la vitesse du synchronisme.

Si l'on vise surtout l'économie de matière, on est amené à sacrifier le rendement et à augmenter l'écart des vitesses ; la valeur de Q, et par suite l'intensité du courant inducteur, croît alors rapidement, et d'autant plus vite que λ est plus considérable ; ainsi un moteur pour lequel $\lambda = 5$ donnerait à potentiel constant :

$\dfrac{\omega - \omega'}{\omega}$	0	0,02	0,04	0,06	0,08	0,10
Rendement.. ...	0	0,41	0,47	0,47	0,43	0,40
Intensité........	7,6	7,9	8,9	10,4	12,5	13,9
Couple..........	0	36	71	93	96	98

Le couple maximum étant représenté par 100.

Les formules du paragraphe V montrent que C passe par un maximum ; par suite, si l'on prend C ou P comme abscisses, les courbes qui représentent le rendement ou l'intensité ont nécessairement une tangente verticale, au voisinage de laquelle elles s'abaissent ou se relèvent rapidement. Dans ce cas, on ne peut considérer le flux X_m comme constant ; il *décroît* avec ω' d'autant plus vite que λ est plus grand, bien que I aille en croissant.

<hr>

([1]) Cf. *La Lumière électrique*, t. LI, p. 251 ; mais la Note de M. Potier a été rédigée antérieurement à la publication de M. Blondel.

Voir aussi un Mémoire étendu de M. Arnold (*Zeitschrift für Elektrotechnik*).

([2]) *Bull. Soc. int. des Électr.*, *ibidem*, p. 272.

NOTE SUR LES MOTEURS ASYNCHRONES.

Bulletin de la Société internationale des Électriciens, mai 1894.
Journal de Physique, 3ᵉ série, t. VI, 1897, p. 341.

La théorie des moteurs asynchrones à induits fermés sur eux-mêmes a été faite bien des fois depuis les travaux du regretté Ferraris et de M. Leblanc. D'après cette théorie, le rapport entre le couple C et le carré de l'intensité dans les fils induits est une fonction simple

$$A \frac{u}{a^2 + u^2}$$

de la différence de vitesse u entre la partie mobile et le champ tournant; A et a étant des constantes spécifiques de la machine.

Le couple ne pourrait donc s'annuler que si $u = 0$, et être négatif que si $u < 0$, c'est-à-dire que le moteur ne peut être transformé en générateur que si on le fait tourner plus vite que le champ et qu'à vide il doit tourner avec la même vitesse.

Cependant plusieurs observateurs, entre autres M. Boucherot, ont eu entre les mains des machines qui pouvaient à vide marcher à la vitesse normale, soit au tiers environ de cette vitesse; plus récemment, M. H. Görges (¹), en opérant sur un moteur triphasé, installé dans des conditions spéciales, a trouvé qu'aux environs de la moitié de la vitesse normale le moteur fonctionnait comme aux environs de la vitesse théorique à vide, c'est-à-dire faisait frein quand sa vitesse était supérieure, et avait un régime stable pour une vitesse moitié de celle du champ tournant.

Ces anomalies n'ont pas été expliquées par les expérimentateurs qui les ont signalées; on se propose de montrer que la distribution des enroulements polyphasés, inducteurs ou primaires, et des enroulements induits, ou fermés sur eux-mêmes, est la cause des phénomènes observés.

(¹) *L'Éclairage électrique*, t. XI, p. 218, 24 avril 1897.   (*Note de l'Éditeur.*)

La production des champs tournants par les courants polyphasés, si heureusement expliquée par la théorie de Ferraris, doit être interprétée autrement lorsqu'il s'agit de moteurs multipolaires, si fréquents aujourd'hui : ce complément est, d'ailleurs, un préambule nécessaire à l'étude du rôle joué par la répartition des enroulements.

I. L'inducteur est constitué par un anneau en fer, feuilleté, portant à sa partie interne les enroulements des diverses *phases*. Soient $2p$ le nombre des pôles, et p_1 celui des phases; la circonférence de l'anneau (supposée développée dans le diagramme AB) étant divisée en $2p$ parties de longueur L, les champs magnétiques produits dans l'entrefer par le passage d'un courant dans l'un des enroulements occupent chacun une longueur L, et sont alternativement dirigés dans un sens et dans l'autre.

Fig. 44.

Si *abc* sont les points où le signe du champ s'inverse, ou points neutres, l'enroulement doit comporter un certain nombre de fils, perpendiculaires au plan du Tableau, distribués symétriquement par rapport à ces points neutres et dans lesquels le courant passant, par exemple, d'arrière en avant au voisinage des points a, c, passera d'avant en arrière dans les fils voisins de b, d (marqués —); la manière dont sont faites les jonctions de ces fils sur les surfaces antérieures et postérieures de l'anneau est indifférente [1]. Sous l'influence d'un courant i, le champ dans l'entrefer aura une intensité variable $f(x)$ avec la distance x du point considéré au point neutre a; $f(x)$ est une fonction périodique de x, qui change de signe lorsque x augmente de L.

Les enroulements des p_1 circuits constituant les diverses phases sont identiques; seulement les points neutres, a_1, a_2, ..., de ces circuits sont à des distances $\dfrac{L}{p_1}$, $\dfrac{2L}{p_1}$, $\dfrac{3L}{p_1}$, ... du point a; ces divers enroulements sont parcourus par des courants alternatifs décalés les uns par rapport aux autres d'un angle $\dfrac{\pi}{p_1}$; si le courant qui alimente le circuit dont le point neutre est a est représenté par la formule $I_m \sin \omega_1 t$, les autres le seront

---

[1] Indifférente seulement *pour la question traitée ici;* car, à d'autres points de vue, elle peut jouer un rôle important.　　　　　　　　　　　(*Note de l'Éditeur.*)

successivement par les formules

$$\mathrm{I}_m \sin\left(\omega_1 t - \frac{\pi}{p_1}\right), \qquad \mathrm{I}_m \sin\left(\omega_1 t - \frac{2\pi}{p_1}\right), \qquad \ldots$$

Le champ magnétique produit par le courant de phase $\dfrac{2\pi}{p_1}$, par exemple, est, d'après ce qui a été dit plus haut, $f\left(x - \dfrac{2\mathrm{L}}{p_1}\right)$, quand le courant a l'intensité 1 ; à l'époque t ce champ, à la distance x du point a, est donc

$$\mathrm{I}_m \sin\left(\omega_1 t - \frac{2\pi}{p_1}\right) f\left(x - \frac{2\mathrm{L}}{p_1}\right),$$

et le champ résultant de l'ensemble des courants est

$$\mathrm{I}_m \left[f(x)\sin\omega_1 t + f\left(x - \frac{\mathrm{L}}{p_1}\right)\sin\left(\omega_1 t - \frac{\pi}{p_1}\right) \right.$$
$$\left. + f\left(x - \frac{2\mathrm{L}}{p_1}\right)\sin\left(\omega_1 t - \frac{2\pi}{p_1}\right) + \ldots \right].$$

On voit que, si $f(x)$ est une fonction sinusoïdale, $h\sin\pi\dfrac{x}{\mathrm{L}}$, cette expression se simplifie, car on a, d'une part (en appelant n un nombre entier),

$$\sin\frac{\pi}{\mathrm{L}}\left(x - \frac{n\mathrm{L}}{p_1}\right)\sin\left(\omega_1 t - \frac{n\pi}{p_1}\right) = \sin\left(\frac{\pi x}{\mathrm{L}} - \frac{n\pi}{p_1}\right)\sin\left(\omega_1 t - \frac{n\pi}{p_1}\right)$$
$$= \frac{1}{2}\left[\cos\left(\omega_1 t - \frac{\pi x}{\mathrm{L}}\right) - \cos\left(\omega_1 t + \pi\frac{x}{\mathrm{L}} - n\frac{2\pi}{p_1}\right)\right],$$

et, d'autre part,

$$\cos\left(\omega_1 t + \pi\frac{x}{\mathrm{L}}\right) + \cos\left(\omega_1 t + \pi\frac{x}{\mathrm{L}} - \frac{2\pi}{p_1}\right)$$
$$+ \cos\left(\omega_1 t + \pi\frac{x}{\mathrm{L}} - 2\frac{2\pi}{p_1}\right)$$
$$+ \cos\left(\omega_1 t + \pi\frac{x}{\mathrm{L}} - 3\frac{2\pi}{p_1}\right) + \ldots$$
$$+ \cos\left(\omega_1 t + \pi\frac{x}{\mathrm{L}} - (p_1 - 1)\frac{2\pi}{p_1}\right) = 0.$$

Le champ résultant devient donc

$$\frac{p_1}{2} h\, \mathrm{I}_m \cos\left(\omega_1 t - \pi\frac{x}{\mathrm{L}}\right),$$

c'est-à-dire que ce champ reste sinusoïdal, identique à lui-même, mais se déplace vers la droite avec une vitesse linéaire $\dfrac{L\omega_1}{\pi} = \dfrac{2L}{T}$ (T étant la période des courants), ou encore il est un champ tournant vers la droite avec une vitesse angulaire $\dfrac{\omega_1}{p}$, puisque $2pL$ est la circonférence entière.

Mais on voit en même temps que, si $f(x)$ n'est pas sinusoïdal, le résultat ne sera plus aussi simple; d'après les conditions auxquelles $f(x)$ est assujetti, il est nécessairement de la forme

$$h_1 \sin \pi \frac{x}{L} + h_3 \sin 3\pi \frac{x}{L} + \ldots.$$

Alors, en vertu de l'équation

$$2 \sin \frac{K\pi}{L}\left(x - \frac{nL}{p_1}\right)\sin\left(\omega_1 t - \frac{n\pi}{p_1}\right)$$
$$= \cos\left(\omega_1 t - \frac{K\pi x}{L} + \frac{(K-1)n\pi}{p_1}\right) - \cos\left(\omega_1 t + \frac{K\pi x}{L} - \frac{(K+1)n\pi}{p_1}\right),$$

la somme de p_1 termes semblables, où n prend les valeurs $0, 1, 2, \ldots, p_1 - 1$, est *nulle*, excepté lorsque $K - 1$ ou $K + 1$ sont des multiples pairs de p_1. Si les circuits sont diphasés, cela a lieu pour toutes les valeurs impaires de K, c'est-à-dire que, pour $K = 1, 5, 9$, la somme se réduit bien à $\cos\left(\omega_1 t - \frac{K\pi x}{L}\right)$, mais, pour $K = 3, 7, 11$, la somme se réduit à $-\cos\left(\omega_1 t + \frac{K\pi x}{L}\right)$; c'est-à-dire que le champ résultant sera

$$I_m\left[h_1 \cos\left(\omega_1 t - \frac{\pi x}{L}\right) - h_3 \cos\left(\omega_1 t + \frac{3\pi x}{L}\right) + h_5 \cos\left(\omega_1 t - \frac{5\pi x}{L}\right)\ldots\right],$$

et résultera de la superposition des champs tournant vers la droite avec les vitesses $\dfrac{\omega_1}{p}$, $\dfrac{\omega_1}{5p}$ et d'autres tournant vers la gauche avec les vitesses $\dfrac{\omega_1}{3p}, \ldots,$ etc.

S'il s'agit de courants triphasés, les termes pour lesquels K est un multiple de 3 disparaîtront; seuls, les termes pour lesquels K est de la forme $6n \pm 1$ subsisteront. Or, en dehors du terme pour lequel $n = 1$, ceux-ci seront généralement très faibles.

Même dans le cas de courants diphasés, le terme pour lequel $n = 3$ sera souvent peu important; en effet, le champ

$$h_3 \cos\left(\omega_1 t + \frac{3\pi x}{L}\right),$$

ayant un mouvement vers la gauche, le couple correspondant donne dans la parenthèse de la page 162 un terme

$$- 3^3 \mathcal{K}_3^2 \frac{u_1 + 3 u_2}{(9 a)^2 + (u_1 + 3 u_2)^2},$$

dont l'influence est seulement de diminuer le couple au démarrage.

Au contraire, s'il s'agit d'un moteur asynchrone monophasé, on a $p_1 = 1$, et, quel que soit K,

$$\sin \omega_1 t \sin \frac{K \pi x}{L} = \frac{1}{2} \left[\cos \left(\omega_1 t - \frac{K \pi x}{L} \right) - \cos \left(\omega_1 t + \frac{K \pi x}{L} \right) \right];$$

par suite, le courant alternatif inducteur produit une série de champs d'intensités $\frac{h_1}{2}, \frac{h_3}{2}, \ldots$ tournant à droite et à gauche, avec les vitesses $\frac{\omega_1}{p}, \frac{\omega_1}{3p}, \ldots$.

II. Dans ces moteurs, l'induit est fermé sur lui-même; on peut le regarder comme formé d'un très grand nombre de barres, placées à la périphérie de l'armature, parallèlement aux fils inducteurs; deux barres situées à la distance L étant réunies par leurs deux extrémités de manière à former un circuit de résistance r.

Soient u_2 la vitesse linéaire de ces barres correspondant à une vitesse de rotation ω_2; et u_1 la vitesse linéaire avec laquelle un champ sinusoïdal d'intensité $\mathcal{K} \sin \omega_1 \left(t - \frac{x}{u_1} \right)$, déterminé par des causes extérieures, se propage le long de la périphérie; chaque barre de longueur l a une vitesse linéaire relative vers la gauche $u_1 - u_2 = u$ par rapport au champ; elle est donc le siège d'une force électromotrice et d'un courant; l'ensemble de ces courants, combinés avec les courants inducteurs, produit le champ réel dans l'entrefer; on va voir que ce champ est encore un champ sinusoïdal tournant avec la vitesse u_1; en effet, soit

$$f = \mathcal{K}' \sin \left[\omega_1 \left(t - \frac{x}{u_1} \right) - \beta \right]$$

ce champ; la force électromotrice induite dans une barre est le produit de l'intensité de ce champ par la vitesse u et par la longueur l de la barre; celle-ci, associée à une barre où la force électromotrice a la même valeur relative, est le siège d'un courant $\frac{2 f u l}{r}$.

Pour connaître le champ produit par ces courants, il suffit de considérer un circuit fermé composé de deux lignes normales aux circonférences de l'induit et de l'inducteur, reliées par deux courbes tracées dans le fer et d'appliquer à ce contour fermé le théorème bien connu qui

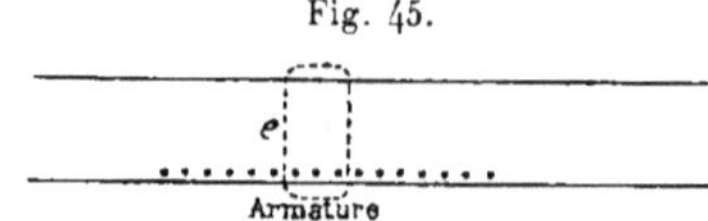

Fig. 45.

donne le travail de la force magnétique appliquée à un pôle unité décrivant ce contour, en fonction de la somme des intensités des courants embrassés par le contour. Si les barres sont suffisamment nombreuses, la somme des courants embrassés est

$$\frac{2\,ful}{r}\,\frac{\Delta x}{\varepsilon},$$

ε étant l'espacement des barres, et Δx l'écartement des deux lignes normales. La perméabilité du fer étant considérable, on peut, dans l'évaluation du travail de la force magnétique sur un pôle parcourant ce circuit fermé, négliger les portions situées dans le fer; ce travail est alors $e\Delta f$, si e est l'entrefer, par suite $\dfrac{\Delta f_1}{\Delta x} = 4\pi f\,\dfrac{2\,ul}{\varepsilon er}$ ou sensiblement $\dfrac{df_1}{dx} = kuf$, k ne dépendant que de la construction de la machine; substituant la valeur de f, il vient

$$f_1 = \mathcal{K}'\,ku\,\frac{u_1}{\omega_1}\cos\left[\omega_1\left(t - \frac{x}{u_1}\right) - \beta\right]$$

pour le champ produit par des courants induits; ce champ, ajouté au champ extérieur $\mathcal{K}\sin\left(\omega_1 t - \dfrac{x}{u_1}\right)$, doit donner le champ résultant f, c'est-à-dire qu'on doit avoir

$$\mathcal{K}\sin\left(\omega_1 t - \frac{x}{u_1}\right) - \mathcal{K}'\,ku\,\frac{u_1}{\omega_1}\cos\left[\omega_1\left(t - \frac{x}{u_1}\right) - \beta\right]$$
$$= \mathcal{K}'\sin\left[\omega_1\left(t - \frac{x}{u_1}\right) - \beta\right],$$

ce qui est possible si

$$\mathcal{K}' = \mathcal{K}\cos\beta, \qquad \tang\beta = ku\,\frac{u_1}{\omega_1}.$$

Si l'on adopte le mode de représentation usité en optique depuis Fresnel, on dira que le champ total f est la résultante du champ f_1, produit par des courants induits (qui est en retard sur lui d'un angle droit), et du champ extérieur $\mathcal{K} \sin\left(\omega_1 t - \dfrac{x}{u_1}\right)$.

Ces formules ont la même forme que la formule classique, car $\dfrac{u_1}{\omega_1} = \dfrac{L}{\pi}$, et k varie en raison inverse de $r\varepsilon = \dfrac{r\,2p\,L}{N}$, de sorte que

$$\tan\beta = u\,\frac{4 l N}{per}$$

Fig. 46.

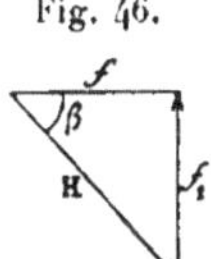

est proportionnel au glissement et en raison inverse de la résistance ([1]).

Il faut cependant noter qu'ici β est une différence de phase et non, comme dans la théorie ordinaire des machines bipolaires, le retard angulaire ou écart de la direction du champ réel et du champ dû à l'inducteur seul, rapportés au centre de l'induit.

III. Le couple qui sollicite l'induit est le produit du rayon par la somme des forces tangentielles afférentes à chaque barre; or, pour chacune de celles-ci, l'intensité du champ réel est f, le courant $\dfrac{2ful}{r}$, la longueur l; la force est donc $2\dfrac{ul^2}{r}f^2$; la somme des valeurs de f^2 est le produit du nombre N des barres par la valeur moyenne de f^2 ou $\dfrac{1}{2}\mathcal{K}'^2$. Si donc D est le diamètre, $\dfrac{1}{2}\dfrac{N u l^2 D}{r}\mathcal{K}'^2$ sera le couple dirigé en sens contraire de u; soit enfin $\dfrac{1}{2}\dfrac{N u l^2 D}{r}\mathcal{K}^2 \cos^2\beta$, ce qu'on écrira $A\mathcal{K}^2 \dfrac{u}{a^2 + u^2}$, A et a ne dépendant que des dimensions de la machine et de la résistance des spires induites.

Si le champ produit par l'inducteur seul n'est pas sinusoïdal, il est la

---

([1]) Voir *Journal de Physique*, 3ᵉ série, t. V, 1896, p. 204.

somme des champs $\mathcal{H}_1$, $\mathcal{H}_3$, marchant vers la droite avec les vitesses $\dfrac{2\,L}{T}$, $\dfrac{2\,L}{3\,T}$, $\dfrac{2\,L}{5\,T}$; au champ extérieur $\mathcal{H}_3$, par exemple, correspondra un champ réel f_3 et un courant induit $2\,u\,\dfrac{l^2}{r}f_3$; ici u est l'excès $\dfrac{u_1}{3}-u_2$ de la vitesse linéaire du champ sur celle de la machine; le champ réel est donc

$$(f_1 + f_3 + f_5 + \ldots)$$

et le courant induit

$$\frac{2\,l}{r}\left[f_1(u_1 - u_2) + f_3\left(\frac{u_1}{3} - u_2\right) + \ldots\right].$$

Mais la somme des forces tangentielles ou $N \times$ la valeur moyenne du produit

$$(f_1 + f_3 + f_5 + \ldots) \times \frac{2\,l^2}{r}\left[f_1(u_1 - u_2) + f_3\left(\frac{u_1}{3} - u_2\right) + \ldots\right]$$

se réduit au produit de N par la valeur moyenne de

$$\frac{2\,l^2}{r}\left[(u_1 + u_2)f_1^2 + \left(\frac{u_1}{3} - u_2\right)f_3^2 + \ldots\right],$$

parce que la valeur moyenne d'un produit tel que $f_3.f_5$ est nulle, ces quantités étant des fonctions sinusoïdales de x de périodes différentes $\dfrac{2\,L}{3}$ et $\dfrac{2\,L}{5}$; le couple total est donc la somme des couples qui seraient produits individuellement par chacun des champs sinusoïdaux ou [1]

$$C = \frac{A}{4}\left[\mathcal{H}_1^2\left(\frac{u_1 - u_2}{a^2 + (u_1 - u_2)^2} - \frac{u_1 + u_2}{a^2 + (u_1 + u_2)^2}\right)\right.$$
$$\left. + 3^3\,\mathcal{H}_3^2\left(\frac{u_1 - 3\,u_2}{(9\,a)^2 + (u_1 - 3\,u_2)^2} - \frac{u_1 + 3\,u_2}{(9\,a)^2 + (u_1 + 3\,u_2)^2}\right) + \ldots\right].$$

Pour se rendre compte de la manière dont ce couple peut varier avec u_2, ou inversement, on remarquera que, u_2 étant pris pour abscisse et

$$y = m\,\frac{u_1 - m u_2}{m^2 a^2 + (u_1 - m u_2)^2}$$

comme ordonnée, on a des courbes présentant les caractères suivants :

---

[1] On a tenu compte, ici et à la page suivante, d'un travail complémentaire de M. Potier (*Journal de Physique*, 1897, même Tome, p. 483-485).   (*Note de l'Éditeur.*)

elles ont un centre sur l'axe des u_2 à la distance $\dfrac{u_1}{m}$ de l'origine; quand u_2 s'éloigne de ce point, la valeur absolue de y croît jusqu'à ce que $u_2 = \dfrac{u_1}{m} \pm a$, cette valeur est alors $\dfrac{1}{2a}$ la même pour toutes les courbes quel que soit m.

Fig. 47.

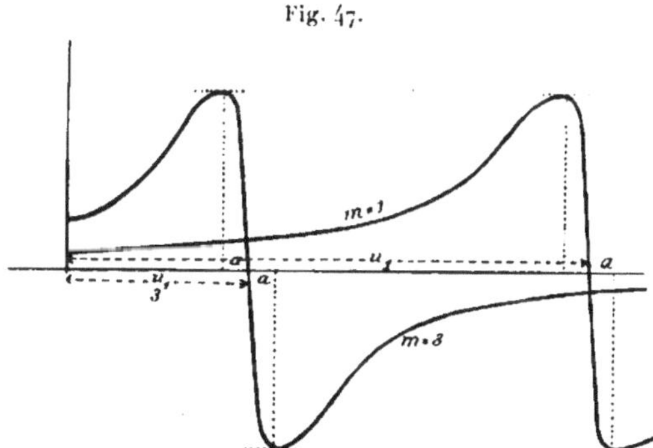

Les courbes à employer ont très sensiblement la même forme, sauf qu'elles passent toutes par l'origine où leur coefficient angulaire est

$$\frac{2m(u_1^2 - m^4 a^2)}{(u_1^2 + m^4 a^2)^2},$$

La forme de ces courbes dépend essentiellement du rapport de a à u_1. Ce rapport est assez faible dans les machines industrielles; a est d'ailleurs $\left(voir \text{ plus haut la valeur de } \tan 3 = \dfrac{u}{a} \right)$ proportionnel à l'épaisseur e de l'entrefer, et en raison inverse de la somme des sections des barres induites.

On voit à leur inspection que, pour des valeurs convenables de $\dfrac{\mathcal{K}_3}{\mathcal{K}_1}$, le couple peut devenir négatif si u_2 est voisin de $\dfrac{u_1}{3} + a$.

Il suffit d'ailleurs que la courbe dont C serait l'ordonnée présente un minimum correspondant à une valeur de $u_2 < u_1$ pour que, sous l'action d'un couple résistant C_1, un peu supérieur à cette ordonnée minimum, il y ait deux vitesses de régime : une un peu inférieure à u_1, l'autre correspondant à la plus petite des abscisses des points voisins du minimum, où l'ordonnée est C_1; la plus grande de ces abscisses correspond à un régime instable, puisque dC et du_2 sont de même signe.

Peu de constructeurs se sont préoccupés de produire des champs sinusoïdaux. M. Leblanc paraît seul avoir attaché quelque importance à ce détail. Il résulte du paragraphe ci-dessus que le champ sera sinusoïdal en fonction de x, quand la densité du courant rapportée à l'unité de longueur de la circonférence interne de l'anneau sera elle-même sinusoïdale. Dans la plupart des enroulements courants, on se contente de couvrir de fils équidistants une portion de la longueur L de chaque champ: la densité de courant sera nulle du point neutre a jusqu'en d, constante de d en e, et nulle de nouveau de e en e', négative de e' en d', et enfin nulle de d' jusqu'au second point neutre b; dans ces conditions, et avec de faibles inductions, la ligne brisée figure approximativement les variations du champ dans un entrefer mince; si l'on pose $\alpha = \pi\,\dfrac{ad}{L},\ \beta = \pi\,\dfrac{ae}{L}$,

Fig. 48.

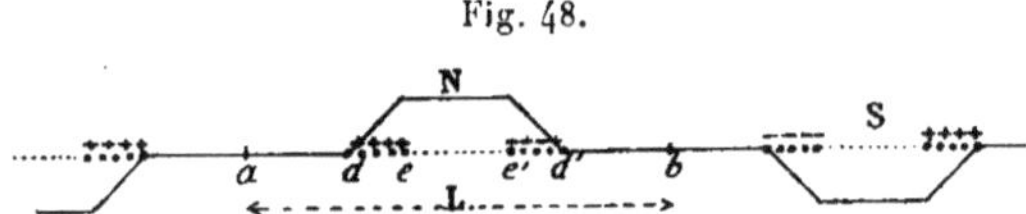

et qu'on prenne pour unité l'ordonnée maximum du champ, sensiblement égale au quotient par l'entrefer du produit $4\pi ni$ ($n =$ nombre des fils de d en e; $i =$ intensité du courant), on trouve que l'ordonnée de cette ligne brisée est représentée par la série

$$\frac{L}{\pi(\beta - \alpha)}\left[(\sin\beta - \sin\alpha)\sin\frac{\pi x}{L} + \ldots + \frac{\sin m\beta - \sin m\alpha}{m^2}\sin m\pi\frac{x}{L}\right],$$

où m est impair.

Si l'on considère les formes les plus usuelles :

1° Un enroulement couvre tout l'anneau : $\alpha = 0,\ \beta = \dfrac{\pi}{2}$,

$$\mathcal{H}_1 = -9\,\mathcal{H}_3 = 25\,\mathcal{H}_5 = \ldots;$$

2° Un enroulement recouvre la moitié de l'anneau, et deux enroulements diphasés, tout l'anneau : $\alpha = 0,\ \beta = \dfrac{\pi}{L}$,

$$\mathcal{H}_1 = 9\,\mathcal{H}_3 = -25\,\mathcal{H}_5 = -49\,\mathcal{H}_7 = 81\,\mathcal{H}_9 = \ldots;$$

3° Un enroulement couvre deux tiers de l'anneau, trois enroulements triphasés tout l'anneau deux fois

$$\mathcal{H}_1 = -25\,\mathcal{H}_5, \qquad \mathcal{H}_3 = 0;$$

Un enroulement couvre un tiers de l'anneau

$$2\,\mathcal{K}_1 = 9\,\mathcal{K}_3 = 5o\,\mathcal{K}_5;$$

dans ces enroulements, qu'on peut appeler *continus*, le terme $\mathcal{K}_1$ est donc largement prépondérant : il n'en est plus de même dans les enroulements réduits à un seul fil (ou un paquet de fils logés dans le même trou) par champ. Le champ se compose alors de deux régions, l'une où son intensité est uniforme, l'autre où elle est nulle. Il en est de même dans les machines à noyaux d'électro-aimants radiaux ou à pôles saillants.

Suivant que la distance des deux fils d'une spire est

$$L, \quad \text{ou} \quad \frac{2L}{3}, \quad \text{ou} \quad \frac{L}{3},$$

ce qui correspond à des enchevêtrements différents sur les faces de l'inducteur, comme les représente la figure 49, on a

$$\mathcal{K}_1 = 3\,\mathcal{K}_3 = 5\,\mathcal{K}_5,$$

ou

$$\mathcal{K}_1 = -5\,\mathcal{K}_5, \qquad \mathcal{K}_3 = o,$$

ou

$$\mathcal{K}_1 = 2\,\mathcal{K}_3, \qquad \mathcal{K}_3 = 5\,\mathcal{K}_5\ldots.$$

Fig. 49.

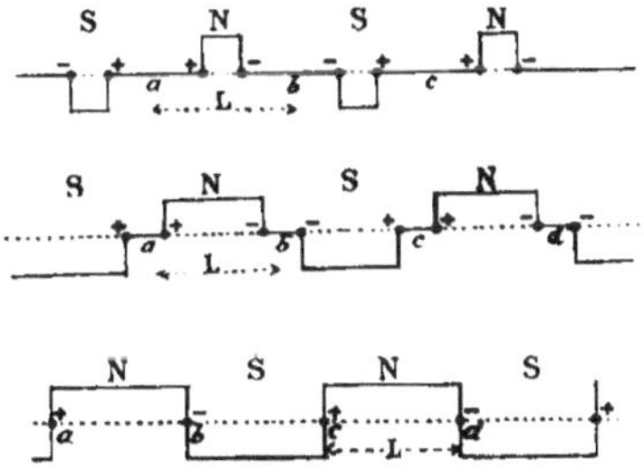

Le rôle des termes $\mathcal{K}_3$ et $\mathcal{K}_5$ devient bien plus important.

Pour fixer les idées, soit $u_1 = 3o\,a$; si l'on fait $u_2 = \dfrac{u_1}{3} + a = 11\,a$, le coefficient de $\mathcal{K}_3^2$ est $-\dfrac{1}{2}$, celui de $\mathcal{K}_1$ est $\dfrac{19}{362}$; si donc le rapport de $\mathcal{K}_1$ à $\mathcal{K}_3$ est 3, le second terme sera prédominant, et le couple sera négatif; il y aura dans ce cas une vitesse à vide stable comprise entre $1o\,a$ et $11\,a$.

Pour compléter la théorie, il resterait à calculer la force électromotrice induite dans les circuits primaires; le résultat intéressant auquel conduit ce calcul est le suivant : quelle que soit la forme du champ produit par le courant primaire, la rotation de l'armature engendre des forces électromotrices de même période que ce courant, pourvu que les barres ou spires induites soient assez serrées pour qu'on puisse regarder comme distribué uniformément sur la circonférence le cuivre de l'armature.

IV. Les expériences de M. Görges ([1]) ont été faites dans des conditions toutes différentes. L'induit d'un moteur asynchrone triphasé bipolaire était recouvert de 3 enroulements à 120° l'un de l'autre, formés chacun d'une spire ou d'une série de spires voisines; ces enroulements, au lieu d'être fermés directement sur eux-mêmes, ont une extrémité commune; l'autre extrémité de chaque enroulement est reliée à une bague portée par l'arbre du moteur; trois frotteurs appuient sur ces bagues et sont reliés à trois rhéostats réunis aussi par une de leurs extrémités. Ces circuits sont donc montés en étoile et ont une résistance variable à volonté, ce qui est utile pour le démarrage. Si on lève l'un des frotteurs de manière à supprimer tout courant dans l'enroulement correspondant, les deux autres sont reliés en série, et équivalent à une spire unique placée suivant leur plan bissecteur. Ainsi disposée, la machine est semblable au schéma généralement étudié par les auteurs, et cependant M. Görges a observé que cette machine était susceptible de deux vitesses de régime pour certaines charges, et pouvait même fonctionner, comme frein, à une vitesse voisine de la moitié de la vitesse théorique à vide.

V. Soient $\dfrac{2\pi}{\omega_1}$ la période des forces électromotrices de la génératrice des courants triphasés, et ω_1 la vitesse du champ tournant engendré. La spire tourne avec la vitesse angulaire ω_2; la vitesse relative du champ et de la spire est $\omega_1 - \omega_2 = \omega$, et $\dfrac{2\pi}{\omega}$ est la période du flux traversant la spire, et par suite celle du courant alternatif engendré dans cette spire; ce courant produit un champ magnétique, qu'on peut se figurer, soit comme un champ alternatif de période $\dfrac{2\pi}{\omega}$, entraîné avec la vitesse angulaire ω_2 de l'armature, soit comme la superposition de deux champs sinusoïdaux tournant avec les vitesses $\omega_2 \pm \omega$. Ceux-ci induisent à leur tour, dans les

---

([1]) *Elektrotechnische Zeitschrift*, ou *L'Éclairage électrique*, 24 avril 1897.

circuits primaires fixes, des forces électromotrices de périodes

$$\frac{2\pi}{\omega_2 + \omega} = \frac{2\pi}{\omega_1} \quad \text{et} \quad \frac{2\pi}{\omega_2 - \omega};$$

les premières se combinent avec celle de la génératrice pour fournir un courant de même période; les secondes seules y produiraient un courant i de période différente qui sera calculé plus loin, mais dont la réaction sur les barres de l'armature ne produit dans celle-ci que des forces électromotrices de période $\frac{2\pi}{\omega}$; de sorte que les réactions mutuelles des deux systèmes de courants n'introduisent pas de complication ultérieure, quant au nombre des périodes. Le courant de l'armature est de période $\frac{2\pi}{\omega}$, et ceux des primaires sont la somme de deux termes de périodicité $\frac{2\pi}{\omega_1}$, $\frac{2\pi}{\omega - \omega_2}$; il en est de même du champ dans lequel se meut l'armature; c'est la superposition de deux champs tournant avec les vitesses ω_1, et $\omega - \omega_2$. On va calculer i, puis les flux produits dans la spire par les courants i; on en déduira, en fonction du courant I de la spire, le couple appliqué à l'armature.

VI. Soient α l'angle du courant de la spire avec un plan fixe origine passant par l'axe, φ une constante dépendant du choix de ce plan et qui augmente de 120° ou de 240°, quand on passe d'un circuit primaire à un autre. Dire que le champ primaire est sinusoïdal, c'est dire que le coefficient d'induction mutuelle de la spire et d'un des primaires est $M \sin(\alpha - \varphi)$. Le courant de la spire étant $I \sin \omega t$, le flux

$$\Phi = MI \sin \omega t \sin(\alpha - \varphi) = \frac{1}{2} MI \left[\cos(\alpha - \omega t - \varphi) - \cos(\alpha + \omega t - \varphi) \right]$$

produit dans ces circuits des forces électromotrices $-\dfrac{d\Phi}{dt}$; la spire ayant une vitesse ω_2, on doit substituer $\omega_2 t$ à α avant de différentier.

Chacune de ces forces électromotrices se compose de deux termes, l'un de période $\dfrac{2\pi}{\omega_2 - \omega}$, l'autre de période $\dfrac{2\pi}{\omega_2 + \omega}$ égale à celle de la génératrice. Si R et L sont la résistance et la self-induction de l'un des circuits primaires, le courant i produit dans ce circuit par la force électromotrice de période $\dfrac{2\pi}{\omega_2 - \omega}$ est donné par l'équation

$$R i + L \frac{di}{dt} = \frac{\omega_2 - \omega}{2} \cdot MI \sin\left[(\omega_2 - \omega) t - \varphi \right],$$

d'où

$$i\sqrt{R^2+L^2(\omega_2-\omega)^2}=\frac{1}{2}MI\sin(\alpha-\omega-\varphi-\delta).(\omega_2-\omega),$$

avec

$$\tang\delta=\frac{L(\omega_2-\omega)}{R}.$$

Le flux émis par ce courant, et embrassé par la spire, est $Mi\sin(\alpha-\varphi)$. ou

$$\frac{\omega_2-\omega}{L\sqrt{R^2+L^2(\omega_2-\omega)}}M^2I\left[\cos(\omega t+\delta)-\cos(2\alpha-\omega t-2\varphi-\delta)\right],$$

et la somme des flux émanant des 3 circuits

$$\Phi_1=\frac{3M^2I\cos(\omega t+\delta)}{L\sqrt{R^2+L^2(\omega_2-\omega)^2}}(\omega_2-\omega),$$

simplement périodique, de période $\dfrac{2\pi}{\omega}$, comme le courant de la spire.

Or, si la spire a une résistance R_1 et une self-induction L_1, le flux Φ_2 qu'elle embrasse est donné par l'équation

$$R_1I\sin\omega t+L_1\omega\cos\omega t=-\frac{d\Phi_2}{dt},$$

ou

$$\Phi_2=I\left(\frac{R_1}{\omega}\cos\omega t-L_1\sin\omega t\right).$$

Il faut donc que le flux Φ_3 dans la spire, produit par les courants de période $\dfrac{2\pi}{\omega_1}$, engendrés dans les circuits fixes par la génératrice et par l'induction de la spire tournante, soit $\Phi_2-\Phi_1$: ce flux tournant avec la vitesse ω_1, sa valeur doit être

$$\Phi_3=I\left[\frac{R_1}{\omega}\cos(\omega_1 t-\alpha)-L_1\sin(\omega_1 t-\alpha)-\frac{3}{L}\frac{M^2\cos(\omega_1 t-\alpha+\delta)}{\sqrt{R^2+L^2(\omega_2-\omega)^2}}\right]$$

dans une spire dont la position serait déterminée par l'angle α : 1° parce qu'il doit être de période ω_1; 2° parce qu'il doit se réduire à $\Phi_2-\Phi_1$, quand $\alpha=\omega_2 t$.

De la valeur de $\Phi_2-\Phi_1$ il serait facile de calculer le courant i_1, de période $\dfrac{2\pi}{\omega_1}$, qui circule dans l'un des primaires, puisqu'on doit avoir

$$Mi_1\sin(\alpha-\varphi)=\Phi_2-\Phi_1,$$

et que i_1 est de la forme $i\sin(\omega_1 t-\psi)$.

Ayant i_1, on calculera $R\,i_1 + L\dfrac{di_1}{dt}$, on y ajoutera le flux

$$- \frac{MI}{2} \cos(\omega_1 t - \varphi),$$

de période $\dfrac{2\pi}{\omega_1}$ dû à la spire, et la somme

$$R\,i_1 + L\frac{di_1}{dt} - \frac{MI}{2}\cos(\omega_1 t - \varphi)$$

donnera la force électromotrice E de la génératrice [1] en fonction de I et de la vitesse ω_2 de la spire ; mais ce qu'il importe de connaître, pour l'explication des faits observés, c'est la valeur du couple électromagnétique qui sollicite l'induit ; ce couple est $I\dfrac{d\Phi}{d\alpha}\sin\omega t$, Φ étant le flux qui, à l'époque t, traverse une spire orientée suivant l'angle α ; c'est $\Phi_1 + \Phi_3$, c'est-à-dire

$$(\omega_2 - \omega)\,\frac{3\,M^2 I \cos[(\omega_2 - \omega)\,t - \alpha - \delta]}{\sqrt{R^2 + L^2(\omega_2 - \omega)^2}} + \Phi_3.$$

La dérivée $\dfrac{d\Phi}{d\alpha}$ se réduit à [2]

$$I\left[\frac{R_1}{\omega}\sin\omega t + L\cos\omega t - \frac{3}{2}\frac{M^2 I\,(\omega_2 - \omega)}{\sqrt{R^2 + L^2(\omega_2 - \omega)}}\sin(\omega t + \delta)\right];$$

multipliant par l'intensité $I\sin\omega t$, prenant la valeur moyenne pendant une période, observant que $\cos\delta = \dfrac{R}{\sqrt{R^2 + L^2(\omega_2 - \omega)^2}}$, et introduisant l'intensité dite *efficace* dont le carré est $\dfrac{I^2}{2}$, il vient pour le couple

$$I^2_{\text{eff}}\left[\frac{R_1}{\omega} - \frac{3}{2}\frac{M^2(\omega_2 - \omega)\,R}{R^2 + L^2(\omega_2 - \omega)^2}\right] = C.$$

VII. Cette équation, jointe à celle qui donne E, permettrait de déterminer la vitesse ω_2, correspondant à un couple résistant donné, mais elle suffit pour expliquer l'existence de régimes stables à deux vitesses diffé-

---

[1] On a fait abstraction de l'induction réciproque des circuits triphasés dont l'effet consisterait seulement à altérer les valeurs numériques de R et de L à introduire dans les formules.

[2] Le facteur $\dfrac{3}{2}$ provient de ce que la machine est triphasée ; il serait remplacé par l'unité pour une machine diphasée.

rentes; le second terme, nul si $\omega_2 = \omega$ ou si $2\omega_2 = \omega_1$, est soustractif quand $2\omega_2 - \omega_1$ est positif ou $\omega_2 > \dfrac{\omega_1}{2}$. On pouvait le prévoir; si

$$2\omega_2 - \omega_1 = 0,$$

le second champ tournant est, en réalité, immobile dans l'espace, ne produit aucun courant dans le primaire et aucun couple; tant que $2\omega_2 - \omega_1$ est positif, il tourne dans le même sens que l'autre et que l'armature; la réaction des courants provoqués dans le primaire, et qui tend toujours à s'opposer au mouvement relatif du champ et de ce primaire fixe, s'oppose donc au mouvement de l'armature. Si, au contraire, $2\omega_2 < \omega_1$ le second terme est additif; C est toujours positif si $\omega_2 < \dfrac{\omega_1}{2}$, il l'est aussi si ω est petit, ou ω_2 voisin de ω_1; donc C ou bien conservera le même signe quand ω_2 variera de $\dfrac{\omega_1}{2}$ à ω_1, ou il changera de signe deux fois, si les racines de l'équation

$$2R_1[R^2 + L^2(2\omega_2 - \omega_1)^2] = 3R(2\omega_2 - \omega_4)(\omega_1 - \omega_2)M^2$$

sont réelles, ce qu'il est toujours possible d'obtenir pour une machine donnée et une valeur suffisante de ω_1; par exemple si

$$L\omega_1 - R > 2R_1\frac{4}{3}\frac{L^2}{M^2},$$

la parenthèse dans la valeur de C sera négative pour

$$2\omega_2 = \omega_1 + \frac{R}{L}.$$

La valeur de C passe du positif au négatif quand ω_2 varie de $\dfrac{\omega_1}{2}$ à $\dfrac{\omega_1}{2} + \dfrac{R}{2L}$; donc dans cette région le couple diminue quand la vitesse augmente, et des régimes stables sont possibles, pour des couples auxquels correspond un autre régime stable, voisin de ω_1.

En appliquant les mêmes principes, on pourra se rendre compte du fonctionnement des induits à plusieurs spires, et voir à quelles conditions on peut faire disparaître les courants de période étrangère dans les circuits primaires.

Deuxième Note sur les moteurs asynchrones.

Comptes rendus, t. CXXIV, 29 mars 1897, p. 642.

Dans la Note précédente, j'ai traité de l'influence de la répartition des enroulements inducteurs sur le fonctionnement des moteurs polyphasés asynchrones. Il y aurait lieu d'examiner également l'influence de la répartition des circuits induits. M. C.-E. Brown a établi expérimentalement depuis longtemps que les barres induites devaient être nombreuses dans l'étendue d'un champ, ou, ce qui revient au même, que le nombre de ces barres devait avoir avec celui des barres inductrices un plus grand commun diviseur aussi faible que possible.

I. La théorie générale serait compliquée et paraît sans intérêt, mais des expériences récentes ont attiré l'attention sur les propriétés des machines dont les enroulements induits sont pratiquement équivalents à une spire unique par champ magnétique double (une spire pour une machine bipolaire). C'est dans cette hypothèse qu'on se place souvent pour donner la théorie de ces machines; mais cette théorie, telle qu'elle est présentée ordinairement, est incomplète, parce qu'on néglige la réaction des courants induits sur le système inducteur, bien que les nombres d'ampères-tours de l'induit et de l'inducteur soient presque égaux dès que le moteur travaille; c'est cette théorie des moteurs à spire unique, plus compliquée que celle des moteurs à spires nombreuses, que je vais exposer. Pour ne pas allonger les calculs, je supposerai que chaque courant inducteur est réparti sur l'anneau de manière à fournir un champ sinusoïdal, c'est-à-dire que, à chaque instant, la composante radiale de la force magnétique dans l'entrefer est proportionnelle à une fonction sinusoïdale de l'angle au centre, si la machine est bipolaire, ou d'un multiple de cet angle, si elle est multipolaire.

II. Soit un inducteur portant deux enroulements C à angle droit, faisant partie de deux circuits, sièges de forces électromotrices $E \sin \omega_1 t$, $E \cos \omega_1 t$, engendrant dans l'entrefer un flux sinusoïdal qui tourne avec la vitesse angulaire ω_1. Le fer de l'armature porte une spire unique, de résistance R_1; si ω_2 est la vitesse de rotation de l'armature la spire est le siège de courants alternatifs de fréquence $\dfrac{1}{2\pi}(\omega_1 - \omega_2) = \dfrac{1}{2\pi}\omega$, et le flux alternatif ainsi produit est entraîné avec la vitesse ω_2 par l'armature ; mais ce flux est lui-même la somme de deux flux sinusoïdaux égaux, se déplaçant par rapport à l'armature avec les vitesses $\pm\,\omega$, se déplaçant par suite dans l'espace avec les vitesses $\omega_2 \pm \omega$; c'est-à-dire ω_1 et $2\,\omega_2 - \omega_1$.

Le premier combiné avec le flux sinusoïdal dû aux inducteurs est ce qu'on nomme ordinairement le *flux magnétisant ;* c'est également ce premier flux qui produit la force contre-électromotrice de période $\dfrac{2\pi}{\omega_1}$ dans les circuits inducteurs. Quant au second, on le néglige dans les théories dites *élémentaires ;* il est clair, cependant, qu'à ce flux correspond une force électromotrice dans les circuits C_1 et des courants de période $\dfrac{2\pi}{2\,\omega_2 - \omega_1}$, et un nouveau couple électromagnétique, dont le sens change avec le signe de $2\,\omega_2 - \omega_1$.

III. Le calcul confirme ce raisonnement : si R, L sont la résistance et le coefficient de self-induction des circuits C ; I_1 et I_2 les intensités des courants qui y circulent ; R_1, L_1 la résistance et la self-induction de la spire unique ; enfin, $M \sin \omega_2 t$, $M \cos \omega_2 t$ les coefficients d'induction mutuelle de cette spire et des circuits C (ce qui exprime que le flux est sinusoïdal dans l'entrefer) ; I l'intensité dans la spire, le flux à travers la spire sera $M(I_1 \sin \omega_2 t + I_2 \cos \omega_2 t) = MX$; il sera commode de poser

$$I_1 \cos \omega_2 t - I_2 \sin \omega_2 t = Y.$$

MY est la dérivée du flux par rapport à l'angle au centre, de sorte qu'on aura

$$I_1 = X \sin \omega_2 t + Y \cos \omega_2 t, \qquad I_2 = X \cos \omega_2 t - Y \sin \omega_2 t.$$

Les équations bien connues deviennent

$$(1) \qquad E \cos(\omega_1 - \omega_2) t = RX + LX' - L\omega_2 Y + I'M,$$

$$(2) \qquad E \sin(\omega_1 - \omega_2) t = RY + LY' - L\omega_2 X + \omega_2 IM,$$

$$(3) \qquad R_1 I + L_1 I' + MX' = 0,$$

ce qui montre que I et X, Y sont des fonctions sinusoïdales du temps de période $\dfrac{2\pi}{\omega}$, mais, par suite, que I_1 et I_2 sont les sommes de fonctions périodiques, de périodes $\dfrac{2\pi}{\omega_1}$ et $\dfrac{2\pi}{2\,\omega_2 - \omega_1}$ ou $\dfrac{2\pi}{\omega_2 - \omega}$.

IV. Quant au couple, sa valeur MYI est de période $\frac{2\pi}{\omega}$. Pour obtenir sa valeur moyenne, on remarquera qu'en dérivant l'équation (1) par rapport au temps, ajoutant l'équation (2) après en avoir multiplié les deux membres par $\omega = \omega_1 - \omega_2$, et posant ensuite $Z\omega = X' + \omega Y$, on obtient (¹)

$$0 = R\omega Z + L(\omega - \omega_2)Z' = MI\omega(\omega - \omega_2);$$

par suite, la valeur moyenne de ZI pendant une période est

$$\overline{ZI} = \frac{MR(\omega - \omega_2)}{R^2 + L^2(\omega - \omega_2)^2} I^2_{\text{eff.}}$$

D'après l'équation (3), la valeur moyenne de $X'I$ est $-\dfrac{R_1}{M} I^2_{\text{eff.}}$

Le couple est la valeur moyenne de

$$M\left(Z - \frac{X'}{\omega}\right):$$

il est donc

$$M\left[\frac{R_1}{M\omega} + \frac{MR(\omega - \omega_2)}{R^2 + L^2(\omega - \omega_2)^2}\right] I^2_{\text{eff.}}$$

Ce couple est toujours moteur, si ω est plus grand que ω_2, ou si ω_2 est inférieur à la moitié de ω; mais il peut devenir négatif ou résistant, si ω_2 dépasse cette valeur; par exemple, si l'on a

$$4R_1 L < M^2\left(\omega_1 - \frac{R}{L}\right),$$

le couple sera résistant pour une vitesse de rotation

$$\omega_2 = \frac{1}{2}\left(\omega_1 + \frac{R}{L}\right).$$

Comme le couple est moteur pour $\omega_2 = 0$, et pour les valeurs de ω_2 suffisamment grandes, il s'annulera deux fois entre $\omega_2 = 0$ et $\omega_2 = \omega_1$; son allure en fonction de ω_2 sera analogue à celle qui a été étudiée dans la Note précédente : il y aura deux vitesses de régime à faible charge, avec cette différence que la petite vitesse sera voisine de $\frac{\omega_1}{2}$, au lieu d'être voisine de $\frac{\omega_1}{3}$, et qu'on doit avoir égard à la nature des circuits inducteurs.

(¹) Il faut tenir compte de ce que $I'' + \omega^2 I = X'' + \omega^2 X = Y'' + \omega^2 Y = 0$.

DIAGRAMMES DE FONCTIONNEMENT

DES

TRANSFORMATEURS A COURANTS ALTERNATIFS

ET DES

MOTEURS ASYNCHRONES.

Cours autographié de l'École des Mines, 1894-1895, 19ᵉ leçon, p. 2 à 6.

Équations générales des transformateurs. — Soient R_1, L_1, R_2, L_2 les résistances et les coefficients de self-induction du primaire et du secondaire d'un transformateur; M leur coefficient d'induction mutuelle: U_1 la différence de potentiel aux bornes du primaire; I_1, I_2 les intensités de courants dans les deux circuits. On a

$$(1) \quad \begin{cases} U_1 = R_1 I_1 + L_1 \dfrac{dI_1}{dt} + M \dfrac{dI_2}{dt}, \\[2mm] O = R_2 I_2 + L_2 \dfrac{dI_2}{dt} + M \dfrac{dI_1}{dt}. \end{cases}$$

Établissement du diagramme général des transformateurs. — La seconde des équations (1) montre que $- M \dfrac{dI_1}{dt}$ ou $- M \omega I_1$ (force électro-motrice du circuit secondaire produite par la variation du courant primaire) est l'hypoténuse du triangle rectangle construit sur $R_2 I_2$ et $L_2 \dfrac{dI_2}{dt}$ ou $L \omega I_2$, et dont l'angle φ_2 (*fig.* 49 *bis*) est l'angle aigu défini par

$$\tan \varphi_2 = \frac{L_2 \omega}{R_2}.$$

Nous compterons ici et dans ce qui suit, les angles positivement dans le sens des aiguilles d'une montre.

Donnant à I_1 une direction (phase) arbitraire, $M \dfrac{dI_1}{dt}$ est en avance de $\frac{\pi}{2}$, ou $-\mathrm{M}\frac{dI_1}{dt}$ en retard de $\frac{\pi}{2}$ sur I_1; I_2 est en retard encore de φ_2 sur sa force électromotrice, soit en tout de $\frac{\pi}{2}+\varphi_2$ sur I_1, tandis que $L_2\frac{dI_2}{dt}$ n'est en retard sur I_1 que de φ_2.

Fig. 49 *bis*.

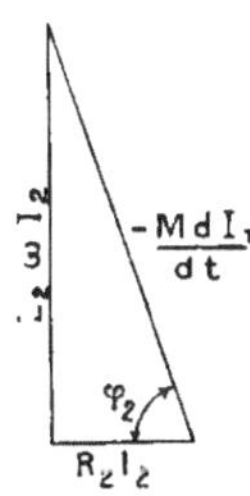

Par conséquent, si I_1 a la direction OX (*fig.* 50), OA étant perpendiculaire à OX et $\widehat{\mathrm{AOB}}$ égal à φ_2, un triangle tel que OBA représentera : par son côté $\overline{\mathrm{OA}}$, $\left(-\mathrm{M}\dfrac{dI_1}{dt}\right)$; par son côté $\overline{\mathrm{OB}}$, $R_2 I_2$; par $\overline{\mathrm{BA}}$, $L_2\dfrac{dI_2}{dt}$. Si l'on passe à la première des équations (1), il est alors facile, I_1 étant supposé connu, de construire U_1 qui est la résultante de $R_1 I_1$, de $L_1\dfrac{dI_1}{dt}$ et de $M\dfrac{dI_2}{dt}$. Le vecteur $R_1 I_1$ sera porté en OC suivant OX (*fig.* 51); $L_1\dfrac{dI_1}{dt}$

Fig. 50.

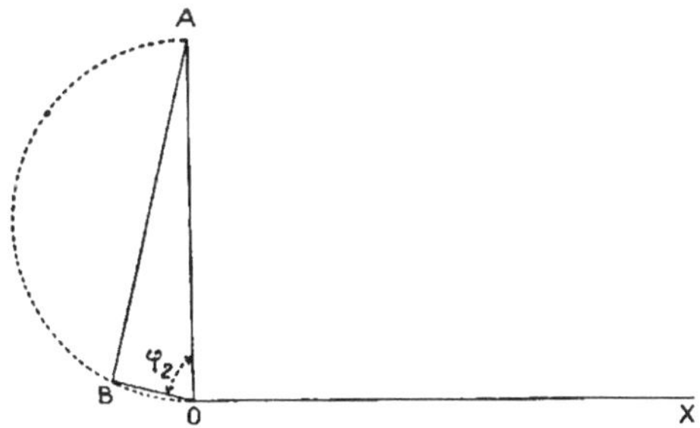

sera une droite de longueur $L_1\omega I_1$, qu'on portera en $\overline{\mathrm{CD}}$ perpendiculairement à OC et en avance par rapport à OC; enfin $M\dfrac{dI_2}{dt}$ est parallèle à BA et de même sens, et sa longueur $\overline{\mathrm{DF}}=M\omega I_2$ est à $\overline{\mathrm{BA}}$ comme

M est à L_2. La droite OF représentera U_1, et $\widehat{FOX}$ le retard de I_1 sur U_1.

Le diagramme reste semblable à lui-même si l'on fait varier I_1; par suite, si on le construit en portant $\overline{OC} = R_1$, $\overline{CD} = L_1\omega$, $\overline{OA} = M\omega$, dessinant l'angle $\widehat{AOB}$ ou φ_2 tel que $\operatorname{tang} \widehat{AOB} = \dfrac{L_2\omega}{R_2}$ et achevant la construction, la grandeur OF représentera le quotient $\dfrac{U_1}{I_1}$, c'est-à-dire l'impédance du transformateur; $\overline{OG}$ et $\overline{GF}$ représenteront la résistance et la réactance que devrait présenter une simple partie de circuit pour que le courant y eût la même intensité et la même différence de phase par rapport à U_1 que le courant passant dans le primaire; $\overline{OB}$ sera $R_2 \dfrac{I_2}{I_1}$ et $\overline{BA}$ sera $L_2\omega \dfrac{I_2}{I_1}$; le rapport des intensités du secondaire et du primaire sera connu.

Dans l'usage habituel des transformateurs employés pour l'éclairage, R_1, L_1, L_2, M sont donnés; on fait varier R_2, résistance du secondaire ou circuit d'utilisation, par exemple en branchant un nombre variable de lampes en dérivation sur les bornes du secondaire. On fait donc varier φ_2, qui est d'autant plus ouvert $\left(\operatorname{tang} \varphi_2 = \dfrac{L_2\omega}{R_2} \right)$ que ce nombre de

Fig. 51.

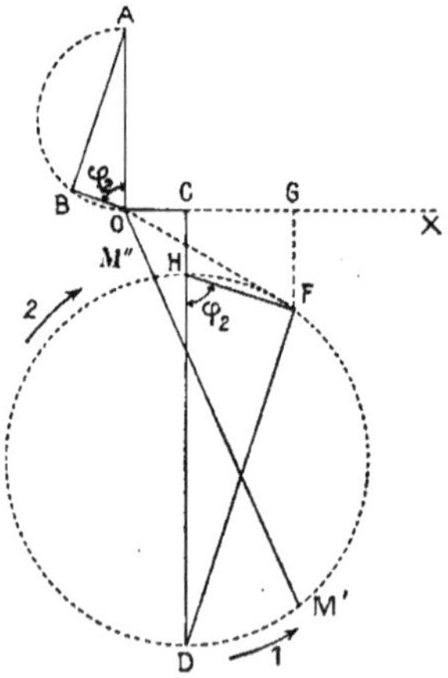

lampes est plus grand; le point se meut sur la demi-circonférence décrite sur OA comme diamètre; le point F décrit une autre demi-circonférence, puisque $\overline{\text{DF}}$ est parallèle à BA et que le rapport $\dfrac{\overline{\text{DF}}}{\overline{\text{BA}}} = \dfrac{\text{M}}{\text{L}_2}$ est constant.

Le diamètre DH de cette demi-circonférence est donc $\overline{\text{OA}}\,\dfrac{\text{M}}{\text{L}_2} = \dfrac{\text{M}^2\omega}{\text{L}_2}$; CH est égal à $\left(\text{L}_1 - \dfrac{\text{M}^2}{\text{L}_2}\right)\omega$, valeur toujours positive. Pour obtenir le point F, il suffira de mener par H une droite $\overline{\text{HF}}$ formant l'angle φ_2 avec $\overline{\text{DH}}$ et de lui donner pour longueur $\dfrac{\text{M}}{\text{L}_2}$ OB, ou

$$\text{DH}\cos\varphi_2 = \dfrac{\text{M}^2\omega}{\text{L}_2}\cos\varphi_2 = \dfrac{\text{M}^2\omega\,\text{R}_2}{\text{L}_2\sqrt{\text{R}_2^2 + \text{L}_2^2\,\omega^2}}.$$

L'impédance OF est la résultante des trois droites $\text{OC} = \text{R}_1$, $\overline{\text{CH}} = \left(\text{L}_1 - \dfrac{\text{M}^2}{\text{L}_2}\right)\omega$ et $\overline{\text{HF}}$. Le transformateur se comporte comme si la résistance du primaire avait augmenté et était devenue

$$\text{R}_1 + \overline{\text{CG}} = \text{R}_1 + \text{HF}\sin\varphi_2 = \text{R}_1 + \dfrac{\text{M}^2\omega^2}{\text{R}_2^2 + \text{L}_2^2\,\omega^2}\,\text{R}_2,$$

tandis que son coefficient de self-induction serait réduit à

$$\dfrac{1}{\omega}\left(\overline{\text{CH}} + \overline{\text{HF}}\cos\varphi_2\right) = \text{L}_1 - \dfrac{\text{M}^2}{\text{L}_2}\,\dfrac{\omega^2\text{L}_2^2}{\text{R}_2^2 + \text{L}_2^2\,\omega^2}.$$

Conséquences pratiques. — En pratique, si faible que soit la charge sous laquelle le transformateur travaille, c'est-à-dire si petit que soit le nombre de lampes en dérivation et par conséquent si grand que soit R_2, R_2 n'est qu'une faible fraction de $\text{L}_2\omega$; l'angle aigu φ_2 est toujours fortement ouvert ; $\overline{\text{HF}}$ diffère peu de $\dfrac{\text{M}^2\text{R}_2}{\text{L}_2^2}$; la self-induction du primaire, d'après l'égalité précédente, est très affaiblie, ce qu'on exprime en disant que le secondaire fermé détruit la self-induction du primaire.

Dans un transformateur parfait, $\overline{\text{OC}}$ et $\overline{\text{CH}}$ devraient être nuls ; $\overline{\text{OF}}$ se confondrait avec $\overline{\text{HF}}$, et par suite on aurait $\text{OB} = \dfrac{\text{L}_2}{\text{M}}\,\overline{\text{OF}}$, c'est-à-dire $\text{R}_2\text{I}_2 = \dfrac{\text{L}_2\text{U}_1}{\text{M}}$. Ainsi, une force électromotrice efficace constante, maintenue aux bornes du primaire, donnerait dans le circuit secondaire une force électromotrice totale (induction provenant du primaire + self-induction) constante. Le circuit secondaire se compose de deux parties : l'une intérieure dont la self-induction est L_2 et dont nous appellerons la résistance r, l'autre de résistance $\text{R} - r$ et de self-induction nulle. La

P.

différence de potentiel U_2 aux bornes du secondaire serait, dans le cas considéré,

$$U_2 = (R_2 - r)\, I_2 = \frac{L_2 U_1}{M} - r\, I_2;$$

pour U_1 constant, elle baisserait donc à mesure que le débit correspondant à l'ensemble des lampes en dérivation, c'est-à-dire la charge, augmenterait.

Si le transformateur n'est pas parfait, $\overline{OC}$ et $\overline{CH}$ ne sont pas nuls; on a

$$R_2 I_2 = \overline{OB} = \frac{L_2}{M} \overline{HF} = \frac{L_2 U_1}{M} \frac{HF}{OF}$$

et, par suite,

$$U_2 = (R_2 - r)\, I_2 = \frac{L_2 U_1}{M} \frac{\overline{HF}}{\overline{OF}} - r\, I_2.$$

Supposons encore que, U_1 étant maintenu constant, on augmente I_2 en diminuant $R_2 - r$, c'est-à-dire qu'on augmente le nombre des lampes en dérivation sur la partie extérieure du circuit secondaire; R_2 diminue, φ_2 augmente; le point F se rapproche de H sur sa demi-circonférence, et l'on voit aisément que le rapport $\dfrac{\overline{HF}}{\overline{OF}}$ diminue. Par conséquent, U_2 diminue pour une double raison.

Or, un transformateur ne peut être utilisé pour l'éclairage par incandescence qu'à la condition que U_2 ne varie que de 3 à 4 pour 100 au plus quand I_2 varie de zéro à la pleine charge. Il faut donc, d'une part, que $r\, I_2$ soit une très petite fraction de $\dfrac{L_2 U_1}{M}$; d'autre part, que $\dfrac{\overline{HF}}{\overline{OF}}$ soit très voisin de l'unité, et à cet effet il faut : 1° que $\overline{CH}$ ou $L_1 - \dfrac{M^2}{L_2}$ soit très petit, c'est-à-dire que toutes les spires primaires et secondaires soient traversées par des flux très sensiblement égaux (circuit magnétique exempt de *fuites magnétiques*); 2° que, même pour le débit I_2 maximum (cas où φ_2 a sa plus grande valeur) $\overline{OC}$ soit très petit devant $\overline{OF}$, c'est-à-dire que $R_1 I_1$ soit, même pour le maximum de charge, une faible fraction de U_1.

Ces conditions sont réalisées dans les transformateurs que l'on construit aujourd'hui.

Si l'on complète le demi-cercle HFD on a

$$OM'' \times OM' = \text{const.} = R_1^2 + \frac{L_1 (L_1 L_2 - M^2)}{L_2} \omega^2,$$

d'où $\left(OM' \text{ étant égal à } \dfrac{U_1}{I_1} \right)$,

$$I_{1\,\text{eff}} = \frac{U_{1\,\text{eff}}}{R_1^2 + \dfrac{L_1(L_1 L_2 - M^2)}{L_2}\,\omega^2}\; OM''.$$

Ainsi les variations du courant primaire sont proportionnelles à OM''.

Partons d'une charge nulle, c'est-à-dire du point D; la charge augmentant, M' se déplace dans le sens de la flèche 1 et M'' dans le sens de la flèche 2. On voit qu'en prenant le cas le plus général, l'intensité du courant primaire commence par diminuer légèrement quand la charge augmente à partir de zéro jusqu'à une faible valeur, puis croît ensuite régulièrement.

Application. Diagramme de fonctionnement des moteurs asynchrones déduit du diagramme des transformateurs. — Pour fixer les idées, soit (*fig.* 52) un inducteur en forme d'anneau de fer feuilleté, concentrique

Fig. 52.

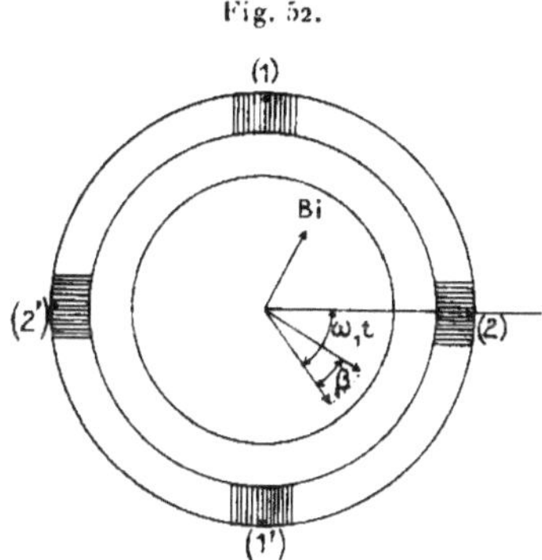

à l'induit et portant quatre enroulements dont deux (1) et (1') sont parcourus par le même courant $I_1 \sin \omega_1 t$, tandis que les deux autres (2) et (2') sont parcourus par le courant $I_1 \cos \omega_1 t$. Les flèches indiquent le sens du courant sur la face avant de l'anneau quand $\omega_1 t = 90°$ pour les courants (1) et (1'), quand $\omega_1 t = 0$ pour les courants (2) et (2'). Le champ tourne donc dans le sens direct avec la vitesse ω_1; soient $\mathfrak{B}_c$, $\mathfrak{B}_i$, $\mathfrak{B}$ les valeurs de l'induction produites dans le rotor respectivement par le stator seul, par le rotor seul, et par les deux ensemble; l'induction $\mathfrak{B}_c$ fait l'angle $\omega_1 t$ avec l'horizontale, car elle est horizontale et dirigée vers la droite quand $t = 0$.

L'induction totale $\mathfrak{vb}$ est en retard de l'angle β,

$$\operatorname{tang}\beta = \frac{L\,\omega}{R} = \frac{L\,(\omega_1 - \omega_2)}{R},$$

et l'induction $\mathfrak{vb}_i$ de l'angle $\frac{\pi}{2} + \beta$. La spire où passe le courant maximum est normale à $\mathfrak{vb}_i$ et fait l'angle $(\omega_1 t - \beta)$ avec l'horizon. Le flux créé par l'induit se ferme dans le fer doux inducteur et la portion qui passe dans les spires de (1) et (1′) est maximum quand $\mathfrak{vb}$ est parallèle à ces spires, c'est-à-dire quand $\omega_1 t - \beta = 0$, nulle quand $\omega_1 t - \beta = \frac{\pi}{2}$. Ce flux varie proportionnellement à $-\cos(\omega_1 t - \beta)$, le signe $-$ indiquant que le flux en question entre dans ces spires par le haut quand $\cos(\omega_1 t - \beta)$ est positif, c'est-à-dire quand $\mathfrak{vb}$ est, sur la figure, dirigé au-dessous de l'horizontale.

La force électromotrice induite dans ces spires varie donc proportionnellement à $-\omega_1 \sin(\omega_1 t - \beta)$; on peut la représenter par

$$-A_1 I_1 \omega_1 \sin(\omega_1 t - \beta),$$

en appelant $A_1 I_1$ le flux maximum qui passe dans les spires (1) au moment où l'on a $\omega_1 t = \beta$, c'est-à-dire où $\mathfrak{vb}$ est horizontal. Nous représentons ce flux maximum par $A_1 I_1$, parce qu'il est évidemment proportionnel a $\mathfrak{vb}_e$, et par suite à I_1 quand on n'a pas égard à la variation de perméabilité magnétique du fer.

L'application de la formule $U = RI - E$ au circuit inducteur (1)(1′) donne alors, R_1 et L_1 étant la résistance et la self-induction de ce circuit,

$$U = R_1 I_1 \sin\omega_1 t + L_1 \omega_1 I_1 \cos\omega_1 t + A_1 I_1 \omega_1 \sin(\omega_1 t - \beta).$$

Cette égalité peut s'écrire identiquement

$$U = (R_1 + A_1 \omega_1 \cos\beta) I_1 \sin\omega_1 t + (L_1 - A_1 \sin\beta)\omega_1 I_1 \cos\omega_1 t.$$

C'est dire que le circuit inducteur (1)(1′) se comporte comme s'il avait une résistance et une self-induction

$$R' = R_1 + A_1 \omega_1 \cos\beta; \qquad L' = L_1 - A_1 \sin\beta.$$

Quant à la valeur absolue de A_1, on peut la calculer ainsi :

Puisque $-A_1 I_1 \omega_1 \sin(\omega_1 t - \beta)$ est la force électromotrice induite dans ce circuit et que la différence de phase entre cette force électromotrice et l'intensité $I_1 \sin\omega_1 t$ est $180° + \beta$, cela signifie que la puissance $\frac{1}{2} A_1 I_1^2 \omega_1 \cos\beta$ est cédée par le circuit (1)(1′) aux corps extérieurs, c'est-à-dire ici à l'induit. Le circuit (2)(2′) en fournit autant; la somme $A_1 I_1^2 \omega_1 \cos\beta$ doit donc être la puissance à dépenser, c'est-à-dire, d'après une expression connue,

$$\frac{1}{2}\frac{\Phi_e^2}{L}\,\omega_1\cos\beta\sin\beta,$$

d'où

$$A_1 = \frac{1}{2L}\frac{\Phi_e^2}{I_1^2}\sin\beta.$$

D'ailleurs $\dfrac{\Phi_e}{I_1}$ est le coefficient M d'induction mutuelle du circuit (1)(1′) et de la spire induite qui lui est parallèle; donc on a finalement

$$A_1 = \frac{M^2}{2\,L_1}\sin\beta.$$

La valeur de U, différence de potentiel aux bornes de l'enroulement de chacun des courants inducteurs, se prête à l'interprétation graphique habituelle. Considérons, pour fixer les idées, l'inducteur (1)(1′). Portons $\overline{R_1 I_1}$ de O en A, $L_1\omega_1 I_1$ de A en B (*fig.* 53).

Fig. 53.

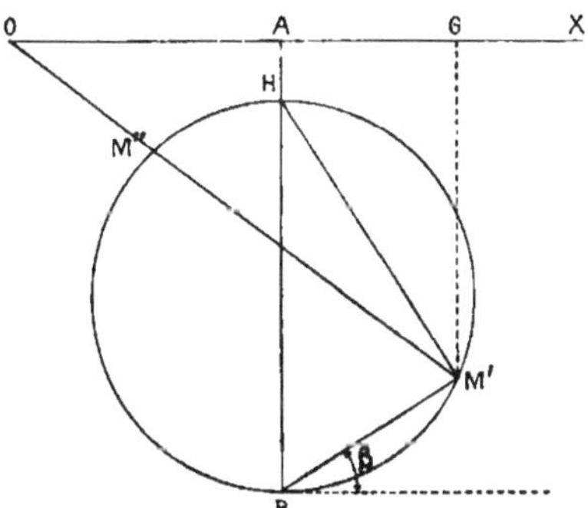

Il faudra ensuite porter sur BM′, qui est en retard sur OA de l'angle β, une longueur $A_1 I_1 \omega_1$, et la ligne OM′ représentera U en grandeur maximum et en phase. L'angle M′OX est l'avance ψ de U sur I_1; et le diagramme fait voir que l'énergie totale dépensée dans l'inducteur, $\frac{1}{2}U I_1\cos\psi = \frac{1}{2}I_1\times\overline{OG}$ est la somme de la puissance dépensée dans l'induit $\frac{1}{2}(A_1 I_1\omega\cos\beta\times I_1) = \frac{1}{2}\overline{AG}\times I_1$ (relativement à cet inducteur seul) et de la puissance correspondant à la chaleur dégagée, savoir [1]

$$\frac{1}{2}\,OA \times I_1 = \frac{1}{2}\,R_1 I_1^2.$$

Si l'on a simplement porté $\overline{OA} = R_1$, $\overline{AB} = L_1\omega_1$ et $\overline{BM'} = A_1\omega$, $\overline{OM'}$ représentera $\dfrac{U}{I_1}$ ou l'impédance du système lorsque l'induit tourn avec la vitesse $\omega = \dfrac{R}{L}\,\mathrm{tang}\,\beta$.

Lorsque cette vitesse varie, le point M' se déplace sur la circonférence décrite sur $BH = \dfrac{M^2}{2L}\,\omega$ comme diamètre. Comme $2L$ est le coefficient de self-induction d'une spire induite, on voit que $\dfrac{M^2}{2L}$ est $< L_1$ ou $\overline{BH} < \overline{BA}$.

Le diagramme est, comme on voit, identique à celui d'un transformateur; la signification de β seule a changé.

A mesure que ω_1 augmente, la résistance fictive $\overline{OG}$ augmente, mais l'inductance $\overline{GM'}$ diminue, et, lorsque H et O sont très voisins, l'impédance diminue; par suite, si la différence de potentiel U aux bornes de l'inducteur est maintenue constante, I_1 croîtra avec la charge, et la différence de phase ψ décroîtra rapidement.

La discussion est très simple si l'on néglige R_1 et la différence entre L_1 et $\dfrac{M^2}{2L}$, c'est-à-dire les pertes magnétiques. L'impédance est alors

$$\frac{M^2\omega_1}{2L}\cos\beta,$$

d'où l'intensité

$$I_1 = \frac{2LU}{M^2\omega_1\cos\beta},$$

le flux

$$\Phi_e = M\,I_1$$

et le couple moteur

$$C = \frac{1}{2}\frac{M^2 I_1^2}{L}\cos\beta\sin\beta = \frac{2LU^2}{M^2\omega_1^2}\,\mathrm{tang}\,\beta,$$

avec

$$\mathrm{tang}\,\beta = \frac{L\omega}{R} = \frac{L(\omega_1 - \omega_2)}{R}.$$

Si l'on prend β comme variable, on construira facilement les courbes donnant I et C; le flux total dans l'induit $\Phi = \Phi_e\cos\beta$ reste constant et égal à $\dfrac{2LU}{M\omega_1}$ (*fig.* 54).

---

[1] I_1 désignant ici l'intensité maximum, $\dfrac{1}{2}\,R_1 I_1^2 = R_1\,(I_1)^2_{\mathrm{eff}}$.

Mais l'allure change si l'on tient compte de R_1 et des pertes; on trouve alors que le couple passe par un maximum pour une valeur de β supérieure à $45°$ dont le sinus est donné par

$$\sin^2\beta = \frac{R_1^2 + L_1^2\,\omega_1^2}{2(R_1^2 + L_1^2\,\omega_1^2) - \left[M^2 - \left(\frac{M^2}{2L}\right)^2\right]\omega_1^2},$$

Fig. 54.

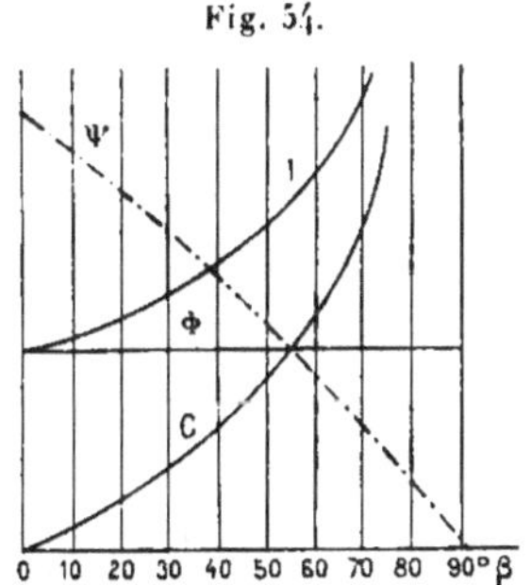

tandis que l'intensité I, d'abord décroissante, croît ensuite, mais non sans limite; et Φ diminue régulièrement à mesure que β augmente (*fig.* 55)

Fig. 55.

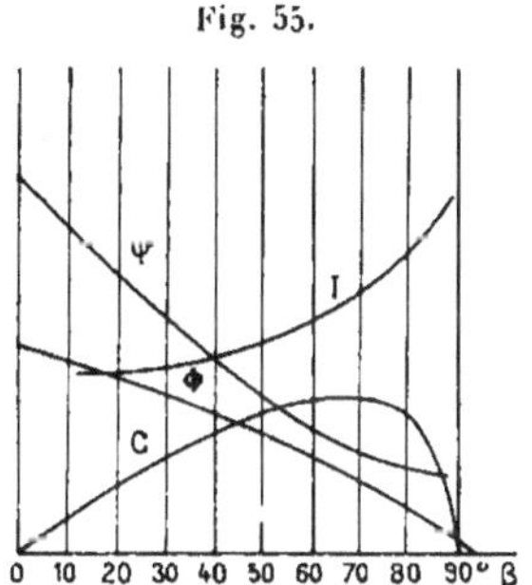

La puissance utile $C\omega_2 = C(\omega_1 - \omega)$ du moteur passe également par un maximum, mais s'annule pour $\omega = \omega_1$. La valeur correspondante de I est l'intensité maximum que l'inducteur ait à supporter. Suivant les valeurs relatives de R, L, R_1 et ω_1, le couple au démarrage peut être plus ou moins notablement inférieur au maximum. Mais on pourra toujours en modifiant R faire en sorte que le couple soit plus grand au démarrage que pour une vitesse quelconque du moteur différente de zéro, et avoir par suite un régime stable à toute charge. En effet, si β_1 est la valeur de β qui correspond au couple maximum pour des valeurs déterminées de R_1, L_1 et L, on pourra toujours choisir R de telle sorte que $\tang\beta_1$ soit plus grand que $\dfrac{L\omega}{R}$; il suffit donc d'augmenter la résistance intérieure de l'induit fermé pour obtenir cette stabilité de régime.

Pour les petites valeurs de β, les valeurs de ψ et de I sont sujettes aux mêmes réserves que pour les transformateurs, à cause de l'hystérésis.

Pour un inducteur donné (par conséquent R_1 et L_1 donnés) et un diamètre d'induit déterminé, le couple ne dépend que du rapport $\dfrac{R}{\omega} = L\,\tang\beta$; la valeur de ω correspondant à un couple déterminé varie donc proportionnellement à R et, comme le rendement de l'induit est $\dfrac{\omega_2}{\omega_1} = 1 - \dfrac{\omega}{\omega_1}$, on est conduit à donner à R de faibles valeurs pour avoir un bon rendement, et à la vitesse normale du moteur une valeur peu différente de ω_1, vitesse théorique à vide. Mais, si R est trop faible, l'inégalité $\tang\beta_1 > \dfrac{L\,\omega_1}{R}$ n'est plus vérifiée et le moteur, tout en prenant un courant très intense au repos ($\omega = \omega_1$) ne possède pas un couple suffisant pour démarrer sous charge. Pour concilier les grands rendements à charge normale et une valeur élevée du couple au démarrage, on introduit des résistances dans les circuits fermés de l'induit au départ et on les supprime une fois le moteur en vitesse.

Le diagramme (*fig.* 53) montre aussi que, si les pertes magnétiques ne sont pas négligeables, ou si $L_1 - \dfrac{M^2}{L}$ est comparable à L_1, la différence de phase ψ conserve une valeur notable, et que la ligne a à supporter un courant efficace I_1 plus grand que celui qui correspondrait à la même puissance en courant continu, pour le même voltage U efficace, dans le rapport de 1 à $\cos\psi$.

Des condensateurs mis en dérivation aux bornes du moteur, pourvu que leur capacité ne soit pas exagérée, réduisent le courant de ligne I pour une même valeur du courant I_1 dans l'inducteur du moteur ([1]).

([1]) Le diagramme très important de la figure 53, qu'on appelle aujourd'hui à tort en Allemagne *Diagramme d'Ossana*, est dû, comme on le voit, à M. Potier. Plus récemment, M. Grob (*Elektrotechnische Zeitschrift*, 1904) et M. Bethenod (*Éclairage électrique*, 13 août 1904) en ont complété indépendamment le tracé et montré qu'il permet de représenter également le couple et la puissance des moteurs.

D'autre part, M. Bedell, en 1896 (*Éclairage électrique*, t. X, p. 78), a fait la même application à l'étude des transformateurs.

Tout cela montre l'intérêt capital qu'avait en 1894 le Mémoire fécond de M. Potier.

(*Note de l'Éditeur.*)

SUR LES

PRÉCAUTIONS A PRENDRE CONTRE L'ÉLECTROLYSE

DANS

L'ÉTABLISSEMENT DES VOIES DE TRAMWAYS.

Bulletin de la Société internationale des Électriciens, t. XIII, mai 1896, p. 176.

La plupart des troubles causés par l'exploitation des tramways, dont les rails servent de retour au courant, sont dus aux différences de potentiel entre les divers points du rail; dès que la différence entre deux points excède la force contre-électromotrice de polarisation, un courant permanent s'établit dans le sol au voisinage du rail; de même que, lorsqu'un conducteur est plongé dans l'eau, une partie du courant est dérivée à travers l'eau, dès que la différence de potentiel entre les points d'entrée et de sortie du conducteur dépasse une valeur un peu variable avec la nature du conducteur, mais qui ne s'éloigne pas beaucoup de 2 volts. Lorsque des courants se sont ainsi établis dans le sol, les différents points de celui-ci sont à des potentiels différents; et un conducteur, plongé dans ce sol, sera également parcouru par des courants deux fois dérivés en quelque sorte, et qui deviendront permanents à leur tour si la différence de potentiel entre deux points du sol, au voisinage du conducteur, excède la polarisation déterminée à la surface de celui-ci par l'entrée et la sortie du courant qui y est dérivé. De sorte que, si p est la polarisation de deux électrodes dans le liquide qui imbibe le sol et le rend conducteur, un courant suivant le conducteur AB (*fig.* 56) déter-

Fig. 56.

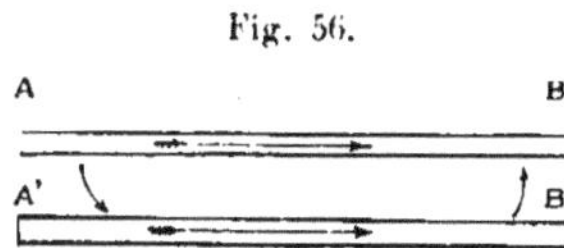

minera des courants dérivés dans le sol quand la différence de potentiel entre A et B excédera p et, dans le conducteur parallèle A'B', si cette différence entre A et B est suffisante pour compenser : 1° $2p$, somme des polarisations entre A et A', B et B'; 2° la perte de charge due au passage du courant de A en A' et de B en B'.

Ces résultats ne sont pas seulement des inductions théoriques; l'expérience les confirme soit au laboratoire, soit dans la pratique; on obtient des actions électrolytiques nettes sur un tube de plomb placé entre deux plaques reliées aux pôles d'une batterie de 3 accumulateurs et occupant les $\frac{9}{10}$ de l'intervalle de ces plaques (*fig.* 57); d'autre part, un tuyau

Fig. 57.

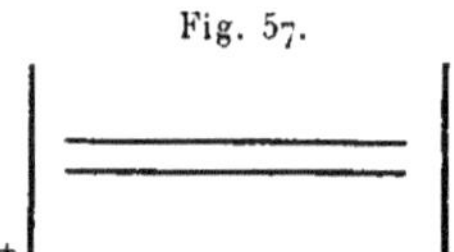

de plomb, placé normalement aux lignes de courant entre deux tuyaux reliés aux pôles d'une batterie donnant 84 volts pendant 200 heures, n'a

Fig. 58.

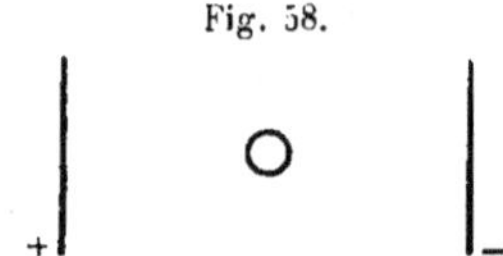

présenté qu'une coloration brune d'un côté et pas de trace d'électrolyse permanente, ce qui tient à ce que la différence de potentiel aux deux extrémités d'un diamètre n'atteignait pas 2 volts.

On peut donc affirmer que l'électrolyse de masses importantes d'une dimension notable dans le sens de la longueur d'une voie de tramway est certaine si la différence de potentiel correspondant à sa longueur dépasse une limite qui n'a pas été fixée avec précision et peut dépendre de leur nature, mais ne saurait être éloignée de 4 ou 5 volts.

EXAMEN DE QUELQUES PROCÉDÉS DESTINÉS A ÉVITER L'ÉLECTROLYSE.

Pour éviter les effets désastreux d'une électrolyse prolongée, deux catégories de moyens ont été proposées : 1° en utilisant la propriété du courant de ne ronger que les anodes; 2° en réduisant la différence de potentiel.

PREMIÈRE CATÉGORIE. — Si le courant qui parcourt la voie est dirigé de l'extrémité A vers l'extrémité B (*fig.* 59), on protégera un conducteur continu A′B′ en le reliant métalliquement à B ; la surface de A′B′ tout entière recevant le courant, celui-ci y amènera des produits réducteurs ou alcalins sans inconvénient, l'oxydation se portera tout entière sur la voie, surtout vers A.

Ce procédé est efficace et sans inconvénient : 1° si la masse A′B′ est parfaitement continue et conductrice ; mais, si elle présente une interruption, l'électrolyse s'y produira bien plus rapidement qu'avant la jonc-

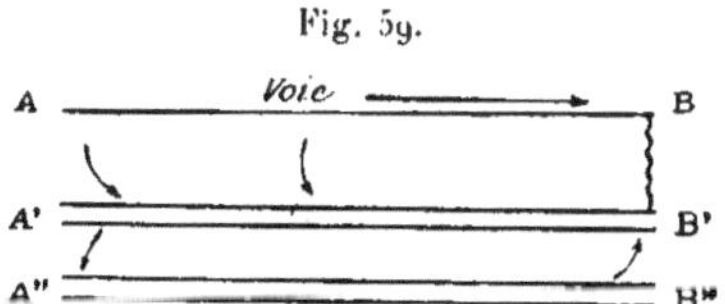

Fig. 59.

tion, le courant dérivé à travers A′B′ étant doublé par la suppression de la résistance BB′ et de la polarisation correspondante ; 2° si la même masse est assez courte pour que la différence de potentiel entre A′ et B′ ne dépasse pas sensiblement 4 à 5 volts ; par exemple, si, entre A et B, on a 30 volts, le courant A′B′ peut être assez intense pour qu'il y ait

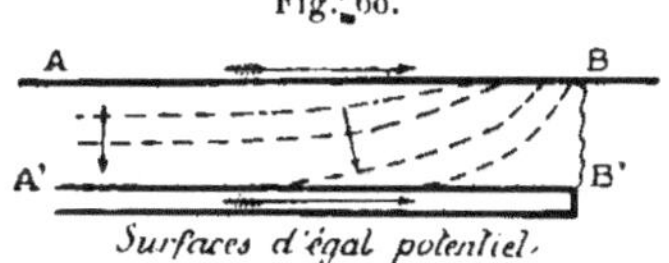

Fig. 60.

7 volts ou 8 volts entre A′ et B′ ([1]), d'où électrolyse possible de A″B″, et électrolyse de l'extrémité A′ ; 3° s'il est absolument impossible qu'un isolement défectueux ne permette au conducteur alimentant le trolley de se décharger directement sur la voie ou la génératrice, en empruntant le conducteur A′B′ à protéger.

Malgré ces exceptions, le procédé semble applicable dans bien des cas, et devoir être recommandé si l'électrolyse seule est à craindre ; si l'on a à se préoccuper des dérivations par la terre, par exemple si les plaques de terre d'une ligne télégraphique se trouvent dans le voisinage de A et de B, cette disposition n'améliorera pas l'état de choses préexistant.

Je passe sous silence le procédé, recommandé récemment, de mettre le pôle + de la génératrice aux rails, s'il y avait électrolyse avec le

---

([1]) Un courant dérivé en A′B′ assez intense pour que la différence de potentiel entre A′ et B′ dépasse 5 volts est un courant *dangereux* pour ce conducteur.

pôle — aux rails, dans les environs de la génératrice. Il y a une électrolyse égale, avec le pôle +, mais à l'autre extrémité du rail; si la génératrice dessert un réseau, l'électrolyse marche plus lentement, mais sur une étendue considérable; l'apparition des premiers dégâts est retardée, mais ils auront lieu sur plus de points.

DEUXIÈME CATÉGORIE. — On cherche à diminuer la différence de potentiel entre les extrémités de la voie.

Quelque bien établie que soit cette voie, en admettant que les rails soient soudés entre eux, ou réunis par des attaches irréprochables, la résistance de 1^{km} de voie simple, avec des rails pesant 40^{kg}, est de 14 millièmes d'ohm; soit, pour une double voie, 7 millièmes. Sur une ligne de 10^{km}, des voitures espacées de 1^{km} en moyenne, au nombre de 20 sur les deux voies, consommant chacune 20 ampères (^{1}), donnent un courant normal de 400 ampères, ou une différence de potentiel de

$$\frac{400 \times 0,07}{2} = 14 \text{ volts}$$ entre les deux extrémités, susceptible de produire

des effets électrolytiques; on supposera l'usine génératrice à une extrémité de la ligne, hypothèse défavorable, mais qui serait réalisée dans une grande ville.

Pour réduire cette différence de potentiel, on ne peut songer à l'emploi d'un conducteur en cuivre doublant la voie; car, pour produire l'effet voulu, sa conductance devrait être double de celle de la voie, ou sa résistance de $0,0035$ ohm par kilomètre, ce qui suppose une section de 50^{cm^2}, ou un poids de 45^{kg} par mètre, ou 450 tonnes pour la ligne.

Premier procédé. — Si l'on suppose la ligne divisée en dix sections, chacune de 1^{km}, chaque section reliée à la génératrice par un fil de résistance R la même pour toutes, aboutissant au milieu par exemple, lorsque chaque section aura ses deux voitures au point de jonction, le courant de chaque voiture ira directement à la machine par ce fil, et aucun courant ne traversera les rails, qui seront au même potentiel sur toute leur longueur; et, si les voitures s'écartent de ce point, la différence de potentiel ne dépassera jamais la perte due au demi-courant des deux voitures sur une section de 1^{km}, soit $20 \times 0,007$ ou 14 centièmes de volt, quantité absolument insignifiante.

Le problème est bien résolu, mais à quel prix? Ici il y a deux sortes

---

(^{1}) Ce chiffre est celui qui résulte de la consommation de Boston, qui s'élève à 22 000 ampères avec 1100 voitures.

de dépenses nouvelles et variables en sens inverse l'une de l'autre :
1° dépense d'établissement, proportionnelle à la section ou en raison
inverse de la résistance R; 2° dépense d'exploitation correspondante à
une perte de $R \times \overline{40}^{2}$ watts par jonction, ou à une perte en volts de 40 R.
On sait comment, dans chaque cas particulier, d'après l'amortissement
et le prix de la houille, on détermine la valeur de R la plus avantageuse.

Fig. 61.

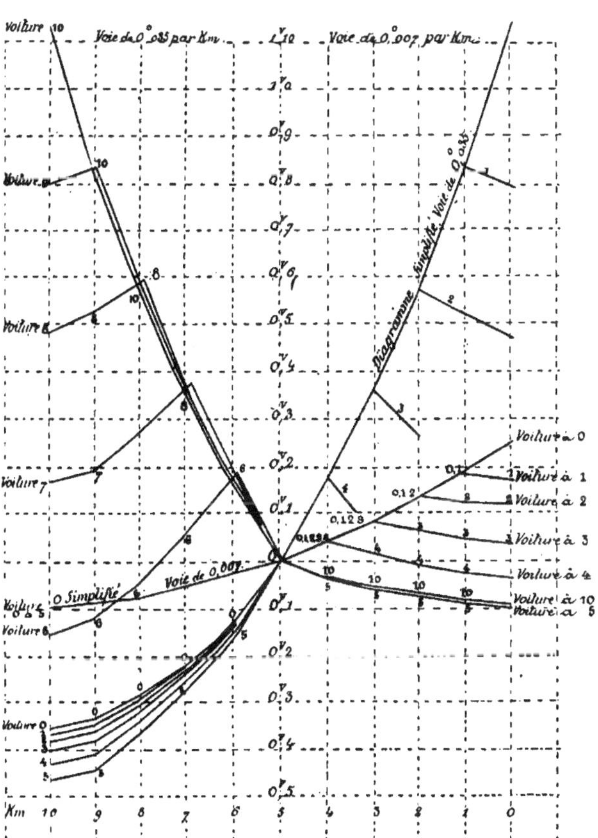

Pour fixer les idées, je supposerai que cela conduise à une perte de
80 volts, soit 16 pour 100 sur 500 volts, d'où R = 2; on aura à établir
dix conducteurs de 2 ohms, dont les longueurs sont $0^{km},5$, $1^{km},5$, ...,

$9^{km},5$ et dont les sections seront par suite, en millimètres carrés,

$$5^{mm^2}, \quad 15^{mm^2}, \quad \dots, \quad 95^{mm^2}.$$

ce qui donne un poids total de 3o tonnes de cuivre ($3^{m^2},325$) (¹).

Le nombre de dix sections a été choisi arbitrairement; mais il est facile de vérifier qu'on ne gagnerait rien à les multiplier, et qu'en voulant les réduire on augmenterait le poids du cuivre et les différences de potentiel sur la voie.

On peut encore chercher à se rendre compte de ce qui se passerait si les voitures étaient inégalement distribuées sur la voie; dans ce but, j'ai dressé le Tableau annexé, qui donne les différences de potentiel entre le milieu de la voie (point 5) et les points situés à 1^{km}, 2^{km}, 3^{km}, 4^{km}, 5^{km} à droite et à gauche, pour une voiture supposée successivement aux onze points o, 1, 2, 3, 4, 5, 6, 7, 8, 9, 1o; un diagramme (*fig.* 61) donne la représentation graphique des mêmes quantités, et il suffit de faire la somme des chiffres relatifs à diverses positions d'une voiture pour avoir la différence de potentiel correspondant à un nombre quelconque de voitures occupant des positions déterminées. On voit ainsi que ces différences de potentiel restent toujours au-dessous des chiffres dangereux.

M. Farnham a proposé récemment un autre procédé, moins avantageux comme différence de potentiel, plus coûteux comme cuivre. Il consiste à placer le long de la voie un conducteur auxiliaire de résistance R; la voie est divisée en nombreuses sections (de 60^m de longueur) dont les extrémités sont rattachées au conducteur par des résistances graduées qui seront, à partir de la génératrice, respectivement égales

Fig. 62.

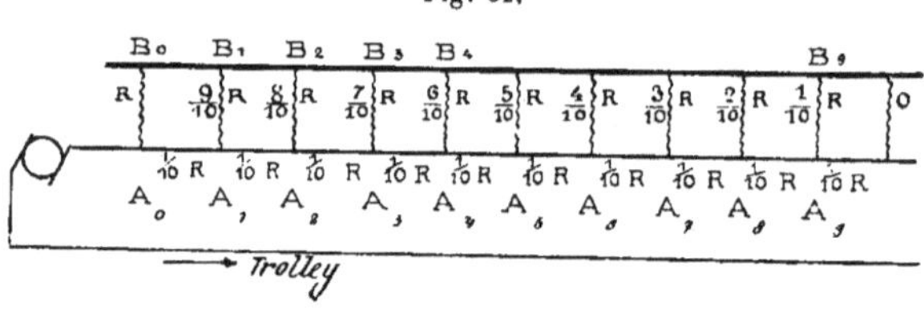

à R, $R\dfrac{n-1}{n}$, $R\dfrac{(n-2)}{n}$, $\dots$, $\dfrac{R}{n}$, s'il y a n sections, de manière que la résistance totale en un point du rail et la génératrice reste constante. Il

---

(¹) Cela constitue une charge totale d'environ six centimes (en capital) par kilomètre-voiture annuel.

y a là une confusion évidente entre la perte de charge et la résistance et
il est aisé de voir que les différents points du rail seront toujours à des
potentiels divers.

Pour fixer les idées, supposons les voitures placées aux kilomètres 0,
1, 2, 3, 4, …, 9 sur la voie, et parallèlement à celle-ci un conducteur de
section uniforme (440$^{mm^2}$) de 0,0454 ohm par kilomètre (*fig.* 62); les
points kilométriques 0 à 10 sont réunis à ce conducteur par des résistances décroissantes depuis 0,454 ohm pour le point 0 jusqu'à 0 pour le
kilomètre 10. La figure 63 donne la répartition du courant, tant dans le

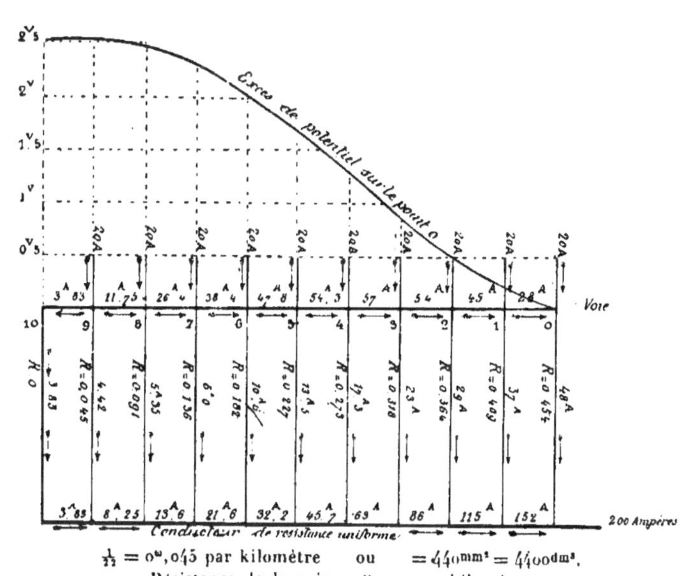

$\frac{1}{22}$ = 0$^\omega$,045 par kilomètre   ou   = 440$^{mm^2}$ = 4400$^{dm^2}$.

Résistance de la voie : 0$^\omega$,007 par kilomètre.

rail que dans les diverses portions du conducteur et dans les résistances,
pour 20 ampères à chaque kilomètre, la voie ayant toujours $\frac{7}{1000}$ d'ohm
par kilomètre. On voit que la différence de potentiel entre les deux
extrémités de la ligne atteint 2,5 volts et serait par conséquent de 5 volts
pour 20 voitures, tandis qu'avec la disposition précédente la différence
de potentiel (*fig.* 64) atteint à peine le cinquième avec un poids de cuivre
moindre, 34650^{kg} au lieu de 40000^{kg}.

Deuxième procédé avec survolteurs. — On peut reprocher cependant
à la disposition proposée ci-dessus de ne pas utiliser rationnellement

le cuivre, car les feeders de retour ont des sections décroissantes; la densité du courant est moindre dans les plus longs feeders, et l'on sait que dans une distribution rationnelle la densité doit être la même partout. Voici comment on peut réaliser ce *desideratum*. Si le fil qui réunit le milieu d'une section à la génératrice est le siège d'une force électromotrice E, agissant dans le même sens que la génératrice (aspirant le courant), la différence de potentiel entre la génératrice et le milieu de la section est $RI - E$; I est toujours 40 ampères; pour avoir la même densité, il faut que la section des fils reste la même; par suite R devra être proportionnel à la longueur; on est donc amené à prendre des fils de résistance

$$5r, \quad 15r, \quad \ldots, \quad 95r \ (r = \text{résistance de } 100^m \text{ de fil});$$

Fig. 64.

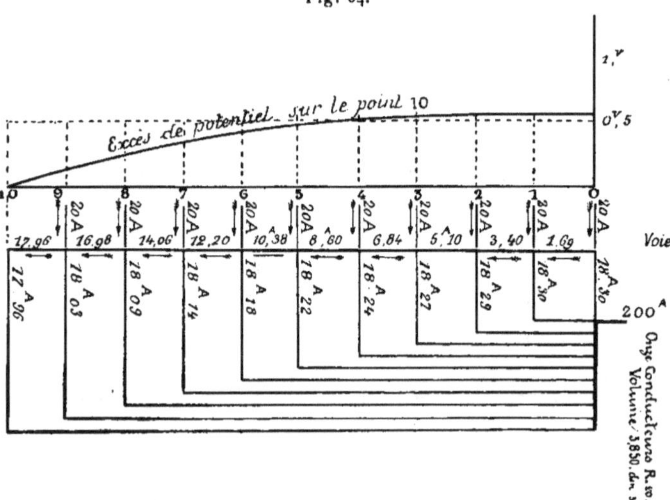

par suite, les produits RI vont en croissant de $10rI = 400r$ d'un fil à l'autre et les forces électromotrices E introduites devront aller en croissant d'autant; ou, si l'on veut, on pourra dans le dixième fil (le plus long) introduire une force électromotrice de 1600r, dans le neuvième fil de 1200, et ainsi de suite; on tombera à 400 pour le septième fil, zéro pour le sixième, et dans les derniers on devra avoir des forces électromotrices de sens contraire, croissant de 400 à 2000r; les moyens de produire ces forces électromotrices, soit avec un moteur spécial, soit en se servant du courant de retour même pour déterminer la rotation d'une série d'induits montés sur le même arbre, sont bien connus.

La perte de puissance déterminée par les fils sera

$$\overline{40} \; (5 + 15 + \ldots + 95)r = 500r \times 40^2;$$

si l'on veut qu'elle soit la même que dans l'exemple traité précédemment, il faut que $500r = 20$ ou $r = 0^m,04$; la section des fils ayant cette résistance sera de $0^{cm^2},5$ et leur poids total (50^{km} de longueur) $22^T,5$ ($2^{m^3},500$).

Cette disposition est donc théoriquement préférable à la précédente, mais l'installation est notablement plus compliquée. M. Kapp a proposé récemment une solution analogue, en réduisant à deux ou trois le nombre des fils de retour; la dépense n'en est pas moins considérable, soit en cuivre, soit en énergie. Si par exemple on rattache à la station centrale 2 points, l'un à $7^{km},5$, l'autre à $2^{km},5$, chaque fil de retour doit laisser passer 200 ampères, d'où une perte de $10r_1 \times 40000$ watts; si r_1 est la résistance kilométrique, pour réduire cette perte à 32000 watts comme ci-dessus, la résistance r_1 doit être de $0^m,08$, ou une section de $2^{cm^2},5$ sur une longueur de 10^{km}, c'est-à-dire le même poids de cuivre. On aura de plus à introduire un électromoteur rachetant la différence de potentiel correspondante à 5^{km} de ce fil pour 200 ampères, soit $0^m,4 \times 200 = 80$ volts, c'est-à-dire une machine de 16 kilowatts; et enfin les différences de potentiel entre une extrémité de la ligne et les points de soudure atteindront, à pleine charge, la perte correspondante à 100 ampères sur $2^{km},5$ de voie, soit $\frac{1}{2} \times 100 \times 2,5 \times 0,007$ ou $\frac{7}{8}$ de volt; elle sera donc théoriquement insignifiante. Mais ce chiffre est absolument fictif, car il suppose une allure de l'électromoteur se réglant automatiquement sur le débit des deux sections de la ligne, sections qu'on serait d'ailleurs obligé d'isoler pour éviter une mise en court-circuit de l'électromoteur.

L'économie de $7^t,5$ de cuivre sur le premier procédé paraît au moins compensée, en partie par le prix de l'électromoteur, mais surtout par la complication introduite et l'incertitude de son fonctionnement.

Quelle que soit d'ailleurs la disposition adoptée, rien ne peut remplacer la bonne conductibilité de la voie, à moins de pousser à l'excès les subdivisions, ce qui n'est praticable que dans les systèmes sans survolteurs. Si l'on étudie la distribution des courants dans le premier système, par exemple, sur deux voies, l'une ayant $0,007$ ohm par kilomètre, l'autre $0,035$, on trouve que, pour le même poids de cuivre dépensé dans les conducteurs auxiliaires, les différences de potentiel sur la voie sont, à peu de chose près, cinq fois plus grandes dans le second cas que dans le premier. Il en est de même de l'influence des irrégularités, provenant de la distribution des voitures sur la voie, et des variations de l'intensité du courant demandé par chacune d'elles.

Le chiffre admis plus haut, 0,007 ohm par kilomètre, correspond à peu près à la conductibilité théorique de la voie double. Si les voies soudées présentent aussi peu de soudures défectueuses qu'on le dit, ce chiffre doit leur être appliqué. Pour les rails connectés par des bandes de cuivre, ou les nouveaux alliages plastiques, des expériences récentes indiquent des résistances de 140 à 35 microhms par joint; il n'y a donc pas à les améliorer beaucoup pour que la résistance de la voie soit sensiblement 0,007 (qui correspond à une résistivité de 14 microhms-centimètre). Mais, si l'on admet ce chiffre, on trouve que, sur une ligne de 5^{km}, on peut avoir sur chaque voie une voiture par kilomètre, et que la chute de potentiel sera de 3,5 volts seulement $[\frac{1}{2}(5 \times 0,007) \times 200$ ampères]. Pour ces lignes, il sera évidemment plus avantageux d'améliorer les connexions que d'avoir recours à un système exigeant à la fois une dépense d'installation et une dépense d'énergie supplémentaires. Ce n'est que pour des lignes plus longues qu'il y aurait lieu de recourir à ces moyens; ils deviennent alors fort coûteux et d'autres solutions paraissent préférables.

3° *Système à trois fils.* — Les procédés décrits ci-dessus sont imités de ceux qui sont employés sur les réseaux d'éclairage, où, pour obtenir une égalité de potentiel sur tous les points, on emploie tantôt des feeders d'égale résistance partant de l'usine, tantôt des survolteurs relevant la tension en des points éloignés, tantôt des dynamos compensatrices; c'est encore aux réseaux d'éclairage qu'on empruntera une dernière solution,

Dans un tramway à double voie, toute section un peu étendue comprend un nombre égal de voitures marchant dans chaque sens, de même que, dans un réseau à trois fils, les lampes se font sensiblement équilibre. Si, par conséquent, l'on a deux génératrices accouplées, comme dans les réseaux à trois fils, le tramway étant exploité avec un trolley positif et un négatif, la voie ne sera parcourue que par des courants de 20 à 40 ampères, tantôt dans un sens, tantôt dans l'autre, et toujours sur un faible parcours; les différences de potentiel (0,28 volt pour 40 ampères et 1 kilomètre) seront donc toujours insignifiantes. Si le système d'exploitation est un peu plus compliqué, notamment pour le passage d'une ligne à l'autre, en revanche on est, automatiquement et sans dépense supplémentaire, à l'abri de l'électrolyse (¹).

On a supposé jusqu'ici qu'on pouvait négliger les différences entre les intensités des courants absorbés par chaque voiture; il est clair que, si une rampe de quelque étendue existe sur la voie et détermine dans cette région une augmentation normale du courant de retour, il suffira d'augmenter ou la section du conducteur correspondant à cette région, ou la force électromotrice introduite, si l'on emploie le second procédé.

CONCLUSIONS.

Il résulte de ces considérations que, lors même qu'un réseau de tramways avec retour par les rails s'étendrait à 10^{km} de l'usine centrale et serait le siège d'un trafic assez intense pour demander deux voitures par kilomètre, ce qui correspond à un total de plus d'un million de kilomètres-voiture par an pour chaque ligne, il sera possible de ne rien avoir à redouter des actions électrolytiques, mais au prix de sacrifices notables, si l'on conserve la limite de 500 volts actuellement en usage, et qui entraîne une consommation de 20 ampères par voiture. L'importance de ces sacrifices peut-elle être diminuée?

On a déjà fait remarquer que ces artifices ne dispensent pas de relier avec soin les rails entre eux, à moins que le sectionnement ne soit poussé très loin; il est, dès lors, logique de se demander pourquoi l'on ne profiterait pas de la conductibilité ainsi acquise à grands frais, et qui n'est utilisée que dans le système à 3 fils. Or, la résistance d'une voie double en rails à 40^{ks} par mètre bien établie n'étant que de $0^\omega,007$, il en résulte qu'on peut, sur une ligne de 5^{km}, avec des voitures également espacées, faire passer un courant de 200 ampères, correspondant à dix voitures, sans dépasser

$$200 \times 2,5 \times 0,007 = 3^{volts},5$$

de différence de potentiel entre les deux extrémités. Par conséquent, pour toute ligne ne s'éloignant pas à plus de 5^{km} de la génératrice, une ligne bien soignée est suffisante.

D'un autre côté, il ne paraît pas économique, dans les conditions actuelles, de faire, à plus de 5^{km}, un transport d'énergie à 500 volts; si

---

(¹) Je ne revendique aucunement la priorité de cette application, non seulement déjà proposée en France, mais employée, je crois, déjà en Amérique. Ce qu'il serait intéressant de connaître, ce sont les motifs qui se sont opposés à l'emploi d'un système qui paraît si rationnel.

(Note de l'Auteur.)

donc, on a des raisons de ne pas employer les trois fils (ce qui est une manière d'opérer sous 1000 volts), la solution préférable consistera à établir une (ou plusieurs, suivant la longueur) sous-station de transformation aussi voisine que possible de la voie et desservant de chaque côté une longueur de 5^{km} au plus. Les fils de trolley étant déjà, sur beaucoup de lignes, divisés en sections isolées les unes des autres, il n'y a pas à craindre de courants envoyés dans une des génératrices par une autre.

Les avantages des sous-stations paraissent évidents; la dépense d'énergie qu'elles entraînent est inférieure à la perte de 16 pour 100 admise plus haut; les fils qui y amèneront le courant à haute tension ne seront pas plus coûteux que les feeders actuels; on économise toute la masse de cuivre que les autres procédés exigent, et dont l'amortissement pèse lourdement sur l'exploitation des lignes à courtes concessions.

ANNEXE.

Les Tableaux ci-dessous sont calculés dans l'hypothèse suivante. Une voie de 10^{km}, à partir de l'usine génératrice, est réunie à l'usine par onze conducteurs d'une résistance de 2 ohms, aboutissant aux points 10^{km}, 9^{km}, ..., o.

Les Tableaux I_a et I_b donnent les intensités des courants dans les divers fils de retour, lorsqu'un courant de 10 ampères arrive sur la voie en un des points.

TABLEAU I_a. — *Voie de* 0,035 *ohm par kilomètre.* (Milliampères.)

Conducteurs auxiliaires de 2 *ohms.*

Entrée du courant.	Courant dans le conducteur n°										
	0.	1.	2.	3.	4.	5.	6.	7.	8.	9.	10.
10...	652	662	686	722	770	833	910	1003_5	1115	1246	1399
9...	662	674	698_5	735	784	848	926	1021	1135	1268_5	1246
8...	686	698_5	723	761	812	878	959	1057	1175	1135	1115
7...	722	735	761	800	854	923	1009	1112	1057	1021	1003_5
6...	770	784	812	854	912	985_5	1077	1009	959	926	910
5...	833	848	878	923	985_5	1065	985_5	923	878	848	833
4...	910	926	959	1009	1027	985_5	912	854	812	784	770

Le reste est inutile à écrire, les entrées en 3 et 7, par exemple, étant symétriques.

TABLEAU I$_b$. — *Voie de 0,007 ohm par kilomètre.*

Entrée du courant.	Courant dans le conducteur n°										
	0.	1.	2.	3.	4.	5.	6.	7.	8.	9.	10.
10.....	848_4	851_4	857_3	866_3	879_6	893_6	911_6	932_9	957_6	985_6	1017_0
9.....	851_3	854_6	860_3	869_4	880_8	896_3	914_9	936_3	961_0	989_1	985_6
8.....	857_3	860_4	866_3	875_4	886_9	903_1	921_1	942_7	968_3	961_8	957_6
7.....	866_3	869_4	875_4	884_6	896_2	912_6	930_8	952_6	942_7	936_3	932_9
6.....	877_6	880_4	886_9	896_2	907_9	923_8	943_0	930_8	921_1	914_9	911_6
5.....	893_4	896_4	902_4	913_9	923_8	940_7	925	913	903	897	893
4.....	911_6	914_9	921_1	930_8	944	923_8	907_9	896_2	886_9	880_4	877_6
3.....	932_9	936_3	942_7	953	931	913	896_2	881_6	875_4	869_4	866_3
2.....	957_6	961_8	968_3	943	921	903	887	877	866_1	860_4	857_1
1.....	985_6	989_9	962	937	915	897	881	869	860	854	851
0.....	1017	985	958	933	911	893	878	866	857	851	848

USAGE DU TABLEAU. — La chute de potentiel dans chaque retour de 2 ohms est le double (en millivolts) de l'intensité; par suite, la différence de potentiel entre le point 5 et le point 8, par exemple, quand 10 ampères entrent sur la voie au point 9, est le double de la différence des intensités dans les retours 5 et 8 portées à la deuxième ligne des Tableaux ci-dessus, soit $2 \times 287 = 574$ millivolts.

Soient des voitures aux points 10, 8, 5, 3, 1 de la ligne, on écrira (différence des intensités) :

Voitures.	Points de la ligne.										
	0.	1.	2.	3.	4.	5.	6.	7.	8.	9.	10.
10.............	−181	−171	−147	−111	−63	0	+77	+170	+282	+413	+567
8.............	−192	−180	−155	−117	−66		+81	+179	+297	−257	+237
5.............	−232	−217	−187	−142	−80		−80	−142	−187	−217	−232
3.............	+80	+98	+134	+189	+86		−69	−123	−162	−188	−201
1.............	+398	+420	+287	+173	+78		−64	−113	−150	−174	−186
Somme des termes +.	478	518	421	362	164		158	349	579	670	804
» —.	605	568	489	370	209		213	378	499	579	619
	−127	−50	−68	−8	−45		−55	−29	+80	+91	+185

Ces chiffres, multipliés par 2, donnent, en millièmes de volt, la différence de potentiel entre les divers points de la ligne et le milieu pour

10 ampères sur chaque voiture. Différence maximum (entre les points 0 et 10) pour 2 voitures à 20 ampères en *chaque point*

$$2 \times 4 \times (0,127 + 0,185) = 8 \times 0,312 = 2^{volts},5.$$

Autres exemples :

1 voiture à 10, et 1 à 0, à 20 ampères chacune.

$$\begin{array}{ccccc}
\overset{-}{181} & \overset{-}{171} & \overset{-}{147} & \overset{-}{111} & \overset{-}{63}\\[2pt]
\overset{+}{567} & \overset{+}{413} & \overset{+}{282} & \overset{+}{170} & \overset{+}{67}\\
\hline
\overset{+}{386} & \overset{+}{242} & \overset{+}{135} & \overset{+}{59} & \overset{+}{4}
\end{array}$$

Le plus grand écart de potentiel (entre 0 et 5) est de

$$1^{volt},54 = 2 \times 2 \times 0,386.$$

On pourra encore se servir des Tableaux suivants, où les différences de potentiel ont été calculées directement.

Différences de potentiel entre le milieu de la voie (kilomètre 5) et les points 0, 1, 2 3, 4, 5 pour un courant de 10 ampères entrant par les points 0, 1, 2, 3, ..., 10. (Conducteurs de retour de 2 ohms.)

TABLEAU II$_a$. — *Voie de 0,035 ohm par kilomètre.*

Entrée du courant.	Millivolts.									
	0.	1.	2.	3.	4.	6.	7.	8.	9.	10.
0...........	+1132	+826	+564	+340	+154	−126	−222	−294	−342	−362
1...........	+796	+840	+574	+346	+156	−128	−226	−300	−348	−372
2...........	+474	+514	+594	+358	+162	−132	−234	−310	−360	−384
3...........	+160	+196	+268	+378	+172	−138	−246	−324	−376	−402
4...........	−150	−118	−52	+48	+184	−146	−282	−346	−402	−430
5...........	−464	−434	−354	−284	−160	−160	−284	−354	−434	−464
6...........	−430	−402	−346	−282	−146	−184	+48	+52	−118	−150
7...........										
8...........										
9...........										
10...........										+1132

TABLEAU II*b*. — *Voie de 0,007 ohm par kilomètre.*

Entrée du courant.	Millivolts.									
	0.	1.	2.	3.	4.	6.	7.	8.	9.	10.
0	+248	+184	+130	+80	+36	−30	−54	−72	−84	−90
1	+176	+184	+130	+80	+35	−30	−54	−72	−84	−92
2	110	118	+130	+80	+34	−30	−54	−73	−85	−92
3	+40	+48	+60	+80	+32	−30	−54	−73	−85	−94
4	−30	−22	−10	+10	+32	−30	−54	−74	−85	−95
5	−95	−86	−74	−54	−30	−30	−54	−74	−86	−95
6	−95	−85	−74	−54	−30	+32	+10	−10	−22	−30
7	−94	−85	−73	−54	−30	+32	+80	+60	+48	+40
8	−92	−85	−72	−54	−30	+34	+80	+130	+118	+110
9	−92	−84	−72	−54	−30	+35	+80	+130	+184	+176
10	−90	−84	−72	−54	−30	+36	+80	+130	+184	+248

ANNEXE II.

D'après quelques expériences que j'ai faites en laboratoire à la suite de la communication de M. Potier, j'ai constaté qu'il n'est pas possible de déterminer une force électromotrice limite au-dessous de laquelle ne se produise pas l'électrolyse des sels contenus dans le sol. Le chiffre de 5 volts admis par M. Potier n'est donc pas un chiffre théorique, mais seulement un chiffre empirique parfaitement convenable.

M. G. Glaude, qui a étudié aussi cette question au point de vue expérimental (*Éclairage électrique*, 28 juillet 1910), a démontré que :

1° La plus grande partie des courants vagabonds revient directement par le sol ;

2° Le courant empruntant les conduites ne dépasse guère 12 à 15 pour 100 du courant total ;

3° Ce courant des conduites ne produit qu'une électrolyse partielle parce que le sol se compte comme une cuve électrolytique shuntée par une résistance ;

4° La proportion du courant électrolysant s'abaisse en même temps que le voltage et descend à 4 ou 5 pour 100 lorsque la différence de potentiel entre rails et tuyaux ne dépasse pas 1,5 à 2 volts ;

5° La règle des 5 volts est pratiquement efficace ; mais il est en outre désirable de réduire la chute de potentiel à la sortie des tuyaux en multipliant les points de rentrée des courants vagabonds et par conséquent les feeders de retour.

(*Note de l'Éditeur.*)

ÉVALUATION DES COURANTS DE FOUCAULT

SUR LES

FACES POLAIRES REGARDANT DES INDUITS DENTÉS (1902) (¹).

Soit une pièce polaire métallique limitée à plan horizontal indéfini $z = 0$, siège de courants normaux au plan de la figure 65, qui représente une coupe verticale pratiquée à distance suffisante des bords. La densité Δ dépend de la position du point M considéré. Soient $\mathfrak{B}_z$ et $\mathfrak{B}_x$ les composantes de l'induction en ce point qui correspondent à A et C dans les notations de Maxwell. Appelons μ la perméabilité et ρ la résistivité de la masse métallique soumise à l'induction.

Fig. 65.

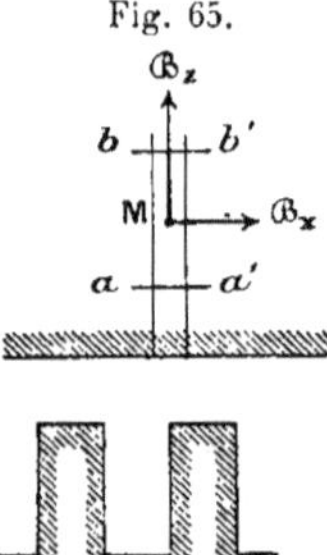

Les équations de Maxwell appliquées à ce cas particulier se réduisent aux trois suivantes :

$$\frac{d\mathfrak{B}_z}{dt} = \rho \frac{d\Delta}{dx},$$

$$-\frac{d\mathfrak{B}_x}{dt} = \rho \frac{d\Delta}{dz},$$

$$4\pi\Delta = \frac{1}{\mu}\left(\frac{d\mathfrak{B}_z}{dx} - \frac{d\mathfrak{B}_x}{dz}\right).$$

(¹) Cette Note reproduit à peu près textuellement une Note manuscrite de M. A. Potier, remise à M. Picou en 1902 et que ce dernier, après l'avoir insérée partiellement, avec l'autorisation de M. Potier dans l'*Industrie électrique*, t. XIV, n° 314, p. 35, 25 janvier 1905, a bien voulu me communiquer.   (*Note de l'Éditeur.*)

Il faut assujettir Δ à la condition que pour $z = 0$ les courants soient sinusoïdaux, qu'ils prennent la même valeur pour des points distants de λ (pas dentaire), et qu'ils paraissent se propager avec une vitesse v vers la droite par exemple : c'est-à-dire que, pour $z = 0$, on ait

$$\Delta_s = \Delta_m \sin \frac{2\pi}{\lambda} (vt - x).$$

On se trouvera ainsi aussi exactement que possible dans le cas d'une face polaire pleine en face d'une armature dentée animée de la vitesse v. On pose

$$\frac{2\pi}{\lambda} = m \qquad \text{et} \qquad \frac{2\pi}{\lambda} v = \omega.$$

La valeur de Δ qui remplit ces conditions et s'annule pour $z = \infty$ est

$$\Delta = \Delta_m e^{-kz} \sin(\omega t - mx - pz),$$

avec les conditions

$$(1) \qquad\qquad k^2 = m^2 + p^2,$$

$$(2) \qquad\qquad 2kp = 4\pi \frac{\mu v}{\rho} m,$$

et l'on a

$$(3) \left\{ \begin{aligned} \mathcal{C}\mathrm{u}_z &= -\Delta_m p e^{-kz} \sin(\omega t - mx - pz), \\ \mathcal{C}\mathrm{u}_x &= \Delta_m p e^{-kz} \left[\frac{k}{m} \cos(\omega t - mx - pz) - \frac{p}{m} \sin(\omega t - mx - pz) \right] \\ &= \Delta_m p \frac{\sqrt{k^2 + p^2}}{m} e^{-kz} \cos(\omega t - mx - pz + \varphi), \end{aligned} \right.$$

avec

$$(4) \qquad\qquad \operatorname{tang} \varphi = \frac{p}{k}.$$

Voici comment on interprète ces résultats :
Soit (*fig.* 66) α un angle tel que

$$(5) \qquad\qquad m = p \operatorname{tang} \alpha.$$

Tous les points d'un plan perpendiculaire au tableau et faisant avec l'horizon l'angle α sont siège de courants de même phase. Les inductions y sont également de même phase et parallèles. Sur chacun de ces plans, en partant de la face, ces deux quantités décroissent comme e^{-kz}. Mais on peut remplacer k par $\dfrac{m}{\sin\alpha} = \dfrac{2\pi}{\lambda.\sin\alpha}$.

L'intensité et l'induction maxima varient donc, suivant une verticale, comme $e^{-\frac{2\pi z}{\lambda\sin\alpha}}$.

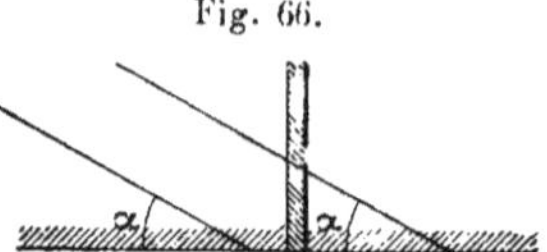

Fig. 66.

La phase varie également suivant la verticale et le retard d'un point d'ordonnée z sur le point correspondant à la surface est $\dfrac{2\pi z}{\lambda.\tang\alpha}$.

La valeur de α résulte des équations précédentes qui donnent

$$\frac{m}{kp} = \frac{\sin^2\alpha}{\cos\alpha} = \frac{\rho}{\mu\lambda v}.$$

Elle est toujours assez petite dans les conditions ordinaires pour qu'on puisse confondre le sinus et la tangente et écrire

$$\sin\alpha = \tang\alpha = \sqrt{\frac{\rho}{\mu\lambda v}}$$

et

$$\lambda\sin\alpha = \lambda\tang\alpha = \sqrt{\frac{\rho\lambda}{\mu v}}.$$

Pour prendre un exemple concret, supposons $v = 2000$ cm:s avec $\lambda = 2$ cm (dent + rainure); $\rho = 10^4$ et $\mu = 700$. Dans ces conditions, la phase change de 2π quand on s'élève de $1^{mm},2$, et les valeurs de l'induction et du courant sont réduites dans le rapport de $e^{2\pi}$ à l'unité, soit aux 0,00187. Tout est donc ici concentré dans une couche superficielle de faible profondeur.

Dissipation d'énergie. — La puissance thermique dégagée rapportée au volume est

$$\frac{1}{2}\rho\Delta_m^2 e^{-2kz},$$

la densité efficace étant

$$\frac{\Delta_m e^{-kz}}{\sqrt{2}}.$$

La même quantité, rapportée à la surface de la face polaire, est ainsi

$$\left(\frac{P}{S}\right) = \frac{1}{2}\rho\,\Delta_m^2 \int_0^\infty e^{-2kz}\,dz = \frac{\rho\,\Delta_m^2}{4k} = \frac{\lambda\sin\alpha}{8\pi}\,\rho\,\Delta_m^2.$$

Champ produit. — Ce champ n'est exactement calculable que si la réluctance des circuits magnétiques est bien déterminée, par exemple si l'induit est lisse et parallèle à la face polaire. Avec une denture, une approximation est seule possible. On admettra que le champ est le même que si tous les courants qui traversent une bande verticale de largeur dx étaient concentrés à la surface, en dx. Celui-ci serait alors parcouru par un courant

$$\Delta_m\,dx \int_0^\infty e^{-kz}\sin(\omega t - mx - pz)\,dz,$$

$$= \Delta_m\,dx\,\frac{1}{\sqrt{k^2+p^2}}\sin(\omega t - mx - \varphi),$$

avec

$$\tan\varphi = \frac{p}{k} = \cos\alpha.$$

Cela résulte de

$$\int_0^\infty e^{-kz}\cos pz\,dz = \frac{k}{k^2+p^2},$$

$$\int_0^\infty e^{-kz}\sin pz\,dz = \frac{p}{k^2+p^2}.$$

Si l'on tient compte de ce que α est très petit, on voit que le système de courants équivalent à celui qui circule dans la masse est en retard de près de 45° sur les courants superficiels, et que, sur la longueur de la pièce polaire, il passe, dans ce système équivalent, un courant linéaire distribué sinusoïdalement, d'intensité maxima

$$\Delta_m\,\frac{1}{\sqrt{k^2+p^2}}.$$

Entre deux points distants de $\dfrac{\lambda}{2}$, formant ce que l'on peut appeler *une bande polaire sur la surface*, l'intensité moyenne est $\dfrac{2}{\pi}$ de ce maximum, ce qu'on peut écrire

$$\frac{2\Delta_m}{\pi\sqrt{k^2+p^2}} = \Delta_m\,\frac{\lambda}{2}\,\frac{4}{\lambda\pi}\,\frac{1}{\sqrt{k^2+p^2}} = \Delta_m\,\frac{\lambda}{2}\,\frac{m}{\sqrt{k^2+p^2}}\,\frac{4}{2\pi^2},$$

et le courant total correspondant est par suite

$$\Delta_m \left(\frac{\lambda}{2}\right)^2 \frac{m}{\sqrt{k^2 + p^2}} \frac{4}{2\pi^2},$$

Si $\mathcal{R}$ est la réluctance moyenne de la face polaire, l'induction maxima produite par ce courant sera

$$\mathfrak{b}_e = \frac{4\pi}{\mathcal{R}} \Delta_m \left(\frac{\lambda}{2}\right)^2 \frac{m}{\sqrt{k^2 + p^2}} \frac{4}{2\pi^2} = \frac{2\lambda^2}{\pi\,\mathcal{R}} \Delta_m \frac{\sin\alpha}{\sqrt{1 + \cos^2\alpha}},$$

et ce champ est en retard de 45° sur celui qui serait produit par les courants superficiels seuls. Il a la même amplitude que si ces courants existaient sur une profondeur

$$\frac{1}{\sqrt{k^2 + p^2}} = \frac{\lambda}{2\pi} \frac{\sin\alpha}{\sqrt{1 + \cos^2\alpha}},$$

ou sensiblement

$$\frac{\lambda}{2\pi} \cdot \frac{\sin\alpha}{\sqrt{2}}.$$

Avec les chiffres ci-dessus, cette valeur est $0^{mm},135$.

Une densité très notable, telle que 10 ampères par millimètre carré, ne correspondrait donc qu'au nombre très faible de $\frac{2}{\pi} 10.0,135 = 0,86$ ampère-tour, qui, réparti sur 1^{cm} (demi-pas dentaire), produit un champ dans lequel l'induction maxima est

$$\frac{4\pi.0,86.10^{-1}}{\mathcal{R}} = \frac{1,08}{\mathcal{R}}.$$

Ainsi, tant que $\mathcal{R}$ est de l'ordre du centimètre, ce champ est insignifiant.

Calcul de Δ_m en fonction du champ extérieur. — Soit un champ extérieur alternatif, produisant une induction distribuée sinusoïdalement, d'intensité maxima $\mathfrak{b}_e$. Soit d'autre part $\mathfrak{b}_i$ l'induction maxima que l'on vient de calculer comme produite par les courants circulant dans la masse. En composant ces deux champs, on doit obtenir le champ total $\mathfrak{b}_t$ qui induit les courants de densité Δ.

A la surface de la pièce polaire, $\mathfrak{b}_t$ est ce qu'on a nommé $\mathfrak{b}_z$, soit $\frac{\rho\Delta_0}{v}$;

il est en phase avec $-\Delta_0$. Le champ $\mathfrak{B}_i$ est d'autre part en retard de $45°$ sur ce qu'il serait s'il était produit par les courants superficiels Δ_0. Le champ extérieur $\mathfrak{B}_e$ résulte donc de la construction de la figure 6_7, où l'on a

$$QR = \frac{4\lambda \sin\alpha}{\pi\vartheta\sqrt{1+\cos^2\alpha}}\,\Delta_m,$$

$$PQ = \frac{\rho\Delta_m}{\varphi},$$

Donc QR est toujours négligeable devant PQ.

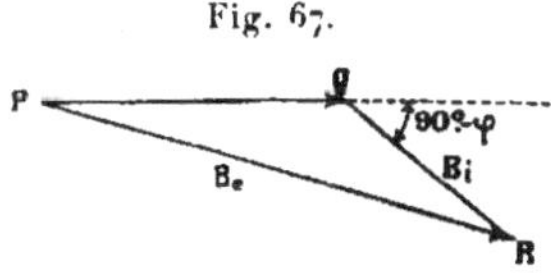

On ne fera donc qu'une erreur insignifiante dans le cas étudié, en négligeant ce qu'on peut appeler la *self-induction des courants parasites.* Elle est détruite non seulement parce que ses courants s'amortissent en profondeur, mais parce que leur phase varie très rapidement; elle change sensiblement de 2π avant qu'ils soient réduits à $\left(\dfrac{1}{2,78}\right)^{2\pi}$ de leur valeur.

Si l'on écrit alors $\rho\Delta_m = \varphi\mathfrak{B}_e$, on a comme quantité de chaleur

$$\frac{\lambda\sin\alpha}{8\pi}\,\frac{\varphi^2\mathfrak{B}_e^2}{\rho},$$

ou bien, à cause de la valeur très approximative,

$$\lambda\sin\alpha = \sqrt{\frac{\rho\lambda}{\mu\varphi}},$$

$$\frac{P}{S} = \frac{\mathfrak{B}_e^2}{8\pi}\sqrt{\frac{\lambda\varphi^3}{\mu\rho}}\,10^{-7}\text{ watts : cm}^2.$$

Par exemple, avec les données ci-dessus, $\lambda = 2$, $\varphi = 2000$, $\mu = 7\text{oo}$, $\rho = 10^4$, et supposant $\mathfrak{B}_e = 1000$, on obtient

$$\frac{1}{10^7}\,\frac{10^6}{25}\sqrt{\frac{16\times10^9}{7\times10^6}} = 0,19\text{ watt}$$

par centimètre carré de surface polaire, avec $\Delta_m = 200$, soit $14,1$ ampères efficaces par millimètre carré de la surface.

Remarques. — 1° On voit par la formule que cette quantité varie comme la puissance $\frac{3}{2}$ de la vitesse, alors que pour le fer de l'induit nous avons trouvé la puissance 2. Il n'est donc pas exact de dire, comme on le fait souvent, que les courants de Foucault (sans réserves) varient comme le carré de la vitesse. Ceux de la face polaire peuvent être une fraction assez importante du total pour fausser cette relation.

2° Toutefois, il est bien difficile que les choses se passent réellement comme il vient d'être dit. L'induction $\mathfrak{B}_x$ à la surface prendrait une valeur énorme. Le fer doit donc se saturer près de la surface, μ devenir

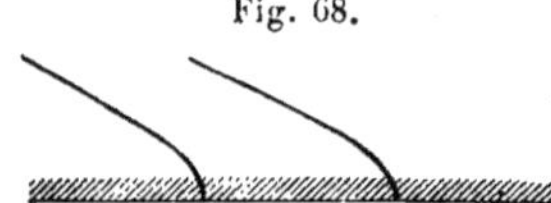

Fig. 68.

petit pour augmenter rapidement avec la profondeur. Les droites inclinées de la figure 66 devraient alors être remplacées par des lignes à raccordements courbes (*fig.* 68). La quantité de chaleur serait ainsi augmentée, et la valeur ci-dessus est un minimum. Il est vraisemblable que $\frac{\lambda}{R}$ est toujours compris entre 0,1 et 10; cela suffit.

SUR LES PHÉNOMÈNES DE SURTENSION

DANS LES

RÉSEAUX A COURANTS ALTERNATIFS.

Bull. Soc. int. des Électriciens, 2ᵉ série, t. IV, mai–juin 1904, p. 323 et 408.

I. — CONTRIBUTION A L'ÉTUDE DES RÉGIMES ET DES VARIATIONS DE RÉGIME DANS LES RÉSEAUX ALTERNATIFS.

Nous envisageons ici la question générale suivante : un réseau étant donné, et un régime permanent établi, si l'on vient à modifier brusquement les conditions de fonctionnement, comment se fera le passage entre l'ancien régime et le nouveau régime permanent? La réponse est connue; pendant la période de transition, le régime est le nouveau régime permanent, auquel se superpose un régime libre, c'est-à-dire un régime que le réseau pourrait prendre, s'il était à l'abri de toute force électromotrice extérieure, après avoir été dérangé de son équilibre; ce régime libre est nécessairement un régime amorti, l'énergie communiquée primitivement au réseau n'étant plus renouvelée par des sources extérieures, tandis qu'elle se transforme en chaleur dans les conducteurs.

Puisque ces diverses questions sont connexes, on peut trouver singulier que les méthodes employées par divers auteurs [1] pour les résoudre soient différentes; que, par exemple, le principe de la conservation de l'énergie suffise et soit seul invoqué pour le cas de la rupture du cou-

---

[1] *Voir* notamment la Communication de M. Picou à la Société internationale des Électriciens, avril 1904.

Le travail de M. Potier ayant été provoqué par cette Communication, et par la discussion qui l'a suivie, l'auteur a pris le même exemple pour les applications numériques de sa théorie. On a supprimé ici quelques passages de critiques qui n'avaient qu'un caractère d'actualité.

(Note de l'Éditeur.)

rant, tandis que la fermeture demande des considérations d'un autre ordre; que rien ne fait prévoir comment on pourrait traiter le cas d'un simple changement : la mise en charge d'un nouvel alternateur, par exemple. En réalité, les principes communs et fondamentaux existent; ce sont les suivants : dans son ensemble, le système comprend des capacités (câbles), des bobines (transformateurs et machines) et des résistances mortes; il faut et il suffit que la différence des potentiels, pour chaque capacité, et que le flux, pour chaque bobine, soient les mêmes avant et après le changement brusque; en effet, si ces conditions n'étaient pas réalisées, on aurait des courants de charge, ou des forces électromotrices infinies; il suffit de joindre ces conditions, c'est-à-dire les potentiels et flux initiaux aux équations qui régissent les courants du système, c'est-à-dire aux équations de Kirchhoff, pour que le problème soit sinon résolu, au moins mis en équation et ne présente plus que des difficultés d'ordre mathématique. (*Voir* Note 1.)

Mais, en examinant la question de près, on verra que la difficulté est d'écrire les équations de Kirchhoff, et qu'elle vient de la présence du fer; on peut bien négliger les variations de perméabilité du fer, ce qui permet des simplifications considérables, sans qu'on s'éloigne trop de la réalité, mais on pousse ordinairement la simplification jusqu'à négliger l'hystérésis, ce qui est vraiment choquant quand il y a des transformateurs. Enfin, si l'on examine spécialement les méthodes fondées sur le principe de la conservation de l'énergie, et qui, par conséquent, ne fournissent qu'une seule équation, on voit que leur succès apparent tient à ce que l'on supprime les variables gênantes, pour n'en conserver qu'une seule, et souvent sans justification. Prenons, par exemple, le cas de rupture d'un circuit unique qui, après rupture du contact avec l'alternateur, n'est plus constitué que par une capacité, le câble, et le transformateur sur le secondaire duquel peuvent être branchées des lampes. On se borne à dire, au moment de la rupture, qu'une certaine quantité d'énergie est emmagasinée dans la capacité et dans les bobines; cette quantité, sauf la perte résultant de l'effet Joule, perte qu'on s'abstient de calculer, reste constante; à certaines époques, l'énergie emmagasinée dans la bobine est nulle; toute l'énergie initiale est alors concentrée dans la capacité et, de sa valeur, on déduit la différence de potentiel maximum; or, la quantité d'énergie initiale n'est déterminée que si l'on connaît exactement le régime permanent avant la rupture; de plus, on va voir que la présence des lampes jointes au secondaire modifie le régime libre du système. (*Voir* Note 2.)

J'admets qu'on peut substituer aux lampes une résistance équivalente (produit de leur résistance réelle par le carré du rapport de transformation) faisant débiter au primaire le courant qu'il débite en réalité.

Cela posé, on va étudier les régimes libres et forcés, d'abord sans tenir compte de l'hystérésis, puis en en tenant compte.

II. — RÉGIME LIBRE, PAS D'HYSTÉRÉSIS.

L'étude des oscillations libres du réseau est facile; si l'on suppose les deux armatures d'un condensateur de capacité C, reliées par des appareils de résistance R_1, R_2, ..., et de self-induction L_1, L_2, ..., on montre dans les Traités que les quantités $-\alpha$ et β correspondant à un régime libre [1] ne sont autres que les parties réelles (pour $-\alpha$) et les coefficients de $\sqrt{-1}$ (pour β) des racines de l'équation

$$(1) \qquad Cx + \frac{1}{R_1 + L_1 x} + \frac{1}{R_2 + L_2 x} + \ldots = 0 \ [2],$$

---

[1] Tout régime libre est représenté par une formule $H e^{-\alpha t} \sin(\beta t - \psi)$ où H et ψ sont arbitraires.

[2] En effet, en appelant u la différence de potentiel aux bornes de la capacité, les équations différentielles des divers circuits dérivés sont :

$$(a) \qquad \begin{cases} R_1 i_1 + L_1 \dfrac{di_1}{dt} = u, \\[2mm] R_2 i_2 + L_2 \dfrac{di_2}{dt} = u, \\[2mm] \ldots\ldots\ldots\ldots\ldots\ldots, \end{cases}$$

et l'égalité des courants dérivés et du courant du condensateur donne

$$(b) \qquad i_1 + i_2 + \ldots = -C \frac{du}{dt}.$$

Posons comme solution générale :

$$(c) \qquad \begin{cases} u = U e^{xt}, \\ i_1 = I_1 e^{xt}, \\ i_2 = I_2 e^{xt}, \\ \ldots\ldots\ldots, \end{cases}$$

et substituons dans (1); il vient

$$(d) \qquad \begin{cases} i_1 = \dfrac{u}{R_1 + x L_1}, \\[2mm] i_2 = \dfrac{u}{R_2 + x L_2}, \\[2mm] \ldots\ldots\ldots\ldots \end{cases}$$

D'où en portant dans (2) et supprimant le facteur commun u, on obtient l'équation (1) donnée dans le texte. (*Note de l'Éditeur.*)

P.

équation qui, outre le condensateur, renferme autant de termes qu'il y a de types distincts d'appareils; car, si plusieurs appareils sont de même type et admettent le même rapport $\dfrac{R}{L}$, on peut grouper tous les termes correspondants en un seul de la même forme; s'il y a des résistances mortes, on peut les réunir en un seul terme également, et finalement on a une équation de degré $(p+1)$, si p est le nombre des types d'appareils inductifs. Cette équation a toujours $(p-1)$ racines réelles, l'une comprise entre $-\dfrac{R_1}{L_1}$ et $-\dfrac{R_2}{L_2}$, la seconde entre $-\dfrac{R_2}{L_2}$ et $-\dfrac{R_3}{L_3}$, ..., et la $(p-1)^{\text{ième}}$ entre $-\dfrac{R_{p-1}}{L_{p-1}}$ et $-\dfrac{R_p}{L_p}$; les deux dernières racines peuvent être réelles ou imaginaires, mais leurs valeurs sont toujours plus grandes en valeur absolue que les plus grandes des quantités $\dfrac{R}{L}$, si elles sont réelles. Parmi tous les régimes libres, il n'y en a donc qu'un seul oscillatoire possible (correspondant à deux racines conjuguées), tous les autres sont purement amortis. Lorsque l'équation ci-dessus renferme un terme correspondant à une résistance morte $\dfrac{1}{R}$ et que l'on fait varier ce terme (c'est ce qui arrive quand on allume ou éteint des lampes sur un réseau d'éclairage), on peut toujours donner à R une valeur assez faible pour que toutes les racines soient réelles; si pour R infini il y a un régime libre oscillatoire, en faisant diminuer R, la fréquence des oscillations diminuera, arrivera à zéro pour une certaine charge, puis tout régime oscillatoire disparaîtra, en même temps que, des valeurs de x, l'une croîtra sans limite, tandis que les autres se rapprocheront de $\dfrac{R_1}{L_1}$, $\dfrac{R_2}{L_2}$, ..., $\dfrac{R_p}{L_p}$. Ces propriétés sont générales pour tout système assimilable à un condensateur sur lequel sont branchés tous les appareils. Il en résulte que les surtensions du fait de la rupture brusque à l'alternateur sont d'autant moins à craindre que la charge est plus forte.

La détermination de la fréquence, facile quand il n'y a qu'un type d'appareils branchés, devient donc pénible si le système qu'on étudie comprend deux types, par exemple des alternateurs et des transformateurs. Si, pour simplifier la question, on néglige délibérément le côté transformateur il y a lieu de craindre que les valeurs de la période des oscillations libres ne soient gravement altérées par cette suppression, et il vaudrait peut-être la peine de refaire les calculs complets, une fois résolue la difficulté relative aux transformateurs.

III. — RÔLE DES TRANSFORMATEURS.

Négligeons d'abord la dispersion; $M^2 - LL'$ étant négligeable, il est clair que l'état magnétique du transformateur ne dépend que de la différence des ampères-tours primaires et secondaires, ou que le courant primaire est la somme (géométrique) des courants à vide, et d'un courant en phase avec le secondaire, et dont l'intensité est le quotient de celle du secondaire par le rapport de transformation; on pourra donc remplacer les lampes par une résistance morte en dérivation directe sur le primaire, et admettre en même temps la constance de la self-induction.

Cela admis, supposons maintenant le transformateur *à vide*. Qu'appellerons-nous sa self, qu'appellerons-nous sa résistance?

Si l'on définit sa self L par la condition que Li soit le flux déterminé par un courant i, on tombe dans l'incohérence, car la force électro-motrice induite devait être $-L\dfrac{di}{dt}$, donc en quadrature avec i, et elle ne l'est pas.

Pour la résistance, autre anomalie : si l'on appelle R la résistance déduite de l'effet Joule dans le primaire, l'équation $U = Ri + L\dfrac{di}{dt}$ n'est pas vérifiée; en effet, si l'on mesure la différence U, l'intensité I à vide et la différence de phase φ, on trouve que, pour satisfaire à cette équation, on devrait donner à R une valeur beaucoup plus grande que la résistance réelle ([1]).

Dans un exemple cité par M. Picou on aurait, pour le transformateur équivalent à tous les transformateurs du réseau, $R = 650$ ohms, et $L = \dfrac{760}{314} = 2,42$: tandis que la résistance est inférieure à 1 ohm (qui donnerait lieu à une chute de tension de 3 pour 100 pour la résistance primaire seule); et il ne peut pas être indifférent, surtout au point de vue de l'amortissement, d'employer l'une ou l'autre de ces valeurs.

Or, on sait que la puissance perdue $UI\cos\varphi$ se retrouve en chaleur dans le fer, une partie y est dégagée par des courants de Foucault, et la plus grande partie produite par hystérésis; l'hypothèse qui paraît la plus vraisemblable consiste à admettre que sous l'influence du champ magné-tique variable les aimants particuliers se déplacent, et que la force vive qui leur serait communiquée aux dépens de $UI\cos\varphi$ est absorbée par

---

([1]) *Bulletin de la Soc. Intern. des Électr., loc. cit.*

des frottements ou une viscosité, comme si chacun d'eux pouvait être assimilé à un petit moteur synchrone ayant à vaincre un couple; ces petits aimants induiraient dans le primaire des forces électromotrices de même période, cela revient à dire que la variation magnétique engendre une force électromotrice qui n'est pas exactement en quadrature avec le courant magnétiseur; la composante wattée demandant une puissance sensiblement proportionnelle à la fréquence du courant, ou à ω et à l'aire du cycle d'hystérésis, ou à la puissance 1,6 de l'induction maximum. Les choses se passent à peu près comme si le flux magnétique *était en retard d'un angle indépendant de la fréquence sur le courant qui le produit,* de sorte que le terme R serait proportionnel à cette fréquence.

Si l'on introduit directement cette *hypothèse* dans l'équation qui détermine la période, elle se trouve simplifiée d'une manière inattendue; son degré est réduit au second, étant entendu qu'on néglige la résistance ohmique des circuits inductifs. On arrive aux résultats suivants.

IV. — Régimes libres avec ou sans transformateurs.

1° Alternateur hors circuit et résistances mortes en dérivation sur le câble, équivalentes à une résistance R_1,

$$u = H e^{-\frac{t}{CR_1}}, \qquad i \text{ (vers le condensateur)} = -\frac{1}{R_1} u = -\frac{1}{R} H e^{-\frac{t}{CR_1}}.$$

2° Si, outre ces résistances, il y a une résistance inductive, à circuit magnétique non fermé (qui peut être les induits des alternateurs), le régime libre peut être soit périodique amorti,

$$u = H e^{-\alpha t} \sin(\beta t - \psi),$$

avec

$$\alpha = \frac{1}{2}\left(\frac{R_2}{L_2} + \frac{1}{R_1 C}\right), \qquad \beta^2 = \frac{1}{CL_2} - \frac{1}{4}\left(\frac{R_2}{L_2} - \frac{1}{R_1 C_1}\right)^2,$$

soit entièrement amorti,

$$u = H_1 e^{+\alpha_1 t} + H_2 e^{+\alpha_2 t},$$

et les α sont alors les racines de

$$(R_2 + L_2 \alpha)\left(C\alpha + \frac{1}{R_1}\right) + 1 = 0.$$

La résistance critique (pour $\beta = 0$) est donnée par

$$\frac{1}{R_1 C_1} = \frac{R_2}{L_2} + \frac{2}{\sqrt{CL_2}},$$

ou pratiquement, comme $\dfrac{R_2}{L_2}$ est petit à côté de l'autre terme,

$$R_1 = \frac{1}{2} \sqrt{\frac{L}{C}};$$

dès que R_1 est *au-dessous* de cette valeur, les régimes libres ne sont plus périodiques.

Pour une installation citée par M. Picou, $C = 2$ microfarads; $L_2 = 0,0828$;

$$\text{résistance critique} = \frac{1}{2} \, 10^3 \sqrt{0,0414} = 100 \text{ ohms environ.}$$

3° Cas général, où sont branchés, sur le réseau : des alternateurs, considérés comme bobines à circuit magnétique ouvert dont on néglige l'hystérésis et la résistance ohmique; des bobines à circuit fermé, dont on néglige la résistance propre, mais non la résistance apparente, d'origine hystérésique ou parasite. Soient Z l'impédance à la fréquence $\dfrac{\omega}{2\pi}$ d'un de ces derniers appareils, essayé à vide s'il s'agit d'un transformateur; $\cos\varphi$ le facteur de puissance dans ces conditions. Soit L le coefficient de self-induction d'un des premiers appareils (qui ne sont que des cas particuliers des seconds pour lesquels il est commode de supposer, peut-être à tort, $\cos\varphi = 0$); on posera

$$\Lambda' = \sum \frac{1}{L}, \qquad \frac{\cos\varphi_0}{z_0} = \sum \frac{\omega \cos\varphi}{Z}, \qquad \frac{\sin\varphi_0}{z_0} = \sum \frac{\omega \sin\varphi}{Z},$$

puis l'on déterminera un angle ε et une constante k par les conditions

$$k \cos 2\varepsilon = \frac{1}{4 R_1^2 C} - \Lambda' - \frac{\sin\varphi_0}{z_0}, \qquad k \sin 2\varepsilon = + \frac{\cos\varphi_0}{z_0}.$$

Les valeurs des constantes α et β qui déterminent les régimes libres $H e^{-\alpha t} \sin(\beta t - \varphi)$ d'un élément (flux, potentiels, courants) ont les valeurs

$$\alpha = \frac{1}{2 R_1 C} + \cos\varepsilon \sqrt{\frac{k}{C}}, \qquad \beta = \sin\varepsilon \sqrt{\frac{k}{C}},$$

R_1 étant la résistance morte réduite $\left(\dfrac{1}{R_1} = \sum \dfrac{1}{r} \right)$ (*voir* la Note 3).

Appliquons encore ce résultat à l'exemple étudié plus haut, avec le même schéma simplifié.

1° Les alternateurs non reliés, $Z = 1000$, $\cos\varphi = 0,65$,

$$\frac{\cos\varphi_0}{z_0} = \frac{314 \times 0,65}{1000} = 0,2041, \qquad \frac{\sin\varphi_0}{z_0} = 0,2385,$$

à vide

$$\alpha = 215,6, \qquad \beta = 371,5;$$

avec

$$R_1 = 500, \qquad \alpha = 885,5, \qquad \beta = 131,5,$$
$$R_1 = 100, \qquad \alpha = 4976, \qquad \beta = 20,2,$$
$$R_1 = 30, \qquad \alpha = 16662, \qquad \beta = 6.$$

2° Les alternateurs reliés $\Lambda' = \dfrac{1}{4} = \dfrac{314}{26} = 12,08$, à vide

$$\alpha = 20,9, \qquad \beta = 2482;$$

avec

$$R_1 = 500, \qquad \alpha = 503,4, \qquad \beta = 2348,$$
$$R_1 = 100, \qquad \alpha = 2518, \qquad \beta = 147,8,$$
$$R_1 = 30, \qquad \alpha = 16228, \qquad \beta = 6,4.$$

Ce Tableau ne me semble pas avoir besoin de commentaires, et si les valeurs qui y sont portées diffèrent notablement de celles fournies par d'autres méthodes, une étude expérimentale que rend aujourd'hui possible l'existence d'appareils tels que les oscillographes de M. Blondel pourrait décider quels sont les chiffres les plus voisins de la vérité.

V. — Régime forcé.

Quant au régime forcé en ωt, on l'obtient ainsi : soit $u = U\sin\omega t$ la différence de potentiel aux bornes du condensateur; le flux dans une bobine est

$$-\frac{U}{\omega}\cos\omega t,$$

et, par suite, le courant $-\dfrac{U}{\omega z}\sin(\omega t - \varphi)$ en retard de $\left(\dfrac{\pi}{2} - \varphi\right)$ sur le flux, et ωz est l'impédance mesurée à la fréquence ω; dans les résistances mortes le courant est $\dfrac{u}{R_1}$ et enfin le courant de charge est

$$C\frac{du}{dt} = C\omega U\cos\omega t;$$

on a donc, à chaque instant, le courant total de la machine

$$i = U\left(\frac{\sin\omega t}{R_1} - \frac{\sin(\omega t - \varphi)}{Z} + C\omega\cos\omega t\right);$$

d'autre part, si l'on néglige l'hystérésis dans la machine,

$$e = u + Ri + L\frac{di}{dt},$$

d'où

$$e = U\left[\sin\omega t + R\sin\omega t\left(\frac{1}{R_1} - \frac{\cos\varphi}{Z}\right) + R\cos\omega t\left(C\omega + \frac{\sin\varphi}{Z}\right)\right]$$
$$+ L\omega\left[\cos\omega t\left(\frac{1}{R_1} - \frac{\cos\varphi}{Z}\right) - \sin\omega t\left(C\omega + \frac{\sin\varphi}{Z}\right)\right],$$

en mettant la parenthèse, après substitution des valeurs numériques, sous la forme

$$e = U(A\sin\omega t + B\cos\omega t),$$

et posant $A^2 + B^2 = M^2$, on aura inversement le potentiel u lorsque

$$e = E\sin\omega t$$

en écrivant

$$u = \frac{E}{A^2 + B^2}(A\sin\omega t - B\cos\omega t),$$

et l'on en déduira facilement les courants et les flux.

VI. — APPLICATION DE LA MÉTHODE.

Connaissant ainsi deux régimes permanents, si à l'époque 0, u et Φ ont les valeurs u_1 et Φ_1, tandis que dans le second les valeurs seraient u_2 et Φ_2 à la même époque, on écrira $u_2 = u_1 + u_0$, $\Phi_2 = \Phi_1 + \Phi_0$, et u_0 et Φ_0 seront les valeurs instantanées à l'époque θ du régime libre qui se superposera au régime permanent. Le paragraphe précédent fait connaître les valeurs de α et β correspondantes; on posera donc

$$u = H e^{\alpha(\theta - t)}\sin(\beta t - \psi)$$

et

$$\Phi = -H e^{\alpha(\theta - t)}\frac{\alpha\sin(\beta t - \psi) + \beta\cos(\beta t - \psi)}{\alpha^2 + \beta^2},$$

et l'on déterminera H et ψ par les équations

$$u_2 - u_1 = \text{H} \sin(\beta\theta - \psi),$$

$$\Phi_2 - \Phi_1 = \frac{-\text{H}}{\alpha^2 + \beta^2} [\alpha \sin(\beta\theta - \psi) + \beta \cos(\beta\theta - \psi)],$$

qui donnent

$$\text{H}^2 = (u_2 - u_1)^2 + [(\Phi_2 - \Phi_1)(\alpha^2 + \beta^2) + \alpha(u_2 - u_1)]^2 \frac{1}{\beta^2}$$

et

$$\tan(\beta\theta - \psi) = \frac{(u_2 - u_1)\beta}{(\Phi_2 - \Phi_1)(\alpha^2 + \beta^2) + \alpha(u_2 - u_1)}.$$

On a tous les éléments nécessaires pour discuter les amplitudes des oscillations dont les maxima ont lieu pour $\tan(\beta t - \varphi) = \frac{\beta}{\alpha}$.

VII. — Limites de la méthode.

Cette méthode ne saurait évidemment être considérée comme absolument rigoureuse: elle néglige la déformation que les transformateurs font subir à la courbe du courant; de plus, à moins de considérer Z comme fonction de l'intensité, elle ne reproduit pas pour l'hystérésis la loi de Steinmetz; je la crois néanmoins beaucoup plus rapprochée de la vérité que les modes de calcul généralement employés et qui conduisent à des résultats tout à fait inexacts quand on étudie les augmentations de tension (ou d'intensité) produits par l'association d'une bobine et d'un condensateur (en série ou en dérivation).

On a considéré comme négligeable la dispersion des transformateurs; on pourra en tenir compte en supposant que les résistances mortes R_1 ont un léger coefficient de self-induction. On peut également tenir compte des résistances ohmiques des bobines, et l'on doit même le faire quand ces résistances cessent d'être une petite fraction de la résistance morte R_1. Si l'on veut en tenir compte, il faut alors reprendre l'équation générale (1), et écrire au dénominateur un terme r égal à la résistance ohmique totale, et, à la place de L, une expression imaginaire

$$\frac{\text{Z}(\sin\varphi + \cos\varphi\sqrt{-1})}{\omega};$$

mais alors on retombe sur des complications de calcul très grandes et des équations de degré supérieur, à moins d'avoir affaire à un circuit très simple (*voir* Note 4); et cette complication n'est nullement justifiée quand la résistance ohmique n'est qu'une petite fraction de l'impédance.

Quelque méthode que l'on emploie, un résultat s'impose, c'est que l'existence d'une résistance assez modérée non inductive, reliant les deux armatures du condensateur, produit un amortissement considérable et une augmentation très notable de la durée de la période des régimes libres; les calculs ci-dessus montrent comment on peut réduire β bien au-dessous de la valeur de ω, et éviter ainsi toute surélévation dangereuse. Il ne peut être question de laisser en service cette résistance, mais elle pourrait se trouver mise automatiquement en service, lorsqu'une manœuvre que l'on a des raisons de supposer dangereuse est néanmoins commandée par les nécessités de l'exploitation : les résistances que l'on introduit aujourd'hui dans les parafoudres à intervalles d'air jouent en partie ce rôle.

La question des accidents sur réseaux alternatifs, même limitée, comme elle l'a été aujourd'hui, aux réseaux d'éclairage, est loin d'être épuisée. On attribue aux interrupteurs à huile la faculté de choisir le moment le plus favorable pour produire la rupture; une telle théorie ne semble pas nécessaire; je serais plutôt porté à penser que dans l'air l'arc se rallume à une bien plus grande distance que dans l'huile, et que le régime pseudo-périodique de l'arc dans l'air exagère et prolonge les perturbations observées ([1]). Le mode de rupture peut encore avoir une autre influence : on a supposé que les deux fils du câble avaient à chaque instant le même potentiel dans toute leur longueur; il n'en est pas ainsi; mais, à moins de réseaux d'une longueur extraordinaire, ce fait ne joue aucun rôle appréciable, ni dans le régime permanent, ni dans les régimes libres; il n'en est pas moins vrai que la perturbation naît brusquement en un point déterminé du câble, puis se propage comme une onde en gardant un front plus ou moins raide, et dont l'amplitude va plutôt en diminuant tant que le câble reste uniforme; mais, si les conditions électriques changent, si un appareil est branché sur le câble ou si celui-ci est enroulé en spirale, il y a, à l'entrée des bobines inductives, des points où, pendant un temps très court, des tensions dangereuses peuvent se produire; l'étude de ces phénomènes échappe à l'analyse ci-dessus; elle est cependant indispensable pour comprendre (en dehors des défauts de construction) la localisation en certains points fixes d'un réseau. »

([1]) Des expériences ultérieures de Blondel, Creighton, Schrottke, etc. démontrent cependant qu'avec les interrupteurs à cornes la résistance croissante de l'arc éteint les oscillations électriques pendant la rupture.   (*Note de l'Éditeur.*)

VIII. — INFLUENCE DES FUITES MAGNÉTIQUES SUR LES RÉGIMES D'UN RÉSEAU.

On se propose enfin d'étudier l'influence de la dispersion des transformateurs, tels qu'ils sont construits aujourd'hui, tant sur le régime forcé que sur les régimes libres d'un réseau d'éclairage.

Soient :

R et L les constantes de l'alternateur, R_1, R_2, L_1, L_2, celles du transformateur, réseau secondaire compris ;

C la capacité du câble ;

u la différence de potentiel instantanée aux bornes des transformateurs ; si U est la valeur maximum, $u = U \sin \omega t$.

Les appareils branchés consomment un courant i, en retard sur u et dont la valeur est $U(A \sin \omega t - B \cos \omega t)$; le courant de charge est $\omega C U \cos \omega t$; le courant total

$$U[A \sin \omega t + (C \omega - B) \cos \omega t]$$

et, par suite, la force électromotrice de la machine

$$e = U \{ \sin \omega t + [RA - L \omega(C \omega - B)] \sin \omega t + [R(C \omega - B) + L \omega A] \cos \omega t \}.$$

Le rapport de la force électromotrice maxima E de la machine à U est donc donné par la racine carrée de

$$\frac{E^2}{U^2} = [1 + RA - L \omega(C \omega - B)]^2 + [R(C \omega - B) + L \omega A]^2$$

qui, considéré comme fonction de C, passe par un minimum pour

$$C \omega = B + \frac{L \omega}{Z^2},$$

si Z est l'impédance de la machine. La valeur de ce minimum se présente sous la forme simple

$$\left(\frac{R}{Z} + AZ \right)^2.$$

Le *facteur de surtension* est donc, pour la capacité la plus dangereuse,

$$(2) \qquad F = \frac{U}{E} = \frac{Z}{R + AZ^2}.$$

Étudier l'influence de la dispersion, ou de tel élément qu'on voudra sur cette surtension, se réduit à étudier son influence sur A; de même l'étude de B fait voir comment varie la capacité dite *dangereuse*.

Ces valeurs de A et de B dans un transformateur dépourvu d'hystérésis se déduisent immédiatement des équations classiques, lesquelles, si l'on introduit le coefficient σ de dispersion, s'écrivent

$$A = \frac{R_1 Z_2^2 + R_2 L_1 L_2 \omega^2 (1 - \sigma)}{D}, \qquad B = \frac{(L_1 R_2^2 + \sigma L_1 L_2^2 \omega^2)\omega}{D}$$

avec

$$D = (R_1 R_2 - L_1 L_2 \omega^2 \sigma)^2 + (R_1 L_2 + R_2 L_1)^2 \omega^2.$$

On sait qu'on ne change rien au débit du primaire si, par un changement convenable du nombre de tours et de la section du secondaire, on multiplie L_2 par K^2, ainsi que R_2, M par K et que l'on divise I_2 par K; on peut donc substituer au transformateur étudié un autre ayant même primaire, un rapport de transformation K sensiblement égal à 1 avec $L_1 = L_2$ et la même valeur pour σ; la nouvelle résistance R_2 ou résistance réduite faisant connaître avec une précision suffisante le courant débité au primaire.

Pour apprécier les approximations faites, il est nécessaire de connaître l'ordre de grandeur de R_1, L_1 et σ. Pour R_1, le chiffre de 0,3 ohm, pour un transformateur de 300 kilowatts, correspondant à une perte de 6 kilowatts par effet Joule dans le cuivre, est acceptable; $L_1\omega$ est déterminé par l'essai à vide, car il se confond avec l'impédance quand il n'y a pas d'hystérésis; on a trouvé ainsi $\omega L = 1000$.

Il reste à calculer σ au moyen de l'essai en court-circuit; le transformateur se conduit alors comme une bobine de réaction ayant comme résistance ohmique $R_1 + R_2$ (R_2 est bien entendu la résistance réduite), et comme réactance $\sigma L_1 \omega$, d'où une impédance

$$Z_{cc} = \sqrt{(R_1 + R_2)^2 + L_1^2 \sigma^2 \omega^2}.$$

Or, en court-circuit, une différence de potentiel de 90 volts donnait le courant de pleine charge, soit 100 A; par suite,

$$Z_{cc} = 0,9 \text{ ohm}, \qquad Z_{cc}^2 = 0,81;$$

$R_1 + R_2$ est 0,6, donc

$$L_1^2 \sigma^2 \omega^2 = 0,81 - 0,36 = 0,45 \qquad \text{et} \qquad L_1 \sigma \omega = 0,67 \text{ ohm},$$

résultat observé fréquemment quant à l'ordre relatif de grandeur de R_1 et de $L_1\sigma\omega$ dans les transformateurs actuels. Comme d'ailleurs ici

$$L_1 \omega = 1000,$$

on voit que σ est notablement inférieur à 0,001, chiffre que j'adopterai. Substituons ces valeurs,

$$R_1 = 0,3, \quad L_1\omega = 1000, \quad L_1\omega\sigma = 1, \quad L_2\omega = 1000, \quad \omega = 314.$$

On a alors

$$A_1 = \frac{0,3(R_2^2 + 10^6) + 999.10^3 R_2}{D_1}, \quad B_1 = \frac{1000}{D_1}(R_2^2 + 10^3),$$

$$D_1 = (0,3R_2 - 10^3)^2 + 10^6(R_2 + 0,3)^2.$$

Si l'on néglige la dispersion,

$$(3) \qquad A_2 = \frac{0,3 R_2^2 + 0,3.10^6 + 10^6 R_2}{D_2}, \quad B = \frac{1000}{D_2}R_2^2,$$

$$D_2 = 0,09 R_2^2 + 10^6(R_2 + 0,3)^2.$$

Si l'on néglige R_1,

$$(4) \qquad A = \frac{1}{R_2}, \quad B = 0,001.$$

La simplification de M. Picou (*voir* p. 211) donnait :

$$A = \frac{1}{R_2} + \frac{0,65}{1000}, \quad B = \frac{0,76}{1000}.$$

On trouve par les équations (2), (3), (4) :

	A_1	F_1	A_2	F_2
$R_2 = 0,03$ (court-circuit)	0,442	0,087	1,67	0,023
$R_2 = 1$ »	0,483	0,079	0,769	0,050
$R_2 = 2$ »	0,365	0,104	0,435	0,086
$R_2 = 3$ »	0,277	0,138	0,303	0,124
$R_2 = 30$ (pleine charge)	0,0350	1,0133	0,035	1,0133

Il n'y a d'écart sérieux que pour des charges près de dix fois supérieures aux charges normales et pour lesquelles les facteurs F_1, F_2 de surtension sont notablement inférieurs à l'unité, c'est-à-dire dans des cas absolument dépourvus d'intérêt pratique. Si l'on veut faire abstraction de l'hystérésis, cette méthode approximative ne présente donc que des avantages : simplicité des calculs et représentation intuitive.

Pour les valeurs de B, leur étude n'a de raison d'être que quand des surtensions peuvent se produire, c'est-à-dire pour $R_2 > 30$; or, pour $R_2 = 30$, on a

$$B_1 = 0,00206, \quad B_2 = 0,00098;$$

et, si l'on se reporte à la valeur de C, on voit que le terme en B a une bien faible importance; en effet, $L\omega = 26$, $R = 2$, de sorte que

$$C\omega = \frac{26}{680} + B_1 \quad \text{ou} \quad + B_2,$$

c'est-à-dire que $C\omega$ est $0,04029$ en tenant compte de la dispersion et $0,03921$ quand on la néglige.

Dans les régimes libres, la dispersion joue un rôle, qui est même important dans la télégraphie sans fil, mais qui n'a pas d'intérêt industriel pratique; en revanche, elle introduit une complication considérable; en effet, le régime libre du circuit le plus simple, composé du câble et du transformateur fermé sur une résistance secondaire, est un régime périodique amorti lorsque la résistance dépasse une certaine limite R_c ou la superposition de deux régimes amortis dont les amortissements sont l'un plus faible, l'autre plus fort que l'amortissement critique; par exemple, avec $C = 2$ microfarads, $L = 3,18$ henrys, la résistance critique est $R_c = 632$ (réduite au primaire) et $\alpha_c = 397$; des deux amortissements, l'un tombe rapidement vers zéro avec R_2, auquel il est sensiblement proportionnel, l'autre prend des valeurs énormes (*voir* Note 5).

Lorsqu'il y a dispersion, on peut distinguer trois cas : ou bien la résistance du secondaire est supérieure à R_c, alors au régime oscillatoire amorti s'en superpose un autre simplement amorti pour lequel α est d'autant plus grand que R_2 est plus grand et σ plus petit; cet amortissement est toujours considérable, au moins 200000 dans l'exemple ci-dessus.

Si la résistance descend au-dessous de R_c mais reste supérieure à une résistance R_d (de 78 ohms) notablement plus faible d tout en étant, dans l'exemple choisi, notablement supérieure à la résistance de pleine charge, il existe trois régimes amortis possibles pour le système : l'un a le même amortissement que le plus petit des deux amortissements du circuit sans dispersion; les deux autres sont, au contraire, plus grands que le plus grand amortissement du circuit sans dispersion. Descend-on au-dessous de cette résistance R_d, le régime faiblement amorti, $\alpha = \dfrac{R_2}{L_1}$, continue à être possible et les deux autres se confondent en un régime oscillatoire très faiblement amorti d'abord et à longue période; l'amortissement pour $R_2 = 78$ ohms étant de 13000 environ, il tombe à 94 pour le court-circuit $R_2 = 0,03$, tandis que β arrive à 12500 (*voir* Note 5).

Le diagramme ci-après résume ces faits; les résistances sont portées sur l'axe horizontal; si, par un point de cet axe, on mène une verticale,

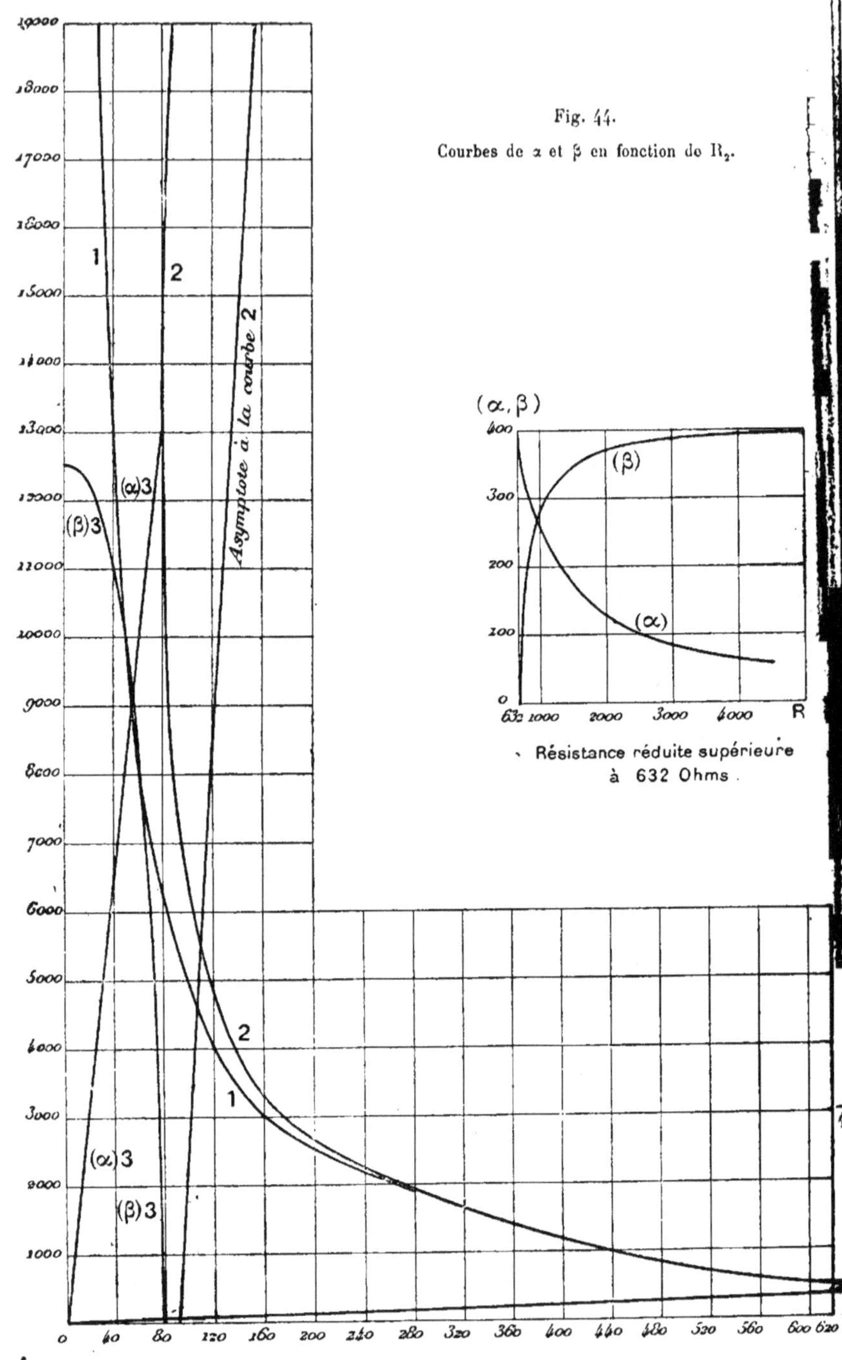

Fig. 44.

Courbes de α et β en fonction de R_2.

Résistance réduite supérieure à 632 Ohms.

Résistance réduite inférieure à 630 ohms.

celle-ci rencontre la courbe 2, qui se prolonge indéfiniment en haut, en trois points si R_2 est compris entre 630 et 78; ces points ont pour ordonnées les trois amortissements correspondants. Au-dessous de $R = 78$, la verticale rencontre la courbe (α) 3 et la courbe (β) 3 aux points dont les ordonnées sont les α et β correspondants; le second α, très petit, est donné par la rencontre avec la partie ascendante de la courbe (2).

Un second diagramme est spécial pour les très faibles charges avec $R > 630$, une des valeurs de α non figurée est énorme, l'autre tombe rapidement vers zéro quand la charge diminue.

La courbe (1), qui se confond avec (2) pour les petites valeurs de α, conviendrait au même système en négligeant la dispersion dans les transformateurs [1].

Mais en pratique de tels calculs sont inutiles, et des calculs très approximatifs sont bien suffisants pour ce genre de questions.

Il est surtout intéressant de déterminer l'ordre de grandeur des surtensions qu'on doit appeler *normales* et qui accompagnent les manœuvres nécessaires à l'exploitation courante, au besoin pour modifier ces manœuvres et pour déterminer les épreuves que les câbles doivent subir. Il me paraît exagéré de leur demander de résister à des surtensions dues soit à des accidents graves ou à de fausses manœuvres; ceci doit être le rôle d'appareils protecteurs spéciaux que les ressources de la technique moderne mettent, semble-t-il, aujourd'hui, à la disposition des exploitants et dont l'étude doit primer tout le reste; un câble résistant à 35 000 volts, protégé par des appareils fonctionnant *sûrement* à 30 000, me paraîtrait bien suffisant pour une exploitation à 25 000 volts bien conduite [2].

---

[1] On voit que pour les très faibles résistances au secondaire, la dispersion, non seulement joue un rôle dans le régime permanent, mais encore a une influence notable sur les régimes libres, de sorte que le réseau séparé brusquement de l'alternateur lorsque la charge est très forte peut avoir un β très grand de l'ordre de 10000 et un α relativement faible; comme c'est le rapport de β à α qui joue le rôle prépondérant dans la valeur de la surtension par rupture brusque, des tensions dangereuses seraient à craindre; je n'ai pas examiné quelle est l'importance de l'hystérésis dans ce cas, mais elle est certainement importante puisque β est grand.

[2] Cette précision désirable du réglage des limiteurs de tension n'est malheureusement pas encore atteinte, et il vaut mieux, en attendant, admettre une limite de sécurité plus forte voisine de 50000 volts pour le câble une fois posé. (*Note de l'Éditeur.*)

NOTE 1.

Pour illustrer cette méthode, je prendrai un exemple extrême, qui est la plus grande épreuve à laquelle un réseau puisse être soumis; je suppose tous les appareils (les primaires des transformateurs) débranchés, le réseau isolé et la machine reliés; la machine est mise en court-circuit, puis ce court-circuit rompu; après la rupture, le régime est la superposition d'un régime permanent (toutes résistances négligées)

$$i_1 = \frac{-\,\mathrm{E}\cos\omega t}{\left(\mathrm{L}\omega - \dfrac{1}{\mathrm{C}\omega}\right)}, \qquad u_1 = \frac{-\,\mathrm{E}\sin\omega t}{(\mathrm{CL}\omega^2 - 1)}$$

et d'un régime libre ($\beta^2\mathrm{CL} = 1$)

$$i_2 = \mathrm{C}\beta\mathrm{H}\cos(\beta t - \psi), \qquad u_2 = \mathrm{H}\sin(\beta t - \psi).$$

A l'époque θ de la rupture, le courant total $i_1 + i_2$ doit être le courant de court-circuit dans la machine et le potentiel nul au condensateur, d'où deux équations

$$\mathrm{C}\beta\mathrm{H}\cos(\beta\theta - \psi) = \frac{\mathrm{E}\cos\omega\theta}{(\mathrm{CL}\omega^2 - 1)\mathrm{L}\omega}, \qquad \mathrm{H}\sin(\beta\theta - \psi) = \frac{\mathrm{E}\sin\omega\theta}{\mathrm{CL}\omega^2 - 1}$$

qui déterminent H et ψ, c'est-à-dire le régime libre quand on connaît l'instant de la rupture; on en déduit

$$\frac{\mathrm{H}^2}{\mathrm{E}^2} = \frac{1}{(\mathrm{CL}\omega^2 - 1)^2}\left(\frac{\cos^2\omega\theta}{\mathrm{C}^2\mathrm{L}^2\omega^2\beta^2} + \sin^2\omega\theta\right) = \frac{\beta^4}{(\omega^2 - \beta^2)^2}\left(\frac{\beta^2}{\omega^2}\cos^2\omega\theta + \sin^2\omega\theta\right).$$

La valeur de $\dfrac{\mathrm{H}}{\mathrm{E}}$ dépend donc du moment choisi pour la rupture; si $\omega > \beta$, sa plus grande valeur est $\dfrac{\beta^2}{\omega^2 - \beta^2}$ et correspond à la rupture sur le courant maximum. Si c'est β qui est le plus grand, la plus grande valeur $\dfrac{\beta^3}{\omega(\beta^2 - \omega^2)}$ correspond à la rupture au moment où le courant est nul. La valeur la plus dangereuse de la capacité est naturellement celle qui correspond à la résonance où $\omega = \beta$.

NOTE 2.

L'énergie emmagasinée dans le condensateur est $\dfrac{1}{2}\mathrm{C}u^2$; dans le transformateur $\dfrac{1}{2}\mathrm{L}i^2$, u est une fonction $\mathrm{U}\sin\omega t$ du temps et i une fonction sinusoïdale en retard sur u du décalage φ; l'énergie totale

$$\frac{1}{2} CU^2 \sin^2 \omega t + \frac{1}{2} LI^2 \sin^2 (\omega t - \varphi)$$

est donc variable avec le temps, si on l'écrit

$$\frac{1}{2} \left[\sin^2 \omega t (CU^2 + LI^2 \cos^2 \varphi) - \frac{LI^2}{2} \sin 2\omega t \sin 2\varphi + LI^2 \cos^2 \omega t \sin^2 \varphi \right]$$

ou

$$\frac{1}{2} \left[\frac{(CU^2 + LI^2)}{2} - \frac{(LI^2 \cos 2\varphi + CU^2)}{2} \cos 2\omega t - \frac{LI^2}{2} \sin 2\varphi \sin 2\omega t \right]$$

et oscille, suivant le moment considéré, entre

$$\frac{1}{4} \left(CU^2 + LI^2 \pm \sqrt{C^2 U^2 + L^2 I^4 + 2 LCU^2 I^2 \cos 2\varphi} \right)$$

Par exemple, sur un réseau cité par M. Picou, l'énergie varie entre

$$\frac{1}{2} \left(2 . 10^{-6} . \overline{3000}^2 + 2,42 . 9 \pm \sqrt{324 + 565,5 + 235} \right) = \frac{1}{2} (39,8 \pm 33,5) \text{ joules.}$$

Le maximum est donc 36,6 joules qui, répartis sur le condensateur seul, donneraient

$$\sqrt{\frac{2 \times 36,6 \times 10^6}{2}} = 6050 \text{ volts.}$$

Mais il faudrait tenir compte : 1° de ce que les transformateurs absorbent 50 joules au moins par cycle (ce serait une perte de moins de 1 pour 100 de la puissance totale) et que, si le réseau était en charge au moment de la rupture, les résistances mortes absorbent aussi une quantité notable d'énergie. En tout cas, la rupture brusque, les transformateurs étant reliés, ne peut causer une tension dangereuse ; les choses sont toutes différentes quand on rompt un court-circuit, parce que l'énergie emmagasinée dans l'alternateur peut atteindre une valeur bien plus considérable (dans l'exemple déjà cité, $L = 0,083$ h., $I_{eff} = 115$ A, $LI^2 = 1100$ joules) que celle du câble et des transformateurs, et enfin qu'il y a encore une source d'énergie mécanique disponible : c'est la présence de cette réserve dans l'alternateur qui rend la rupture dangereuse.

NOTE 3.

Soit $\Phi = H e^{-\alpha t} \sin \beta t$ le flux qui a nécessairement la même valeur dans toutes les bobines, le potentiel du condensateur est $\dfrac{d\Phi}{dt}$ ou $H e^{-\alpha t} (-\alpha \sin \beta t + \beta \cos \beta t)$ et le courant dans les résistances mortes $\dfrac{1}{R_1}\dfrac{d\Phi}{dt}$, tandis que le courant total de *décharge* est

$$-C\frac{dU}{dt} = -CHe^{-\alpha t}[(\alpha^2 - \beta^2)\sin\beta t - 2\alpha\beta\cos\beta t].$$

Le courant dans les bobines d'alternateurs est le flux divisé par le coefficient de self-induction, soit $\dfrac{\Phi}{L}$, mais, dans les primaires de transformateurs, il est en avance d'un angle $\dfrac{\pi}{2} - \varphi$ sur ce flux, soit

$$\frac{H}{z}e^{-\alpha t}\sin\left(\beta t + \frac{\pi}{2} - \varphi\right) = \frac{H}{z}e^{-\alpha t}(\sin\beta t\sin\varphi + \cos\beta t\cos\varphi)$$

l'angle φ ainsi choisi détermine par son cosinus le facteur de puissance); le courant de décharge étant à chaque instant la somme de tous les autres, on doit avoir

$$C(\alpha^2 - \beta^2) - \frac{\alpha}{R_1} + \sum\frac{1}{L} + \sum\frac{\sin\varphi}{z} = 0, \qquad -2\alpha\beta C + \frac{\beta}{R_1} + \sum\frac{\cos\varphi}{z} = 0;$$

or, si l'on remplace dans ces équations α et β par leurs valeurs, il vient pour la première

$$C\left(\frac{1}{4R_1^2 C^2} + \cos\varepsilon\sqrt{\frac{K}{C}}\frac{1}{R_1 C} + \frac{K}{C}\cos 2\varepsilon\right)$$
$$-\left(\frac{1}{2R_1^2 C} + \frac{1}{R_1}\sqrt{\frac{K}{C}}\cos\varepsilon\right) + \sum\frac{1}{L} + \sum\frac{\sin\varphi}{z} = 0,$$

ce qui est une identité à cause de $K\cos 2\varepsilon = \dfrac{1}{4R_1^2 C} - \sum\dfrac{1}{L} - \sum\dfrac{\sin\varphi}{z}$ et, pour la seconde,

$$-\left(\frac{1}{R_1} + 2\cos\varepsilon\, C\sqrt{\frac{K}{C}}\right)\sin\varepsilon\sqrt{\frac{K}{C}} + \frac{1}{R_1}\sqrt{\frac{K}{C}}\sin\varepsilon - \sum\frac{\cos\varphi}{z} = 0,$$

qui est encore une identité à cause de $K\sin 2\varepsilon = \sum\dfrac{\cos\varphi}{z}$.

On se rappelle que z est $\dfrac{Z}{\omega}$, si Z est l'impédance, à vide, à la fréquence $\dfrac{\omega}{2\pi}$.

NOTE 4.

Le circuit contient simplement un condensateur de capacité C, un transformateur dont l'impédance est Z à la fréquence $\dfrac{\omega}{2\pi}$ et une résistance r en série (y compris la résistance ohmique du primaire); le condensateur est shunté par une résistance morte R_1 en dérivation sur ses armatures; $\cos\varphi$ représente le facteur de puissance à vide du transformateur; z désigne le quotient $\dfrac{Z}{\omega}$.

Soit $i_t = H e^{-\alpha t} \sin\beta t$ le courant du transformateur; $u - ri$, la force contre-électromotrice du primaire, est en avance de l'angle φ sur le courant i_t; cette force serait $z\dfrac{di_t}{dt}$ si le flux était en phase avec le courant, c'est-à-dire

$$z H e^{-\alpha t}(-\alpha \sin\beta t + \beta \cos\beta t),$$

tandis que ce flux est en retard de $\dfrac{\pi}{2} - \varphi$ sur le courant, de sorte que sa dérivée est

$$z H e^{-\alpha t}[\alpha \cos(\beta t + \varphi) + \beta \sin(\beta t + \varphi)].$$

Il en résulte

$$u = H e^{-\alpha t}[r \sin\beta t + z\alpha \cos(\beta t + \varphi) + z\beta \sin(\beta t + \varphi)].$$

En écrivant que le courant de décharge du condensateur est la somme des courants à travers la résistance et le courant i_t, il vient, pour le régime des oscillations libres,

$$C\frac{du}{dt} + \frac{u}{R_1} + i_t = 0 ;$$

on remplacera u et i_t par leurs valeurs et l'on aura une équation qui doit être satisfaite quel que soit t; or, pour $\beta t + \varphi = 0$, on a

$$i_t = - H e^{-\alpha t} \sin\varphi, \qquad u = H e^{-\alpha t}(- r \sin\varphi + z\alpha),$$
$$\frac{du}{dt} = H e^{-\alpha t}[\alpha r \sin\varphi + \beta r \cos\varphi + (\beta^2 - \alpha^2)z]$$

et, pour $\beta t + \varphi = \dfrac{\pi}{2}$,

$$i_t = H e^{-\alpha t} \cos\varphi, \qquad u = H e^{-\alpha t}(r \cos\varphi + z\beta),$$
$$\frac{du}{dt} = H e^{-\alpha t}(- \alpha r \cos\varphi + \beta r \sin\varphi - 2\alpha\beta z)$$

et, par suite,

$$C[\ \alpha r \sin\varphi + \beta r \cos\varphi + z(\beta^2 - \alpha^2)] + \frac{1}{R_1}(\alpha z - r \sin\varphi) - \sin\varphi = 0,$$
$$C(- \alpha r \cos\varphi + \beta r \sin\varphi - 2\alpha\beta z) \qquad + \frac{1}{R_1}(\beta z + r \cos\varphi) + \cos\varphi = 0.$$

En résolvant ces deux équations par rapport à α et β, on est amené à introduire deux quantités auxiliaires, ε et K_1, cette dernière essentiellement positive, définies par

$$K_1 \cos 2\varepsilon = \frac{1}{R_1^2 C^2} - \frac{r^2}{z^2}\cos 2\varphi - \left(\frac{2r}{R_1 Cz} + \frac{4}{Cz}\right)\sin\varphi,$$
$$K_1 \sin 2\varepsilon = - \frac{r^2}{z^2}\sin 2\varphi \qquad + \left(\frac{2r}{R_1 Cz} + \frac{4}{Cz}\right)\cos\varphi.$$

. Les valeurs de α et β sont alors

$$\alpha = \frac{1}{2}\left(\frac{1}{R_1 C} - \frac{r}{z}\sin\varphi + \cos\varepsilon \sqrt{K_1}\right), \qquad \beta = \frac{1}{2}\left(\frac{r}{z}\cos\varphi + \sin\varepsilon \sqrt{K_1}\right).$$

La valeur de $\sqrt{K_1}$ sera toujours positive, et, entre les valeurs égales et de signe contraire de $\cos\varepsilon$ et $\sin\varepsilon$, il faut choisir celle que donne α positif; celui-ci tend vers $\frac{1}{R_1 C}$ à mesure que R_1 diminue. Si pour faire une application numérique à l'exemple cité plus haut, on prend

$$C = 2.10^{-6}, \quad r = 1, \quad z = \frac{1000}{314} \quad \text{ou} \quad \frac{r}{z} = 0,314, \quad \cos\varphi = 0,65, \quad \sin\varphi = 0,76,$$

on verra que le changement subi par les valeurs de α et β en posant $r = 0$ au lieu de 1 est insignifiant; il n'en serait peut-être pas de même si l'induit de l'alternateur était relié au condensateur.

L'idée de majorer la puissance ohmique d'un alternateur n'est pas nouvelle; tout le monde sait que cette majoration est indispensable lorsque l'on veut tracer *a priori* la courbe de réaction d'induit, mais on se borne fort arbitrairement à doubler cette résistance, tandis qu'on trouve dans l'hystérésis et les courants de Foucault les éléments d'une évaluation rationnelle.

Toutefois, l'introduction de ce nouvel élément dans la recherche des régimes libres apporterait dans les calculs une complication énorme; si l'on se reporte à ce qui a été dit au sujet des circuits sans hystérésis, on comprendra que l'introduction d'un appareil, pour lequel le rapport $\frac{r}{z}$ est différent des autres, élève le degré de l'équation à résoudre; que, si un appareil comprend avec un condensateur deux bobines de types différents, ce n'est plus un, mais deux régimes libres qui seront possibles, de sorte que le régime réel pourra être la superposition de deux régimes et fort différents, l'un très amorti, par exemple, tandis que l'autre le sera à peine. La superposition de ces courbes donnerait une courbe à forme exponentielle, en gros, avec des dentelures, dont le tracé serait fort différent de celui de la courbe dite *théorique*. Or, ce cas se présente lorsque, pour étudier les régimes libres d'une bobine d'induction reliée à un condensateur par exemple, on trouble ce régime par l'adjonction des appareils de mesure.

NOTE 5 [(1)].

Les résultats indiqués aux pages 221-223 à propos de l'influence de la dispersion des transformateurs peuvent être obtenus en appliquant l'équation générale du régime libre et en négligeant, pour simplifier, la résistance du primaire.

Nous appellerons toujours L_1 l'inductance de l'alternateur, R_2 la résistance extérieure.

[(1)] Par l'éditeur.

1° *Cas où l'on néglige la dispersion.* — L'équation est alors

(1)
$$C x + \frac{1}{R_2} + \frac{1}{L_1 x} = 0$$

et a pour racines

$$x = \frac{- L_1 \pm \sqrt{L_1^2 - 4 R_2^2 C L_1}}{2 C R_2 L_1}.$$

Ces racines sont imaginaires et le coefficient d'amortissement est $\alpha = \dfrac{1}{2 C R_2}$ tant que R_2 est plus grande que la résistance critique R_c; celle-ci a pour valeur

$$R_c = \frac{1}{2} \sqrt{\frac{L_1}{C}} = \frac{1}{2} \sqrt{\frac{3,18}{2 x 10 - 6}} = 630 \text{ ohms}$$

dans l'exemple choisi, et le coefficient d'amortissement correspondant est

$$\alpha = \frac{1}{\sqrt{C L_1}} = \frac{1}{\sqrt{2 x 2 x 3,18 x 10^{-6}}} = 397.$$

Le point représentatif de α en fonction de R_2 décrit une hyperbole dont la partie utile commence seulement à partir de $R_2 = R_c$.

Les valeurs de β sont

$$\beta = \frac{\sqrt{4 R_2^2 C L_1 - L_1^2}}{2 C R_2 L_1} = \sqrt{\frac{1}{C L_1} - \frac{1}{4 C^2 R^2}}.$$

Nul pour $R_2 = R_c$, β tend vers $\dfrac{1}{\sqrt{C L_1}}$ pour $R_2 = \omega$.

On obtient ainsi des points des courbes α et β de la page 44 (petit Tableau), par exemple :

$$R_2 = \quad 630; \quad 2000; \quad 4000 \quad\quad \infty$$
$$\alpha = \quad 397; \quad 125; \quad 62,5 \quad\quad 0$$
$$\beta = \quad\quad 0; \quad 376; \quad\quad » \quad\quad 397$$

Pour R_2 inférieur à R_c, les deux racines sont réelles, α_1 et α_2; le régime est simplement amorti et son coefficient d'amortissement est compris entre α_1 et α_2. On trace la courbe correspondante, en résolvant l'équation (1) par rapport à R_2 et en y remplaçant x par α; d'où

$$R_2 = \frac{L_1 \alpha}{C L_1 \alpha^2 - 1}.$$

Voici quelques points ainsi obtenus :

$$R_2 = \quad 0; \quad 26; \quad\quad 38; \quad 630$$
$$\alpha = \quad 0; \quad 123; \quad 13000; \quad 397$$

La courbe (1) (p. 44) qui en résulte a un maximum $R_2 = R_c$ pour $\alpha = 397$, un point d'inflexion pour $\alpha = \dfrac{1}{\sqrt{3}} \cdot \dfrac{1}{\sqrt{C L_1}}$, et tend asymptotiquement vers l'axe des α.

$2°$ *Cas de la dispersion.* — Pour tenir compte de la dispersion on admet que la résistance secondaire a un coefficient de self-induction $L_2 = 6L_1$, avec $\sigma = 10^{-3}$ dans l'exemple choisi. On a alors une équation du troisième degré en x :

$$C x + \frac{1}{R_2 + L_2 x} + \frac{1}{L_1 x} = 0.$$

Les coefficients d'amortissement du régime apériodique sont donnés par l'équation

$$- \alpha C + \frac{1}{R_2 - L_2 \alpha} - \frac{1}{L_1 \alpha} = 0,$$

ou

$$\alpha^3 - \frac{R_2}{L_2} \alpha^2 + \frac{1}{C}\left[\frac{1}{L_1} + \frac{1}{L_2}\right]\alpha - \frac{R_2}{L_1 L_2 C} = 0,$$

qu'on peut ramener à la forme classique

$$Z^3 + pz + q = 0,$$

en posant

$$\alpha = z + \frac{R_2}{3 L_2}.$$

La condition de réalité des racines $\left(\dfrac{p}{3}\right)^3 + \left(\dfrac{q}{2}\right)^2 < 0$ montre que dans notre cas R_2 doit être compris entre $R_d = 78$ ohms et $R_c = 630$ ohms.

Pour tracer la courbe, on résout l'équation par rapport à R_2 :

$$R_2 = \frac{L_1 \alpha}{CL_1 \alpha^2 + 1} + L_2 \alpha,$$

d'où

$$\frac{dR_2}{d\alpha} = \frac{C^2 L_1^2 L_2 \alpha^4 - CL_1(L_1 - 2L_2)\alpha^2 + L_1 + L_2}{(CL_1 \alpha^2 + 1)^2}.$$

Cette dérivée, positive pour $\alpha = 0$, s'annule en changeant le signe pour $\alpha_c = 397$ et pour $\alpha_d = 13000$ environ ; la dérivée seconde est différente de zéro pour ces valeurs de α. On en conclut que si α croît à partir de zéro, R_2 augmente d'abord de 0 jusqu'au maximum (630 ohms), mais passe par un minimum (78 ohms) ; enfin croît ensuite indéfiniment avec α. La courbe (2) ainsi obtenue se confond pour les faibles valeurs de α avec la courbe (1) des régimes apériodiques du premier cas. Les quelques points suivants précisent sa forme :

$$R^3 = \quad 0; \quad 630; \quad 136; \quad 78; \quad 83$$
$$\alpha = \quad 0; \quad 397; \quad 4000; \quad 13000; \quad 19000$$

En définitive, pour les résistances secondaires $R_2 > 630$ ohms, il ne reste qu'une seule racine réelle correspondant à la partie supérieure de la courbe (2) ; le coefficient d'amortissement est alors considérable et atteint à la limite la valeur $\alpha = \dfrac{R_2}{L_2}$; pour les résistances R_2 plus petites que 78 ohms, la racine subsistante est au contraire assez faible et voisine de $\dfrac{R_2}{L_1}$.

En dehors de la région 78-630 ohms, au régime apériodique ci-dessus se superpose un autre régime périodique. Pour étudier les courbes de α et de β correspondantes, on peut utiliser directement les deux équations et α et β équivalentes à l'équation unique en x :

$$-\alpha C - \frac{\alpha}{L_1(\alpha^2 + \beta^2)} + \frac{R_2 - L_2 \alpha}{(R_2 - L_2 \alpha)^2 + L_2^2 \beta^2} = 0,$$

$$C - \frac{1}{L_1(\alpha^2 + \beta^2)} - \frac{L^2}{(R_2 - L_2 \alpha)^2 + L_2^2 \beta^2} = 0.$$

On élimine facilement β en multipliant la seconde équation par α et $-\alpha$ et l'ajoutant chaque fois à la première. On obtient à la fin le système

$$\alpha^2 + \beta^2 = \frac{R_2}{(R_2 - 2L_2 \alpha) CL_1},$$

d'où

$$(R_2 - 2L_2 \alpha)^2 - \frac{1}{2C\alpha}(R_2 - 2L_2 \alpha) + \frac{L_2^2}{CL_1} = 0.$$

On en tire

$$R_2 - 2L_2 \alpha = \frac{1}{C\alpha} \pm \sqrt{\frac{1}{C^2 \alpha^2} - \frac{L_2^2}{CL_1}}.$$

La racine correspondante au signe $+$ devant le radical est sensiblement

$$\alpha = \frac{1}{2CR_2}.$$

C'est l'hyperbole (α) déjà trouvée dans l'étude du régime libre sans dispersion: la courbe (β) correspondante est donnée par

$$\beta = \sqrt{\frac{R_2}{\left(\frac{1}{2C\alpha}\right)CL_1} - \frac{1}{4C^2 R_2^2}} = \sqrt{\frac{1}{CL_1} - \frac{1}{4C^2 R_2^2}};$$

elle est également déjà étudiée (petit Tableau de la page 44).

La racine correspondante au signe $-$ devant le radical est sensiblement

$$\alpha = \frac{R_2}{2L_2};$$

c'est la droite α (3) du diagramme principal et la courbe de β correspondante est donnée par

$$\beta = \frac{1}{L_2}\sqrt{\frac{L_2}{C} - \frac{R_2}{4}}.$$

Pour $R_2 = 0$, β est environ 12 500; lorsque R_2 augmente, β diminue et s'annule pour $R_2 = R_c$. C'est l'ellipse dont la partie utile est représentée sur le diagramme en β (3).

En résumé, on voit que l'influence de la dispersion est négligeable pour $R_2 > R_d$, car l'existence d'un troisième coefficient d'amortissement (partie supérieure de la courbe) est pratiquement sans importance; au contraire pour $R_2 < R_d$, σ joue un rôle d'autant plus grand que R_2 est plus petit, en introduisant un régime oscillatoire amorti; tandis que le coefficient d'amortissement du régime sans dispersion (correspondant à la partie supérieure de la courbe 1) est si important que ce régime devient négligeable.

L'interprétation physique de cette différence est des plus faciles : tant que la résistance est grande, l'oscillation se produit entre l'alternateur et le câble; quand elle est très faible, c'est le circuit du transformateur qui, grâce à la self-induction de dispersion, oscille avec la capacité du câble; entre ces deux limites, le circuit amortisseur est trop résistant pour n'être pas amorti, et trop conducteur pour permettre à l'énergie de s'échanger simplement entre l'alternateur et le câble.

TROISIÈME PARTIE.

OPTIQUE.

INTRODUCTION.

Les recherches mathématiques et expérimentales relatives à l'Optique, dont l'exposé suit, ont toutes été inspirées par la même pensée. Telle qu'elle nous a été laissée par Fresnel, la théorie des phénomènes lumineux présente des lacunes, ou des contradictions apparentes, qui sont signalées depuis longtemps, et ont servi de base à des essais de théories différentes : c'est ainsi que Cauchy a tenté de faire jouer un rôle aux vibrations longitudinales dans la théorie de la réflexion, que Neumann et Mac Cullagh ont attribué aux vibrations des rayons polarisés, une direction perpendiculaire à celle proposée par Fresnel, et édifié une théorie tout à fait différente pour la réflexion.

Montrer que les théories partielles de Fresnel sont conciliables entre elles, pourvu qu'on en change légèrement la forme sans toucher aux principes, qu'on peut les fondre en une théorie générale, confirmée aussi bien par les expériences modernes que par celles dues à Fresnel lui-même, tel a été mon but.

Dès que l'on accepte, en principe, la théorie des ondes, il faut rechercher quelles propriétés on doit supposer à l'éther pour qu'il puisse remplir le rôle qu'on lui attribue, quelles lois doivent régir ses vibrations. Il n'est plus permis d'étudier la propagation des ondes en supposant que les forces qui sollicitent une molécule d'éther peuvent s'évaluer, sans tenir compte des déplacements simultanés des molécules voisines, mais on doit traiter l'éther comme un milieu vibrant. Cauchy et Lamé ont donné, dans toute la généralité dont elles sont susceptibles, les équations différentielles auxquelles doivent satisfaire les déplacements infiniment petits d'un milieu élastique; ces équations se simplifient lorsqu'il s'agit d'un milieu isotrope et qu'on suppose, comme l'a fait Fresnel, que la vitesse de propagation des ondes longitudinales est nulle. Ainsi simplifiées, ces équations suffisent à l'explication de tous les phénomènes lumineux.

RECHERCHES

SUR LA

DIFFRACTION DE LA LUMIÈRE POLARISÉE.

Comptes rendus, t. LXIV, n° 19, 13 mai 1867, p. 960.

Les expériences de M. Stokes et celles de M. Holtzmann sur la polarisation de la lumière diffractée ont conduit à deux résultats opposés.

M. Holtzmann, adoptant les idées de M. Stokes auxquelles il a donné une forme géométrique, tire de ses expériences la conclusion que le plan de la vibration est le plan de polarisation. Les résultats de ses observations diffèrent notablement des résultats auxquels conduit sa formule.

M. Eisenlohr a donné une autre formule qui contient une constante arbitraire, et qui par cela même s'adapte mieux aux expériences de M. Holtzmann.

Dans la théorie de M. Stokes, l'éther est un milieu dans lequel les pressions ne sont pas forcément perpendiculaires aux éléments qui les supportent, et les vibrations transversales se transmettent seules; les vibrations longitudinales s'anéantissent d'elles-mêmes.

Pour M. Eisenlohr, ces vibrations existent, mais diminuent très rapidement d'intensité.

Il est permis de se demander s'il est nécessaire de faire intervenir ainsi des vibrations longitudinales et des propriétés inconnues de l'éther. Sans savoir si celui-ci peut ou non propager les vibrations longitudinales, on sait que les vibrations lumineuses sont transversales, ou que la dilatation d'un élément infiniment petit est nulle. Si cette dilatation, qui d'ailleurs est régie dans tous les mouvements d'un corps élastique par la loi bien connue

$$\left(\frac{d^2\theta}{dx^2} + \frac{d^2\theta}{dy^2} + \frac{d^2\theta}{dz^2} \right)(\lambda + 2\mu) = \rho \frac{d^2\theta}{dt^2},$$

est nulle dans tout le milieu d'un côté d'un plan, on doit se demander pourquoi elle existerait de l'autre côté, et, avant de l'introduire, chercher si des vibrations transversales ne peuvent pas se propager derrière une fente sans cesser d'être transversales, c'est-à-dire sans qu'il y ait contraction ou dilatation de l'éther.

Je représenterai par u, v, w les composantes suivant les trois axes du déplacement d'un point de l'éther dont les coordonnées sont x, y, z. La fente sera prise dans le plan des xz, et les coordonnées d'un point de la fente seront désignées par a, b; r désignera la distance du point (a, b) de la fente au point (x, y, z).

Les équations auxquelles doivent satisfaire u, v, w pour que les vibrations soient transversales sont, en représentant par $\Delta^2 u$ la quantité

$$\frac{d^2 u}{dx^2} + \frac{d^2 u}{dy^2} + \frac{d^2 u}{dz^2},$$

$$\mu\Delta^2 u = \rho\frac{d^2 u}{dt^2}, \qquad \mu\Delta^2 v = \rho\frac{d^2 v}{dt^2}, \qquad \mu\Delta^2 w = \rho\frac{d^2 w}{dt^2},$$

ρ étant la densité de l'éther, μ un coefficient constant, tel que la vitesse V de propagation soit égale à $\sqrt{\dfrac{\mu}{\rho}}$.

De plus, $\dfrac{du}{dx} + \dfrac{dv}{dy} + \dfrac{dw}{dz}$ doit être nul, s'il n'y a ni dilatation ni contraction.

Si, de plus, nous supposons la fente dans le plan de l'onde, et les vibrations parallèles à l'axe des x, il faudra que w et v s'annulent pour tous les points du plan $y = 0$, et que la valeur u s'annule partout en dehors de la fente, et se réduise à l'intérieur de cette fente à une fonction périodique du temps. On satisfait à ces conditions en posant

$$
\begin{aligned}
u &= \int \frac{d\sigma \sin\left(\frac{t}{\tau} - \frac{r}{\lambda}\right)2\pi}{r} \\[2ex]
v &= -\int \frac{d\sigma \sin\left(\frac{t}{\tau} - \frac{r}{\lambda}\right)2\pi}{r}\, \frac{(x-a)\,y}{y^2 + (z-b)^2} \\[2ex]
w &= -\int \frac{d\sigma \sin\left(\frac{t}{\tau} - \frac{r}{\lambda}\right)2\pi}{r}\, \frac{(x-a)(z-b)}{y^2 + (z-b)^2}
\end{aligned}
\quad
\Bigg\}\; r^2 = (x-a)^2 + y^2 + (z-b)^2;
$$

$d\sigma$ est l'élément superficiel de la fente ou $da\,db$, et le signe $\int$ s'étend à toute la fente $(\lambda = V\tau)$.

Dans le cas particulier où la fente est rectangulaire, si l'on prend pour origine le centre de ce rectangle, et des axes parallèles à ses côtés, les valeurs de u, v et w prises pour un point dont le z est nul deviennent

$$(1) \qquad u = \int d\sigma \frac{\sin\left(\frac{t}{\tau} - \frac{r}{\lambda}\right) 2\pi}{r},$$

$$(2) \qquad v = -\int \frac{d\sigma \sin\left(\frac{t}{\tau} - \frac{r}{\lambda}\right) 2\pi}{r} \frac{(x-a)\,y}{y^2 + b^2},$$

$$w = +\int \frac{d\sigma \sin\left(\frac{t}{\tau} - \frac{r}{\lambda}\right) 2\pi}{r} \frac{(x-a)\,b}{y^2 + b^2} = 0.$$

Si, la fente étant rectangulaire, les vibrations avaient été primitivement dirigées suivant l'axe des z, les valeurs de u, v. w auraient été

$$u = -\int d\sigma \frac{\sin\left(\frac{t}{\tau} - \frac{r}{\lambda}\right) 2\pi}{r} \frac{(x-a)(z-b)}{(x-a)^2 + y^2} = 0 \qquad (\text{pour } z = 0),$$

$$v = -\int d\sigma \frac{\sin\left(\frac{t}{\tau} - \frac{r}{\lambda}\right) 2\pi}{r} \frac{y(z-b)}{(x-a)^2 + y^2} = 0,$$

$$(3) \quad w = +\int d\sigma \sin\left(\frac{t}{\tau} - \frac{r}{\lambda}\right) 2\pi,$$

résultat qu'on prévoyait d'avance.

Donc, dans le plan horizontal qui divise la fente en deux parties égales (ce qui est vrai d'une fente rectangulaire l'est aussi de toute fente symétrique par rapport à ce plan), les vibrations sont : 1° dans le cas où la vibration est parallèle à ce plan horizontal, données par les formules (1) et (2); et 2° dans le cas où la vibration est normale à ce plan, données par la formule (3).

Si l'on suppose dans la lumière incidente les vibrations inclinées à 45°, les formules (1), (2) et (3) réunies donneront les vibrations en un point quelconque du plan de diffraction. L'égalité des valeurs (1) et (3) montre que ces vibrations s'obtiendront en composant une vibration à 45° parallèle à la vibration initiale avec une vibration parallèle à l'axe des y, mais dont la phase ne sera pas en général celle de la première vibration. Cette composition doit donc donner une vibration elliptique. Le plan de l'ellipse sera parallèle à la vibration initiale et à l'axe des y. On ne peut donc plus chercher un plan de polarisation, mais on peut chercher si le plan passant par le grand axe de l'ellipse et le rayon se rapproche ou s'éloigne du plan de diffraction.

Cette ellipse, ou du moins son équation, s'obtiendra en éliminant le temps entre les deux équations

$$X = \sin\left(2\pi\frac{t}{\tau}\right) A + \cos\left(2\pi\frac{t}{\tau}\right) B,$$

$$Y = \sin\left(2\pi\frac{t}{\tau}\right) A_1 + \cos\left(2\pi\frac{t}{\tau}\right) B_1,$$

avec

$$A = \sqrt{2} \int \frac{d\sigma}{r} \cos\frac{2\pi r}{\lambda},$$

$$B = -\sqrt{2} \int \frac{d\sigma}{r} \sin\frac{2\pi r}{r},$$

$$A_1 = -\int \frac{d\sigma}{r} \cos\frac{2\pi r}{r} \frac{(x-a)y}{y^2+b^2},$$

$$B_1 = +\int \frac{d\sigma}{r} \sin\frac{2\pi r}{\lambda} \frac{(x-a)y}{y^2+b^2}.$$

Le grand axe de cette ellipse sera dans le premier ou dans le second quadrant, c'est-à-dire plus près ou plus loin de l'axe positif des y, suivant que $BB_1 + AA_1$ sera négatif ou positif, et cette quantité est toujours de signe contraire à x, puisque y est positif.

On voit aussi que le plan de cette vibration elliptique n'est pas perpendiculaire à ce qu'on nomme *le rayon diffracté*.

Malgré les difficultés que présente le calcul des intégrales A et B, il n'est pas impossible de chercher expérimentalement une vérification approximative.

En effet, l'ellipticité de la vibration est peu prononcée. Elle est due en général à ce que, si l'on considère dans l'onde incidente des vibrations parallèles à l'axe des x seul, celles-ci donnent, derrière la fente produisant la diffraction, des vibrations elliptiques représentées par les valeurs (1) et (2). Or la valeur (2) de v diffère peu de $u \times \dfrac{x}{y}$, car, à cause de la symétrie donnée à la fente,

$$\int d\sigma \frac{\sin\left(\frac{t}{\tau} - \frac{r}{\lambda}\right)}{r} \frac{ay}{y^2+b^2} = 0,$$

et la valeur de v se réduit à

$$-\int d\sigma \frac{\sin\left(\frac{t}{\tau}-\frac{r}{\lambda}\right)}{r}\cdot\frac{xy}{y^2+b^2}.$$

Les éléments qui concourent à cette intégrale sont d'autant plus efficaces qu'ils sont plus voisins de l'origine, et que a et b sont plus petits; en ne considérant que ces éléments on aura une valeur approchée de v; or, dans ce cas, $\frac{xy}{y^2+b^2}$ se réduit à $\frac{x}{y}$. On peut dès lors prendre $v=u\frac{x}{y}$, ce qui donne pour l'ensemble de u et de v une vibration rectiligne, normale au rayon qui joint (x, y) à l'origine, et dont l'intensité est à l'intensité des vibrations u seules comme $\frac{\sqrt{x^2+y^2}}{y}=\frac{1}{\cos\theta}$, θ étant l'angle du rayon diffracté avec la normale à la fente.

Par suite, en conservant toujours la même approximation, la vibration après la diffraction sera normale au rayon diffracté; et si elle fait avant la diffraction un angle α avec l'axe des z, elle fera après la diffraction un angle β donné par la relation $\tang\beta=\dfrac{\tang\alpha}{\cos\theta}$, plus grand que α.

Donc la vibration *s'éloigne* de la normale au plan de diffraction, et l'on peut dire que les expériences de M. Holtzmann, avec leurs perturbations, sont une confirmation de l'hypothèse de Fresnel.

RECHERCHES SUR L'INTÉGRATION

D'UN

SYSTÈME D'ÉQUATIONS AUX DIFFÉRENTIELLES PARTIELLES

A COEFFICIENTS PÉRIODIQUES.

(Association française pour l'avancement des Sciences,
Bordeaux, 1872, 1ʳᵉ session, p. 255.)

Les diverses hypothèses que l'on peut émettre au sujet de la nature du
milieu qui transmet la lumière, se traduisent par des équations différentielles déterminant la loi du mouvement des molécules de ce milieu, et
dont les intégrales peuvent être soumises à des vérifications expérimentales.

Celles-ci permettront donc d'accepter ou de rejeter les équations différentielles proposées, à condition cependant que les procédés d'intégration suivis ne laissent aucun doute. Or, parmi ces équations, celles
dont les coefficients sont périodiques ont donné lieu récemment à une
discussion portant sur la méthode d'intégration; je vais indiquer brièvement sur quel point porte le débat, et je proposerai ensuite une autre
méthode qui me paraît à l'abri de toute contestation.

Dans un Mémoire inséré dans le *Journal de Mathématiques pures et
appliquées* (¹), M. Sarrau, après avoir exposé les raisons qui portent
à penser que, dans les milieux cristallisés, les coefficients des équations
différentielles du mouvement de l'éther doivent être périodiques, cherche
à former, en suivant une méthode indiquée par Cauchy, les équations
différentielles à coefficients constants auxquelles doivent satisfaire les
valeurs moyennes des déplacements. Cette méthode consiste à développer, suivant des séries d'exponentielles imaginaires, les coefficients
périodiques donnés, et les composantes des déplacements des molécules

---

(¹) Tome XII, année 1867, et tome XIII.

d'éther. Les équations ainsi obtenues se décomposent alors en autant d'équations qu'il faut prendre de termes dans ces séries, c'est-à-dire en un nombre infini d'équations, linéaires il est vrai par rapport aux inconnues; il est aisé de voir que, lors même que les séries correspondant aux données, c'est-à-dire les séries suivant lesquelles se développent les coefficients périodiques définissant le milieu, n'ont qu'un nombre fini de termes, on est néanmoins obligé de considérer des séries indéfinies pour les déplacements, de sorte que, en aucun cas, le nombre des équations du premier degré à résoudre ne peut être fini; il n'est donc pas certain qu'on puisse étendre à ce nombre infini d'équations les conséquences qu'on pourrait tirer de l'examen d'un nombre fini d'équations.

En se bornant au cas pratique, où les coefficients périodiques se réduisent à un seul, la difficulté reste entière, et M. de Saint-Venant, dans un Mémoire *Sur les diverses manières de présenter la théorie des ondes lumineuses* ([1]), paraît même penser que la méthode est inexacte. Voici, en effet, comment s'exprime le savant géomètre :

« Le seul coefficient périodique qui figure dans ses équations (celles de M. Sarrau) est l'inverse $\frac{1}{\rho}$ de la densité de l'éther, ou, plus généralement, comme il le suppose, une surface de ρ appelée e. C'est à cette fonction de la densité affectant ainsi tout le second membre de ses équations, qu'il substitue sa valeur moyenne constante plus des termes périodiques, en faisant des substitutions semblables pour les déplacements u, v, w, d'où il tire, à la manière de Cauchy, et pour les diverses formes cristallines, les équations avec déplacements moyens. Elles lui fournissent, pour la double réfraction et la polarisation rotatoire, etc., des lois de proportionnalité conformes aux expériences.

» Mais le facteur ρ aurait pu être tout aussi bien laissé dans le premier membre. En égalant à une quantité périodique, suivant l'hypothèse, cette valeur variable de la densité au lieu d'y égaler son inverse $\frac{1}{\rho}$, comme ρ affecte une dérivée seconde par rapport au temps, tandis que $\frac{1}{\rho}$, de l'autre manière, affectait des dérivées secondes par rapport aux coordonnées, on conçoit que le résultat ne soit pas le même, et que ce dont on cherche la loi devienne proportionnel à autre chose. C'est ce qui arrive en effet. De cette seconde manière, la plus naturelle des deux, se dégagent des lois fausses, contraires à l'expérience, et consistant en ce que le pouvoir

---

([1]) *Annales de Physique et de Chimie,* cahier de mars 1872.

biréfringent, au lieu d'être sensiblement indépendant de la longueur d'onde, serait en raison inverse du carré, tandis que le pouvoir rotatoire, qui est en raison inverse du carré de la longueur d'onde, serait en raison inverse de la quatrième. »

En un mot, la méthode d'intégration de Cauchy, appliquée à des équations identiques, conduirait à deux résultats opposés, suivant qu'un facteur serait placé dans un membre ou dans l'autre; s'il en était réellement ainsi, on aurait le droit de dire que les équations à coefficients périodiques n'ont pas été intégrées, et qu'elles n'ont, par suite, pas subi le contrôle de l'expérience.

J'espère donc que le travail suivant, bien qu'entrepris il y a longtemps déjà, et dans lequel je propose une autre méthode, aura quelque intérêt, d'autant plus que j'ai précisément placé le facteur ρ avec les dérivées relatives au temps, et que cependant les résultats de l'intégration concordent avec les lois connues.

Dans ce qui suit, u, v, w désignent les composantes du déplacement d'une molécule d'éther; ρ, le quotient de la densité par l'élasticité, quotient qu'on suppose variable d'une manière périodique; il suffit, par suite, de connaître la valeur de cette fonction ρ dans l'intérieur d'un certain parallélépipède, pour en déduire sa valeur dans tout l'espace; ce parallélépipède sera appelé le *volume élémentaire*. Comme, de plus, on ne s'occupe, dans la théorie de la lumière, que de mouvements périodiques, on pourra toujours poser

$$\frac{d^2 u}{dt^2} = -\,\alpha^2 u, \qquad \frac{d^2 v}{dt^2} = -\,\alpha^2 v, \qquad \frac{d^2 w}{dt^2} = -\,\alpha^2 w,$$

en désignant par α le quotient $\dfrac{2\pi}{\tau}$, τ étant le temps d'une vibration complète.

On se propose de chercher si les équations aux différentielles partielles

$$\Delta^2 u - \frac{d\theta}{dx} = -\,\rho\alpha^2 u,$$

$$\Delta^2 v - \frac{d\theta}{dy} = -\,\rho\alpha^2 v,$$

$$\Delta^2 w - \frac{d\theta}{dz} = -\,\rho\alpha^2 w,$$

dans lesquelles le symbole Δ^2 représente

$$\frac{d^2}{dx^2} + \frac{d^2}{dy^2} + \frac{d^2}{dz^2} \qquad \text{et} \qquad \theta = \frac{du}{dx} + \frac{dv}{dy} + \frac{dw}{dz},$$

P.   16

admettent un système d'intégrales de la forme

$$u = A\,e^{mx+ny+pz}, \qquad v = B\,e^{mx+ny+pz}, \qquad w = C\,e^{mx+ny+pz},$$

m, n, p étant des constantes, A, B, C des fonctions périodiques comme ρ.

On voit immédiatement que si m, n, p sont différents de o, ils doivent varier avec α, ainsi que A, B, C; de plus, les équations ci-dessus conservant la même forme lorsqu'on change les axes coordonnés, on peut toujours s'arranger de telle sorte que m et n soient nuls; on n'a donc à calculer que A, B, C et p; en substituant à u, v, w les valeurs Ae^{pz}, Be^{pz}, Ce^{pz}, dans les équations proposées, elles deviennent

$$\Delta_2 A - \frac{d\Theta}{dx} + p\left(2\frac{dA}{dz} - \frac{dC}{dx}\right) + (p^2 + \rho\alpha^2)A = o,$$

$$\Delta_2 B - \frac{d\Theta}{dy} + p\left(2\frac{dB}{dz} - \frac{dC}{dy}\right) + (p^2 + \rho\alpha^2)B = o,$$

$$\Delta_2 C - \frac{d\Theta}{dz} - p\left(\frac{dA}{dx} + \frac{dB}{dy}\right) + \rho\alpha^2 C = o,$$

avec

$$\Theta = \frac{dA}{dx} + \frac{dB}{dy} + \frac{dC}{dz}.$$

Développons A, B, C, p et p^2 suivant les puissances de α, et posons

$$A = A_0 + A_1\alpha + A_2\alpha^2 + \ldots,$$
$$B = B_0 + B_1\alpha + B_2\alpha^2 + \ldots,$$
$$C = C_0 + C_1\alpha + C_2\alpha^2 + \ldots,$$
$$p = p_1\alpha + p_2\alpha^2 + \ldots,$$
$$p^2 = P_2\alpha^2 + P_3\alpha^3 + \ldots.$$

Si la forme des intégrales proposées est acceptable, on devra pouvoir trouver pour les A, B, C des valeurs périodiques comme ρ.

La substitution de ces valeurs dans les équations différentielles donne

$$\Delta_2 A_0 - \frac{d\Theta_0}{dx} = o, \qquad \Delta_2 A_1 - \frac{d\Theta_1}{dx} + p_1\left(2\frac{dA_0}{dz} - \frac{dC_0}{dx}\right) = o,$$

$$\Delta_2 B_0 - \frac{d\Theta_0}{dy} = o, \qquad \Delta_2 B_1 - \frac{d\Theta_1}{dy} + p_1\left(2\frac{dB_0}{dz} - \frac{dC_0}{dy}\right) = o,$$

$$\Delta_2 C_0 - \frac{d\Theta_0}{dz} = o, \qquad \Delta_2 C_1 - \frac{d\Theta_1}{dz} - p_1\left(\frac{dA_0}{dx} + \frac{dB_0}{dy}\right) = o,$$

et, en général,

$$(1)\ \begin{cases} \left(\Delta_2 A_n - \dfrac{d\Theta_n}{dx}\right) + \displaystyle\sum_{i=0}^{i=n-1}\left(2\dfrac{dA_i}{dz} - \dfrac{dC_i}{dx}\right)p_{n-i} + \displaystyle\sum_{j=0}^{j=n-2} P_{n-j}A_j + \rho A_{n-2} = 0, \\[2em] \left(\Delta_2 B_n - \dfrac{d\Theta_n}{dy}\right) + \displaystyle\sum_{i=0}^{i=n-1}\left(2\dfrac{dB_i}{dz} - \dfrac{dC_i}{dy}\right)p_{n-i} + \displaystyle\sum_{j=0}^{j=n-2} P_{n-j}B_j + \rho B_{n-2} = 0, \\[2em] \left(\Delta_2 C_n - \dfrac{d\Theta_n}{dz}\right) - \displaystyle\sum_{i=0}^{i=n-1}\left(\dfrac{dA_i}{dx} + \dfrac{dB_i}{dy}\right)p_{n-i}. \qquad\qquad = 0. \end{cases}$$

On pourra donc, de proche en proche, déterminer les A, B, C, si les
équations ci-dessus sont compatibles; la condition de compatibilité s'obtiendra en différentiant la première par rapport à x, la seconde par rapport à y, la troisième par rapport à z, et ajoutant; cette somme comprendra les divers groupes $\left(\Delta_2 A - \dfrac{d\Theta}{dx}\right)\cdots$ qu'on devra remplacer par leurs valeurs; il restera comme équation résultante

$$(2)\quad d\frac{\rho A_{n-2}}{dx} + d\frac{\rho B_{n-2}}{dy} + d\frac{\rho C_{n-2}}{dz} + \rho(p_1 C_{n-3} + p_2 C_{n-4} + \ldots + p_{n-2} C_0) = 0.$$

Cette équation peut se déduire directement d'ailleurs de l'équation

$$d\frac{\rho\dfrac{du}{dx}}{dx} + d\frac{\rho\dfrac{dv}{dy}}{dy} + d\frac{\rho\dfrac{dw}{dz}}{dz} = 0.$$

De plus, on s'est imposé la condition que les fonctions A, B, C soient
périodiques; par suite, toute intégrale, étendue au volume élémentaire
d'une dérivée de fonction périodique étant nulle, l'intégrale, étendue au
même volume des parties non différentiées des équations (1) et (2) devra
être nulle; on fera la convention que le signe $[\Phi]$ représente la valeur $\iiint \Phi\, dx\, dy\, dz$ étendue au volume élémentaire. On aura donc

$$(3)\ \begin{cases} \left[\displaystyle\sum_0^{n-2} P_j A_{n-j} + \rho A_{n-2}\right] = 0, \\[2em] \left[\displaystyle\sum_0^{n-2} P_j B_{n-j} + \rho B_{n-2}\right] = 0, \end{cases}$$

$$[\rho C_{n-2}] = 0.$$

Quand les conditions (2) et (3) seront remplies, le système (1) admettra des intégrales périodiques.

Les premières équations à intégrer, concernant A_0, B_0, C_0, qui doivent satisfaire aux conditions

$$\Delta_2 A_0 - \frac{d\Theta_0}{dx} = \Delta_2 B_0 - \frac{d\Theta_0}{dx} = \Delta_2 C_0 - \frac{d\Theta_0}{dz} = 0,$$

$$d\frac{\rho A_0}{dx} + d\frac{\rho B_0}{dy} + d\frac{\rho C_0}{dz} = 0,$$

$$[(P_2 + \rho)A_0] = [(P_2 + \rho)B_0] = [\rho C_0] = 0,$$

des trois premières on déduit

$$A_0 = a_0 + \frac{d\varphi}{dx}, \qquad B_0 = b_0 + \frac{d\varphi}{dy}, \qquad C_0 = c_0 + \frac{d\varphi}{dz},$$

φ étant une fonction périodique, a_0, b_0, c_0 des constantes satisfaisant aux équations

$$(4) \quad \frac{d}{dx}\rho\frac{d\varphi}{dx} + \frac{d}{dy}\rho\frac{d\varphi}{dy} + \frac{d}{dz}\rho\frac{d\varphi}{dz} + a_0\frac{d\rho}{dx} + b_0\frac{d\rho}{dy} + c_0\frac{d\rho}{dz} = 0,$$

$$(5) \quad \begin{cases} P_2 a_0 + \left[\rho\left(a_0 + \frac{d\varphi}{dx}\right)\right] = 0, \\[2mm] P_2 b_0 + \left[\rho\left(b_0 + \frac{d\varphi}{dy}\right)\right] = 0, \\[2mm] \left[\rho\left(c_0 + \frac{d\varphi}{dz}\right)\right] = 0, \end{cases}$$

équations qui déterminent complètement (*voir* Note 1) la fonction φ, la valeur de P_2 et les rapports $a_0 : b_0 : c_0$.

Substituant les valeurs ainsi obtenues dans les équations qui déterminent A, B, C, on aura

$$\Delta_2 A_1 - \frac{d\Theta_1}{dx} + p_1\frac{d^2\varphi}{dx\,dz} = 0, \qquad \Delta_2 B_1 - \frac{d\Theta_1}{dy} + p_1\frac{d^2\varphi}{dy\,dz} = 0,$$

$$\left(\Delta_2 C_1 - \frac{d\Theta_1}{dz}\right) - p_1\left(\frac{d^2\varphi}{dx^2} + \frac{d^2\varphi}{dy^2}\right) = 0,$$

$$\rho p_1 C_0 + d\frac{\rho A_1}{dx} + d\frac{\rho B_1}{dy} + d\frac{\rho C_1}{dz} = 0,$$

$$P_3 a_0 + [(P_2 + \rho)A_1] = 0, \qquad P_3 b_0 + [(P_2 + \rho)B_1] = 0, \qquad [\rho C_1] = 0.$$

Les intégrales générales des équations de la première ligne sont

$$(6) \qquad A_1 = a_1 + \frac{d\psi}{dx}, \qquad B_1 = b_1 + \frac{d\psi}{dy}, \qquad C_1 = c_1 + p_1\varphi + \frac{d\psi}{dz},$$

la fonction ψ et les constantes étant déterminées par les conditions

$$a_1\frac{d\rho}{dx} + b_1\frac{d\rho}{dy} + c_1\frac{d\rho}{dz}$$
$$+ \frac{d}{dx}\rho\frac{d\psi}{dx} + \frac{d}{dy}\rho\frac{d\psi}{dy} + \frac{d}{dz}\rho\frac{d\psi}{dz} + d\frac{\rho\varphi}{dz} + p_1\rho\left(c_0 + \frac{d\varphi}{dz}\right) = 0,$$

$$P_3 a_0 + P_2 a_1 + \left[\rho\frac{d\psi}{dx}\right] = 0,$$

$$P_3 b_0 + P_2 b_1 + \left[\rho\frac{d\psi}{dy}\right] = 0,$$

$$\left[(\rho c_1 + p_1\rho\varphi) + \rho\frac{d\psi}{dz}\right] = 0.$$

(*Voir* la Note 2.)

En substituant ces valeurs dans les équations qui déterminent A_2, B_2, C_2, P_4, ... et qui sont les premières du type le plus général, il vient d'abord :

$$\Delta_2 A_2 - \frac{d\Theta_2}{dx} + \frac{d^2}{dx\,dz}(p_1\psi + p_2\varphi) + P_2 a_0 + \rho A_0 = 0,$$

$$\Delta_2 B_2 - \frac{d\Theta_2}{dy} + \frac{d^2}{dy\,dz}(p_1\psi + p_2\varphi) + P_2 b_0 + \rho B_0 = 0,$$

$$-\left(\frac{d^2}{dx^2} + \frac{d^2}{dy^2}\right)(p_1\psi + p_2\varphi) + \rho C_0 \qquad = 0.$$

Ces équations admettent des intégrales périodiques, à cause de la manière dont φ et ψ sont déterminés. On commencera par déterminer trois fonctions périodiques A_2, B_2, C_2, satisfaisant aux équations

$$\Delta_2 A_2 + (P_2 a_2 + \rho A_0) = 0, \qquad \Delta_2 B_2 + (B_2 b_0 + \rho B_0) = 0, \qquad \Delta_2 C_2 + \rho C_0 = 0,$$

ce qui, à cause des équations (5), est toujours possible, et d'une seule manière. On posera ensuite

$$A_2 = A_2 + a_2 + \frac{d\chi}{dx},$$

$$B_2 = B_2 + b_2 + \frac{d\chi}{dy},$$

$$C_2 = C_2 + c_2 + \frac{d\chi}{dz} + p_1\psi + p_2\varphi,$$

et l'on aura pour déterminer ψ, a_2, b_2, c_2, les équations suivantes déduites des groupes (2) et (3),

$$d\frac{\rho A_2}{dx} + d\frac{\rho B_2}{dy} + d\frac{\rho C_2}{dz}$$
$$+ a_2\frac{d\rho}{dx} + b_2\frac{d\rho}{dy} + c_2\frac{d\rho}{dz} + \frac{d}{dx}\rho\frac{d\chi}{dx} + \frac{d}{dy}\rho\frac{d\chi}{dy} + \frac{d}{dz}\rho\frac{d\chi}{dz}$$
$$+ \frac{d}{dz}(p_1\rho\psi + p_2\rho\varphi) + \rho p_1 C_1 + \rho p_2 C_0 = 0,$$
$$P_4 a_0 + P_3 a_1 + P_2 a_2 + [\rho A_2] = 0,$$
$$P_4 b_0 + P_3 b_1 + P_2 b_2 + [\rho B_2] = 0,$$
$$[\rho C_2] = 0,$$

équations qui, comme les précédentes, détermineront encore les constantes P_4, a_2, b_2, c_2 et la fonction χ. On continuera ainsi indéfiniment.

Les valeurs de P_2 étant négatives, on déduit de chacune d'elles, pour p, une valeur imaginaire de la forme $s\sqrt{-1}$, et en suivant toutes les opérations indiquées, on verra que les quantités

$$\begin{array}{c|c} a_0 b_0 c_0, \quad a_2 b_2 c_2, \quad P_2, \quad \varphi, \quad P_4, & a_1 b_1 c_1 p_1\psi, \quad p_3, \quad P_3, \\ A_0 B_0 C_0, \quad A_2 B_2 C_2 & A_1 B_1 C_1 \\ \text{sont réelles}, & \text{sont imaginaires}. \end{array}$$

Les A_n, B_n, C_n étant réels ou imaginaires suivant que n est pair ou impair, on pourra écrire

$$A = M + i M',$$
$$B = N + i N',$$
$$C = P + i P'$$

et

$$p = \varpi + i \varpi'.$$

Si l'on ne considère que les valeurs moyennes des déplacements, c'est-à-dire les parties constantes des A, B, ..., on pourra les mettre sous la forme

$$u_0 + iu'_0,$$
$$v_0 + iv'_0,$$
$$w_0 + iw'_0,$$

la partie (u_0, v_0, w_0) étant un polynome pair en α, et u'_0, v'_0, w'_0 étant impairs.

Quant à la valeur de $\dfrac{p}{\alpha}$, elle doit être paire et la partie réelle nulle, puisque les équations proposées ne contiennent que α^2; je démontre directement d'ailleurs, dans la Note 2, que P_3 et, par suite, p_2, est généralement nul.

Les valeurs des u, v, w se présentent donc sous la forme

$$u = (u_0 + iu_0')\,e^{i\varpi'z - \alpha it},$$
$$v = (v_0 + iv_0')\,e^{i\varpi'z - \alpha it},$$
$$w = (w_0 + iw_0')\,e^{i\varpi'z - \alpha it},$$

ϖ' pouvant prendre deux valeurs (Note 1) à chacune desquelles correspond un système de valeurs u, v, ...

La partie réelle des u, v, w satisfait nécessairement aux équations différentielles proposées, puisque celles-ci sont à coefficients réels, donc

$$u = u_0 \cos(\varpi'z - \alpha t) + u_0'\,\sin(\varpi'z - \alpha t),$$
$$v = v_0 \cos(\varpi'z - \alpha t) + v_0'\,\sin(\varpi'z - \alpha t),$$
$$w = w_0 \cos(\varpi'z - \alpha t) + w_0'\,\sin(\varpi'z - \alpha t);$$

ce qui représente une vibration elliptique, propagée avec une vitesse $\dfrac{\alpha}{\varpi'}$.

Et, comme $\dfrac{\varpi'}{\alpha} = (p_1 + p_3\alpha^2 + \ldots) \times \sqrt{-1}$, et que p_1 peut prendre deux valeurs distinctes, on voit que deux vibrations, dont l'ellipticité est variable avec la longueur d'onde, peuvent être propagées par une onde parallèle au plan $z = 0$, avec deux vitesses différentes, et que la différence de ces vitesses contient un terme, le premier, qui est indépendant de la longueur d'onde, comme l'indique l'expérience.

Si l'on s'en tient aux premiers termes de toutes les séries et, par suite, si l'on annule u_0', v_0', w_0', p_3, ..., la double réfraction persiste, mais la dispersion disparaît.

Des valeurs données dans la Note 1 on pourrait, par des changements de coordonnées, déduire les vitesses correspondant à des plans d'onde quelconque. Mais, si l'on veut s'en tenir aux premiers termes, il vaut mieux substituer directement les valeurs générales de u, v, w, de la page 258, dans les équations différentielles développées suivant les puissances de α, et en suivant une méthode identique à celle développée plus haut, on trouve, pour déterminer les a_0, b_0, c_0 ou les coefficients des amplitudes, les équations

$$\lambda^2 a_0 - m(ma_0 + nb_0 + pc_0) = D a_0 + K b_0 + H c_0,$$
$$\lambda^2 b_0 - n(ma_0 + nb_0 + pc_0) = K a_0 + E b_0 + G c_0,$$
$$\lambda^2 c_0 - p(ma_0 + nb_0 + pc_0) = H a_0 + G b_0 + F c_0,$$
$$\lambda^2 = m^2 + n^2 + p^2,$$

qui déterminent en même temps les deux vitesses avec lesquelles une onde plane peut propager des vibrations. On démontre aisément que ces équations conduisent à la surface d'onde de Fresnel, et placent la vibration normale au rayon dans le plan qui projette celui-ci sur le plan d'onde.

Cette forme étant moins commode que la première lorsqu'on ne considère qu'une onde particulière, je reprendrai pour la suite la première forme.

Les résultats ci-dessus ne peuvent être considérés comme acquis qu'autant que les rapports $a_0 : b_0 : c_0$ sont réellement déterminés par les équations (γ) de la Note 1; mais l'orientation du plan d'onde, par rapport au milieu, peut être telle que ces trois équations se réduisent à deux, l'une déterminant P_2, l'autre fixant seulement le plan de la vibration (c'est le cas général pour les milieux cubiques et, pour les biaxes, le cas d'une onde bitangente à la surface d'onde ou d'une onde perpendiculaire à l'axe). Désignons par M, M', M'', N, N', N'' les six intégrales qui entrent dans ces équations; elles prendront la forme

$$(P_2 + M) a_0 + N'' b_0 + N' c_0 = 0,$$
$$N'' a_0 + (P_2 + M') b_0 + N c_0 = 0,$$
$$N' a_0 + N b_0 + M c_0 = 0.$$

Si l'on a

$$M'' N'' = NN',$$

et

$$MM'' - N'^2 = M'M'' - N^2 = - M'' P_2,$$

les valeurs de P_2 seront égales, et il restera pour déterminer $a_0 : b_0 : c_0$ l'équation unique

$$N' a_0 + N b_0 + M'' c_0 = 0;$$

ces rapports sont donc indéterminés.

Si l'on veut alors déterminer les a_1, b_1, c_1 au moyen des équations (δ)

de la Note 2, celles-ci deviennent

$$\mathrm{M}''\mathrm{P}_3 a_0 + \mathrm{N}'(\mathrm{N}'a_1 + \mathrm{N}b_1 + \mathrm{M}''c_1) + p_1\mathrm{M}''\left[\rho\,\frac{d\psi}{dx}\right] = 0,$$

$$\mathrm{M}''\mathrm{P}_3 b_0 + \mathrm{N}(\mathrm{N}'a_1 + \mathrm{N}b_1 + \mathrm{M}''c_1) + p_1\mathrm{M}''\left[\rho\,\frac{d\psi}{dy}\right] = 0,$$

$$\mathrm{N}'a_1 + \mathrm{N}b_1 + \mathrm{M}''c_1 + \left[\rho\,\frac{d\psi}{dz}\right]p_1 + p_1[\rho\varphi] = 0;$$

multipliant respectivement ces équations par a_0, b_0 et $\mathrm{M}''c_0$, ajoutant, il vient

$$\mathrm{M}''\mathrm{P}_3(a_0^2 + b_0^2) + p_1\left[a_0\,\frac{d\psi}{dx} + b_0\rho\,\frac{d\psi}{dy} + c_0\rho\,\frac{d\psi}{dz} + \rho\varphi\right]\mathrm{M}'' = 0.$$

L'intégrale entre parenthèses est toujours nulle (Note 2), mais comme le rapport $a_0 : b_0$ n'est pas forcément réel, on ne peut plus poser $\mathrm{P}_3 = 0$. Au contraire, en résolvant les équations (Note 4)

$$(7)\quad \frac{\mathrm{M}''\left(\mathrm{P}_3 a_0 + p_1\left[\rho\,\frac{d\psi}{dx}\right]\right)}{\mathrm{N}'} = \frac{\mathrm{M}''\left(\mathrm{P}_3 b_0 + \left[\rho\,\frac{d\psi}{dy}\right]p_1\right)}{\mathrm{N}} = p_1\left[\rho\,\frac{d\psi}{dz}\right] + p_1[\rho\varphi],$$

on trouve

$$\frac{a_0}{b_0} = \pm\sqrt{-1}$$

et une valeur réelle pour P_3; par suite, une valeur imaginaire pour p_2, changeant de signe avec $\dfrac{a_0}{b_0}$.

Pour cette orientation particulière, l'onde peut donc propager deux vibrations, dont la projection sur le plan d'onde est circulaire, à cause de $(a_0^2 + b_0^2) = 0$, et avec des vitesses différentes, le plan de la vibration étant $\mathrm{N}'x + \mathrm{N}y + \mathrm{M}'z = 0$, tant qu'on ne cherche pas une approximation plus grande.

On trouve, pour p, les deux valeurs $p_1 \pm \alpha p_2$, imaginaires toutes deux : si ϖ_1 et ϖ_2 sont les coefficients de $\sqrt{-1}$ dans p_1 et p_2, les valeurs des déplacements étant

$$u = a_0\,e^{[(\varpi_1 \pm \varpi_2 \alpha)z - t]\alpha\sqrt{-1}},$$

$$v = \pm a_0\sqrt{-1}\,e^{[(\varpi_1 \pm \varpi_2 \alpha)z - t]\alpha\sqrt{-1}},$$

et les parties réelles de ces valeurs

$$u = a_0\cos[(\varpi_1 \pm \varpi_2 \alpha)z - t]\alpha,$$

$$v = \pm a_0\sin[(\varpi_1 \pm \varpi_2 \alpha)z - t]\alpha,$$

ce sont les équations de deux vibrations circulaires se propageant avec les vitesses $\dfrac{1}{\varpi_1 \pm \varpi_2\,\alpha}$, et dont les longueurs d'onde sont $\dfrac{1}{(\varpi_1 \pm \varpi_2\,\alpha)\,\alpha}$, et comme le pouvoir rotatoire est représenté par la différence des inverses des longueurs d'onde des deux rayons, il sera $\varpi_2\,\alpha^2$; il variera donc en raison inverse du carré de la longueur d'onde, puisque $\alpha = \dfrac{2\pi}{\tau}$.

Quand le milieu remplit certaines conditions de symétrie (s'il n'est pas mériédrique), la valeur de p_2 ou de P_3 est nulle, et le $a_0 : b_0$ est réellement indéterminé, ce qui est le cas le plus fréquent.

Il n'y a pas d'intérêt à continuer cette discussion, en examinant les termes qui dépendent des puissances supérieures de α ou de l'inverse de la longueur d'onde; le but principal que je me suis proposé paraissant atteint, puisqu'il ressort des calculs ci-dessus que, sous la seule réserve que les développements suivant les puissances croissantes de la longueur d'onde sont admissibles (et tous les géomètres ont dû faire cette hypothèse), les équations à coefficients périodiques rendent compte des phénomènes présentés par les milieux cristallins transparents.

<h3 style="text-align:center">NOTE 1.</h3>

Si une fonction périodique satisfait à l'équation différentielle

$$(\alpha) \qquad \frac{d}{dx}\,\rho\,\frac{dF}{dx} + \frac{d}{dy}\,\rho\,\frac{dF}{dy} + \frac{d}{dz}\,\rho\,\frac{dF}{dz} + U = 0 \quad (^1),$$

U étant une fonction périodique comme ρ; si V est une autre fonction périodique, $d\varpi$ l'élément du volume, et le signe $\int$ étant étendu au volume élémentaire qui détermine la périodicité, on aura

$$(\beta) \qquad \int U V\, d\varpi = \int \rho \left(\frac{dF}{dx}\,\frac{dV}{dx} + \frac{dF}{dy}\,\frac{dV}{dy} + \frac{dF}{dz}\,\frac{dV}{dz} \right) d\varpi.$$

Donc :

1° Si $U = 0$, $V = F$, $\displaystyle\int \rho \left\{ \left(\frac{dF}{dx}\right)^2 + \left(\frac{dF}{dy}\right)^2 + \left(\frac{dF}{dz}\right)^2 \right\} d\varpi = 0$, et, par suite, la

---

(¹) Dans ce qui suit, les fonctions périodiques, sauf ρ, sont supposées débarrassées de leurs parties constantes, qui n'entrent pas dans leurs dérivées.

fonction périodique satisfaisant à l'équation

$$\frac{d}{dx}\rho\frac{dF}{dx} + \frac{d}{dy}\rho\frac{dF}{dy} + \frac{d}{dz}\rho\frac{dF}{dz} = 0,$$

est identiquement nulle, et l'équation (α) n'admet qu'une seule intégrale périodique. Si elle en admettait deux, leur différence satisfaisant à cette dernière équation devrait être nulle.

2° L'équation (4) détermine donc complètement la fonction φ, et il est évident que si l'on pose

$$\frac{d}{dx}\rho\frac{d\varphi'}{dx} + \frac{d}{dy}\rho\frac{d\varphi'}{dy} + \frac{d}{dz}\rho\frac{d\varphi'}{dz} = -\frac{d\rho}{dx},$$

$$\frac{d}{dx}\rho\frac{d\varphi''}{dx} + \frac{d}{dy}\rho\frac{d\varphi''}{dy} + \frac{d}{dz}\rho\frac{d\varphi''}{dz} = -\frac{d\rho}{dy},$$

$$\frac{d}{dx}\rho\frac{d\varphi'''}{dx} + \frac{d}{dy}\rho\frac{d\varphi'''}{dy} + \frac{d}{dz}\rho\frac{d\varphi'''}{dz} = -\frac{d\rho}{dz},$$

on aura

$$\varphi = a_0\varphi' + b_0\varphi'' + c_0\varphi'''.$$

Les équations (5) pourront donc s'écrire

$$(\gamma)\quad\begin{cases} a_0 P_2 + \left[\rho\left(\frac{d\varphi'}{dx}+1\right)\right]a_0 + \left[\rho\frac{d\varphi''}{dx}\right]b_0 + \left[\rho\frac{d\varphi'''}{dx}\right]c_0 = 0, \\[2mm] \left[\rho\frac{d\varphi'}{dy}\right]a_0 + b_0 P_2 + \left[\rho\left(\frac{d\varphi''}{dy}+1\right)\right]b_0 + \left[\rho\frac{d\varphi'''}{dy}\right]c_0 = 0, \\[2mm] \left[\rho\frac{d\varphi'}{dz}\right]a_0 + \left[\rho\frac{d\varphi''}{dz}\right]b_0 + c_0 P_2 + \left[\rho\left(\frac{d\varphi'''}{dz}+1\right)\right]c_0 = 0, \end{cases}$$

équations qui, après l'élimination des $a_0 : b_0 : c_0$, donnent une équation du second degré, dont les racines seront les valeurs de P_2.

Les neuf intégrales qui entrent dans ces équations se réduisent à six. En effet si, dans l'équation (B), on pose successivement $F = \varphi'$, $U = \dfrac{d\rho}{dx}$, $V = \varphi''$, puis $F = \varphi''$, $U = \dfrac{d\rho}{dy}$, $V = \varphi'$, il vient

$$\int d\varpi\,\rho\left(\frac{d\varphi'}{dx}\frac{d\varphi''}{dx} - \frac{d\varphi'}{dy}\frac{d\varphi''}{dy} + \frac{d\varphi'}{dz}\frac{d\varphi''}{dz}\right) = \int\varphi''\frac{d\rho}{dx}\,d\varpi = \int\varphi'\frac{d\rho}{dy}\,d\varpi.$$

D'ailleurs, les intégrales $\displaystyle\int d\varpi\,\frac{d}{dx}\rho\varphi''$ et $\displaystyle\int d\varpi\,\frac{d}{dy}\rho\varphi'$, étant évidemment nulles, les deux intégrales qui entrent dans cette équation seront au signe près

$$\int\rho\frac{d\varphi''}{dx}\,d\varpi \qquad \text{et} \qquad \int\rho\frac{d\varphi'}{dy}\,d\varpi.$$

On démontrerait de même les égalités

$$\left[\rho\frac{d\varphi'}{dz}\right] = \left[\rho\frac{d\varphi'''}{dx}\right], \qquad \left[\rho\frac{d\varphi''}{dz}\right] = \left[\rho\frac{d\varphi'''}{dy}\right].$$

Les premiers membres des équations (γ) sont donc les dérivées par rapport à a_0, b_0, c_0 d'un même polynome du second degré; donc les rapports $a_0 : b_0 : c_0$ sont réels.

De plus, si l'on pose $F = V = \varphi'$, $U = \dfrac{d\rho}{dx}$, l'équation (β) devient

$$\int d\varpi \rho \left[\left(\frac{d\varphi'}{dx} \right)^2 + \left(\frac{d\varphi'}{dy} \right)^2 + \left(\frac{d\varphi'}{dz} \right)^2 \right] = \int - \varphi' \frac{d\rho}{dx} d\varpi = + \int \rho \frac{d\varphi'}{dx} d\varpi ;$$

donc les trois intégrales

$$\left[\rho \frac{d\varphi'}{dx} \right], \quad \left[\rho \frac{d\varphi''}{dy} \right], \quad \left[\rho \frac{d\varphi'''}{dz} \right]$$

sont positives, et les valeurs de P_2 seront toutes deux réelles et négatives.

NOTE 2.

L'équation (7) donne pour ψ une valeur composée de quatre parties. Si l'on désigne, en effet, par Ψ l'unique intégrale périodique de l'équation

$$\frac{d}{dx} \rho \frac{d\Psi}{dx} + \frac{d}{dy} \rho \frac{d\Psi}{dy} + \frac{d}{dz} \rho \frac{d\Psi}{dz} + \rho \left(c_0 + \frac{d\varphi}{dz} \right) + d \frac{\rho\varphi}{dz} = 0,$$

on devra poser

$$\psi = a_1 \varphi' + b_1 \varphi'' + c_1 \varphi''' + p_1 \Psi,$$

et les équations (8) deviendront

$$(\delta) \begin{cases} P_3 a_0 + \left[P_2 + \rho \left(\frac{d\varphi'}{dx} + 1 \right) \right] a_1 + \left[\rho \frac{d\varphi''}{dx} \right] b_1 + \left[\rho \frac{d\varphi'''}{dx} \right] c_1 + p_1 \left[\rho \frac{d\Psi}{dx} \right] = 0, \\[2mm] P_3 b_0 + \left[\rho \frac{d\varphi'}{dy} \right] a_1 + \left[P_2 + \rho \left(\frac{d\varphi''}{dy} + 1 \right) \right] b_1 + \left[\rho \frac{d\varphi'''}{dy} \right] c_1 + p_1 \left[\rho \frac{d\Psi}{dy} \right] = 0, \\[2mm] \left[\rho \frac{d\varphi'}{dz} \right] a_1 + \left[\rho \frac{d\varphi''}{dz} \right] b_1 + \left[\rho \left(\frac{d\varphi'''}{dz} + 1 \right) \right] + p_1 \left[\rho\varphi + \rho \frac{d\Psi}{dz} \right] = 0. \end{cases}$$

Si l'on veut se servir de ces équations pour déterminer a_1, b_1, c_1, on voit que le dénominateur commun de ces inconnues est le même que celui des équations (γ) qui déterminent a_0, b_0, c_0; il est donc nul. Il est d'ailleurs évident, par la comparaison de ces deux groupes d'équations, que si a_1, b_1, c_1 satisfont aux équations (δ) $a_1 + \lambda a_0$, $b_1 + \lambda b_0$, $c_1 + \lambda c_0$ y satisferont aussi; la fonction ψ sera augmentée de $\lambda \varphi$, et les A_1, B_1, C_1, respectivement de λA_0, λB_0, λC_0; la comparaison des équations qui déterminent un A_n quelconque avec les équations qui déterminent A_0, B_0, C_0, montrent qu'il doit toujours en être ainsi, l'introduction de λA_0, λB_0, λC_0, dans un groupe A_n, B_n, C_n revenant à multiplier les u, v, w par la constante $(1 + \lambda \alpha'')$.

La condition de compatibilité des équations (δ) s'obtiendra en les multipliant respectivement par a_0, b_0, c_0, les ajoutant en tenant compte des équations (γ) et des égalités démontrées entre les six intégrales ; il vient

$$(\varepsilon) \qquad P_3(a_0^2 + b_0^2) + p_1\left[a_0\rho\frac{d\Psi}{dx} + b_0\rho\frac{d\Psi}{dy} + c_0\rho\frac{d\Psi}{dz}\right] = 0.$$

Comme $P_3 = 2p_1 p_2$, on voit que p_2 sera réel, puisque p_1 est de la forme $S\sqrt{-1}$.

La première équation de cette Note détermine la fonction ψ ; comme elle est de la forme de l'équation (α), on en déduira

$$\int \rho\, d\varpi\left(\frac{d\Psi}{dx}\frac{d\varphi}{dx} + \frac{d\Psi}{dy}\frac{d\varphi}{dy} + \frac{d\Psi}{dz}\frac{d\varphi}{dz}\right) = c_0\int \rho\varphi\, d\varpi.$$

D'autre part, l'équation (β) de la Note 1 donne en faisant

$$U = a_0\frac{d\rho}{dx} + b_0\frac{d\rho}{dy} + c_0\frac{d\rho}{dz}, \qquad \text{d'où} \qquad F = \varphi \quad \text{et} \quad V = \Psi,$$

$$\int \rho\, d\varpi\left(\frac{d\Psi}{dx}\frac{d\varphi}{dx} + \frac{d\Psi}{dy}\frac{d\varphi}{dy} + \frac{d\Psi}{dz}\frac{d\varphi}{dz}\right) = \int d\varpi\left(a_0\frac{d\rho}{dx} + b_0\frac{d\rho}{dy} + c_0\frac{d\rho}{dz}\right)\Psi.$$

Cette dernière intégrale est égale à

$$-\int d\varpi\, \rho\left(a_0\frac{d\Psi}{dx} + b_0\frac{d\Psi}{dy} + c_0\frac{d\Psi}{dz}\right);$$

donc, en définitive,

$$c_0\int d\varpi\, \rho\varphi + \int d\varpi\, \rho\left(a_0\frac{d\Psi}{dx} + b_0\frac{d\Psi}{dy} + c_0\frac{d\Psi}{dz}\right) = 0,$$

et l'équation (ε) se réduit à

$$P_3(a_0^2 + b_0^2) = 0;$$

quand $a_0 : b_0$ est réel, P_2 et p_2 sont nuls.

NOTE 3.

Je donne ici la valeur de $P_4 = 2p_1 p_3$ qui détermine la dispersion du milieu.

On déterminera une fonction Ω par la condition

$$\frac{d}{dx}\rho\frac{d\Omega}{dx} + \frac{d}{dy}\rho\frac{d\Omega}{dy} + \frac{d}{dz}\rho\frac{d\Omega}{dz}$$

$$= d\frac{\rho A_2}{dx} + d\frac{\rho B_2}{dy} + d\frac{\rho C_2}{dz} + p_1\frac{d}{dz}\rho\varphi_1 + p_1^2\frac{d}{dz}\rho\Psi + p_1^2\rho\varphi + p_1\left(\rho\frac{d\varphi_1}{dz} + c_1\right),$$

φ_1 étant $a_1\varphi' + b_1\varphi'' + c_1\varphi'''$, et il restera

$$P_4(a_0^2 + b_0^2) + a_0\left[\rho\left(A_2 + \frac{d\Omega}{dx}\right)\right] + b_0\left[\rho\left(B_2 + \frac{d\Omega}{dy}\right)\right] = 0.$$

On peut s'assurer que les coefficients de P seront toujours $(a_0^2 + b_0^2)$.

NOTE 4.

On a démontré, dans la Note 2, que l'équation de compatibilité (ε) se réduit à

$$P_3(a_0^2 + b_0^2) = 0;$$

il faut montrer que, dans le cas où l'équation en P_2 admet deux racines égales, on doit avoir

$$a_0^2 + b_0^2 = 0,$$

et, en général,

$$P_3 \lessgtr 0,$$

En effet, l'équation, que définit la fonction Ψ, montre qu'elle est de la forme

$$a_0 \Psi_1 + b_0 \Psi_2 + c_0 \Psi_3,$$

si les Ψ satisfont aux équations

$$\frac{d}{dx}\rho\frac{d\Psi_1}{dx} + \frac{d}{dy}\rho\frac{d\Psi_1}{dy} + \frac{d}{dz}\rho\frac{d\Psi_1}{dz} + d\frac{\rho\varphi'}{dz} + \rho\frac{d\varphi'}{dz} = 0,$$

$$\frac{d}{dx}\rho\frac{d\Psi_2}{dx} + \dots\dots\dots\dots\dots + d\frac{\rho\varphi''}{dz} + \rho\frac{d\varphi''}{dz} = 0,$$

$$\frac{d}{dx}\rho\frac{d\Psi_3}{dx} + \dots\dots\dots\dots\dots + d\frac{\rho\varphi'''}{dz} + \rho\frac{\rho\varphi'''}{dz} = 0.$$

Les fonctions Ψ, ainsi déterminées, jouissent des propriétés suivantes :

$$\left[\rho\frac{d\Psi_1}{dx}\right] = \left[\rho\frac{d\Psi_2}{dy}\right] = \left[\rho\frac{d\Psi_1}{dy} + \rho\frac{d\Psi_2}{dx}\right] = 0,$$

$$\left[\rho\frac{d\Psi_1}{dz} + \rho\frac{d\Psi_3}{dx} + \rho\varphi'\right] = \left[\rho\frac{d\Psi_2}{dz} + \rho\frac{d\Psi_3}{dy} + \rho\varphi''\right] = \left[\rho\frac{d\Psi_3}{dz} + \rho\varphi'''\right] = 0,$$

qui se démontrent comme l'équation (ε) de la Note 2.

Ainsi, en multipliant les deux membres de l'équation qui détermine Ψ_2 par φ''', et par φ'', les deux membres de celle qui détermine Ψ_3, intégrant dans le volume élémentaire .

$$\left[\rho\frac{d\Psi_2}{dx}\frac{d\varphi'''}{dx} + \frac{d\Psi_2}{dy}\frac{d\varphi'''}{dy} + \frac{d\Psi_2}{dz}\frac{d\varphi'''}{dz}\right]$$
$$= \int d\varpi\,\frac{\varphi'''}{\varphi''}\,d\,\frac{\rho\varphi''^2}{dz} = -\int d\varpi\,\rho\varphi''^2\frac{d}{dz}\frac{\varphi'''}{\varphi''} = \int \rho\,d\varpi\left(\varphi''\frac{d\varphi'''}{dz} - \varphi'''\frac{d\varphi''}{dz}\right)$$

et

$$\left[\rho\left(\frac{d\varphi''}{dx}\frac{d\Psi_3}{dx} + \frac{d\varphi''}{dy}\frac{d\Psi_3}{dy} + \frac{d\varphi''}{dz}\frac{d\Psi_3}{dz}\right)\right] = -\int d\varpi\left(\varphi'''\frac{d\varphi''}{dz} - \varphi''\frac{d\varphi'''}{dz}\right) + \int d\varpi\,\rho\varphi'''.$$

Mais les deux intégrales du premier membre sont, à cause de l'équation (β) de la

Note 1, quand on y fait $F = \varphi'''$, $V = \Psi_2$, puis $F = \varphi''$, $V = \Psi_3$ respectivement égales à

$$-\int d\varpi\, \rho\, \frac{d\Psi_2}{dz} \quad \text{et} \quad -\int d\varpi\, \rho\, \frac{d\Psi_3}{dz}.$$

On a donc

$$\int \rho\, \frac{d\Psi_2}{dz}\, d\varpi = \int d\,\rho\left(\varphi''\frac{d\varphi'''}{dz} - \varphi'''\frac{d\varphi''}{dz}\right),$$

$$\int \rho\, \frac{d\Psi_3}{dy}\, d\varpi = \int d\varpi\, \rho\left(\varphi'''\frac{d\varphi''}{dz} - \varphi''\frac{d\varphi'''}{dz}\right) - \int d\varpi\, \rho\varphi''',$$

ajoutant

$$\int \rho\left(\frac{d\Psi_2}{dz} + \frac{d\Psi_3}{dy}\right) d\varpi = -\int d\varpi\, \rho\varphi''',$$

et de même pour les autres relations à démontrer.

En substituant à $\left[\rho\dfrac{d\Psi}{dx}\right]$, $\left[\rho\dfrac{d\Psi}{dy}\right]$, $\left[\rho\dfrac{d\Psi}{dz}\right]$ dans les équations (7) les valeurs déduites des relations ci-dessus, il vient

$$\left[\rho\,\frac{d\Psi}{dx}\right] = b_0\left[\rho\,\frac{d\Psi_2}{dx}\right] + c_0\left[\rho\,\frac{d\Psi_3}{dx}\right],$$

$$\rho\left[\frac{d\Psi}{dy}\right] = a_0\left[\rho\,\frac{d\Psi_1}{dy}\right] + c_0\left[\rho\,\frac{d\Psi_3}{dy}\right],$$

$$\rho\left[\frac{d\Psi}{dz}\right] = a_0\left[\rho\,\frac{d\Psi_2}{dz}\right] + b_0\left[\rho\,\frac{d\Psi_2}{dz}\right] + c_0[\rho\varphi'''].$$

Mais les a_0, b_0, c_0 sont liés par la relation

$$N'a_0 + Nb_0 + M''c_0 = 0,$$

au moyen de laquelle on peut éliminer c_0, de sorte que

$$M''\left[\rho\,\frac{d\Psi}{dx}\right] = -N'a_0\left[\rho\,\frac{d\Psi_3}{dx}\right] + b_0\left\{ M''\left[\rho\,\frac{d\Psi_2}{dx}\right] - N\left[\rho\,\frac{d\Psi_3}{dx}\right]\right\},$$

$$M''\left[\rho\,\frac{d\Psi}{dy}\right] = a_0\left[M''\rho\,\frac{d\Psi_1}{dy} - N'\rho\,\frac{d\Psi_3}{dy}\right] - Nb_0\left[\rho\,\frac{d\Psi_2}{dy}\right],$$

$$M''\left[\rho\,\frac{d\Psi}{dz}\right] = a_0\left[M''\rho\,\frac{d\Psi_1}{dz} + N'\rho\varphi'''\right] + b_0\left[M''\rho\,\frac{d\Psi_2}{dz} + N\rho\varphi'''\right].$$

L'équation (7) de la page 264

$$M''P_3 a_0 = N'p_1\left[\rho\left(\frac{d\Psi}{dz} + \varphi\right)\right] - M''\left[\rho\,\frac{d\Psi}{dz}\right]p_1$$

se réduit alors, en tenant compte des relations établies ci-dessus entre les inté-grales, à

$$a_0 M''P_3 + b_0 p_1\left[M''\rho\,\frac{d\Psi_2}{dx} - N\rho\,\frac{d\Psi_3}{dx} + N'\rho\,\frac{d\Psi_3}{dy}\right] = 0;$$

l'autre équation donne

$$b_0 \, M'' P_3 + a_0 p_1 \left[M'' \rho \frac{d\Psi_1}{dy} + N \rho \frac{d\Psi_3}{dx} - N' \rho \frac{d\Psi_3}{dy} \right] = 0;$$

d'où l'on déduit

$$\frac{a_0}{b_0} + \frac{b_0}{a_0} = 0 \qquad \text{ou} \qquad a_0^2 + b_0^2 = 0$$

et

$$M_2'' P_2^3 = - p_1^2 \left[M'' \rho \frac{d\Psi_2}{dx} - N \rho \frac{d\Psi_3}{dx} + N' \rho \frac{d\Psi_3}{dy} \right]^2.$$

Comme p_1^2 est négatif, on voit que P_3^2 sera positif, et que P_3 sera réel et pourra prendre deux valeurs égales et de signe contraire, le signe de P_3 étant lié à celui de $\frac{a_0}{b_0}$. D'ailleurs, $P_2 = 2 p_1 p_2$; p_2 sera donc imaginaire comme p_1 et changera de signe avec $\frac{a_0}{b_0}$.

La quantité

$$\left[M'' \rho \frac{d\Psi_2}{dx} - N \rho \frac{d\Psi_3}{dx} + N' \rho \frac{d\Psi_3}{dy} \right]$$

indique donc, par son signe et sa grandeur, le sens et la rotation du plan de polarisation.

Si l'on considère un milieu à un axe, et des ondes perpendiculaires à l'axe, ces formules se simplifient; alors, $N = N' = 0$, $c = 0$, et il reste

$$P_3^2 = - p_1^2 \left[\rho \frac{d\Psi_2}{dx} \right]^2,$$

d'où

$$p_2 = \pm \, i \left[\rho \frac{d\Psi_2}{dx} \right] \qquad \text{ou} \qquad \mp \, i \left[\rho \frac{d\Psi_1}{dy} \right];$$

elles restent les mêmes s'il s'agit d'un milieu cubique.

NOTE 5.

Si l'on veut seulement se rendre compte des effets possibles de la périodicité, il est commode d'examiner le cas où ρ se réduit à la somme de trois fonctions de x, de y et de z, les intégrations d'équations se réduisant alors à des quadratures.

EMPLOI DIRECT DES ONDES

DANS LES

CALCULS D'OPTIQUE.

(*Journal de Physique*, t. I, 1872, p. 377.)

Bien que la théorie des ondulations soit passée dans l'enseignement classique, on trouve souvent dans les auteurs des questions traitées par la considération des rayons, lorsque la considération des ondes amènerait aux même résultats. On perd ainsi l'occasion d'habituer l'esprit à l'ordre d'idées qui est la base de l'Optique moderne, et les exemples ci-dessous montreront que cet inconvénient n'est pas compensé par une plus grande simplification des calculs.

I. — ANNEAUX COLORÉS.

La théorie de Fresnel, relative à la réfraction et à la réflexion, peut se résumer ainsi : si une onde unique (réfractée) se propage dans un milieu, il doit exister dans le milieu voisin deux ondes, concordantes entre elles et avec l'onde réfractée sur la surface de séparation des milieux,

Fig. 1.

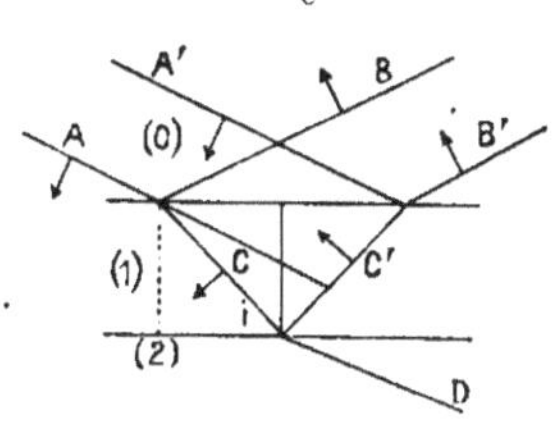

les amplitudes des vibrations de ces deux ondes étant proportionnelles à $\sin(i+r)$, $\sin(r-i)$, si elles sont polarisées dans le plan d'incidence, et à $\tan(i+r)$, $\tan(r-i)$, si elles sont polarisées dans le plan per-

P.

pendiculaire; les signes $+$ se rapportant à l'onde qui marche dans le même sens que l'onde réfractée.

Soit, maintenant, une lame d'épaisseur h comprise entre deux milieux (o) et (2); à l'onde réfractée unique D correspond une incidente C et une réfléchie C′ dans le milieu de la lame.

De même, à l'onde unique C de ce milieu correspondent deux ondes A et B dans le milieu (o), et à l'onde C′ deux ondes A′ et B′. En désignant par les mêmes lettres les amplitudes des vibrations de ces ondes, et les supposant polarisées dans le plan d'incidence, on pourra écrire

$$\frac{A}{\sin(i_1 + i_0)} = \frac{B}{\sin(i_1 - i_0)},$$

$$\frac{B'}{\sin(i_1 + i_0)} = \frac{A'}{\sin(i_1 - i_0)},$$

$$\frac{C}{\sin(i_1 + i_2)} = \frac{C'}{\sin(i_2 - i_1)},$$

i_0, i_1 et i_2 étant les incidences dans les milieux (o), (1), (2), et enfin

$$\frac{A}{B'} = \frac{B}{A'} = \frac{C}{C'},$$

d'où

$$\frac{A}{\sin(i_1 + i_0)\sin(i_1 + i_2)} = \frac{B}{\sin(i_0 - i_1)\sin(i_1 + i_2)}$$

$$= \frac{A'}{\sin(i_1 + i_0)\sin(i_2 - i_1)} = \frac{B'}{\sin(i_1 + i_0)\sin(i_2 - i_1)}.$$

A l'onde réfractée unique D du milieu (2) correspondent donc deux couples d'ondes dans le milieu (o); mais les deux ondes qui composent chaque couple (AA′), (BB′) se composent en une seule, qui sera l'onde véritablement incidente et l'onde véritablement réfléchie.

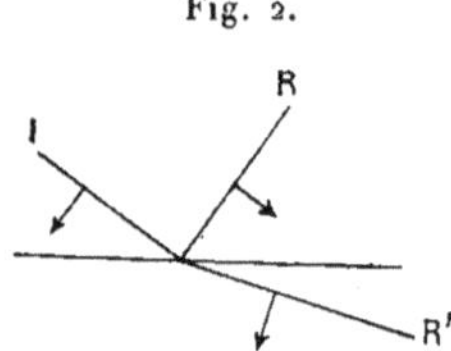

Fig. 2.

Pour composer les deux ondes A et A′, il faut connaître l'intensité et la différence de phase de ces deux ondes, c'est-à-dire le temps que mettrait l'onde A′ pour arriver à la position A, ou l'onde C′ pour arriver au point d'intersection de A et de C, c'est-à-dire $\dfrac{2\,h\cos i_1}{\lambda_1}$, λ_1 étant la lon-

gueur d'onde dans le milieu (1). Désignons par ω l'angle $2\pi \times \dfrac{2\,h\cos i_1}{\lambda_1}$,

par I l'intensité, par δ la phase de l'onde résultante de A et A′ (en prenant pour o la phase de A′), on aura

$$\text{I}\cos\delta = \text{A}' + \text{A}\cos\omega, \qquad \text{I}\sin\delta = \text{A}\sin\omega.$$

De même, en désignant par R l'intensité, par δ' la phase de l'onde
résultante de B et de B′, c'est-à-dire de l'onde réfléchie

$$\text{R}\cos\delta' = \text{B}' + \text{B}\cos\omega, \qquad \text{R}\sin\delta' = \text{B}\sin\omega.$$

Les phases ayant même origine, puisque A′, B′ sont concordantes, on
en déduira

$$\frac{\text{R}^2}{\text{I}^2} = \frac{\text{B}^2 + \text{B}'^2 + 2\,\text{BB}'\cos\omega}{\text{A}^2 + \text{A}'^2 + 2\,\text{AA}'\cos\omega} = \frac{(\text{B} + \text{B}')^2\cos^2\dfrac{\omega}{2} + (\text{B} - \text{B}')^2\sin^2\dfrac{\omega}{2}}{(\text{A} + \text{A}')^2\cos^2\dfrac{\omega}{2} + (\text{A} - \text{A}')^2\sin^2\dfrac{\omega}{2}}$$

et

$$\tang(\delta' - \delta) = \frac{(\text{BA}' - \text{B}'\text{A})\sin\omega}{\text{AA}' + \text{BB}' + (\text{AB}' - \text{BA}')\cos\omega}$$

$$= \frac{(\text{BA}' - \text{B}'\text{A})\sin\omega}{(\text{A} + \text{A}')(\text{B} + \text{B}')\cos^2\dfrac{\omega}{2} + (\text{A} - \text{A}')(\text{B} - \text{B}')\sin^2\dfrac{\omega}{2}}$$

De plus, l'onde réfractée D étant le prolongement de A, sa phase,
relativement à A′, est δ; elle est donc en avance sur l'onde incidente (I, δ) de $\omega - \delta$.

Il est clair que, pour passer du cas où l'onde incidente est polarisée
dans le plan d'incidence au cas où elle est polarisée dans le plan perpendiculaire, il suffira de changer les sinus en tangentes dans les valeurs
de A, A′, B, B′. On obtiendra ainsi d'autres valeurs $\left(\dfrac{\text{R}_1}{\text{I}_1}\right)^2_1$, δ_1 et δ'_1 dont

la comparaison avec les valeurs ci-dessus déterminera les conditions
d'ellipticité de la lumière réfléchie ou transmise, connaissant la polarisation de l'onde incidente.

La discussion de ces formules, au moins dans le cas où $i_0 = i_2$, est bien
connue dans le cas de la réflexion ordinaire. En adoptant l'interprétation
de Fresnel pour les imaginaires (interprétation dont la rigueur peut être
démontrée du reste), au cas où la réflexion est totale, ces formules

donnent les résultats suivants, susceptibles de vérifications expérimentales au moins approchées :

1° L'intensité de la lumière transmise diminue lentement d'abord, puis très rapidement quand h augmente;

2° Si la lumière incidente est polarisée rectilignement, les lumières réfléchies et transmises sont elliptiques. La différence de phase, croissant avec l'épaisseur h, et se confondant avec celle donnée par les formules de Fresnel dès que l'intensité de la lumière transmise devient négligeable est la même à π près, pour la lumière transmise et pour la lumière réfléchie;

3° Les rapports des amplitudes des vibrations réfléchies et incidentes, pour une même valeur de h, sont différents suivant que la lumière est polarisée dans le plan d'incidence ou dans le plan perpendiculaire en général; mais ces rapports sont égaux pour trois incidences : celle où commence la réflexion totale, celle pour laquelle $\sin^2 i = \dfrac{1}{n}$ et l'incidence rasante.

II. — Retard engendré par une lame cristalline uniaxe.

Soient h l'épaisseur d'une lame cristalline, OI la trace d'une onde incidente perpendiculaire au plan du Tableau, O'I' la trace d'une onde émergente parallèle à OI, onde qui correspondra à deux époques différentes

Fig. 3.

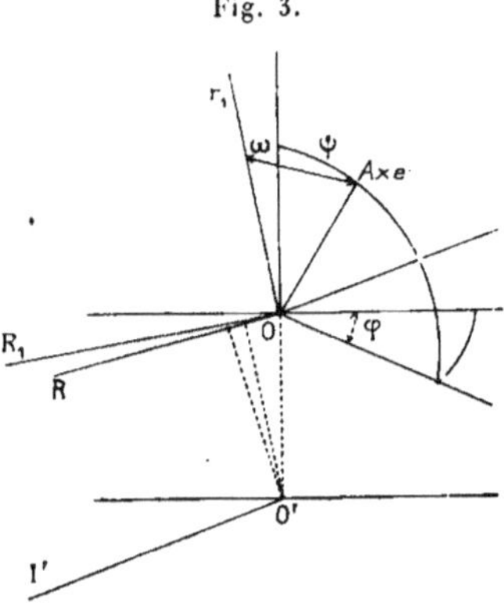

suivant qu'on considérera le rayon ordinaire ou le rayon extraordinaire, la différence de ces deux époques étant le *retard* produit par la lame; soient

r et r_1 les angles des ondes réfractées avec les faces de la lame, V, V_1 leurs vitesses, ce retard sera

$$h\left(\frac{\cos r}{V} - \frac{\cos r_1}{V_1}\right).$$

Si r_1 correspond à l'onde extraordinaire, l'angle ω de la normale à cette onde avec l'axe du cristal sera

$$(1)\qquad \cos\omega = \cos r_1 \cos\psi - \sin r_1 \sin\psi \cos\varphi,$$

φ étant l'angle de la section principale et du plan d'incidence, ψ l'angle de l'axe et de la normale à la lame.

De plus, si $V_0 o$, $V_0 e$ sont les deux vitesses principales, V_0 étant la vitesse dans l'air, on aura

$$(2)\qquad V_1^2 = V_1^2(o^2\cos^2\omega + e^2\sin^2\omega).$$

D'ailleurs les principes généraux de la réfraction donnent

$$(3)\qquad \frac{\sin i}{V_0} = \frac{\sin r}{V} = \frac{\sin r_1}{V_1}\qquad (\text{avec } V = V_0 \times o).$$

Les équations (1), (2) et (3) donneront $\dfrac{\cos r}{V}$ et $\dfrac{\cos r_1}{V_1}$, les deux seules quantités dont l'évaluation soit nécessaire.

Dans le cas général on posera

$$\frac{\sin r_1}{V_1} = \frac{\sin i}{V_0} = \alpha,\qquad \frac{\cos r_1}{V_1} = \beta,$$

d'où

$$\frac{\cos\omega}{V_1} = \beta\cos\psi - \alpha\sin\psi\cos\varphi.$$

Substituant cette valeur dans (2) et observant que $\dfrac{1}{V_1^2} = \alpha^2 + \beta^2$,

$$1 = V_0^2[(o^2 - e^2)(\beta\cos\psi - \alpha\sin\psi\cos\varphi)^2 + e^2(\alpha^2 + \beta^2)],$$

équation qui donne β, puisque α est connu.

Dans le cas de la lame parallèle à l'axe, $\sin\psi = 1$, $\cos\psi = 0$, il reste

$$1 = V_0^2[(o^2 - e^2)\alpha^2\cos^2\varphi + e^2\alpha^2 + e^2\beta^2]$$

ou

$$\beta^2 = \frac{1}{V_0^2} - \alpha^2(o^2\cos^2\varphi + e^2\sin^2\varphi)$$
$$= \frac{1}{V_0^2 \times e^2}[1 - (o^2\cos^2\varphi + e^2\sin^2\varphi)]\sin^2 i.$$

D'ailleurs,

$$\left(\frac{\cos r}{V}\right)^2 = \frac{1}{V_0^2 \times o^2}(1 - o^2 \sin^2 i),$$

d'où, pour le retard exprimé en temps,

$$\frac{h}{V_0}\left[\frac{\sqrt{1 - o^2 \sin^2 i}}{o} - \frac{\sqrt{1 - (o^2 \cos^2 \varphi + e^2 \sin^2 \varphi) \sin^2 i}}{e}\right],$$

ce qui est l'expression connue.

Dans le cas où l'orientation est quelconque, le retard est

$$\frac{h}{V_0}\left[\frac{\sqrt{1 - o^2 \sin^2 i}}{o} - \frac{\sqrt{1 - \frac{e^2}{s^2} o^2 - (o^2 - e^2) \sin^2 \psi \sin^2 \varphi \sin^2 i}}{s} + \left(\frac{o^2 - e^2}{s^2}\right) \sin \psi \cos \psi \cos \varphi \sin i\right],$$

expression où $s^2 = o^2 \cos^2 \psi + e^2 \sin^2 \psi$.

On en déduit, pour l'équation des courbes isochromatiques correspondant à de faibles valeurs de i,

$$\text{const.} = 2\frac{o^2 - e^2}{s^2} \sin \psi \cos \psi\, x - \frac{o^2 - e^2}{s^3} e^2 \sin^2 \psi\, y^2 - \left(o - \frac{o^2 e^2}{s^3}\right)(x^2 + y^2)$$

ou

$$\text{const.} = 2\frac{(o^2 - e^2)}{s^2} \sin \psi \cos \psi\, x - \left(o - \frac{e^2}{s}\right)y^2 - \left(o - \frac{o^2 e^2}{s^3}\right)x^2,$$

courbes du second degré faciles à discuter, la valeur de ψ pour laquelle $s^3 = o e^2$ séparant les hyperboles des ellipses.

RECHERCHES

SUR LA

RÉFLEXION VITREUSE ET MÉTALLIQUE.

(Association française pour l'avancement des Sciences, *Comptes rendus du Congrès de Bordeaux*, septembre 1872, p. 308.)

On connaît les difficultés que rencontra Fresnel, lorsque, à la suite de ses expériences sur l'interférence de la lumière polarisée, il énonça l'hypothèse que les vibrations de l'éther étaient transversales. Si cette hypothèse est, aujourd'hui, généralement admise, on le doit en partie aux travaux des géomètres Poisson, Cauchy et Lamé. Ceux-ci montrèrent, en effet, que, dans un milieu homogène, une onde plane peut propager, avec des vitesses différentes, trois mouvements vibratoires indépendants, de directions déterminées et, de plus, que, lorsque ce milieu est isotrope, une onde peut propager, ou des vibrations longitudinales perpendiculaires aux ondes, ou des vibrations transversales parallèles à l'onde, et que, dans ce cas, les constantes élastiques ou les vitesses de propagation se réduisent à *deux*, qui suffisent pour déterminer complètement le milieu au point de vue élastique.

De ces deux constantes, l'une se détermine avec facilité pour l'éther des corps transparents : celle relative aux vibrations transversales, qui se déduit de l'indice ; la détermination de la seconde est plus difficile. Les physiciens n'ont rencontré, en effet, aucun phénomène qui pût être attribué à des vibrations longitudinales de l'éther. Dans les cristaux, ils n'ont jamais aperçu que deux rayons, et non trois, comme l'indiquait Cauchy ; en outre, la force vive que devraient nécessairement emporter avec elles les vibrations longitudinales qui devraient naître dans la réflexion ou la réfraction, ne paraît manquer nulle part. Ces observations sont toutefois insuffisantes pour déterminer la seconde constante de l'éther des milieux transparents ; l'analyse indique, en effet, comme possible une valeur imaginaire pour cette seconde constante, et montre qu'à cette valeur imaginaire correspondent les rayons *évanescents,* c'est-à-dire que les vibrations longitudinales propagées par une onde plane s'affaibliraient à mesure que cette onde se propagerait, suivant une loi représentée par une formule exponentielle.

Dans sa théorie de la réflexion, Fresnel ne s'est point préoccupé de ces rayons, et il a, en limitant le principe de la continuité des mouvements aux composantes parallèles à la surface de séparation des milieux, paru obéir à une sorte de divination plutôt qu'à un raisonnement rigoureux. Ce principe est cependant rigoureusement exact, si les deux milieux en contact sont incapables de propager des vibrations longitudinales, ou si la vitesse de propagation de ces vibrations est nulle, de telle sorte que la démonstration expérimentale de l'exactitude absolue des formules de Fresnel entraînerait, pour les deux milieux, la preuve que la seconde constante est nulle.

Cauchy n'admettant pas que cette constante fût nulle, a été obligé d'introduire les vibrations longitudinales dans la réflexion, et est arrivé ainsi à des formules vérifiées par M. Jamin, et dont le résultat le plus saillant et indiscutable est celui de la polarisation elliptique par réflexion et par réfraction. M. Jamin a donné les valeurs de la constante ε, d'où l'on peut déduire la seconde constante ou le coefficient d'extinction des vibrations longitudinales dans les milieux transparents. Les valeurs de ε étant connues pour deux milieux, on doit pouvoir en déduire les phénomènes qui auront lieu quand un faisceau lumineux, propagé par un de ces milieux, se réfléchira sur l'autre, et prévoir le signe et la grandeur de la polarisation elliptique ; dans cette seconde vérification des formules, M. Jamin et, plusieurs années après, M. Quincke n'ont pas été aussi heureux et, tout en faisant une large part aux erreurs d'observation, ont trouvé des résultats contradictoires avec les formules ; il y avait donc là un point à éclaircir.

Si, au lieu de supposer qu'il y a un changement brusque dans la constitution de l'éther de part et d'autre de la surface de séparation de deux milieux, on suppose que cette modification ait lieu progressivement (comme on est obligé de le faire si l'on admet que l'augmentation de densité de l'éther des milieux transparents est due à une espèce d'attraction de la matière pondérable), en admettant l'incapacité absolue pour l'éther de transmettre les vibrations longitudinales ; on pourra, ou appliquer les formules de Fresnel à une infinité de réflexions et réfractions sur les milieux dont les indices sont infiniment peu différents, en tenant compte, comme on le fait dans la théorie des anneaux colorés, des réflexions successives ou, mieux encore, appliquer les principes relatifs à la coexistence de mouvements vibratoires quelconques dans tous ces milieux.

Si l'on étudie alors la polarisation du rayon réfléchi provenant d'un incident polarisé, on la trouve elliptique, comme il est facile de le voir *a priori*, et la différence de phase entre les deux composantes du rayon est donnée par une formule identique avec celle de Cauchy. Il en est encore de même pour le rayon réfracté.

Les expériences de M. Jamin ne permettent donc pas de décider entre les deux hypothèses, mais la seconde suggère d'autres vérifications. En étudiant seulement la composante parallèle à la surface de séparation, c'est-à-dire le rayon polarisé dans le plan d'incidence, on trouve qu'il existe, dans l'épaisseur de la couche de transition entre les deux milieux, un plan tel, que l'incident et le réfléchi, ainsi que le réfracté, sont concordants sur ce plan (qui peut, au point de vue optique, être considéré comme la surface de séparation), quelle que soit l'incidence. Ce plan est théoriquement défini par la condition que, si n est l'indice variable de l'éther, z la distance de la couche d'indice n au plan cherché, l'intégrale $\int z\,d.n^2$ soit nulle. Supposons que le second milieu étant du verre, le premier soit tantôt de l'air, tantôt de l'eau, tantôt un autre liquide, il n'y aura aucune raison, bien que le verre soit resté absolument à la même place, pour que le plan défini par la condition $\int z\,d.n^2 = 0$ reste le même, et au point de vue optique, le plan de séparation des deux milieux aura varié. De même, si une lame mince est entourée de milieux différents, son épaisseur optique sera différente dans chaque milieu. Bien que j'aie vérifié expérimentalement qu'il en était ainsi en ne mettant en jeu qu'une surface de séparation, le second procédé est peut-être préférable, puisque le phénomène se trouve doublé. Il suffit de prendre deux lentilles, entre lesquelles on produit des anneaux colorés, et l'on fait apparaître la tache centrale autant que possible. On regarde les anneaux au moyen d'une lunette, et l'on introduit une goutte de liquide. Si la lunette est munie d'un réticule, on s'assure facilement de l'invariabilité du système d'anneaux produits dans l'air, tant que le liquide n'a pas remplacé l'air, et l'on s'assure également que, une fois que le liquide est arrivé en un point, les anneaux formés en ce point ne se modifient plus, quelle que soit l'extension ultérieure du liquide, et, par conséquent, pendant la substitution de liquide au gaz, il n'y a pas de changement appréciable de la distance des deux surfaces limitant la lame mince.

Cette vérification faite, on mesure les anneaux dans l'air et dans le liquide; on peut ainsi construire par points une ou plusieurs sections de la lame; la largeur de l'anneau étant une abscisse, et son numéro, multiplié par une constante, l'ordonnée, la valeur de la constante est connue lorsqu'on opère sur un liquide d'indice déterminé et sous un angle qu'il est toujours facile d'obtenir avec une approximation suffisante.

On obtient ainsi, pour les mesures faites dans l'air et les mesures faites dans un liquide, deux diagrammes qui seraient identiques si la présence du liquide n'avait pas modifié l'épaisseur optique de la lame mince. En opérant avec du crown, j'ai trouvé que la différence (constante) des ordonnées augmentait avec l'indice du liquide interposé, de sorte qu'on peut dire que la surface de séparation s'enfonce d'autant plus dans le verre que l'indice du liquide est plus grand.

Si l'on a des verres suffisamment bien taillés pour pouvoir être considérés comme sphériques et que leur mode de compression ne détermine pas une trop grande déformation, on a dans l'air et le liquide, entre les diamètres et les numéros des anneaux, des relations de la forme

$$d^2 = kn + l, \qquad d^2 = k'n + l',$$

et les constantes l et l' ne sont jamais les mêmes comme elles devraient l'être si la surface optique de séparation était invariable; sous l'incidence normale surtout la différence paraît sensible à cause de la plus grande précision et de la plus petite valeur de k, mais la différence $l - l'$ ne change pas de grandeur avec l'incidence dans la limite des erreurs d'observation.

L'hypothèse de Cauchy ne paraît donc pas nécessaire pour expliquer la polarisation elliptique; elle est en contradiction avec certains faits que l'hypothèse de la continuité dans la constitution de l'éther permet d'admettre, puisque rien jusqu'ici ne permet de prévoir suivant quelles lois l'indice doit varier dans la couche de transition. Cette dernière, associée à la condition que l'éther est incapable de propager des vibrations longitudinales, paraît donc préférable.

Il faut ajouter que les formules relatives à la réflexion et à la réfraction, déduites des principes de la continuité des déplacements parallèles à la surface de séparation et de l'identité des forces élastiques des deux côtés de la surface, entraînent, en appliquant le principe des forces vives, la proportionnalité de l'indice à l'inverse de la racine carrée de la densité et l'égalité du coefficient qu'on peut appeler *l'élasticité de l'éther dans le vide et dans les milieux transparents*. Je reviendrai plus loin sur la difficulté apparente que présente la dispersion.

Il est difficile d'admettre que si, dans les corps transparents isotropes, l'éther présente la même élasticité que dans le vide, il puisse en être autrement dans les corps non isotropes. On conçoit, en effet, que l'action de la matière sur l'éther, dans ces derniers corps, ne doit différer de l'action de la matière dans les corps isotropes que par son intensité dans des directions variables et non par sa nature.

On est ainsi conduit à attribuer les propriétés particulières des cristaux non plus à une différence d'élasticité dans des directions diverses, mais à une distribution particulière, variable avec la direction de l'éther. La densité de celui-ci doit donc être variable, et elle ne peut être que périodique. Les équations du mouvement, dans cette hypothèse, ne différeront de celles des milieux isotropes que par la substitution d'une fonction périodique à la constante qui représente la densité, substitution qui est d'accord avec la supposition que les cristaux sont des agrégats de molécules semblables et semblablement orientés.

Cette substitution entraîne les conséquences suivantes : une onde plane peut propager deux mouvements vibratoires seulement avec deux vitesses différentes. Les amplitudes et les directions de ces vibrations varient d'un point à un autre, mais si l'on substitue à ces amplitudes et à ces directions leurs moyennes, en négligeant les termes d'un ordre élevé, on trouve que ces directions, inclinées sur le plan de l'onde, se projettent sur ce dernier, suivant deux droites rectangulaires, et que les vitesses de propagation suivent les lois indiquées par Fresnel, et qui ont conduit à la surface de l'onde. Ces vibrations moyennes satisfont à un groupe de trois équations très simples qui, traitées comme les équations correspondantes des milieux isotropes, donnent les formules de la réflexion et de la réfraction cristalline.

La considération des termes d'un degré plus élevé montre que les vitesses de propagation doivent varier avec la durée de la vibration lumineuse [je dois renvoyer au Mémoire de M. Sarrau pour l'explication de la polarisation rotatoire des cristaux, et plus généralement de l'adaptation des phénomènes lumineux à la symétrie cristalline (¹)], et mettent ainsi sur la voie de l'explication générale de la dispersion. Il suffit de se représenter les corps isotropes comme non absolument homogènes, mais comme présentant, par rapport à la densité de l'éther, une distribution tout à fait irrégulière, et telle que la densité moyenne prise suivant une direction quelconque, dans une longueur petite par rapport

---

(¹) Voir *Journal de Mathématiques pures et appliquées,* t. XII et XIII.

à une longueur d'onde, puisse être considérée comme constante. Les vibrations oscillent dans le corps transparent autour de la vibration moyenne, que seule nous pouvons atteindre, et d'une manière différente pour chaque couleur. Le principe des forces vives exige alors que la vitesse de propagation varie avec la couleur. Cette explication est bien voisine de celle qui avait été proposée par Lamé, qui, considérant des points matériels distribués dans l'éther et vibrant avec lui, avait montré que cette hypothèse entraînait la dispersion, cette discontinuité dans la densité étant étrangère au raisonnement.

Les équations modifiées par la supposition de la variation de la densité ne permettent plus d'énoncer la propriété fondamentale de l'éther sous la forme de l'impossibilité de transmission des vibrations longitudinales, puisque la direction de la vibration varie, mais elles conduisent à cette proposition : « la densité de l'éther ne peut être modifiée par l'action de son élasticité seule », une modification une fois produite par un agent extérieur subsistant toujours.

Cette étude ne serait pas complète si je n'ajoutais quelques mots relatifs aux métaux. On pourrait penser que les métaux, ou plus généralement les corps doués d'un pouvoir absorbant énergique (c'est-à-dire sensible pour une épaisseur comparable à une longueur d'onde) ne diffèrent des corps transparents que par une attraction plus considérable exercée par la matière pondérable sur l'éther. Mais si l'on suppose l'éther d'une densité périodique, sollicité indépendamment des forces élastiques par des centres de forces distribués d'une manière périodique, mais invariable, il n'en résultera aucune modification dans les directions et amplitudes des vibrations moyennes. Cette hypothèse rejetée, il faut admettre que les molécules matérielles dont l'intervention est nécessaire sont elles-mêmes en mouvement, et cette supposition est d'autant mieux justifiée qu'elle dérive naturellement de l'équivalence du travail et de la chaleur; de plus, cette action de la matière serait nulle si on lui attribuait un mouvement identique à celui de l'éther ambiant; l'hypothèse la plus plausible est, qu'à chaque instant, la matière enlève à l'éther une certaine quantité de force vive, pour la transformer en chaleur, qui se répand par conductibilité ou rayonnement. La force qui, appliquée à chaque molécule d'éther, produirait le même effet que la matière, doit dépendre de la vitesse relative de ces deux milieux, et comme première approximation au moins, être proportionnelle à cette vitesse; comme, de plus, les mouvements de la matière et de l'éther sont entièrement discordants, la moyenne des vitesses de l'éther relativement aux molécules matérielles doit être la vitesse absolue de l'éther. Dans les milieux isotropes, nous ajouterons donc à l'expression de la force produite par le déplacement relatif des molécules de l'éther une force proportionnelle à la vitesse dirigée en sens contraire. Les équations ainsi obtenues sont linéaires, ce que l'expérience justifie, puisqu'on n'est pas parvenu à montrer de différence entre les phénomènes produits par des ondes lumineuses d'intensités différentes. Un corps absorbant isotrope sera alors caractérisé par deux fonctions: l'une, la densité de l'éther; l'autre, le coefficient de résistance.

De même que pour les corps transparents, on peut substituer à la densité variable avec les coordonnées une densité variable avec la durée de la variation, on pourra substituer aux deux coefficients, fonctions des coordonnées, deux coefficients variables avec la longueur d'onde.

Cette double dispersion, beaucoup plus intense pour les métaux que pour la plupart des corps transparents, trouverait sa raison d'être dans une variation plus rapide de la constitution de l'éther à l'intérieur du milieu.

L'existence de ces deux coefficients complique nécessairement les lois de la propagation, de la réflexion et de la réfraction dans de tels milieux. Ainsi, la vitesse de propagation peut varier d'une onde à une autre, suivant l'angle que forme le plan de l'onde, avec un plan que j'appellerai *plan d'absorption,* tel que les amplitudes des points également distants de ce plan soient égales, de telle sorte que si d est la distance au plan d'onde, d_1 celle au plan d'absorption, x_1 et λ_1 deux constantes, la vibration est représentée par une expression de la forme

$$C e^{2\pi \frac{d_1}{x_1}} \cos 2\pi \left(\frac{t}{\tau} - \frac{d}{\lambda_1} \right)$$

et dirigée dans le plan d'onde.

Les constantes λ_1 et x_1 étant liées par les équations

$$\frac{1}{\lambda_{12}} - \frac{1}{x_{12}} = \frac{1}{\lambda_{12}} - \frac{1}{x_{22}}, \qquad \frac{1}{\lambda x} = \frac{1}{\lambda_1 x_1} \cos \alpha,$$

α étant l'angle des deux plans d'onde et d'absorption.

Les constantes λ^2 et x^2 sont caractéristiques du milieu; elles sont liées aux constantes choisies par Cauchy, par les relations

$$\lambda_0 = \lambda \vartheta \cos \varepsilon, \qquad \lambda_0 = x \vartheta \sin \varepsilon,$$

en désignant par λ_0 la longueur d'onde dans le vide de la lumière considérée; on a encore appelé $\frac{\lambda_0}{\lambda}$ l'indice de réfraction sous l'incidence nor-

male, et $\frac{\lambda_0}{\chi}$ le coefficient d'extinction sous cette même incidence.

Les vérifications expérimentales dont ces formules sont susceptibles sont, comme pour les corps transparents, relatives les unes à la réflexion, les autres à la réfraction ou à la propagation dans le milieu absorbant.

Cauchy a donné, en supposant la discontinuité absolue entre l'éther du vide et celui du milieu absorbant, les intensités des rayons réfléchis polarisés dans les deux azimuts principaux, et la différence de phase des deux rayons; les formules données par lui dérivent directement des principes de Fresnel. Les expériences de M. Jamin, de MM. de Laprovostaye et Desains ont montré que ces formules représentaient approximativement les phénomènes. Ces vérifications sont forcément approchées, parce qu'il est impossible d'opérer sur une lumière parfaitement homogène et suffisamment intense, et que les deux coefficients varient avec rapidité, en passant d'une longueur d'onde à une autre.

Si l'on admet que, pour les corps transparents, la variation rapide de la densité de l'éther, dans le voisinage de la surface, est la cause de la polarisation elliptique, cette cause devra subsister également dans la réflexion métallique; mais celle-ci étant toujours d'une ellipticité prononcée, la perturbation introduite est peu sensible et échappe à des mesures qui n'ont pas, par elles-mêmes, une très grande précision. Son effet se confond avec celui que produirait une petite variation dans les constantes. Quoiqu'elle échappe à des mesures directes, on peut mettre cette perturbation en évidence, en étudiant la réflexion successivement dans l'air et dans un autre milieu transparent. Les constantes θ et ε étant déterminées par réflexion dans l'air, il résulte des formules ci-dessus que, pour la réflexion dans un autre milieu, ε doit rester le même et θ être divisé par l'indice de ce milieu; par suite, on peut calculer l'incidence principale dans le second milieu en fonction de θ et ε; il n'y a jamais concordance entre l'observation et le calcul; la différence est surtout sensible si, à l'air, on substitue un liquide très réfringent comme le sulfure de carbone.

J'ai cherché une autre vérification de ces formules dans la recherche directe du retard afférent à chaque rayon individuellement. Dans l'hypothèse de la discontinuité absolue de l'éther, les rayons incidents, réfléchis et relatés, sont concordants à la surface de séparation des milieux transparents; ils ne doivent pas l'être à la surface de séparation d'un milieu transparent et d'un milieu absorbant. Le réfléchi est en retard d'une certaine quantité sous l'incidence normale, et ce retard diminue jusqu'à o ou augmente jusqu'à $\frac{\lambda}{2}$ suivant qu'il s'agit du rayon polarisé dans le plan ou perpendiculairement au plan d'incidence. J'espérais que la perturbation introduite par la couche de transition, n'ayant pas d'influence sensible sur les phénomènes de polarisation elliptique, ne s'opposerait pas à une vérification approximative.

Le procédé employé était le suivant : un goniomètre de Babinet est réglé, et l'oculaire, à fort grossissement, muni d'un micromètre. Si l'on place entre les deux objectifs une double fente, on aperçoit des franges d'interférence dans le champ de l'oculaire. Si l'on déplace la double fente perpendiculairement à l'axe de l'objectif, les franges restent fixes, et cette fixité est même un excellent moyen de constater que les fils du réticule sont bien dans le plan focal conjugué de la fente du collimateur. Ces franges sont encore fixes, si l'on interpose un miroir entre la double fente et la lunette, ou encore un prisme dont une face réfléchit, tandis que les deux autres réfractent. (Si l'on opère avec de la lumière blanche, il est bon de prendre comme face réfléchissante la base d'un prisme isocèle, pour que la frange centrale conserve son caractère.)

La légère courbure qui existe toujours dans les faces d'un prisme taillé déplace un peu le foyer, quand l'incidence change ; et pour des expériences précises, on doit construire une table donnant le foyer pour chaque position du prisme. Si l'on argente la face réfléchissante, les franges conservent encore la même fixité quand on déplace transversalement la double fente : mais si l'on désargente une portion de cette face limitée par des lignes parallèles aux franges, on voit que lorsque, par le mouvement donné à la double fente, on vient à faire tomber l'un des pinceaux lumineux sur la partie argentée et l'autre sur la partie nue, les franges se brouillent ou se déplacent ; le phénomène ne devient net qu'en employant de la lumière polarisée dans un des plans principaux ; il est facile alors de mesurer avec le micromètre le déplacement des franges (dans l'un ou l'autre plan de polarisation). La lecture sur le limbe du goniomètre donne, d'un autre côté, l'angle du rayon réfléchi émergent du prisme avec le rayon incident et, par suite, avec une précision exagérée, l'angle réel d'incidence des rayons lumineux sur le miroir (air ou argent). Il est bon de s'assurer que, lorsque les deux faisceaux issus de la fente ont successivement pris les positions suivantes : 1° tous deux sur l'air ; 2° un sur l'air, l'autre sur l'argent ; 3° tous deux sur l'argent, ils sont revenus à leur position primitive. On peut doubler le déplacement apparent des franges, en enlevant sur la face argentée une bande parallèle aux franges et en donnant successivement aux faisceaux issus de la double fente les positions suivantes : 1° les deux sur l'argent ; 2° un sur l'argent, l'autre sur l'air ; 3° les deux sur l'air ; 4° l'un sur l'air, l'autre sur l'argent ; 5° les deux sur l'argent.

L'écart des franges entre les positions (2) et (4) est le double du retard qu'on veut évaluer. (Si l'on veut constater le phénomène sans le mesurer, il suffit de remplacer la fente du collimateur par un trou, et d'amener les faisceaux de la double fente sur une base de prisme désargentée, comme l'indique la figure ci-dessous ; on voit nettement le dépla-

cement relatif des franges de la partie supérieure et de la partie inférieure du champ.)

En employant trois prismes dont l'angle, à la base, est 30°, 60°, 90°, on peut avoir toutes les incidences utiles, c'est-à-dire qui donnent au réfléchi sur l'air une intensité assez grande pour lui permettre d'interférer avec le réfléchi sur l'argent. Parmi toutes ces incidences, un petit nombre seulement est en deçà de la réflexion totale, et pour celles-là même, dès qu'on s'éloigne de quelques degrés, le rayon polarisé dans le plan d'incidence est le seul utilisable. On obtient donc ainsi un petit nombre de valeurs du retard du rayon réfléchi sur le métal, par rapport au rayon ordinairement réfléchi sur l'air, et un plus grand nombre pour le rayon réfléchi totalement ; les formules de Fresnel donnant la différence de phase pour le rayon réfléchi totalement, on peut avoir, par différence, le retard du rayon réfléchi métalliquement sur un rayon qui serait réfléchi sans perte de phase.

On peut encore opérer en mouillant la face argentée dans la partie mise à nu avec des liquides divers, la limite inférieure des incidences utiles s'élève ; la réflexion totale n'arrive que pour des incidences plus élevées et peut être même supprimée ; et, par suite, on peut comparer pour presque toutes les incidences (au moins pour les rayons polarisés dans le plan d'incidence) des rayons réfléchis ordinairement et des rayons réfléchis sur un métal, et même des rayons ayant subi une réflexion totale.

Si, pour un liquide donné ou l'air, on construit une courbe donnant les retards (les incidences étant prises comme abscisse), la courbe obtenue se compose de deux parties se coupant en un point d'arrêt, l'un correspondant aux incidences comprises entre $\frac{\pi}{2}$ et la réflexion totale, l'autre pour les incidences inférieures à celles de la réflexion totale. S'il y avait une surface unique, au point de vue optique, de séparation entre le verre et les différents milieux qui lui sont superposés (air, liquides), les portions de ces courbes devraient se superposer exactement, tandis que l'on observe toujours une petite différence, diminuant quand l'incidence augmente; et cette différence subsiste avec la même loi quand on prolonge par le calcul la courbe dans la région relative aux réflexions totales, au moyen des formules de Fresnel; de sorte qu'au point de vue optique, la surface de séparation du verre et des différents liquides diffère de quelques centièmes de longueur d'onde de la surface de séparation du verre et de l'air. (C'est en faisant ces expériences que l'existence de cette différence s'est révélée, et que j'ai été conduit à la mettre en évidence par des mesures d'anneaux colorés. On peut, du reste, se passer de métal si l'on dispose d'un goniomètre dont l'axe puisse être rendu horizontal; en collant une cuve à liquide derrière la face réfléchissante, on voit les franges se déplacer lorsque les faisceaux issus de la double fente tombent l'un sur l'air, l'autre sur le liquide.)

Cette méthode paraît présenter de grands avantages, comme exactitude, sur celle de M. Quincke (*Pogg. Annalen*, t. CXXXII, p. 561) et qui consiste à observer les franges de diffraction produites sur le bord de l'argenture d'un miroir.

En employant de la lumière blanche, on constate facilement pour de grandes incidences, que la différence de phase tend vers o (quelle que soit la polarisation), quand l'incidence tend vers 90°; on peut alors, par continuité, vérifier que la différence de marche est toujours inférieure à une longueur d'onde; il faut employer de la lumière sensiblement homogène dès que l'on veut obtenir quelque exactitude, surtout lorsqu'on approche de l'angle de réflexion totale.

En comparant les courbes obtenues par l'expérience avec la courbe construite d'après les formules théoriques, on trouve une concordance tout à fait satisfaisante, si l'on donne aux constantes θ et ε des valeurs un peu différentes les unes des autres lorsque le milieu en contact avec le verre change, et comprises d'ailleurs entre les diverses valeurs déduites des expériences de M. Jamin et de M. Quincke pour l'argent; c'est tout ce que l'on peut demander. En effet, ces formules, au moins en ce qui concerne les rayons polarisés dans le plan d'incidence, don-

P.   18

nent les différences de phases des rayons réfléchis considérés sur les surfaces optiques de séparation (verre-argent) et (verre-air ou liquide). Il n'y a aucune raison pour que ces surfaces coïncident et, par suite, il conviendrait d'ajouter aux différences théoriques une expression de la forme $h\cos i$ pour avoir la différence réelle; si les valeurs de θ et ε pouvaient être obtenues avec exactitude, on pourrait s'en servir pour calculer h, mais les méthodes d'observation ne comportent pas une précision assez grande, surtout dans le cas d'une surface métallique déposée sur la face réfléchissante d'un prisme.

Il resterait à examiner maintenant les vérifications relatives à la propagation dans les milieux absorbants eux-mêmes. Toutes celles que j'ai tentées ont échoué, et je n'ai pu arriver à des résultats plus concordants que ceux déjà observés par M. Quincke; les difficultés que je n'ai pu vaincre sont les suivantes : lorsque l'argent est déposé à la surface d'une lame de verre, en lame assez mince pour être transparente, les perturbations, à l'entrée et à la sortie de la lame, sont considérables par rapport à la quantité que l'on veut mesurer (le temps employé par la lumière pour traverser la lame), il faudrait donc pouvoir observer la différence entre les temps nécessaires pour traverser deux lames minces d'épaisseur connue, ou au moins dont la différence d'épaisseur serait connue, c'est-à-dire faire quatre opérations fort délicates pour obtenir la vitesse normale de propagation de la lumière. Encore faut-il que la différence d'épaisseur soit notable pour que la mesure du temps, qui ne peut se faire qu'à $\frac{1}{10}$ de vibration près, à cause de la grande différence d'intensité des rayons interférents, donne une différence de plusieurs dixièmes; l'une des épaisseurs est alors trop forte pour qu'on puisse obtenir des franges; on est, en effet, limité par la condition que la lame d'argent puisse être considérée comme ayant la même constitution qu'un fragment de métal, ce qui est fort hypothétique pour le léger nuage que produit une couche de $\frac{1}{20}$ de longueur d'onde d'épaisseur.

Les couches qui m'ont paru les plus faciles à manier avaient au plus $\frac{1}{5}$ de longueur d'onde d'épaisseur; pour celles-ci, j'ai pu chercher l'influence de l'obliquité sur le déplacement des franges et trouvé constamment : 1° avec la lumière polarisée dans le plan d'incidence un déplacement dans le sens d'une avance de la lumière qui avait traversé l'argent; 2° avec la lumière polarisée dans le plan perpendiculaire, une avance pour les faibles incidences qui se transformait en retard pour les incidences plus fortes, mais l'incidence sous laquelle le déplacement des franges semblait nul est elle-même variable avec l'épaisseur de la couche d'argent. Le seul énoncé de ces résultats prouve que l'on suivrait une mauvaise voie en cherchant ainsi à déterminer l'indice de l'argent ou les vitesses de propagation des ondes diversement orientées; on se les explique du reste facilement, le déplacement des franges étant le résultat d'un phénomène complexe dans lequel entrent la vitesse de propagation et les anomalies apportées par les réfractions; de plus, pour des couches aussi minces, on doit avoir égard aux ondes réfléchies plusieurs fois à l'intérieur de la lame d'argent, qui viennent compliquer les calculs et les phénomènes.

L'expérience montre, du reste, l'existence des anomalies à la surface et l'influence du peu d'épaisseur des lames. Faraday a montré que la lumière polarisée rectilignement est convertie en lumière elliptique par son passage à travers une lame métallique mince. Si l'on mesure, au moyen du compensateur Babinet, l'anomalie introduite entre les deux composantes, on trouve un retard croissant pour la composante polarisée perpendiculairement au plan d'incidence; mais de plus, en opérant sur des lames d'épaisseurs diverses, on trouve des retards qui, pour la même incidence, croissent avec l'épaisseur; ce dernier phénomène, inexplicable si l'on ne tient compte que de la première et de la dernière réfraction, s'explique aisément en faisant intervenir les réflexions multiples, en traitant la lame mince métallique comme on traite les lames minces transparentes dans la théorie dite *complète* des anneaux colorés.

En résumé, une théorie de la lumière fondée sur les hypothèses suivantes : dans tous les corps, l'éther présente les mêmes propriétés que dans le vide; les particules matérielles n'ayant d'autre effet que de gêner ses mouvements, soit seulement par une modification de son inertie (corps transparents idéaux), soit en outre par l'absorption et la transformation en chaleur de sa force vive (corps absorbants et métaux), suffit pour rendre compte de tous les phénomènes se prêtant à des mesures précises, réflexion et réfraction des corps transparents, réflexion sur les métaux, et elle donne le sens général des phénomènes (propagation dans les milieux absorbants) qui ont pu jusqu'ici être soumis à des vérifications de ce genre.

SUR LES CHANGEMENTS DE PHASE

PRODUITS

PAR LA RÉFLEXION MÉTALLIQUE.

Comptes rendus, t. LXXV, 16 septembre 1872, p. 674.

Je me suis proposé d'étudier de quelle manière la réflexion métallique agissait sur la lumière, et particulièrement sur la lumière polarisée dans le plan d'incidence. Les travaux de M. Jamin ayant fait connaître la différence de phase des rayons polarisés dans les deux azimuts principaux, ainsi que les intensités des rayons réfléchis, permettent de déduire de l'altération de la lumière polarisée dans le plan d'incidence l'altération subie par la lumière polarisée dans le plan perpendiculaire. Dans ce but, j'ai employé deux méthodes : la première consiste à étudier les anneaux colorés produits entre une lentille et une plaque métallique ; la seconde, à étudier les interférences de deux faisceaux ayant subi, l'un la réflexion métallique, l'autre la réflexion ordinaire ou totale sur une substance transparente.

Première méthode. — Si la plaque métallique se comportait comme une plaque vitreuse, les diamètres D des anneaux seraient liés à leur numéro d'ordre n par une relation de la forme $D^2 = an - b$; équation dans laquelle b est indépendant de l'incidence, mais est variable, comme je l'ai énoncé dans une autre Note, avec la nature du milieu compris entre la plaque et la lentille, $\dfrac{b}{2R}$ étant l'épaisseur optique de ce milieu au point où elle est la plus faible.

On trouve que b varie avec l'incidence ou que l'épaisseur théorique de la lame mince, calculée par le nombre des anneaux, est variable, ce qui n'est susceptible que d'une interprétation, savoir : il y a altération, variable avec l'incidence, de la phase de la lumière réfléchie ; cette altération, nulle quand l'incidence est rasante, atteint sa valeur maxima pour l'incidence normale. Elle est d'ailleurs variable aussi avec la nature du milieu constituant la lame mince, et d'autant plus prononcée que celui-ci est plus réfringent. Pour l'argent, par exemple, le retard du rayon réfléchi normalement est $\frac{1}{9}$ de phase lorsque la réflexion a lieu dans l'air, de $\frac{1}{6}$ lorsqu'elle a lieu dans une essence d'indice 1,47.

Seconde méthode. — La seconde méthode a donné des résultats identiques. On a placé entre le collimateur et la lunette d'un goniomètre de Babinet un prisme isoscèle dont la base réfléchissait les rayons parallèles issus du collimateur et réfractés une première fois par l'une des faces du prisme, sur l'autre face, et de là dans la lunette.

Cette base était argentée dans toute son étendue, sauf sur un petit rectangle ayant la hauteur du prisme et une largeur de 3ᵐᵐ à 4ᵐᵐ prise au milieu de la base; on interpose dans le trajet du faisceau incident une double fente parallèle à la fente du collimateur et aux arêtes du prisme : la lumière qui éclaire la fente est polarisée avant son entrée dans l'appareil. En donnant à la double fente un mouvement de translation perpendiculaire à la direction des rayons incidents, il est facile de faire en sorte que l'un des faisceaux qui en sort tombe sur la partie argentée, et l'autre sur la partie mise à nu, et de s'arranger ensuite de manière que le faisceau qui tombait dans une première position sur l'argent tombe sur la partie mise à nu, et inversement; à ces deux positions de la double fente correspondent au foyer de la lunette des franges d'interférence qu'on observe avec un puissant oculaire. Le déplacement de ces franges, qu'on mesure au micromètre, donne le double du retard relatif du rayon réfléchi sur l'argent et du rayon réfléchi sur l'air. On voit aisément qu'on peut substituer à l'air un liquide quelconque, et, en variant l'angle du prisme et la nature du liquide, mesurer ces retards dans des conditions très variées, tant pour la réflexion ordinaire que pour la réflexion totale; comparer les retards du faisceau réfléchi par le métal avec des faisceaux réfléchis sous la même incidence par l'air ou un liquide, et vérifier la formule que Fresnel a donnée pour la perte de phase par réflexion totale, formule qui n'a pas encore été, à ma connaissance, l'objet d'une vérification expérimentale.

La concordance des résultats obtenus par les deux méthodes est complètement satisfaisante. Si de plus on désigne par U et u, comme l'a fait Cauchy, deux variables liées aux constantes du métal par les relations

$$U^2 \cos 2u = \theta^2 \cos 2\varepsilon - n^2 \sin^2 i, \qquad U^2 \sin 2u = \theta^2 \sin 2\varepsilon,$$

i étant l'incidence, et n l'indice du milieu (qui a été pour les premières expériences l'air, l'eau et une essence; pour les secondes, un crown ordinaire et un flint d'indice 1,715), la différence de phase δ satisfait à l'équation

$$\tang 2\, n\, \frac{\delta}{\lambda} = \tang 2\,\omega \sin u,$$

avec

$$\tang \omega = n\, \frac{\cos i}{U}$$

(δ étant le *retard* du rayon réfléchi métalliquement et compris entre $\frac{1}{2}$ et 1). Cauchy ayant donné et **M. Jamin** ayant vérifié la formule

$$\tang 2\, n\, \frac{\delta''}{\lambda} = \tang 2\,\omega'' \sin u, \qquad \tang \omega'' = \tang^2 i \tang \omega,$$

il reste, pour la différence de phase ou le retard du rayon réfléchi métalliquement et polarisé dans le plan perpendiculaire au plan d'incidence,

$$\tang 2\, n\, \frac{\delta'}{\lambda} = \tang 2\,\omega' \sin(2\varepsilon - u), \qquad \tang \omega' = \frac{n\, U \cos \iota}{\lambda^2}.$$

(δ' étant compris entre $\frac{1}{2}$ et 1), formule qui se prête également à des vérifications directes, mais moins étendues, à cause de la faible intensité des rayons réfléchis.

Conséquences relatives à la mesure des petites épaisseurs. — L'existence d'un retard produit par la réflexion métallique sous l'incidence normale prouve qu'on ferait une erreur en estimant l'épaisseur d'une couche métallique appliquée sur une lame de verre par la différence des anneaux réfléchis par le métal d'une part, par le verre de l'autre, erreur qui, pour l'argent, atteindrait $\frac{1}{9}$ de la longueur d'onde du jaune, et, par conséquent, ne serait pas négligeable s'il s'agissait de lames transparentes métalliques, dont l'épaisseur n'est jamais qu'une petite fraction de longueur d'onde.

De plus, ce retard dans le rayon réfléchi doit être accompagné d'une altération dans le rayon réfracté; et quand un rayon lumineux traverse normalement une lame mince transparente d'argent, il doit subir deux fois cette altération. Or les calculs qui ont conduit aux formules ci-dessus donnent une avance de $\frac{1}{10}$ de phase, pour ces altérations superficielles dans le cas d'une lame mince d'argent appliquée sur un crown d'indice 1,5; on doit tenir compte de cette action si l'on se propose d'estimer la vitesse de propagation de la lumière dans le métal; faute de prendre cette précaution, on trouve des indices trop faibles, et qui peuvent même être négatifs si la lame est assez mince, ainsi que cela est arrivé à certains expérimentateurs.

Les phénomènes auxquels donnent lieu les métaux présentent ainsi une complication beaucoup plus grande que ceux produits par les matières transparentes, puisqu'il n'existe pas de surface sur laquelle les rayons incident et réfléchi polarisés dans le plan d'incidence soient concordants, mais seulement une surface sur laquelle ces rayons présentent les différences de phase données par la formule ci-dessus; et si l'on applique aux métaux l'hypothèse, proposée pour les corps transparents, de la continuité de constitution de l'éther, cette surface sera à une profondeur plus ou moins grande, suivant la nature du milieu en contact avec le métal. La polarisation elliptique de la lumière réfléchie est due à deux causes : l'une énergique, le pouvoir extincteur du métal; l'autre beaucoup plus faible et dépendant de la nature du milieu dans lequel la réflexion a lieu; aussi trouve-t-on pour les constantes θ et ε d'un même métal déterminées par les méthodes de M. Jamin des valeurs différentes, suivant que la réflexion a lieu dans l'air, l'eau ou un autre liquide.

Cette cause accessoire, qui produit à elle seule la polarisation elliptique dans la réflexion vitreuse, ne peut être séparée expérimentalement de la cause principale, dont elle paraît seulement faire varier l'intensité.

Autres vérifications. — Les lames minces d'oxydes métalliques que l'on produit sur l'acier notamment, en le chauffant au contact de l'air, fournissent un moyen commode de vérifier, sous l'incidence normale pour la lumière naturelle et sous une incidence quelconque pour la lumière polarisée dans le plan d'incidence, l'existence d'une altération dans la phase de la lumière réfléchie, variable avec le milieu dans lequel la réflexion a lieu.

La couleur que présente une semblable lame en un point quelconque dépend en effet non seulement de son épaisseur, mais des différences de phase introduites par les réflexions sur les deux surfaces qui la limitent. Or, en modifiant l'un des milieux entre lesquels se trouve comprise la lame, on modifie son épaisseur optique et la perte de phase due à la réflexion; la couleur de chaque point de la lame devra donc être modifiée, ce que l'expérience montre en effet.

Conséquences relatives à la théorie de la réflexion (¹). — Les expé-

---

(¹) Ces remarques complémentaires, qui ne figurent pas dans la Note des *Comptes rendus de l'Académie des Sciences*, sont empruntées à une Notice écrite par M. Potier en 1891 à l'appui de sa candidature à l'Académie (Note de l'Éditeur).

riences ci-dessus décrites ont été exécutées dans le laboratoire de l'École Polytechnique et répétées devant la Société de Physique en 1872. Elles ont montré que, par le fait de la réflexion, les rayons lumineux éprouvaient un retard dépendant de la polarisation et de l'angle d'incidence, conforme à celui qu'on peut déduire des formules de Cauchy; mais j'ai montré également que ces formules pouvaient se démontrer sans introduire de vibrations longitudinales. Lorsqu'on accepte, en effet, l'hypothèse d'un passage graduel entre les milieux vibrants, on trouve que les équations qui régissent les mouvements de l'éther des deux côtés de la surface de séparation et dans la couche de transition ont en commun tous les termes contenant des dérivées des vibrations par rapport aux coordonnées, et il devient facile de trouver quelles sont les quantités qui ne doivent subir que des variations infiniment petites en passant d'un milieu à l'autre, sans avoir recours à d'autres principes, soit certains, comme celui des forces vives, soit plus ou moins hypothétiques, et d'établir les quatre équations fondamentales de la théorie de la réflexion.

Les quantités discontinues, ou variant très rapidement, sont isolées dans des termes qui ne contiennent pas les dérivées des variables, et n'introduisent aucune difficulté théorique; cette manière de traiter le problème de la réflexion diffère profondément de celles de Fresnel et de Neumann, aussi bien que de celle de Cauchy et même de M. Lorenz ([1]).

Comme résultat essentiel, cette méthode conduit à ce théorème, que, lorsqu'on néglige l'épaisseur de la couche de transition, les quatre quantités ξ, η, $\dfrac{\partial \xi}{\partial z} - \dfrac{d\zeta}{dx}$, $\dfrac{d\eta}{dz} - \dfrac{d\zeta}{dy}$ doivent être continues des deux côtés de la surface de séparation $z = 0$ des deux milieux; ce sont les composantes, parallèles à la surface de séparation, des déplacements et des rotations.

On retrouve ainsi les équations de Fresnel.

([1]) *Poggendorff's Annalen*, t. CXI, p. 46o.

SUR LA

MESURE DIRECTE DU RETARD

QUI SE PRODUIT PAR LA

RÉFLEXION DES ONDES LUMINEUSES.

Comptes rendus, t. CVIII, 13 mai 1889, p. 995.

Lorsqu'on examine au spectroscope la lumière réfléchie par une lame mince transparente d'épaisseur e, on observe que le spectre est sillonné de bandes noires ou cannelures; celles-ci correspondent aux radiations qui sont détruites par l'interférence due aux réflexions sur les deux faces de la lame, c'est-à-dire à celles dont la longueur d'onde est une partie aliquote de la double épaisseur $2e$ de la lame, dans le cas où les deux faces de la lame sont en contact avec le même milieu; de sorte que le nombre des cannelures vues dans le spectre entre deux raies déterminées du spectre solaire est donné par la formule

$$N = 2e\left(\frac{1}{\lambda_a} - \frac{1}{\lambda'_a}\right),$$

si λ_a et λ'_a sont les longueurs d'onde, dans la lame, des radiations correspondant à ces raies.

La même règle s'applique encore quand les deux faces de la lame sont en contact avec des milieux *transparents* différents quelconques; mais elle n'est plus applicable si l'une des faces est argentée ou recouverte d'une substance douée d'un pouvoir absorbant énergique, comme la fuchsine. Si l'on fait tomber, en effet, normalement sur une lame de verre mince, dont la face *postérieure* est partiellement recouverte de fuchsine, un faisceau de lumière, et qu'on projette sur la fente d'un spectroscope une image de lame mince, de manière que la fente reçoive dans sa partie inférieure la lumière réfléchie par la fuchsine, et dans sa partie supérieure la lumière réfléchie par l'air, le spectre observé est divisé en deux portions, inégalement brillantes, séparées par une ligne horizontale.

Les cannelures, normales à cette ligne de séparation, ne sont pas sur le prolongement les unes des autres dans les deux parties du champ, et de plus leur rejet varie suivant la région du spectre examinée.

Dans la région violette, ce rejet est nul : les cannelures dans les deux spectres correspondent aux mêmes radiations, et il en est encore ainsi dans le spectre ultra-violet, ainsi qu'on peut le reconnaître sur des photographies qui ont été étendues jusque vers la raie U du spectre solaire; dans le spectre visible, les cannelures observées dans la partie du spectre correspondant à la fuchsine sont en retard sur celles de l'autre spectre; et le rejet croît d'une manière continue depuis le violet jusqu'au rouge, où il atteint la moitié de l'intervalle de deux cannelures; les cannelures sur la fuchsine sont toujours rejetées du côté du violet, de sorte que leur nombre dans le spectre visible tout entier est supérieur d'une demi-unité aux nombres des cannelures que produit la lame dans l'air. L'interprétation de ce phénomène est évidente : les rayons réfléchis par la fuchsine sont en retard sur les rayons réfléchis par l'air, et ce retard varie de zéro pour les rayons violets à une demi-période pour les rayons rouges. En opérant avec une lame assez mince de crown, j'ai trouvé, pour ces retards exprimés en fraction de période :

Raies

D.	E.	b.	F.	G.
0,41	0,30	0,25	0,18	0

On se procure facilement des lames de mica plus minces; en polarisant la lumière dans le plan de la section principale, on évite la complication produite par la double réfraction du mica; les résultats sont les mêmes, dans leur ensemble, mais les valeurs du retard sont un peu plus faibles.

Mais, si l'on emploie une lame mince d'un indice plus élevé, les variations du retard avec la longueur d'onde suivent une autre loi, ce qui pouvait être prévu, d'après les recherches de MM. Lundquist, Christianssen et E. Wiedemann, sur l'indice de réfraction de la fuchsine; la réflexion, qui change de signe avec une lame de crown dont l'indice est intermédiaire entre ceux de la fuchsine pour le rouge et le violet, doit se trouver de même signe aux deux extrémités du spectre pour une lame de flint très réfringent (indice 1,96), dont l'indice est supérieur pour ces deux couleurs à celui de la fuchsine; en répétant, en effet, les mêmes expériences sur une lame très mince, on voit le retard croître depuis le violet jusque dans le vert, où il atteint $0,34$, le maximum étant situé à égale distance entre les raies D et E; il décroît ensuite pour retomber à zéro dans le voisinage de la raie C.

L'allure de ces retards est bien conforme à celle que l'on déduit de la relation

$$\tan 2\pi\varphi = \frac{2 n_0 g}{n^2 + g^2 - n_0^2},$$

qui lie le retard φ à l'indice n_0 du milieu transparent dans lequel a lieu la réflexion, à l'indice n du milieu opaque réfléchissant, et au coefficient d'extinction g, défini comme le dénominateur de la fraction de longueur d'onde que la lumière doit franchir dans ce milieu pour que l'intensité lumineuse soit réduite dans le rapport de $e^{4\pi}$ ou $268\,000$ à l'unité.

On déduirait de là, par comparaison avec les indices mesurés, des valeurs de g supérieures à l'unité pour les rayons verts; et cet énorme pouvoir extincteur, comparable à celui des métaux, peut encore se mettre en évidence en étudiant la lumière transmise par une couche mince de fuchsine, appliquée sur une lame de verre; à cause de la transparence de la substance pour les rayons rouges, on peut appliquer sans crainte d'erreur les méthodes ordinaires à la détermination de l'épaisseur de la couche, en observant en lumière rouge les anneaux produits entre la lame en partie recouverte de fuchsine et une autre lame plane; on vérifie ainsi qu'une couche, dont l'épaisseur est de l'ordre des centièmes de longueur d'onde, absorbe et réfléchit énergiquement les rayons jaunes et verts.

En résumé, ces expériences, applicables à toutes les substances susceptibles de former sur une lame mince transparente un enduit adhérent, constituent une méthode permettant la mesure directe du retard qui se produit par la réflexion des ondes lumineuses sur leur surface.

Les méthodes usitées jusqu'ici ne fournissent que la différence de marche qu'éprouvent les deux composantes vibratoires parallèle et perpendiculaire au plan d'incidence.

REMARQUES

SUR

L'EXPÉRIENCE DE M. O. WIENER (¹).

Comptes rendus, t. CXII, 16 février 1891, p. 383.

On possède en Acoustique deux moyens d'étudier les ondes dites *stationnaires,* résultat de la superposition des ondes directes et réfléchies : la membrane de Savart, qui reste immobile aux nœuds, et la capsule manométrique de Kœnig dont la flamme reste invariable aux ventres. En Optique, on ignore *a priori* auquel des deux appareils on peut assimiler la rétine, ou une plaque sensible; la méthode expérimentale de M. Wiener donne à ce sujet une indication. Toutes les théories de la réflexion sont en effet d'accord sur ce point : sous l'incidence normale, il y a continuité entre les vibrations incidente, réfléchie et réfractée; la dernière est la somme des deux premières. Si une substance réfléchissante, opaque, a un pouvoir réflecteur égal à l'unité, l'énergie absorbée par elle est nulle; il semble permis d'en conclure que le mouvement réfracté est nul aussi : les vibrations incidente et réfractée sont donc égales et de signe contraire, et rigoureusement discordantes sur la surface réfléchissante. Un milieu doué de ce pouvoir réflecteur n'existe pas, mais il paraît légitime d'admettre que les métaux, et l'argent en particulier, doivent présenter des propriétés de plus en plus voisines de celles de ce milieu idéal, à mesure que leur pouvoir réflecteur croît. Pour l'argent, la surface réfléchissante elle-même et tous les plans situés à une distance $\frac{\lambda}{2}$ de celle-ci sont donc à très peu près des plans nodaux. M. Wiener a trouvé que la mince pellicule de collodion, qu'il

---

(¹) Remarques faites à l'occasion d'une Communication de M. Poincaré sur cette expérience (*Comptes rendus,* t. CXII, p. 383).

emploie d'une manière si ingénieuse pour explorer le voisinage de la surface réfléchissante, n'est pas altérée, précisément sur les lignes où elle est rencontrée par ces plans nodaux; on peut donc conclure que la plaque sensible ne subit d'action qu'aux points où la vibration stationnaire a une amplitude notable; l'expérience devrait donner un résultat contraire si ce que M. Poincaré nomme l'*énergie potentielle localisée* (dans le cas actuel, une quantité proportionnelle au carré de la dérivée de l'amplitude suivant la normale à la surface réfléchissante) déterminait l'action photographique.

Ce point est capital, car, si l'on refusait de l'admettre, pour supposer que la plaque sensible subit l'impression maximum aux nœuds, les expériences de M. Wiener sous l'incidence de 45° amèneraient à la conclusion, contraire à celle de Fresnel, que la vibration est dans le plan de polarisation; l'expérience sous l'incidence normale prouverait que la surface réfléchissante du verre est un ventre, comme l'exige la théorie de Neumann; on pourrait en effet résumer ces remarquables expériences en disant que la vibration doit être perpendiculaire ou parallèle au plan de polarisation, suivant que cette surface est un nœud ou un ventre et, à ce titre, comme M. Poincaré l'a fait remarquer, elles pourraient être considérées comme confirmant l'une ou l'autre théorie.

Dans son Traité sur la *Théorie mathématique de la lumière,* M. Poincaré [1] a insisté déjà sur la difficulté et même l'impossibilité de choisir entre les deux hypothèses de Fresnel et de Neumann sur la direction de la vibration de la lumière polarisée; d'après ce savant, les équations différentielles qui traduisent les propriétés attribuées à l'éther étant linéaires et à coefficients constants sont satisfaites aussi bien par les valeurs ξ, η, ζ, attribuées aux déplacements, que par les binomes $\xi'_y - \eta'_x$, ..., qu'on en déduit par différentiation, et aucun phénomène ne devrait permettre de distinguer si l'on a affaire à la vibration même ou à la quantité dirigée dont ces binomes sont les composantes. Ce raisonnement, inattaquable quand on étudie un milieu indéfini, cesse de l'être quand on étudie un milieu limité, ce qui oblige à introduire des conditions à la surface, comme dans les théories de la réflexion ou de la réfraction; suivant les conditions choisies, on est amené à placer ou le déplacement lui-même ou la quantité dirigée définie ci-dessus dans le plan de polarisation, pour satisfaire à l'expérience. Mais ces conditions ne peuvent être absolument arbitraires quand on veut constituer une théorie mécanique de la réflexion, en particulier pour une surface

---

[1] Poincaré, *Théorie mathématique de la lumière.* Conclusions, p. 398.

douée d'un pouvoir réflecteur très voisin de l'unité, cas que je vais examiner spécialement.

La vibration incidente, d'amplitude égale à l'unité, tombant sur la surface métallique $z = 0$, y produit un mouvement dont l'amplitude décroît avec la profondeur, et représenté par une formule

$$A e^{kz} \sin 2\pi \left(\frac{t}{\tau} - \varphi_1 \right),$$

tandis que le mouvement incident est représenté par $\sin 2\pi \frac{t}{\tau}$ et le mouvement réfléchi par $\sin 2\pi \left(\frac{t}{\tau} - \varphi_2 \right)$; l'absence de z, sous le signe sin dans le mouvement réfracté, est nécessaire pour qu'il n'y ait pas d'énergie *transmise* dans le métal et que l'intensité réfléchie soit égale à l'intensité incidente. La continuité des deux côtés de la surface, qui est la condition commune à toutes les théories, donne $\varphi_2 = 2\varphi_1$ et $A = \cos \pi \varphi_1$; mais, si A existe, on ne pourrait s'expliquer comment il n'y aurait pas d'énergie *absorbée* par le métal, qu'on considère comme un frein agissant sur le mouvement de l'éther; il faut donc que A soit nul, $\varphi_1 = \frac{1}{4}$ et $\varphi_2 = \frac{1}{2}$, ce que j'ai admis.

On arrive au même résultat, si l'on veut exprimer, comme Cauchy, que la dérivée des déplacements par rapport à z est continue; on tire en effet de cette considération la condition $\frac{\lambda k}{2n} = \operatorname{tang} \pi \varphi_1$; or, pour les métaux doués d'un grand pouvoir réflecteur, tels que l'argent, on sait que l'absorption exercée par une couche dont l'épaisseur n'est qu'une fraction de longueur d'onde est considérable, c'est-à-dire que φ_1, pour ces métaux réels, est très voisine de $\frac{1}{4}$.

Il ne semble donc pas exister d'explication mécanique satisfaisante du grand pouvoir réflecteur de l'argent en dehors des deux hypothèses de A très petit, et d'une différence de phase voisine de 180°, conditions que j'ai supposées remplies au début de cette Note.

SUR LE PRINCIPE D'HUYGENS.

Comptes rendus, t. CXII, n° 4, 26 janvier 1891, p. 220.

Poisson [1] a donné le moyen de déduire l'état d'un milieu dans lequel se propage un ébranlement, de son état à une époque antérieure ; il a montré que l'ébranlement d'un point, à l'époque t, dépend uniquement de l'état, à l'époque choisie comme origine, d'une couche sphérique infiniment mince décrite de ce point comme origine avec un rayon Vt.

Von Helmholtz [2], Kirchhoff [3], M. Poincaré [4] ont donné le moyen, dans le cas des mouvements *périodiques* seulement, de déduire l'état vibratoire d'un point, de celui d'une couche infiniment mince, de forme quelconque, qui l'entoure complètement. Les deux théorèmes sont des solutions particulières du problème que soulève l'énoncé du principe d'Huygens : Rechercher comment doivent être distribuées sur une surface enveloppant les centres d'ébranlement, les sources fictives qui leur sont équivalentes pour les points extérieurs à cette surface, ainsi que la nature du mouvement produit par chacune de ces sources.

Une solution plus générale paraît utile; la considération des ondes isolées, ou d'ébranlements non périodiques, est d'un usage constant dans l'étude de la propagation, et cependant, depuis Fresnel, on a toujours entouré de réserves, peut-être non justifiées, l'emploi du principe d'Huygens à ces ondes, et considéré comme difficile d'expliquer le repos absolu auquel le milieu doit arriver après le passage de l'onde. Huygens déclare lui-même qu'à ce point de vue son principe ne doit pas être examiné *avec trop de soin, ni de subtilité* [5].

Cette solution repose sur un théorème dont voici l'énoncé : Soient une

[1] Poisson, *Mémoires de l'Académie des Sciences,* 1818.
[2] Von Helmholtz, *Journal für reine u. angewandte Mathematik,* Bd. LVII (1859).
[3] Kirchhoff, *Sitzungsberichte (Académie des Sciences de Berlin,* 1882).
[4] Poincaré, *Théorie mathématique de la lumière* (1889).
[5] Voir notamment Mascart, *Traité d'Optique,* Chap. I (1889).

surface quelconque Σ, deux points A et B, r et ρ les distances de ces deux points à un élément $d\sigma$ de la surface, dn un élément de la normale à cette surface, F une fonction de $(r + \rho)$ ne devenant infinie pour aucune valeur de la variable, l'expression

$$(\mathrm{1}) \qquad \int \frac{d\sigma}{r\rho}\left[\left(\frac{\mathrm{F}}{r} - \mathrm{F}'\right)\frac{\partial r}{\partial n} - \left(\frac{\mathrm{F}}{\rho} - \mathrm{F}'\right)\frac{\partial \rho}{dn}\right] = 0 \qquad \text{ou} \qquad 4\pi\frac{\mathrm{F(R)}}{\mathrm{R}},$$

R désignant la distance AB, suivant que les deux points A et B sont du même côté de la surface Σ, ou sont séparés par elle.

Pour le vérifier, il suffit de remplacer les produits

$$d\sigma\frac{\partial r}{\partial n} \quad \text{et} \quad d\sigma\frac{\partial \rho}{\partial n}$$

par leurs valeurs

$$dy\,dz\frac{\partial r}{\partial n} + dx\,dz\frac{\partial r}{\partial y} + dx\,dy\frac{\partial r}{\partial n}, \quad dy\,dz\frac{\partial \rho}{\partial x} + \dots$$

L'intégrale (1) prend la forme

$$(\mathrm{2}) \qquad \int \mathrm{P}\,dy\,dz + \mathrm{Q}\,dx\,dz + \mathrm{R}\,dx\,dy,$$

où P, Q, R sont les valeurs que prennent, au point considéré de la surface Σ, des fonctions qui satisfont à la condition

$$\frac{\partial \mathrm{P}}{\partial x} + \frac{\partial \mathrm{Q}}{\partial y} + \frac{\partial \mathrm{R}}{\partial z} = 0,$$

dans tout l'espace excepté au point A et B; or on a toujours

$$\int \mathrm{P}\,dy\,dz + \mathrm{Q}\,dx\,dz + \mathrm{R}\,dx\,dy = \int\left(\frac{\partial \mathrm{P}}{\partial x} + \frac{\partial \mathrm{Q}}{\partial y} + \frac{\partial \mathrm{R}}{\partial z}\right)d\varpi,$$

si $d\varpi$ est un élément du volume limité par la surface à laquelle s'étend la première intégrale.

En étendant l'intégration dans le premier cas à tout l'espace situé du côté de la surface Σ qui ne renferme ni A, ni B, dans le second à l'espace situé du même côté que B, sauf une sphère infiniment petite décrite autour de ce point, on vérifie l'identité annoncée.

La relation (1) peut être différentiée, soit par rapport aux coordonnées x_1, y_1, z_1 du point A, soit par rapport à celles x_2, y_2, z_2 du point B; on obtient alors deux nouvelles identités qui permettent de représenter une fonction de la forme

$$(3) \qquad \frac{\partial}{\partial x^\alpha \, \partial y^\beta \, \partial z^\gamma} \frac{\mathrm{F}(\mathrm{R})}{\mathrm{R}}$$

par des intégrales étendues à tous les éléments de la surface Σ. Dans le premier cas, ρ et $\dfrac{\partial \rho}{\partial n}$ restent variables, et l'on écrira symboliquement

$$(4) \qquad \int \left\{ \frac{1}{\rho} \frac{\partial}{\partial x_1^\alpha \, \partial y_1^\beta \, \partial z_1^\gamma} \left[\frac{\partial}{\partial r} \frac{\mathrm{F}(r+\rho)}{r} \right] \left(\frac{\partial r}{\partial n} \right) \right.$$
$$\left. - \frac{\partial \rho}{\partial n} \frac{\partial}{\partial \rho} \frac{1}{\rho} \frac{\partial}{\partial x_1^\alpha \, \partial y_1^\beta \, \partial z_1^\gamma} \frac{\mathrm{F}(r+\rho)}{r} \right\} d\sigma,$$

et dans le second

$$(5) \qquad \int \left\{ \frac{\partial r}{\partial n} \frac{\partial}{\partial r} \frac{1}{r} \frac{\partial}{\partial x_2^\alpha \, \partial y_2^\beta \, \partial z_2^\gamma} \frac{\mathrm{F}(r+\rho)}{\rho} \right.$$
$$\left. - \frac{1}{r} \frac{\partial}{\partial x_2^\alpha \, \partial y_2^\beta \, \partial z_2^\gamma} \frac{\partial \rho}{\partial} \left[\frac{\mathrm{F}(r+\rho)}{\rho} \right] \left(\frac{\partial \rho}{\partial n} \right) \right\} d\sigma.$$

Ceci posé, si l'on suppose que le point A est un centre d'ébranlement, dans un milieu où la vitesse de propagation est V, l'expression

$$(6) \qquad \frac{d^{\alpha+\beta+\gamma}}{\partial x^\alpha \, dy^\beta \, \partial z^\gamma} \frac{\varphi(\mathrm{R} + \mathrm{V}t)}{\mathrm{R}}$$

est la forme des composantes du déplacement pour un type [1] particulier d'ébranlement simple; la forme la plus générale est la somme de termes analogues, différant par les valeurs de α, β, γ; en substituant dans les identités (4) et (5) $\varphi(r+\rho-\mathrm{V}t)$ à $\mathrm{F}(r+\rho)$, on aura deux manières de représenter l'ébranlement reçu au point B, en le considérant comme résultat de la superposition d'ébranlements ayant comme centres les éléments de la surface Σ, centres fictifs dont les mouvements seraient en retard du temps $\dfrac{r}{\mathrm{V}}$ sur le mouvement du centre A. En adoptant la forme (4), l'ébranlement au point B résultera d'ébranlements du premier et du second type seulement; en prenant pour surface Σ une sphère enveloppant le point B, et de rayon ρ, on voit que le mouvement du point B ne dépend que de la valeur du déplacement et de sa vitesse, sur cette sphère, à l'époque $t - \dfrac{\rho}{\mathrm{V}}$, et l'on retrouve après quelques transformations simples la solution de Poisson.

-----

[1] Un ébranlement sera dit d'ordre p, quand la somme des exposants $\alpha + \beta + \gamma = p$.

P.

En supposant la surface Σ quelconque et la fonction F sinusoïdale, on retrouve les formules données par Helmholtz et Kirchhoff dans ce cas particulier. La seconde forme (5) est plus expressive, chacun des centres fictifs produisant deux ébranlements, l'un de même ordre que l'ébranlement primitif, l'autre d'un ordre plus élevé d'une unité ; elle paraît moins commode pour les calculs.

On pourrait encore prendre pour $F(R)$ la forme plus générale

$$(7) \qquad \frac{e^{-\kappa R}}{R}\, \varphi(R - Vt);$$

les formules (4) et (5), et, par conséquent, le principe d'Huygens dont elles sont l'expression analytique, subsisteraient toujours. On peut donc l'appliquer, sans aucune restriction relative à la forme de la fonction φ, à un milieu isotrope, absorbant, mais sans dispersion. Si le milieu est doué de dispersion, il ne s'applique qu'aux mouvements ayant une vitesse de propagation bien déterminée, tels que les mouvements de forme sinusoïdale.

Les formes (4) et (5) ne sont pas les seules que l'on puisse employer pour représenter

$$4\pi\, \frac{\partial^{\alpha+\beta+\gamma}}{\partial x^{\alpha}\, \partial y^{\beta}\, \partial z^{\gamma}}\, e^{-\kappa R}\frac{\varphi(R - Vt)}{R};$$

on a, en effet,

$$\frac{\partial}{\partial x_1} = -\frac{\partial}{\partial x_2}, \qquad \frac{\partial}{\partial y_1} = -\frac{\partial}{\partial y_2}, \qquad \frac{\partial}{\partial z_1} = -\frac{\partial}{\partial z_2}.$$

On pourra donc déduire cette valeur de celle de (6) par des différentiations portant indifféremment sur les coordonnées du point A ou du point B.

Il n'est peut-être pas inutile de rappeler que lorsque la fonction φ est périodique et de longueur d'onde négligeable par rapport à r et ρ, les expressions (4) et (5) se simplifient notablement ; en désignant par λ, μ, ν, λ_1, μ_1, ν_1, les cosinus directeurs des distances r et ρ, et par ψ et ψ_1 les angles de ces lignes, comptées dans la direction de la propagation, avec la normale à la surface Σ, et enfin par Λ, M, N les cosinus directeurs de R, l'expression (4) devient

$$\frac{1}{V}\, \frac{\partial^{p+1}}{\partial t^{p+1}} \int \frac{1}{r\rho}\, \lambda^{\alpha}\mu^{\beta}\nu^{\gamma}\varphi(r + \rho - Vt)\,(\cos\psi + \cos\psi_1)\, d\sigma$$

$$= 4\pi\, \Lambda^{\alpha}M^{\beta}N^{\gamma}\, \frac{\partial^{p}}{\partial t^{p}}\, \frac{\varphi(R - Vt)}{R},$$

et l'expression (5) prend une forme semblable où entrent λ_1, μ_1, ν_1. Il résulte de là que le déplacement en B à l'époque t est complètement déterminé par les vitesses seules, en chacun des points de la surface Σ à l'époque $t - \dfrac{\rho}{V}$, tandis que dans le cas général les vitesses et les déplacements interviennent à la fois.

CONSÉQUENCES DE LA FORMULE DE FRESNEL

RELATIVE A

L'ENTRAINEMENT DE L'ÉTHER

PAR LES MILIEUX TRANSPARENTS.

Journal de Physique, t. III, 1874, p. 201.

On connaît l'importante expérience par laquelle **M.** Fizeau a démontré l'exactitude de l'hypothèse de Fresnel relative à l'entraînement des ondes lumineuses par la matière pondérable. Tout se passe comme si l'éther, au lieu d'être entraîné par les corps transparents avec la vitesse u [1], était entraîné seulement avec la vitesse $u\left(1 - \dfrac{1}{n^2}\right)$, n étant l'indice du corps; de sorte que, si v est la vitesse de propagation dans le corps en repos, $v + u\left(1 - \dfrac{1}{n^2}\right)$ est la vitesse dans le corps en mouvement.

Si, au lieu de considérer la vitesse absolue de propagation, on cherche la valeur de cette vitesse par rapport au corps lui-même, il faut retrancher u de cette vitesse absolue, ce qui donne $v - \dfrac{u}{n^2}$ pour la vitesse relative, ou $\dfrac{l}{v - \dfrac{u}{n^2}}$ pour le temps que met la lumière à traverser l'épaisseur l du corps. En négligeant les quantités de l'ordre $\left(\dfrac{u}{v}\right)^2$, ce temps peut encore s'écrire $\dfrac{l}{v} + \dfrac{lu}{n^2 v^2}$, ou $\dfrac{l}{v} + \dfrac{lu}{V^2}$; c'est-à-dire que, si un corps se meut, le temps que met la lumière à parcourir la distance l de deux points A et B appartenant à ce corps est augmenté de $\dfrac{lu}{V^2}$ par le fait du mouve-

---

[1] u est la composante, suivant le rayon, de la vitesse des corps.

ment, u étant la composante de la vitesse du corps suivant la droite AB, V étant la vitesse de propagation de la lumière dans le vide.

Sous cette forme, la formule de Fresnel, débarrassée de l'indice du corps transparent, devient indépendante de la dispersion, et même de la double réfraction, et conduit immédiatement à une conséquence importante que M. Veltmann a le premier, je crois, fait ressortir ([1]), et qui est la suivante : le mouvement d'un système de corps n'a aucune influence sur les phénomènes d'interférence, si la source et l'observateur sont entraînés dans le même mouvement.

Avant d'établir théoriquement cette proposition, je crois utile de montrer d'abord comment l'énoncé modifié de la formule de Fresnel conduit immédiatement aux lois de la réflexion et de la réfraction des rayons apparents.

On sait que, dans la théorie des ondulations, un rayon lumineux est défini par cette condition que le temps mis par la lumière à se propager d'un point à l'autre de ce rayon soit un minimum. Verdet a particulièrement insisté sur ce point ([2]). Cette définition est indépendante de la nature de la surface d'onde et des réflexions et réfractions subies par la lumière.

Soit ABCDEF (*fig.* 1) la trajectoire d'un rayon lumineux qui a subi en BCDE des réflexions ou réfractions dans des milieux au repos; le temps mis par la lumière pour accomplir ce trajet est moindre que le

Fig. 1.

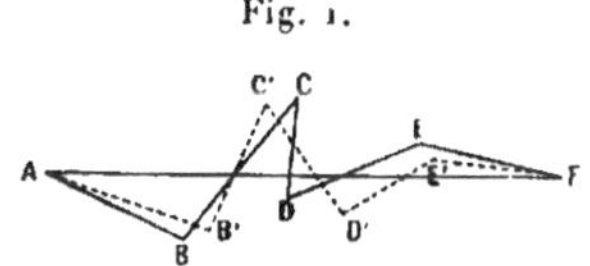

temps demandé par un trajet infiniment voisin quelconque AB′ C′ D′ E′ F ayant mêmes extremités.

Supposons maintenant qu'un mouvement commun de vitesse soit imprimé à tout le système; désignons par l, l', l'' les différentes sections AB, BC, etc. du trajet; par φ, φ', φ'' les angles de leurs directions, avec la vitesse u. D'après ce qui a été dit plus haut, la durée de chacun de ces trajets est augmentée de $\dfrac{l u \cos\varphi}{V^2}$, $\dfrac{l' u \cos\varphi'}{V^2}$, $\ldots$; de sorte que la durée

---

([1]) *Astronomische Nachrichten*, Bd. LXXV et LXXVI; *Poggendorff's Annalen*, Bd. CL, p. 497.

([2]) Voir *Cours de Physique de l'École Polytechnique*.

totale est augmentée de $\frac{u}{V^2}$ ($l\cos\varphi + l'\cos\varphi' \ldots$). La quantité entre parenthèses n'est autre chose que la projection de AF sur la direction de la vitesse u; si L désigne cette projection, la durée totale est augmentée de $\frac{Lu}{V^2}$. Il est évident d'ailleurs que la durée du trajet AB'C'D'E'F est augmentée exactement de la même quantité; par suite, si le trajet ABCDEF est celui de durée minima au repos, il est également celui de durée minima pendant le mouvement, et la marche du rayon lumineux par rapport aux corps qui participent à ce mouvement n'est pas altérée par la vitesse de celui-ci.

La proposition de M. Veltmann est maintenant facile à démontrer. Quels que soient les chemins suivis par la lumière pour aller de A en F, l'effet du mouvement est d'augmenter la durée des trajets de la même quantité $\frac{Lu}{V^2}$; les différences de phase de deux rayons qui auraient suivi deux trajets différents seront donc inaltérés.

Les expériences par lesquelles M. Mascart ([1]) a montré que les déviations des réseaux, les interférences de l'onde ordinaire et de l'onde extraordinaire d'un spath, la rotation du plan de polarisation par un quartz étaient indépendantes de la direction des rayons lumineux par rapport au mouvement de la Terre, sont des vérifications très délicates de ces propositions.

L'expérience d'Arago, qui a montré que la déviation apparente, par un prisme, des rayons émanés d'une étoile était également indépendante de la direction du mouvement de la Terre rentre dans la première proposition; car il est indifférent de considérer l'étoile, source de lumière, comme fixe, ou bien comme liée au système du prisme et de l'observateur, et dans la direction des rayons apparents que ce dernier reçoit. La même explication s'applique encore à l'égalité, démontrée par de récentes expériences de Greenwich, de l'aberration dans une lunette pleine d'eau, ou pleine d'air; dans les deux cas, les variations de position de l'image de l'étoile sont uniquement déterminées par les variations des rayons apparents qu'elle envoie à la Terre.

Tant que l'on suppose la vitesse des corps pondérables petite par rapport à la vitesse de la lumière, la formule de Fresnel et l'énoncé modifié conduisent aux mêmes résultats numériques, à condition, toutefois, qu'on donne à n dans la formule de Fresnel la valeur correspondant

---

([1]) *Annales de l'École Normale supérieure*, 2ᵉ série, t. I.

à la couleur de la lumière qu'on étudie, et spéciale au rayon choisi si l'on opère sur des milieux biréfringents; c'est en faisant intervenir des considérations étrangères ([1]) que M. Mascart a conclu de cette formule que « les phénomènes d'interférence produits par une lame de spath doivent être altérés de $\frac{1}{24000}$ suivant que la lumière marchait dans le sens ou en sens contraire du mouvement de translation de la Terre ».

On a vu plus haut que cette altération devait être nulle, et l'expérience a montré que, si elle existait, elle était inférieure à $\frac{1}{1000000}$.

Il n'en serait plus de même si la vitesse générale du système solaire était comparable à la vitesse de la lumière; les termes de l'ordre $\frac{u^2}{v^2}$ cesseraient d'être négligeables, et le deuxième énoncé seul donnerait rigoureusement l'explication des phénomènes observés.

La loi de Fresnel, exacte pour les petites vitesses, peut donc être complétée par cet énoncé purement empirique : le temps que met la lumière pour se propager d'un point à un autre d'un corps en mouvement est augmenté par ce mouvement d'une quantité indépendante de l'indice de ce corps et égale à $\frac{l\,u}{V^2}$, l étant la distance des deux points, u la composante de la vitesse du corps suivant la direction des rayons lumineux, et V la vitesse de propagation de la lumière dans le vide.

([1]) *Annales de l'École Normale supérieure*, 2ᵉ série, t. I, p. 192.

DE

L'ENTRAINEMENT DES ONDES LUMINEUSES

PAR LA

MATIÈRE PONDÉRABLE EN MOUVEMENT.

Journal de Physique, t. V, 1876, p. 105.

La démonstration qu'on donne généralement de la formule de Fresnel relative à l'entraînement des ondes par la matière pondérable en mouvement, est empruntée à **M.** Eisenlohr; je la rappellerai brièvement. Si ρ est la densité de l'éther libre, ρ' celle de l'éther condensé faisant corps avec la matière et entraîné avec elle, si, de plus, v est la vitesse de la matière en mouvement, il passe par unité de surface d'un plan pendant l'unité de temps, une quantité d'éther dont la masse est $\rho' v$; cette quantité est celle qui passerait au travers de la même surface, si tout l'éther, de densité $\rho + \rho'$, se transportait dans le même sens avec la vitesse $\dfrac{v\rho'}{\rho + \rho'}$, et c'est cette vitesse fictive que **M.** Eisenlohr prend comme vitesse d'entraînement des ondes lumineuses, sans qu'on saisisse bien pourquoi. La démonstration que je propose me paraît plus concluante; elle a l'avantage de relier la proposition de Fresnel au reste de la théorie de la lumière, et notamment à la théorie de la réflexion. Elle repose sur cette hypothèse que l'élasticité est la même dans l'éther mixte des milieux transparents que dans l'éther du vide, ou plus exactement, que dans les milieux transparents l'éther libre est élastique, seul, l'éther condensé étant un fardeau inerte que l'éther libre entraîne dans ses mouvements, idée plusieurs fois exprimée par Fresnel.

Supposons d'abord qu'un mouvement vibratoire, de période T, de longueur d'onde λ, se propage dans l'éther libre; à chaque instant et en chaque point la force élastique F, appliquée à l'unité de masse, doit être égale au produit de la densité ρ par l'accélération; celle-ci est d'ailleurs, puisque le mouvement est périodique et pendulaire, égale à $\dfrac{4\pi^2}{T^2}\,u$, u étant le déplacement; on a donc l'équation fondamentale $F = \dfrac{4\pi^2}{T^2}\,\rho u$, qu'on peut encore écrire $\dfrac{F\lambda^2}{4\pi^2} = \rho V^2 u$, en introduisant la vitesse V de propagation au moyen de l'équation $\lambda = VT$.

Imaginons maintenant que, dans cet éther libre, soit disséminé avec une parfaite régularité un éther condensé de densité ρ', qui est entraîné par l'éther libre sans que les déplacements qu'il éprouve engendrent des forces élastiques, et étudions la propagations d'une onde de même amplitude et de même longueur. En chaque point et à chaque instant, u et F seront les mêmes que précédemment; mais nous devrons ajouter au second membre de l'équation fondamentale un terme $\dfrac{4\pi^2}{T'^2}\,\rho' u$, provenant de l'inertie de l'éther condensé; par suite, si T' désigne la période de ce mouvement et V' sa vitesse de propagation, nous aurons

$$F = \frac{4\pi^2}{T'^2}\,(\rho + \rho') \qquad \text{et} \qquad \frac{F\lambda^2}{4\pi^2 u} = (\rho + \rho')\,V'^2,$$

d'où encore

$$(\rho + \rho')\,V'^2 = \rho V^2,$$

relation bien connue entre les vitesses de propagation et les densités.

Étudions maintenant ce qui arriverait si l'éther condensé se mouvait avec une vitesse v dans le sens de la propagation des ondes. Soit V_1 la vitesse de propagation d'un mouvement vibratoire de même amplitude et de même longueur d'onde : $V_1 - v$ sera la vitesse de propagation par rapport à l'éther condensé; la période sera donc $\dfrac{\lambda}{V_1}$ pour l'éther libre, et $\dfrac{\lambda}{V_1 - v}$ pour l'éther condensé. En égalant encore la force F à la somme des forces d'inertie, nous aurons

$$F = \frac{4\pi^2}{\lambda^2}\,\rho V_1^2 u + \frac{4\pi^2}{\lambda^2}\,\rho'(V_1 - v)^2 u \qquad \text{ou} \qquad \frac{F\lambda^2}{4\pi^2 u} = \rho V_1^2 + \rho'(V_1 - v)^2,$$

d'où enfin

$$\rho V^2 = (\rho + \rho'), \qquad V'^2 = \rho V_1^2 + \rho'(V_1 - v)^2,$$

équations qui suffisent pour résoudre la question. Si nous appelons ε la vitesse d'entraînement des ondes lumineuses, c'est-à-dire l'excès $V_1 - V'$, on aura

$$(\rho + \rho')\,V'^2 = \rho(V' + \varepsilon)^2 + \rho'(V' + \varepsilon - \varrho)^2$$

ou

$$0 = 2\rho\varepsilon + 2\rho'(\varepsilon - \varrho),$$

en négligeant les termes qui contiennent les carrés de ϱ ou de ε; d'où enfin $\varepsilon = \dfrac{\varrho\rho'}{\rho + \rho'}$, formule qu'il s'agissait de démontrer. Si l'on observe que $\dfrac{\rho + \rho'}{n^2} = \dfrac{\rho}{1} = \dfrac{\rho'}{n^2 - 1}$, on pourra l'écrire $\varepsilon = \dfrac{n^2 - 1}{n^2}\,\varrho$.

La démonstration de la formule de Fresnel est ainsi poussée aussi loin que la théorie de la propagation de la lumière, et celle de la réflexion et de la réfraction le sont dans nos livres classiques, et tout reproche d'insuffisance relativement à la valeur qu'il faut donner à ρ' ou à n dans la formule, lorsqu'on a égard à la dispersion ou à la double réfraction, s'applique tout aussi bien à ces théories. La dispersion et la double réfraction sont présentées en effet comme des phénomènes d'un ordre spécial, pour lesquels on a recours à des hypothèses nouvelles ou à des hypothèses contradictoires avec celles qui ont servi à édifier la théorie de la réflexion et celle que nous venons de présenter. On admet que le rapport $\dfrac{F\lambda^2}{u}$, au lieu d'être constant, dépend de la longueur d'onde et de la direction de la vibration s'il s'agit d'un milieu non isotrope, lorsqu'il s'agit de la dispersion ou de la double réfraction; tandis que, dans la théorie de la réflexion, on admet qu'il est le même que dans l'éther libre, et par suite constant ($4n^2\rho V^2$). Cette contradiction, plus apparente que réelle, n'a pas encore disparu, bien que signalée par tout le monde. M. de Saint-Venant a cependant, en 1872 ([1]), fait connaitre aux physiciens les travaux de M. Sarrau et de M. Boussinesq sur ce sujet.

L'équation fondamentale $F = \dfrac{4\pi}{T'^2}(\rho + \rho')u$ exprime simplement qu'en dehors de l'éther du vide, les vibrations lumineuses dans les corps transparents doivent se communiquer avec la même période à une autre substance qu'on appellera à volonté *éther condensé* ou *matière pondérable*.

Il n'est pas nécessaire que l'amplitude des vibrations soit la même dans l'éther libre et dans ce milieu; il suffit que les deux amplitudes soient proportionnelles : ρ' n'est plus alors la densité, mais un coefficient dépendant à la fois de celle-ci et de la part que prend le milieu pondé-

---

([1]) *Annales de Chimie et de Physique,* 3ᵉ série, t. XXXV, p. 325.

rable au mouvement de l'éther. De plus, on ne saurait supposer la coexistence parfaite de la matière et de l'éther : la première doit être accumulée en certains points, et sa distribution doit varier encore suivant que le milieu sera isotrope ou non.

Aussi le coefficient ρ' doit-il varier avec la direction de la vibration et du plan d'onde dans le cas d'une distribution non isotrope, et avec la longueur d'onde dans tous les cas où la distance des molécules pondérables cesse d'être négligeable par rapport à cette longueur d'onde. C'est dans les travaux des deux géomètres cités plus haut que le lecteur pourra voir comment la forme de la surface de l'onde, la double réfraction, rectiligne ou circulaire, résultent de ces hypothèses fondamentales. Ce que j'en veux retenir ici, c'est la variabilité du coefficient ρ' pour un même corps. Au fond, c'est l'expérience qui, déterminant la valeur de n dans les différents cas, détermine en même temps

$$n^2 - 1 \quad \text{ou} \quad \frac{\rho'}{\rho},$$

c'est-à-dire la part que prend, dans chaque cas, la matière pondérable (ou l'éther qu'on considère comme attaché à cette matière) au mouvement lumineux. C'est cette valeur de ρ' qu'il faut porter dans l'équation

$$\rho V^2 = \rho V_1^2 + \rho'(V_1 - v)^2,$$

et, par suite, c'est la valeur correspondant à la longueur d'onde, et la direction de la vibration considérée qu'il faut porter dans la formule

$$\varepsilon = \frac{n^2 - 1}{n^2} v,$$

ainsi que l'ont montré les délicates expériences de M. Mascart sur le spath et le quartz.

SUR LE

PRINCIPE DU RETOUR DES RAYONS

ET LA

RÉFLEXION CRISTALLINE.

Journal de Physique, 2ᵉ série, t. X, 1891, p. 349.

Le principe du retour inverse des rayons lumineux ne s'applique pas seulement à leur direction. Lorsque, à travers un système optique quelconque, une source A d'éclat intrinsèque I produit en un point B un éclairement e, une source de même éclat, placée en B, produira le même éclairement en A; et il en est toujours ainsi, tant que les rayons lumineux n'ont pas à traverser une matière soumise à une force magnétique, ou à se réfléchir sur elle. La vérification de ce principe est très facile, lorsque l'éclairement e est nul; lorsque la lumière A est polarisée, et que, au moyen d'un compensateur et d'un analyseur, on arrive à l'éteindre en B, la lumière émanée de B, traversant en sens contraire l'analyseur, le compensateur, et arrivant en A après avoir subi en sens contraire les mêmes réflexions, réfractions ou diffractions, et traversé le polariseur, sera éteinte; si la lumière traversant le système dans la première direction n'est pas éteinte, mais seulement colorée, on retrouvera la même teinte, en renversant la direction des rayons lumineux à travers tout le système, ce qui montre que les intensités des diverses radiations sont affectées dans le même rapport, quel que soit le sens de la marche des rayons.

L'expérience réussit si la lumière a subi des réflexions sur des substances cristallines mêmes opaques, comme le sulfure d'antimoine, ou des réfractions dans des cristaux colorés ou non, bichromate de potasse, plomb carbonaté, et encore dans les conditions où la réflexion produit une polarisation elliptique notable.

Je me propose de montrer que les formules, établies par Mac Cullagh

pour la réflexion cristalline, satisfont à cette condition, entrevue par
Neumann pour le spath, énoncée d'une manière générale par M. Cornu,
sans démonstration et pour la réflexion seulement. Je désignerai par p, p'
des quantités proportionnelles à la racine carrée de l'intensité, dans l'air,
ou le milieu isotrope entourant le cristal; par ϖ, ϖ_1, ... les quantités
analogues dans le cristal; par ε l'angle du plan de polarisation et du plan
d'incidence, le plan de polarisation étant normal à la surface de l'onde
et perpendiculaire au plan de la normale d'onde et du rayon dans le
cristal; par la lettre j, l'angle de la normale d'onde avec la normale à la
surface réfléchissante prise dans le milieu réfringent, angle positif pour
les ondes incidentes et réfractées, négatif pour les ondes réfléchies, et
par les lettres λ, μ, ν, ρ les quantités

$$\lambda = \cos j \sin \varepsilon - \tang \partial \sin j, \qquad \rho = \frac{\sin \varepsilon}{\sin j}, \qquad \mu = \cos \varepsilon, \qquad \nu = \cos \varepsilon \cot j;$$

∂ est l'angle du rayon et de la normale d'onde, tandis que les
lettres i, l, m, n, r auront le même sens pour le milieu isotrope
où $\partial = 0$.

Les équations qui déterminent la compatibilité des mouvements lumineux des deux côtés de la surface réfléchissante sont

$$\Sigma l p = \Sigma \lambda \varpi, \qquad \Sigma m p = \Sigma \mu \omega, \qquad \Sigma n p = \Sigma \nu \varpi, \qquad \Sigma r p = \Sigma \rho \varpi.$$

Elles sont au nombre de quatre, et suffisent par conséquent à la réso-
lution du problème ordinaire de la réflexion qui comporte quatre
inconnues : amplitude et azimut du réfléchi, amplitude des deux réfractés,
si la réflexion a lieu sur le milieu cristallin, amplitude et azimut du
réfracté, amplitude des deux réfléchis, si la réflexion a lieu dans le
cristal.

Ces équations peuvent se déduire de celle de Mac Cullagh et conduisent aux mêmes valeurs, pour les azimuts et intensités relatives dans
l'air; elles se déduisent encore plus simplement des théories de
MM. Boussinesq et Sarrau, ou de la théorie électromagnétique; l'expérience les a vérifiées.

Pour montrer qu'elles satisfont aux conditions imposées par le principe
général du retour des rayons, il est nécessaire d'établir une relation
entre les coefficients λ, μ, ν, ρ de deux ondes perpendiculaires au plan
d'incidence: celui-ci sera pris comme plan des xz, et la surface réfléchissante comme plan des xy, l'axe des z dirigé vers le bas. L'origine est
le centre d'un premier ellipsoïde inverse, dont les axes sont les inverses
des vitesses principales, et d'un second ellipsoïde dont les axes sont ces

vitesses mêmes; à un point x, y, z du premier correspond un point X, Y, Z du second, dont le plan tangent, perpendiculaire à la ligne qui joint O à (x, y, z) ou m, coupe cette ligne à une distance P de l'origine telle que $Om \cdot OP = I$.

La section du premier ellipsoïde qu'admet O comme axe, est perpendiculaire au plan OMm, une onde parallèle à cette section se propage avec la vitesse OP, le rayon est dans le plan de la normale d'onde ON, de Om et de OM, perpendiculaire à OM; la droite PM est parallèle à la normale d'onde, par suite au plan xz, et fait l'angle i avec l'axe des z; enfin le plan NOm, fait avec le plan d'incidence l'angle $\varepsilon - \dfrac{\pi}{2}$; on en conclut les valeurs de x, y, z :

$$(1) \quad x = Om \sin\varepsilon \cos j, \qquad y = -Om \cos\varepsilon, \qquad z = -Om \sin\varepsilon \sin j;$$

Fig. 1.

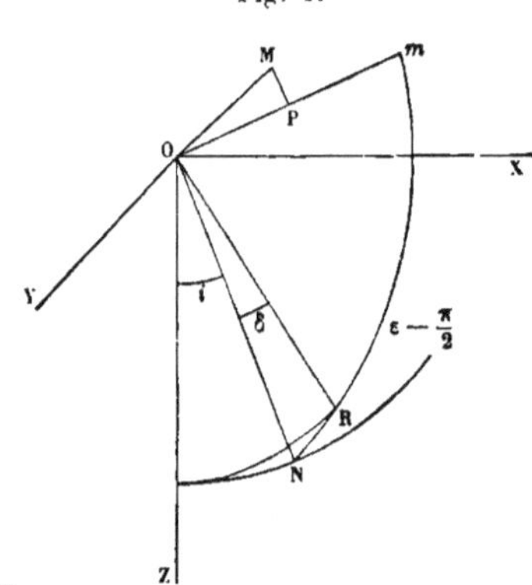

les coordonnées du point P s'obtiendront en remplaçant Om par OP, et, comme PM est égal à OP $\tan\delta$, on aura

$$(2) \quad \begin{cases} X = OP(\sin\varepsilon \cos j - \tan\delta \sin j), \\ Y = -OP \cos\varepsilon, \\ Z = -OP(\sin\varepsilon \sin j - \tan\delta \cos j). \end{cases}$$

Si l'on considère une seconde onde, correspondant à un point m' du premier ellipsoïde, elle donnera lieu à des équations identiques; on représentera par les mêmes lettres accentuées les éléments de cette nouvelle onde.

Or, entre les coordonnées des quatre points m, M, m', M', existe la relation

$$(3) \qquad x'X + y'Y + z'Z = xX' + yY' + zZ';$$

cette identité résulte de ce que, si $2\Omega = 1$ est l'équation du premier ellipsoïde, Ω étant une fonction homogène du deuxième degré en xyz, on a

$$X = \Omega'_x, \qquad Y = \Omega'_y, \qquad \ldots,$$

et qu'on ait identiquement

$$x'\Omega'_x + y'\Omega'_y + z'\Omega'_z = x\Omega'_{x'} + y\Omega'_{y'} + z\Omega'_{z'}.$$

En substituant dans (3) les valeurs des coordonnées, tirées de (1) et (2), il vient

$$O\,m'.OP\,[\sin\varepsilon\sin\varepsilon'\cos(j+j') + \cos\varepsilon\cos\varepsilon' - \tang\delta\sin\varepsilon'\sin(j-j')]$$
$$= O\,m\,.OP'[\sin\varepsilon\sin\varepsilon'\cos(j+j') + \cos\varepsilon\cos\varepsilon' - \tang\delta'\sin\varepsilon\,\sin(j-j)].$$

Observant que $O\,m'.OP' = O\,m.OP = 1$ et que OP, OP' sont les vitesses de propagation des deux ondes, on obtient la relation générale

$$(V^2 - V'^2)[\sin\varepsilon\sin\varepsilon'\cos(j+j') + \cos\varepsilon\cos\varepsilon']$$
$$- (V^2\tang\delta\sin\varepsilon' + V'^2\tang\delta'\sin\varepsilon)\sin(j-j') = 0.$$

Cette relation se simplifie si l'on considère deux ondes correspondantes à des incidentes égales, de *même* signe ou de signe *contraire* dans le milieu isotrope extérieur; V^2, V'^2 sont alors proportionnels à $\sin^2 j$ et $\sin^2 j'$; en remplaçant V^2 par $\sin^2 j$, V'^2 par $\sin^2 j'$ et divisant par $\sin(j-j')$, l'équation ci-dessus devient

$$(4) \qquad \sin(j+j')[\sin\varepsilon\sin\varepsilon'\cos(j+j') + \cos\varepsilon\cos\varepsilon']$$
$$- \sin^2 j\,\tang\delta\sin\varepsilon' - \sin^2 j'\,\tang\delta'\sin\varepsilon = 0,$$

qui peut encore s'écrire

$$(5) \qquad \lambda\rho' + \lambda'\rho + \mu\nu' + \nu\mu' = 0.$$

La relation (4) a été déduite par Mac Cullagh de la combinaison du principe des forces vives et de ses principes de continuité, mais seulement pour les deux ondes issues d'une même onde incidente; on voit qu'elle est plus générale et s'applique à deux quelconques des quatre ondes auxquelles peuvent donner naissance, dans le cristal, deux ondes extérieures tombant sous la même incidence, d'un côté ou de l'autre de de la normale.

Réflexion sur un cristal. — Ceci posé, supposons une onde incidente sous l'angle $+i$ dans le milieu isotrope, et affectons les indices 1 et 2 aux ondes réfractées auxquelles elles donnent naissance; p et p' seront les amplitudes, α et α' les azimuts des lumières incidentes et réfléchies; les équations de condition seront

$$(6) \qquad (p \sin\alpha + p' \sin\alpha') \cos i = \lambda_1 \varpi_1 + \lambda_2 \varpi_2,$$

$$(7) \qquad (p \sin\alpha - p' \sin\alpha') \frac{1}{\sin i} = \rho_1 \varpi_1 + \rho_2 \varpi_2,$$

$$(8) \qquad (p \cos\alpha + p' \cos\alpha') \qquad = \mu_1 \varpi_1 + \mu_2 \varpi_2,$$

$$(9) \qquad (p \cos\alpha - p' \cos\alpha') \cot i = \nu_1 \varpi_1 + \nu_2 \varpi_2.$$

L'élimination de ϖ_1, ϖ_2 fera connaître p' et α' en fonction de p et α; il suffit de multiplier ces équations respectivement par ρ_3, λ_3, ν_3, μ_3, ou par ρ_4, λ_4, ν_4, μ_4, en ayant égard à l'équation (5), les indices 3 et 4 se rapportant aux ondes excitées par un faisceau incident sous l'incidence $(-i)$.

Soit maintenant un faisceau incident sous l'incidence $(-i)$ d'amplitude p_1 et d'azimut α_1, donnant naissance à un réfléchi (p'_1, α'_1); on aura

$$(10) \qquad (p_1 \sin\alpha_1 + p'_1 \sin\alpha'_1) \cos i = \lambda_3 \varpi_3 + \lambda_4 \varpi_4,$$

$$(11) \qquad - (p_1 \sin\alpha_1 - p'_1 \sin\alpha'_1) \frac{1}{\sin i} = \rho_3 \varpi_3 + \rho_4 \varpi_4,$$

$$(12) \qquad (p_1 \cos\alpha_1 + p'_1 \cos\alpha'_1) \qquad = \mu_3 \varpi_3 + \mu_4 \varpi_4,$$

$$(13) \qquad - (p_1 \cos\alpha_1 - p'_1 \cos\alpha'_1) \cot i = \nu_3 \varpi_3 + \nu_4 \varpi_4.$$

Multipliant (10) par (7), (11) par (6), (12) par (9), (13) par (8), et appliquant l'équation (5),

$$pp'_1 \cos(\alpha - \alpha'_1) = p'p_1 \cos(\alpha' - \alpha_1).$$

Si un nicol polarise dans l'azimut α la lumière incidente sous l'angle $+i$, un second nicol, placé sur la lumière réfléchie, et dont la section principale est dans l'azimut $\frac{\pi}{2} + \alpha_1$, laissera passer une vibration dont l'amplitude est la fraction

$$\frac{p'}{p} \cos(\alpha' - \alpha_1)$$

de la lumière incidente; tandis que, si la lumière entre par le second nicol et est réfléchie sous l'incidence $(-i)$, le premier laissera passer une fraction

$$\frac{p'_1}{p_1}\cos(\alpha'_1 - \alpha).$$

L'équation ci-dessus démontre que ces deux fractions sont égales.

Il est facile de voir que si l'on supprime l'un des nicols ou les deux, le pouvoir réflecteur du système est encore indépendant du sens dans lequel marche la lumière.

Réfraction à travers un prisme. — Soit un prisme taillé dans un cristal; une onde incidente d'amplitude p donne naissance à deux ondes réfractées d'amplitudes ϖ_1 et ϖ_2 définies ci-dessus; l'une d'elles ϖ_1 rencontrant sous l'angle j'_1 l'autre face du prisme se réfracte dans le milieu extérieur et y produit l'onde (p_1, α_1), en même temps que naissent deux ondes réfléchies ϖ'_3 et ϖ'_4; l'indice 2 sera donné aux coefficients relatifs à l'onde dans le cristal, qui serait associée à l'onde ϖ_1 si un faisceau incident extérieur suivait en sens inverse la marche du faisceau émergent. Dans la réfraction de l'onde ϖ_1, on doit satisfaire aux équations

$$(14)\quad\begin{cases} p_1 \sin\alpha_1 \cos i_1 = \lambda'_1 \varpi_1 + \lambda'_3 \varpi_3 + \lambda'_4 \varpi_4, \\[2mm] p_1 \sin\alpha_1 \dfrac{1}{\sin i_1} = \rho'_1 \varpi_1 + \rho'_3 \varpi_3 + \rho'_4 \varpi_4, \\[2mm] p_1 \cos\alpha_1 \qquad\;\; = \mu'_1 \varpi_1 + \mu'_3 \varpi_3 + \mu'_4 \varpi_4, \\[2mm] p_1 \cos\alpha_1 \cot i_1 = \nu'_1 \varpi_1 + \nu'_3 \varpi_3 + \nu'_4 \varpi_4. \end{cases}$$

On en déduit, par application de l'équation (5),

$$(15)\quad -(\lambda'_2 + \rho'_2 \sin i_1 \cos i_1)\sin\alpha_1 + (\nu'_2 \sin i_1 + \mu'_2 \cos i_1) = 0 \quad (^1).$$

(^{1}) Je désignerai par β_2 l'azimut uniradial du rayon incident, qui, se réfléchissant sur la face de sortie, donnerait naissance à l'onde ω'_2; pour une réflexion uniradiale, les équations (6), (7), (8), (9) se simplifient si q est la vibration incidente polarisée dans l'azimut β; q', la réfléchie polarisée dans l'azimut β', et λ, μ, ν, ρ, les coefficients correspondant à l'onde, réfractée *unique*, on a

$$(16)\quad\begin{cases} 2q \sin\beta \cos i = (\lambda + \rho \sin i \cos i)\varpi, \\[2mm] 2q \cos\beta \cos i = (\mu \cos i + \nu \sin i)\varpi, \end{cases}$$

$$(17)\quad \frac{\sin\beta}{\lambda + \rho \sin i \cos i} = \frac{\cos\beta}{\mu \cos i + \sin i} = \frac{\varpi}{2q \cos i}\frac{1}{\mathrm{H}}.$$

Par comparaison avec (15), on voit que l'azimut uniradial β_2 correspondant à l'absence de l'onde ϖ_4 est perpendiculaire à celui du réfracté auquel cette onde donnerait naissance dans l'air; c'est une conséquence nécessaire du principe du retour des rayons appliqué à un prisme sous l'incidence normale, ou sous l'émergence normale.

P.   20

Si l'on remplace les λ'_1, ... par leurs valeurs, on a

$$\lambda'_1\rho'_1 + \mu'_1\nu'_1 = \cot j_1(\sin^2\varepsilon_1 + \cos^2\varepsilon_1) - \tang\delta_1\sin\varepsilon_1.$$

Or le rayon correspondant à l'onde ϖ_1 fait avec la face d'émergence un angle γ_1 donné par la relation (ZOR de la figure)

$$\cos\gamma_1 = \cos j_1\cos\delta_1 + \sin j_1\sin\delta_1\cos\left(\frac{\pi}{2} + \varepsilon\right);$$

par suite,

$$\lambda'_1\rho'_1 + \mu'_1\nu'_1 = \frac{\cos\gamma_1}{\sin j_1\cos\delta_1}.$$

Donc p_1 est donné en fonction de ϖ_1 par la relation

$$p_1[\sin\alpha_1(\lambda'_1 + \rho'_1\sin i\cos i) + \cos\alpha_1(\nu'_1\sin i + \mu'_1\cos i)] = 2\varpi_1\frac{\cos\gamma_1\sin i_1}{\sin j_1\cos\delta_1}.$$

On peut introduire dans cette expression l'azimut β_1 uniradial d'un rayon incident qui, par réfraction sur la face de sortie, donnerait naissance à l'onde ϖ_1, azimut qui serait défini par une équation semblable à (17), soit

$$\frac{\sin\beta_1}{\lambda'_1 + \rho'_1\sin i_1\cos i_1} = \frac{\cos\beta_1}{\nu'_1\sin i_1 + \mu'_1\cos i_1} = \frac{1}{H'_1},$$

et p_1 devient

$$\frac{2\varpi_1}{H'_1}\frac{\cos\gamma_1}{\cos\delta_1\sin(\beta_1 - \beta_2)}\frac{\sin i_1}{\sin j_1},$$

en remplaçant α_1 par sa valeur $\beta_2 + \dfrac{\pi}{2}$.

La valeur de ϖ_1 en fonction de p s'obtiendra comme suit : soient β_1^0, β_2^0 les azimuts uniradiaux correspondant à l'angle i d'incidence sur la première face du prisme ; la lumière polarisée dans l'azimut α se décompose en deux vibrations polarisées dans les azimuts β_1^0, β_2^0, et dont les amplitudes respectives sont

$$q_1 = p\frac{\sin(\alpha - \beta_2^0)}{\sin(\beta_1^0 - \beta_2^0)}, \qquad q_2 = p\frac{\sin(\alpha - \beta_1^0)}{\sin(\beta_1^0 - \beta_2^0)};$$

la première seule fournit la vibration ϖ_1 ; et il suffit de déterminer le rapport de ϖ_1 à q_1. Pour cette réflexion uniradiale, on a deux équations semblables à (16), qui donnent

$$2q_1 \sin\beta_1^0 \cos i = \varpi_1(\lambda_1 + \rho_1 \sin i \cos i),$$
$$2q_1 \cos\beta_2^0 \cos i = \varpi_1(\nu_1 \cos i + \mu_1 \cos i),$$

d'où

$$4q^2 \cos^2 i = \varpi_1^2 H_1^2,$$

soit

$$2p\,\frac{\sin(\alpha - \beta_2^0)\cos i}{\sin(\beta_1^0 - \beta_2^0)} = \varpi_1 H_1,$$

et enfin

$$\frac{p_1}{p} = \frac{4\cos\gamma_1 \cos i \sin(\alpha - \beta_2^0)}{H_1 H_1' \cos\delta_1 \sin(\beta_1 - \beta_2)\sin(\beta_1^0 - \beta_2^0)} \times \frac{\sin i_1}{\sin j_1}.$$

Les quantités de lumière comprises dans les faisceaux incidents et émergents sont proportionnelles au carré des amplitudes et aux sections de ces faisceaux; si l'on prend comme unité la section du faisceau dans le cristal, ces sections sont respectivement

$$\frac{\cos i}{\cos\gamma}, \qquad \frac{\cos i_1}{\cos\gamma_1},$$

γ et γ_1 étant les angles des *rayons* accompagnant l'onde ϖ_1 avec les normales aux faces d'entrée et de sortie; le rapport des quantités de lumière est donc

$$\frac{p_1^2}{p^2}\,\frac{\cos i_1 \cos\gamma}{\cos i \cos\gamma_1},$$

et, si la lumière émergente est reçue par un nicol orienté dans l'azimut α' $\left(\text{tandis qu'elle est polarisée dans l'azimut } \beta_2 + \frac{\pi}{2}\right)$, ce rapport deviendra

$$\frac{p_1^2}{p^2}\,\frac{\cos i_1 \cos\gamma}{\cos i \cos\gamma_1}\sin^2(\alpha - \beta_2).$$

Cette expression, vu l'égalité $\dfrac{\sin i_1}{\sin j_1} = \dfrac{\sin i}{\sin j}$, est symétrique et sa valeur reste la même si l'on renverse la direction des rayons lumineux; elle satisfait, par conséquent, au principe de réciprocité. La suppression de l'un des deux nicols ou de tous les deux ne changerait rien à ce résultat.

Généralisation. — Il est évident que ces résultats s'étendent à un nombre quelconque de réflexions ou réfractions cristallines; si donc on

admet qu'on peut rendre compte de la polarisation elliptique par réflexion sur les cristaux, comme de la polarisation par réflexion sur les
corps isotropes, en supposant l'existence d'une couche de passage dont
chaque élément jouirait des propriétés d'un cristal, les formules auxquelles on sera conduit, et qui se réduisent à celles de Cauchy dans le
cas des milieux isotropes, satisferont encore au principe de réciprocité;
il en serait encore de même si, acceptant les idées de M. Mallard, on
considérait les cristaux doués de pouvoir rotatoire, comme des assem-
blages de biaxes.

POLARISATION ELLIPTIQUE PAR RÉFLEXION VITREUSE [1]

Mémoire à l'Académie des Sciences, 25 mars 1889 ([2]).

La polarisation elliptique que présente la lumière réfléchie sur les corps transparents a été expliquée par Cauchy, en supposant des ondes longitudinales évanescentes; cette théorie conduit à des relations entre les coefficients d'ellipticité de trois corps, pris deux à deux, que les expériences de M. Jamin et de M. Quincke n'ont pas vérifiées.

On parvient aussi à expliquer cette polarisation elliptique en admettant une modification progressive, bien que rapide, des propriétés du milieu vibrant dans le voisinage de la surface de séparation; c'est ce qu'a fait M. Lorentz en admettant les formules de Fresnel pour la réflexion et la réfraction entre deux couches infiniment minces ([3]).

Je développe, dans le Mémoire que je soumets à l'Académie, une théorie dont j'ai antérieurement exposé le principe et les résultats ([4]), et dans laquelle je pars des équations différentielles du mouvement vibratoire.

Les équations différentielles qui régissent les petits mouvements d'une substance isotrope élastique sont

$$
(1) \quad
\begin{cases}
\Omega^2 \dfrac{\partial \Theta}{\partial x} + V^2 \left(\Delta^2 u - \dfrac{\partial \Theta}{\partial x} \right) = \dfrac{\partial^2 u}{\partial t^2}, \\[2ex]
\Omega^2 \dfrac{\partial \Theta}{\partial y} + V^2 \left(\Delta^2 v - \dfrac{\partial \Theta}{\partial y} \right) = \dfrac{\partial^2 v}{\partial t^2}, \\[2ex]
\Omega^2 \dfrac{\partial \Theta}{\partial z} + V^2 \left(\Delta^2 w - \dfrac{\partial \Theta}{\partial z} \right) = \dfrac{\partial^2 w}{\partial t^2};
\end{cases}
$$

([1]) Cette Note, qui s'est trouvée rejetée à la fin du Recueil par suite d'une erreur de mise en pages, devait en réalité figurer à la page 276.

([2]) Les *Comptes rendus* ne contenaient qu'un extrait préparé par M. Potier lui-même. L'Académie a bien voulu nous communiquer le manuscrit *in extenso* et nous autoriser à le reproduire; nous avons refondu ensemble les deux textes.   (Note de l'Éditeur.)

([3]) *Annales de Poggendorff*, t. CXI, p. 460.

([4]) *Association française pour l'Avancement des Sciences*, 1872.

u, v, w représentent les composantes du déplacement suivant les trois axes coordonnés, et Θ la dilatation; Ω^2 et V^2 représentent les vitesses de propagation des ondes longitudinales et des ondes transversales.

Ces dernières sont les seules qu'on ait à considérer dans les phénomènes optiques; dans la théorie des ondulations, les petits mouvements de l'éther du vide devront donc satisfaire à ces équations privées de leur premier terme.

Dans les milieux transparents isotropes, on admettra que ces équations s'appliquent encore aux petits mouvements périodiques, avec cette modification que la vitesse V dépend de la période, de sorte que si ρ désigne la densité de l'éther fictif, qu'on peut, d'après Fresnel, substituer au milieu vibrant, ces équations seront

$$(2) \qquad \Delta^2 u - \frac{\partial \Theta}{\partial x} = \rho \frac{\partial^2 u}{\partial t^2}$$

et deux autres équations semblables.

Enfin, on admettra que ces équations doivent encore être satisfaites dans le voisinage immédiat de la surface de séparation de deux milieux transparents, avec cette nouvelle modification que le coefficient ρ qui a la valeur ρ_0 dans l'un des milieux, ρ_1 dans l'autre, est variable dans une couche très mince voisine de la surface de séparation, couche dont l'épaisseur est supposée très petite, et l'on étudiera le problème de la réflexion dans ces hypothèses; la marche suivie s'applique aussi bien quand les seconds membres des équations (2) sont des fonctions linéaires des déplacements ou de leurs dérivées d'un ordre quelconque par rapport au temps.

On prendra le plan de séparation pour plan des xy; le problème revient donc à intégrer les équations (2), ρ étant une fonction de z égale à ρ_0 dès que z surpasse une certaine valeur positive très petite, à ρ_1 quand z est inférieur à une valeur négative très petite aussi, et variant rapidement entre ces deux limites; or, si l'on pose

$$(3) \qquad \begin{cases} \delta_1 = \dfrac{\partial w}{\partial y} - \dfrac{\partial v}{\partial z}, \\[2mm] \delta_2 = \dfrac{\partial u}{\partial z} - \dfrac{\partial w}{\partial x}, \\[2mm] \delta_3 = \dfrac{\partial v}{\partial x} - \dfrac{\partial u}{\partial y}, \end{cases}$$

les équations (2) s'écrivent

$$(4) \qquad \begin{cases} \dfrac{\partial \delta_2}{\partial z} - \dfrac{\partial \delta_3}{\partial y} = F_1, \\[2mm] \dfrac{\partial \delta_3}{\partial x} - \dfrac{\partial \delta_1}{\partial z} = F_2, \\[2mm] \dfrac{\partial \delta_1}{\partial y} - \dfrac{\partial \delta_2}{\partial x} = F_3, \end{cases}$$

F_1, F_2, F_3 étant, pour plus de généralité, des fonctions des déplacements et de leurs dérivées par rapport au temps; ces quantités étant finies, $\dfrac{\partial \delta_1}{\partial z}$ et $\dfrac{\partial \delta_2}{\partial z}$ le seront aussi, et les valeurs de δ_1 et de δ_2 des deux côtés de la couche de transition ne diffèrent que de quantités de l'ordre de cette épaisseur; elles restent donc finies; en vertu des équations (3) les valeurs de u et v, des deux côtés de la couche, ne diffèrent aussi que de quantités de l'ordre de son épaisseur.

Donc, si l'on néglige cette épaisseur, les composantes u, v du déplacement, parallèles à la surface de séparation, seront continues, ainsi que δ_1 et δ_2 (d'ailleurs δ_3 est continu puisque u et v le sont).

Appliquées à la réflexion vitreuse, ces conditions sont exactement celles de Fresnel à la réflexion cristalline; elles coïncident avec celles données par M. Sarrau, qui, au point de vue expérimental, ne sont autres que celles données antérieurement par Mac Cullagh et Neumann, en partant d'une hypothèse différente sur la direction n de la vibration. Ces règles conduisent déjà à des résultats sensiblement d'accord avec l'expérience, et il y a lieu de chercher si l'existence de la couche de transition ne permet pas d'expliquer les écarts signalés entre l'expérience et les formules de Fresnel, c'est-à-dire la polarisation elliptique par réflexion vitreuse en admettant toujours une très faible épaisseur pour cette couche.

Les calculs se simplifient notablement par l'emploi des imaginaires; les équations (2) ont des coefficients réels; les parties réelles et imaginaires d'une solution complexe satisfont donc individuellement à ces équations. En prenant le plan des xz perpendiculaire à celui des ondes dont on étudie la propagation, la solution évidente des équations (2) quand ρ est constant, est

$$\frac{u}{a} = \frac{v}{b} = \frac{w}{c} = e^{(mx + pz - \alpha t)i}$$

pour une onde parallèle au plan $mx + pz = 0$; la période τ est $\dfrac{2\pi}{\alpha}$. Dans ce cas, les équations (2) donnent

$$\Theta = 0 \qquad \text{ou} \qquad ma + pc = 0,$$

et

$$m^2 + p^2 = \rho\alpha^2$$

ou

$$m = \frac{2\pi}{\lambda}\sin I, \qquad p = \frac{2\pi}{\lambda}\cos I;$$

en même temps

$$\delta_2 = \frac{u}{p}\rho\alpha^2 i \qquad \text{et} \qquad \delta_1 = -pc.$$

Lorsqu'on néglige l'épaisseur de la couche de transition, le problème se réduit à trouver des valeurs u, u', u_1, etc.

$$\frac{u}{a} = \frac{v}{b} = \frac{w}{c} = e^{(mx+pz-\alpha t)i},$$

$$\frac{u'}{a'} = \frac{v}{b'} = \frac{w}{c'} = e^{(mx+pz-\alpha t)i},$$

$$\frac{u_1}{a_1} = \frac{v_1}{b_1} = \frac{w_1}{c_1} = e^{(mx+pz-\alpha t)i},$$

satisfaisant, sur la surface de séparation, aux conditions de continuité; le déplacement dans le milieu supérieur est

$$(u + u'), \quad (v + v'), \quad (w + w')$$

avec $\rho = \rho_0$ et dans le milieu inférieur u_1, v_1, w_1, avec $\rho = \rho_1$; on aura donc, d'une part,

$$a_1 = a + a',$$

$$\frac{a_1 \rho_1}{p_1} = \frac{(a - a')\rho_0}{p_0},$$

et, d'autre part,

$$b_1 = b + b', \qquad b_1 p_1 = (b - b')p_0.$$

Ce sont les équations de Fresnel.

Ces conditions ne sont que des approximations si l'on veut tenir compte de la couche de transition; mais ce calcul montre la forme à

donner à la solution de l'équation (2) quand ρ est variable; on est
amené à poser

$$(5) \qquad \frac{u}{U} = \frac{v}{V} = \frac{w}{W} = e^{(mx-\alpha t)i},$$

où U, V, W seront des fonctions de z seul; substituant dans les équations (2), il vient

$$(6) \qquad \begin{cases} \dfrac{\partial}{\partial z}\left(\dfrac{\partial U}{\partial z} - m\,W\,i \right) = \rho \alpha^2 U, \\[2mm] \dfrac{\partial^2 V}{\partial z^2} - m^2 V = \rho \alpha^2 V, \\[2mm] m^2 W - mi\dfrac{\partial U}{\partial z} = \rho \alpha^2 W. \end{cases}$$

L'équation en V est indépendante des deux autres; on peut donc
examiner séparément la vibration perpendiculaire au plan d'incidence,
et la vibration parallèle.

1° *Vibration perpendiculaire au plan d'incidence.* — On pose
$m^2 + p^2 = \rho \alpha^2$, p étant aussi fonction de z, et V doit satisfaire à l'équation

$$\frac{\partial^2 v}{\partial z^2} = -p^2 V;$$

on peut donc poser

$$V = B e^{pzi} + B' e^{-pzi},$$

B, B' et p étant des constantes en dehors de la couche de transition;
B et B' peuvent être assujettis en outre à la condition

$$V' = \frac{\partial V}{\partial z} = pi(B e^{pzi} - B' e^{-pzi})$$

ou encore

$$e^{pzi}\,dB + e^{-pzi}\,dB' + zi(B e^{pzi} - B' e^{-pzi})\,dp = 0.$$

Écrivant que

$$\frac{\partial V'}{\partial z} = -p^2 V,$$

il viendra

$$idp(B e^{pzi} - B' e^{-pzi}) - pz = 0,$$
$$p(B e^{pzi} + B' e^{-pzi}) + pi(e^{pzi}\,dB - e^{-pzi}\,dB) = 0.$$

Dans l'épaisseur de la couche de transition, on pourra poser

$$e^{pzi} = 1 + ipz, \qquad e^{-pzi} = 1 - ipz,$$

en négligeant les puissances supérieures de z; les équations deviennent alors

$$d(B + B') + iz\,d[p(B - B')] = 0,$$
$$d[p(B - B')] - piz\,d[p^2(B + B')] = 0;$$

éliminant $d[p(B - B')]$, on voit que la variation de $B + B'$ est de l'ordre de z^2 et, par suite, négligeable; on peut donc poser $B + B' = K$ dans l'épaisseur de la couche, et il vient

$$dp(B - B') + iK\,z\,d(p^2) = 0,$$

c'est-à-dire que $p(B - B')$ doit augmenter de $-iK\displaystyle\int z\,d(p^2)$ ou de $-iK\displaystyle\int z\alpha^2 dp$ dans l'épaisseur de la couche, l'intégrale étant prise dans toute cette épaisseur; en désignant par R le produit

$$\alpha^2 \int z\,dp,$$

affectant des indices o et 1, aux valeurs de B, B' afférentes aux deux milieux en dehors de la couche, il viendra

$$B_0 + B'_0 = B_1 + B'_1, \qquad p_0(B_0 - B'_0) = p_1(B_1 - B'_1) - R(B_1 + B'_1)i,$$

équations qui déterminent le mouvement dans l'un des milieux quand il est connu dans l'autre.

Dans le problème ordinaire de la réfraction, on a $B'_1 = 0$; il reste donc

$$B_0 + B'_0 = B_1, \qquad p_0(B_0 - B'_0) = B_1(p_1 - Ri)$$

ou

$$\frac{B'_0}{B_0} = \frac{p_0 - p_1 + Ri}{p_0 + p_1 - Ri}.$$

Le rapport $\dfrac{B'_0}{B_0}$ est donc complexe, et, pour en trouver la signification, il faut se reporter aux définitions dans le milieu supérieur; le mouvement est la partie réelle de

$$V = B_0 e^{(mx+pz-\alpha t)i} + B'_0 e^{(mx-pz-\alpha t)i}.$$

On peut toujours prendre B_0 comme unité, et, si B'_0 est complexe, poser

$$B'_0 = T\,e^{2\pi\gamma i};$$

la partie réelle de V est alors

$$\cos\left[\alpha\sqrt{\overline{\rho_0}}\,(x\sin I + z\cos I) - \frac{2\pi t}{T}\right]$$

$$+ \Gamma\cos\left[\alpha\sqrt{\overline{\rho}}\,(x\sin I - z\cos I) - \frac{2\pi}{T} + \gamma\right],$$

et l'on voit que Γ est l'amplitude réfléchie, γ la différence de phase entre les deux mouvements sur la surface $z = 0$, surface qui n'est d'ailleurs pas définie, autrement que par la condition de se trouver dans la couche de transition. Si l'on change ce plan origine, R change de

$$\alpha^2 h \int d\rho = \alpha^2 h\,(\rho - \rho_0)$$

quand le plan origine varie de h. Or, un pareil changement ne modifie Γ, que de quantités de l'ordre de R^2 négligeables à ce degré d'approximation, mais change γ, car

$$2\pi\gamma = \text{arc tang}\,\frac{R}{p_0 - p_1} + \text{arc tang}\,\frac{R}{p_0 + p_i} = \text{arc tang}\,\frac{2p_0 R}{p_0^2 - p_1^2}$$

au même degré d'approximation ; mais on observe que

$$p_0^2 - p_1^2 = \alpha^2(\rho - \rho_0);$$

on voit ainsi que, quand le plan origine varie de h, la variation de $2\pi\gamma$ est de $2p_0 h$, ou celle de γ est $\dfrac{2h\cos i\,\alpha\sqrt{\overline{\rho_0}}}{2\pi}$, ce qui pouvait être prévu.

Il en résulte que si l'on choisit dans l'épaisseur de la couche de transition le plan origine de manière que $\int z\,d\rho = 0$, on pourra dire que sur la surface, les mouvements incidents et réfléchis n'ont pas de différence de phase ; B'_0 sera réel, et comme $B_1 = B_0 + B'_0$, B_1 le sera aussi, et les trois mouvements y seront concordants, quelle que soit l'incidence ; ce plan jouira donc de toutes les propriétés attribuées par Fresnel à la surface de séparation et peut être appelé *plan de séparation optique* des deux milieux.

$2°$ *Vibration dans le plan d'incidence.* — Les équations à intégrer sont alors

$$\frac{d}{dz}\left(\frac{dU}{dz} - m\,W\,i\right) = \alpha^2 \rho\, U,$$

$$m^2\,W - mi\frac{dU}{dz} = \alpha^2 \rho\, W\,;$$

la dernière donne

$$p^2\,W = mi\frac{dU}{dz},$$

reportant dans la première

$$(7) \qquad\qquad \frac{d}{dz}\left(\frac{\rho}{p^2}\frac{dU}{dz}\right) = -\rho\, U.$$

On posera encore

$$U = A\,e^{pzi} + A'\,e^{-pzi}$$

en assujettissant les A à la condition

$$U' = \frac{dU}{dz} = (A\,e^{pzi} - A'\,e^{-pzi})\,ip,$$

ce qui, en se bornant comme ci-dessus à la première puissance de z, conduit à la condition

$$d(A + A') + iz\,d[\,p(A - A')\,] = 0\,;$$

substituant alors la valeur de U' dans l'équation (7), il viendra

$$i\left(e^{pzi}\,d\frac{A\,\rho}{p} - e^{-pzi}\,d\frac{A'\rho}{p}\right) - \frac{z\rho}{p}(A\,e^{pzi} + A'\,e^{-pzi})\,dp = 0.$$

Ordonnant suivant les puissances de z et divisant par i, on aura

$$d\left[\frac{\alpha^2\rho}{p}(A - A')\right] + iz\,d[\alpha^2\rho(A + A')] = 0.$$

Une première approximation résulte des formules de Fresnel qu'on retrouve en négligeant les termes en z; c'est

$$A + A' = K, \qquad \rho\alpha^2\frac{(A - A')}{p} = L,$$

et la seconde donnera pour la variation de $A + A'$

$$\frac{im^2\rho}{p}(A - A')S,$$

en désignant par S l'intégrale $\int z\, d\left(\frac{1}{\rho}\right)$, lorsque le plan origine satisfait à la condition

$$\int z\, d\rho = 0,$$

et pour celle de $\alpha^2 \dfrac{(A - A')\rho}{p}$

$$- i\alpha^2 \int z\, k\, d\rho.$$

Or, on a vu ci-dessus que cette dernière intégrale s'annulait par un choix convenable du plan de séparation; les conditions qui lient les valeurs des A de chaque côté de la couche de transition seront donc

$$\frac{\rho_0(A_0 - A_0')}{p}, \quad \frac{\rho_1(A_1 - A_1')}{p_1}$$

et

$$A_0 + A_0' = A_1 + A_1' - \frac{i\rho_1(A_1 - A_1')}{p_1}\int z\, d\left(\frac{p^2}{\rho}\right).$$

Mais on a

$$p^2 + m^2 = \alpha^2\rho;$$

l'intégrale est donc

$$m^2 \int z\, d\left(\frac{1}{\rho}\right) = - m^2 S.$$

Les équations de condition dans le problème ordinaire de la réfraction se réduisent à

$$A_0 - A_0' = \frac{\rho_1 p_0}{\rho_0 p_1} A_1,$$

$$A_0 + A_0' = \left(1 + \frac{im^2 S}{p_1 \lambda_1^2}\right) A_1'$$

avec

$$\rho_1 \alpha^2 = \left(\frac{2\pi}{\lambda}\right)^2.$$

L'une des équations de Fresnel est conservée, mais la continuité de la composante parallèle à la surface n'existe plus.

On déduit de là pour le rapport $\dfrac{A'_0}{A_0}$

$$\frac{A'_0}{A_0} = \frac{\rho_1 p_0 - \rho_0 p_1 + im^2 \rho_0 \rho_1 S}{\rho_1 p_0 + \rho_0 p_1 + im^2 \rho_0 \rho_1 S},$$

ou en remplaçant $p_0\, p_1\, m$ par leurs valeurs

$$\frac{2\pi \cos i}{\lambda_0}, \quad \frac{2\pi \cos r}{\lambda_1}, \quad \frac{2\pi \sin i}{\lambda_0},$$

on obtient

$$\frac{\lambda_1 \cos r - \lambda_0 \cos i + 2\pi i \dfrac{S \sin^2 i}{\lambda_0^2}}{\lambda_1 \cos r + \lambda_0 \cos i + 2\pi i \dfrac{S \sin^2 i}{\lambda_0^2}}.$$

Si l'on remplace le rapport $\dfrac{\lambda_0}{\lambda_1}$ par l'indice n, ou par le rapport des sinus,

$$\frac{A'_0}{A_0} = \frac{(\cos r - n \cos i) + iH \sin^2 i}{(\cos r + n \cos i) + iH \sin^2 i} = \frac{\sin(i-r)\cos(i+r) + iH \sin^2 i \sin r}{\sin(i+r)\cos(i-r) + iH \sin^2 i \sin r},$$

en posant

$$H = 2\pi \frac{S}{\lambda_1 \lambda_0^2}.$$

Ce rapport est complexe; le réfléchi et l'incident ne sont donc pas concordants sur le plan de séparation, mais ont une différence de phase φ, telle que l'angle $2\pi\varphi$ est la différence des angles dont les tangentes sont

$$\frac{H \sin^2 i}{\cos r - n \cos i}, \quad \frac{H \sin^2 i}{\cos r + n \cos i}.$$

L'intensité du réfléchi ne s'annule jamais, mais passe par un minimum, voisin de l'incidence pour laquelle $n = \tang i$; l'intensité se réduit alors à

$$\frac{H^2 \sin^4 I}{(\sin I + n \cos I)^2} = \frac{H^2 n^2}{4(1+n)^2} = \frac{H^2 \sin^2 I}{4},$$

l'allure de la différence de phase et du rapport des intensités réfléchies dans les deux azimuts principaux est très sensiblement celle qui résulte de la formule de Cauchy et les différences numériques paraissent au-dessous des erreurs d'observation.

La constante

$$\mathrm{H} = 2\pi \frac{\mathrm{S}}{\lambda_1 \lambda_0^2} = (2\pi)^3 \frac{1}{\lambda_1 \lambda_0^2} \int z \, d\lambda^2.$$

Si l'on désigne par v le rapport variable $\frac{\lambda_0}{\lambda}$ qu'on peut appeler l'*indice* dans la couche de transition, on peut écrire cette valeur

$$\mathrm{H} = (2\pi)^3 \frac{n}{\lambda_0} \int z \, d\frac{1}{v^2};$$

l'ellipticité de la lumière réfléchie doit donc croître quand la longueur d'onde diminue, puisque les variations de l'indice sont en général beaucoup plus lentes que celles de λ_0. La valeur théorique du coefficient d'ellipticité devient

$$\varepsilon = \frac{2\pi}{\lambda_0} \frac{n^2}{n^2-1} \int z \, d\left(\frac{\rho_0}{\rho}\right),$$

tandis que les formules de Cauchy qui font dépendre l'ellipticité du rapport des coefficients d'extinction des vibrations longitudinales dans les deux milieux ne font rien prévoir de semblable; on sait d'ailleurs que l'expérience n'a pas vérifié cette conséquence de la théorie de Cauchy, quand on a étudié successivement la réflexion de l'air sur le verre et sur l'eau, puis celle de l'eau sur le verre (¹).

Des expériences inédites, relatives à la réflexion des rayons ultra-violets, dont M. Cornu a bien voulu me communiquer les résultats, ont vérifié cette variation rapide de l'ellipticité; c'est l'importance de cette vérification qui m'a engagé à exposer, avec quelque détail, la théorie qui précède.

(¹) Rien ne fait prévoir au contraire comment H pourra varier, l'épaisseur de la couche de transition étant inconnue.

La forme suivante de H doit être signalée ; le plan de séparation étant déterminé par la condition $\int z \, dv^2 = 0$, on a

$$\left(n^2 \int z \, d\frac{1}{v^2} = \int z \frac{dn^2}{v^2} + v^2\right) = \int z \, d(v^2-1)\left(1 - \frac{n^2}{v^2}\right).$$

En intégrant par parties, et observant que le produit

$$(v^2-1)\left(1 - \frac{n^2}{v^2}\right)$$

est nul aux extrémités de la couche de transition, il vient

$$n^2 \int z \, d\frac{1}{v^2} = \int (v^2-1)\left(\frac{n^2}{v^2} - 1\right) dz.$$

ANNEXE I.

I. — Publications relatives à l'Électricité et l'Électro-optique.

M. Potier a contribué, avec MM. Cornu et Sarrau, à la publication de la traduction, par M. Seligmann-Lui, du grand *Traité d'Électricité et de Magnétisme de Maxwell;* les Notes qu'il a ajoutées sont les suivantes :

1° *Sur les sphériques harmoniques.* — Exposé sommaire des différents modes de calcul et de classification des fonctions de Laplace.

2° *Sur la réflexion des ondes électromagnétiques.* — Le problème de la réflexion des ondes électromagnétiques à la surface de séparation de deux diélectriques, ou d'un diélectrique et d'un conducteur, est résolu dans cette Note par la méthode appliquée à la réflexion de la lumière; M. Potier montre, cependant, qu'on arrive au même résultat en s'appuyant sur les lois de l'induction, et en étudiant l'état de la surface de séparation.

3° *Sur le pouvoir rotatoire magnétique* (^{1}). — Cette Note a pour but de rattacher aux théories de Fresnel, et à la théorie électromagnétique de la lumière, le phénomène du pouvoir rotatoire magnétique. Rowland considérait les forces élastiques comme des forces électromotrices induites par les variations des courants (ou vitesses des particules d'éther), et leur ajoutait une force perpendiculaire au courant, dirigée dans le plan d'onde et proportionnelle au courant et à la composante radiale de la force magnétique. Potier imagine au contraire que les molécules du milieu transparent sont aimantées par le champ, entraînées dans le mouvement de l'éther, et oscillent si le rayon lumineux est dirigé suivant la force du champ; elles induisent ainsi des forces électromotrices perpendiculaires au plan dans lequel se meut l'axe magnétique. L'introduction de ces forces électro-motrices dans les équations du champ suffit à les compléter et par conséquent à expliquer le phénomène.

(^{1}) La même Note a été reproduite avec quelques simples différences de notations, sous le titre *Relation entre le pouvoir rotatoire magnétique et l'entraînement des ondes lumineuses par la matière pondérable,* dans les *Comptes rendus,* 11 mars 1889, t. CVIII, p. 510.

P.

Lorentz a introduit plus tard la considération des mouvements des électrons, qui remplace aujourd'hui celle des molécules aimantées.

4° *Sur l'électromètre absolu.* — L'électromètre absolu de Sir W. Thomson permet de mesurer la différence de potentiel entre deux conducteurs par leur attraction réciproque; une formule très simple lie ces deux quantités quand on néglige la largeur du sillon qui sépare le plateau attiré de son anneau de garde, et qu'on suppose le plateau et l'anneau de garde rigoureusement dans le même plan. M. Potier donne dans cette Note les formules plus complètes qui déterminent cette attraction en tenant compte de ces éléments, ainsi que du rayon du plateau.

VÉRIFICATION DE LA LOI DE VERDET.

(en commun avec M. Cornu.)

(*Comptes rendus*, t. CII, p. 385, et *Journal de Physique*, t. V, p. 197.)

L'exactitude rigoureuse de la loi de Verdet ayant été mise en doute dans le cas où l'angle de la force magnétique avec les rayons lumineux est supérieur à $75°$, il y avait à reprendre les vérifications dans ces conditions particulières, assez difficiles, parce que la composante efficace de la force est très faible et qu'il faut par conséquent un champ magnétique très fort. MM. Cornu et Potier ont employé tout particulièrement la liqueur de Thoulet, et avec deux électro-aimants puissants, dont le circuit magnétique était convenablement fermé, ils ont rendu sensible la rotation du plan de polarisation jusqu'à l'angle de $89°45'$. Ils ont vérifié que le rapport de cette rotation au sinus de l'angle d'écart tendait vers une limite finie, et que la proportionnalité existait à moins de 2 pour 100 près (erreur due, selon eux, à une légère irrégularité du champ magnétique).

DISCUSSION DES EXPÉRIENCES DE M. CREMIEU.

(Correspondance échangée avec M. Henri Poincaré.)

(*L'Éclairage électrique*, t. XXXI, 1902, p. 83.)

EXPÉRIENCES SUR LA MESURE ÉLECTROCHIMIQUE DES COURANTS.

(*Comptes rendus*, t. CVIII, p. 396.)

Potier montre dans cette Note que l'électrolyse des sels mercureux présente des irrégularités provenant de la nature de la cathode. Une cathode non amalgamée, ou qui, après amalgamation, a été exposée à l'air quelques instants, donne lieu à un dégagement partiel d'hydrogène au lieu de métal. Une électrode de mercure elle-même se polarise d'une façon plus forte que les électrodes d'argent ou de cuivre dans les sels des mêmes métaux. Des précautions spéciales sont donc à prendre pour l'électrolyse des sels mercureux.

SUR LES MACHINES A COURANTS CONTINUS.

(*Journal de Physique*, 2ᵉ série, t. I, p. 389.)

M. Potier résume dans cet article le travail qu'il avait dû faire au nom du Jury chargé de l'examen des machines dynamo-électriques; c'est une description systématique des divers types de machines qui ont figuré à l'Exposition de 1881 et qui étaient, sauf deux ou trois, inconnues en France avant cette époque.

EXPÉRIENCES FAITES A L'EXPOSITION D'ÉLECTRICITÉ DE 1881.

(*Annales de Chimie et de Physique*, 1883.)

Les expériences dont il est rendu compte dans ce travail ont été exécutées en 1881; elles avaient pour but de réunir un ensemble de données numériques sur les différents appareils exposés, plus particulièrement sur les différents modes d'éclairage et les accumulateurs.

Un Comité spécial, dont M. Tresca était président, avait été chargé de cette mission par le Jury de l'Exposition; tous les résultats ont été recueillis et mis en ordre par MM. Allard et Le Blanc, Joubert, Potier et Tresca, au nom desquels le travail a été publié. M. Tresca s'était chargé des mesures mécaniques, MM. Allard et Le Blanc de la Photométrie, M. Joubert et M. Potier de l'installation des appareils de mesures électriques et de ces mesures elles-mêmes. Les expériences ont porté sur des machines à courants continus et alternatifs, alimentant soit des arcs voltaïques, soit des lampes à incandescence, sur la charge et la décharge des accumulateurs, et enfin sur une transmission de travail par l'emploi de deux machines.

Ce travail, joint au rapport ci-dessus sur les machines, fait connaître l'état de l'industrie électrique en 1881.

PUBLICATION DES MÉMOIRES DE COULOMB.

(Tome I de la collection de Mémoires publiés par la *Société de Physique*.)

M. Potier a été chargé par le Conseil de la Société de Physique de la publication des Mémoires de Coulomb, à laquelle il a ajouté une Note relative à l'attraction des sphères électrisées.

COURS DE PHYSIQUE LITHOGRAPHIÉ DE L'ÉCOLE POLYTECHNIQUE.

Ce cours, composé de 61 leçons, embrassait la Thermodynamique, le Magnétisme et l'Électricité, l'Acoustique et l'Optique, « et présentait, sans développement mathématique excessif et en s'appuyant surtout sur les faits expérimentaux, mais sous une forme aussi rigoureuse et aussi simple que possible, les liens qui rattachent entre elles les lois physiques établies et vérifiées par l'expérience. »

SUR LES COURANTS POLYPHASÉS.

Rapport présenté au *Congrès des Électriciens*, Paris 1900, t. III.

Dans ce rapport, d'ordre didactique, et qui constitue une sorte d'exposé introductif général à l'étude des courants polyphasés, M. Potier, sans présenter de théories nouvelles, a résumé sous une forme extrêmement suggestive les principes fondamentaux des courants alternatifs polyphasés et des machines qui servent à les produire, les utiliser ou les transformer.

RAPPORT GÉNÉRAL
SUR LES APPAREILS D'ÉLECTRICITÉ EXPOSÉS A L'EXPOSITION UNIVERSELLE DE 1889.

M. Potier, rapporteur général de la classe de l'Électricité, passe en revue, dans ce volumineux rapport, les principaux appareils exposés dans cette classe, d'après les documents que lui ont fournis les constructeurs, et d'après les constatations faites par le Jury. Ce rapport est surtout descriptif.

II. — Publications relatives à la Thermodynamique.

DÉMONSTRATION NOUVELLE DU THÉORÈME DE CLAUSIUS

(publié avec l'autorisation de M. Potier, dans le *Cours de Thermodynamique*
de H. Pellat, Paris 1897, p. 144).

Dans cette démonstration élégante, M. Potier introduit une source auxiliaire à température plus élevée que celle de toutes les autres sources et compense les quantités de chaleur perdues ou gagnées par toutes ces sources au moyen de cycles de Carnot décrits entre elles et la source auxiliaire. En exprimant que le travail ne peut être que négatif, on arrive très simplement à l'inégalité de Clausius.

SUR LE PRINCIPE D'HAMILTON ET LA THÉORIE MÉCANIQUE DE LA CHALEUR.
Journal de Physique, t. I, p. 339.

A propos d'une Note de M. Szily, M. Potier a montré que les calculs dont Clausius a fait usage pour établir rationnellement le second principe de la théorie mécanique de la chaleur ne sont autres ceux qui servent à la démonstration du principe d'Hamilton.

SUR LES MÉLANGES RÉFRIGÉRANTS ET LE PRINCIPE DU TRAVAIL MAXIMUM.

(*Journal de Physique*, t. V, 1885.)

Dans cette Note, M. Potier s'est proposé de chercher s'il n'existe pas un lien entre le principe du travail maximum de Berthelot et le second principe de la Thermodynamique. A cet effet, il a choisi différents exemples de réactions en opposition apparente avec le principe de Berthelot, notamment la réaction de l'acide sulfurique étendu sur la glace, qui repose sur le principe expérimental de la paroi froide. Ce principe n'est que l'application du théorème de Clausius, et M. Potier a montré qu'on pouvait imaginer des cycles fermés isothermes dans lesquels entre la vaporisation de la glace ou du liquide, et que, suivant la température, l'une ou l'autre de ces opérations est impossible.

Il fait une application du même raisonnement à des réactions chimiques convenablement choisies.

Enfin, il a montré que lorsque le principe du travail maximum peut être appliqué sans restriction, c'est-à-dire quand l'on peut négliger, devant la chaleur de réaction, le travail extérieur et les variations de chaleur de réaction avec la température, les principes de la Thermodynamique conduisent aux mêmes conséquences que le principe du travail maximum.

En supposant qu'il est possible de faire parcourir aux matières réagissantes un cycle fermé, si T_0 est la température à laquelle une réaction est possible et T_1 la température à laquelle une réaction inverse peut être produite, il a démontré que le produit $Q(T_1 - T_0)$ doit être positif, en désignant par Q la quantité de chaleur dégagée par la réaction qui a lieu à la température T_0; de sorte qu'une réaction dégageant de la chaleur pourra se produire, tandis que la réaction inverse serait impossible, à condition que la température de dissociation soit plus élevée que celle à laquelle on opère.

III. — Publications relatives à la Géologie ([1]).

CARTES GÉOLOGIQUES.

14 feuilles détaillées, au 80000e : Lille, Saint-Omer, Dunkerque, Montreuil, Arras, Douai, Provins, Sens, Auxerre, Clamecy, Tonnerre, Chartres, Chateaudun, Antibes.

EXPLORATION DU PAS-DE-CALAIS (1876-1877) ET CARTE GÉOLOGIQUE DU DÉTROIT.

(Étude faite pour la Compagnie du Tunnel sous-marin, en commun avec M. de Lapparent.)

---

[1] Un exposé remarquable de ces travaux de M. Potier a été présenté par M. de Lapparent, membre de l'Institut, dans la Notice nécrologique qu'il a consacrée à M. Potier dans le *Bulletin de la Société géologique de France*, 4e série, t. VI, 1906, p. 315.

SUR LES FAILLES DE L'ARTOIS. — SUR LA TRANSGRESSIVITÉ DU TERRAIN HOUILLER
SUR LE TERRAIN CARBONIFÈRE DANS LE NORD DE LA FRANCE.

(*Association française pour l'avancement des Sciences*, Lille 1874.)

GÉOLOGIE DU VAR ET DES ALPES-MARITIMES.

(Bulletin de la *Société géologique de France*, 3ᵉ série, t. V, VI et VII.)

Potier détermine la composition minéralogique, le gisement, l'âge des roches
éruptives de cette région, ainsi que l'âge d'un certain nombre d'assises sédi-
mentaires, permiennes, triasiques, jurassiques et tertiaires, dont la classification était
restée inconnue ou incertaine jusqu'alors. Les conclusions ont été vérifiées et
acceptées par la Société géologique de France.

ANNEXE II

LISTE COMPLÈTE
DES NOTES DE POTIER PRÉSENTÉES A L'ACADÉMIE DES SCIENCES.

Recherches sur la diffraction de la lumière polarisée, t. LXIV, p. 960.

Sur les causes de la polarisation elliptique, par réflexion sur les corps transparents, t. LXXV, p. 617.

Sur les changements de phase produits par la réflexion métallique, t. LXXV, p. 674.

Note sur le terrain de sable granitique et d'argile à silex (en commun avec M. Douvillé), t. LXXIV, p. 1262.

Note sur les causes de la démolition si fréquente des jetées maritimes, t. LXXX, p. 1315.

Résultat des explorations géologiques faites en 1875-1876 pour les études du chemin de fer sous-marin entre la France et l'Angleterre (en commun avec M. de Lapparent), t. LXXXIV, p. 1331.

Sur la direction des cassures dans un milieu isotrope, t. LXXXVI, p. 1539.

Théorie des mélanges réfrigérants, t. CI, p. 998.

Vérification expérimentale de la loi de Verdet dans les directions voisines des normales aux lignes de force magnétiques (en commun avec M. Cornu), t. CII, p. 385.

Sur la mesure électrochimique de l'intensité des courants, t. CVIII, p. 396.

Relation entre le pouvoir rotatoire magnétique et l'entraînement des ondes lumineuses par la matière pondérable, t. CVIII, p. 510.

Sur la polarisation électrique par réflexion vitreuse, t. CVIII, p. 599.

Sur la différence de potentiel des métaux en contact, t. CVIII, n° 14, p. 730.

Sur la mesure directe du retard qui se produit par la réflexion des ondes lumineuses, t. CVIII, p. 995.

Sur le principe d'Huygens, t. CXII, p. 220.

Remarques à l'occasion d'une Note de M. Poincaré sur l'expérience de M. Wiener, t. CXII, p. 383.

Sur l'absorption de la tourmaline, t. CXIV, p. 874.

Note sur un problème de Mécanique, t. CXVIII, n° 3, p. 102.

Sur le calcul des coefficients de self-induction dans un cas particulier, t. CXVIII, p. 166.

Sur la propagation du courant dans un cas particulier, t. CXVIII, p. 227.

Sur le rôle du noyau de fer dans les machines dynamo-électriques. Remarques sur une Note de M. Marcel Deprez, t. CXXII, p. 1085.

Sur les lois de l'induction, Réponse à M. Marcel Deprez, t. CXXII, p. 1239.

Sur une propriété des moteurs asynchrones, t. CXXIV, p. 538.

Sur les moteurs asynchrones, t. CXXIV, p. 642.

Observations sur une Note de M. Blondel relative à la réaction d'induit des alternateurs, t. CXXIX, p. 637.

FIN.

TABLE DES MATIÈRES.

TROISIÈME PARTIE.

OPTIQUE.

FIN DE LA TABLE DES MATIÈRES.

40435   Paris. — Imp Gauthier-Villars, quai des Grands-Augustins, 55.

LIBRAIRIE GAUTHIER-VILLARS,
QUAI DES GRANDS-AUGUSTINS, 55, A PARIS (6ᵉ).

BOUSSINESQ (J.), Membre de l'Institut, Professeur à la Faculté des Sciences de l'Université de Paris. — **Théorie analytique de la Chaleur**, mise en harmonie avec la Thermodynamique et avec la Théorie mécanique de la Lumière. (COURS DE PHYSIQUE MATHÉMATIQUE DE LA FACULTÉ DES SCIENCES.) Deux volumes in-8 (25-16) se vendant séparément :

> TOME I : *Problèmes généraux*. Volume de XXVII-333 pages avec 14 figures; 1901.. 10 fr.
>
> TOME II : *Refroidissement et échauffement par rayonnement. Conductibilité des tiges, lames et masses cristallines. Courants de convection. Théorie mécanique de la lumière*. Volume de XXXII-625 pages; 1903.. 18 fr.

CONGRÈS INTERNATIONAL DE PHYSIQUE. Exposition universelle de 1900. — **Travaux du Congrès international de Physique** réuni à Paris en 1900, sous les auspices de la Société française de Physique, rassemblés et publié par CH-ED. GUILLAUME et L. POINCARÉ, Secrétaires-généraux du Congrès. Quatre beaux volumes in-8, avec figures : 56 fr.

TOMES I, II et III : *Rapports présentés au Congrès;* 1900. Ensemble, 50 fr.

On vend séparément :

TOME I : *Questions générales. Métrologie. Physique mécanique. Physique moléculaire;* 1900.. .... 18 fr.

TOME II : *Optique, Électricité, Magnétisme;* 1900.................. 18 fr.

TOME III : *Électro-optique et Ionisation. Applications, Physique cosmique. Physique biologique;* 1900.................................. 18 fr.

TOME IV : *Procès-verbaux. Annexes. Liste des membres;* 1901.. 6 fr.

CONGRÈS INTERNATIONAL DES APPLICATIONS DE L'ÉLECTRICITÉ (Marseille, 1908). Trois beaux volumes in-8 (25-16) publiés par les soins de H. ARMAGNAT, Rapporteur général, se vendant ensemble. 60 fr.

On vend séparément :

Iʳᵉ PARTIE : *Rapports préliminaires*. Volume de VI-709 pages, avec nombreuses figures ; 1909... 24 fr.

IIᵉ PARTIE : *Rapports préliminaires*. Volume de IV-784 pages, avec nombreuses figures ; 1909... 24 fr.

IIIᵉ PARTIE : *Organisation du Congrès*. Volume de IV-550 pages, avec figures et planches ; 1909... 20 fr.

Un certain nombre de rapports se vendent séparément (prix suivant dimensions).

DUHEM (Pierre), Correspondant de l'Institut de France, Professeur de Physique théorique à l'Université de Bordeaux. — **Traité d'Énergétique ou de Thermodynamique générale**. 2 volumes in-8 (25-16) se vendant séparément.

TOME I : *Conservation de l'énergie. Mécanique rationnelle. Statique générale. Déplacement de l'équilibre*. Volume de IV-528 pages avec 5 figures; 1911.. 18 fr.

TOME II : *Dynamique générale. Conductibilité de la chaleur. Stabilité de l'équilibre* Volume de IV-504 pages avec figures; 1911.. 18 fr.